難燃剤・難燃材料の活用技術
Practical Application and Technology of Flame Retardant Materials

西澤 仁 著

シーエムシー出版

〈著者略歴〉

1956年　新潟大学工学部応用化学科卒業
同　年　昭和電線電纜㈱入社
　　　　ゴム，プラスチックス材料研究室長，試作開発室長
　　　　機器電線部長，その他製品事業部長を歴任
　　　　海外JV企業代表取締役
1998年　同社退社
　　　　西澤技術研究所設立
　　　　企業コンサルタントとして，企業技術相談，講演，執筆に活躍
　　　　専門分野は，高分子難燃材料，振動減衰材料，ゴム配合，物性，成形加工技術
現　在　難燃材料研究会会長
　　　　日本ゴム協会技術委員会幹事
　　　　JICAテクニカルエキスパート
　　　　芝浦工業大学客員研究員

著　書　ゴム材料選択のポイント（日本規格協会）
　　　　これでわかる難燃化技術（工業調査会）
　　　　制振材料の開発と応用製品（Ⅰ）（Ⅱ）（シーエムシー出版）
　　　　その他多数

まえがき

　難燃性高分子材料は，生活環境の安全性を確保するために広範囲の応用分野で使われている。その主な用途は，電気電子機器，OA機器，建築，自動車，車両，船舶，日常生活用品等が上げられる。その各種製品には，難燃性規格が定められており，規格に合格しない製品は，製造販売が許されない。世界的に，UL，CSA，IEC，DIN，BS，JIS，ISO，EU，ASTM，ANSI等国際規格から各国独自の規格まで多種類に昇る。

　特に最近の要求事項の中には，難燃性であるとともに環境安全性，リサイクル性に優れた材料が強く要望されている。昨年のWEEE，RoHSで示された指針が注目され，難燃材料の開発に一段と高い関心が寄せられてきている。

　現在のユーザーの要求は，コストが適正で，高難燃性，リサイクル性に優れた環境対応型難燃材料であり，材料メーカー，機器部品メーカー，難燃材メーカーはその開発に注力している。

　このようなニーズに対応するために多くの新製品の開発がなされ，上市されている。そのため市販されている難燃剤，難燃材料の数は多種類に及び，その適正な選択に困惑しているのが現状である。

　最近，現在の難燃剤の種類，特徴，使用方法，技術データ，更には上市されている各種難燃性高分子材料の種類，市場，特徴，技術データ等を迅速に入手したいという希望が多い事を痛感している。

　本書は，このような要望に答え，難燃剤，難燃材料活用技術として発行することになった。総論として既述した規制，難燃化技術，難燃剤の種類，特徴等を合わせて日業務にお役立ていただければ幸いである。

　今回は，難燃剤メーカー，難燃材料製造メーカーの理解とご協力により多くの資料を提供いただいたことに厚く感謝の意を表すと共に，紹介しきれないデータもある事をお詫びしたいと思う。今後本書についての皆様からのご指摘，ご批判を頂き更に内容の充実を図る所存である。

　最後に，本書の編集に多大の協力を頂いた㈱シーエムシー出版の中村郁恵様に深く感謝の意を表します。

　2004年8月

西澤　仁

普及版の刊行にあたって

本書は2004年に『難燃剤・難燃材料活用技術』として刊行されました。普及版の刊行にあたり，内容は当時のままであり加筆・訂正などの手は加えておりませんので，ご了承ください。

2010年5月

シーエムシー出版　編集部

目 次

第Ⅰ編 解　説

第1章　はじめに ……………………… 3
第2章　国内外の規格，規制の動向 …… 5
　1　はじめに …………………………… 5
　2　最近注目される難燃剤，難燃材料に
　　関する規格，規制 ………………… 5
　　2.1　EUにおけるWEEE, RoHS …… 5
　　　2.1.1　WEEEにおける決定事項 … 6
　　　2.1.2　RoHSにおける決定事項 … 6
　　2.2　エコラベル規制 ………………… 7
　　2.3　日本における難燃性規格，規制の
　　　動き ……………………………… 8
第3章　難燃材料，難燃剤の最近の動向
　　　　………………………………… 25
　1　難燃材料の最近の動向と要求される
　　性能 ………………………………… 25
　　1.1　難燃材料に要求される難燃性 … 26
　　1.2　難燃材料に要求される機械的性質
　　　………………………………… 26
　　1.3　難燃材料に要求される耐熱性，
　　　耐久性寿命 ……………………… 27
　　1.4　その他要求される特性 ………… 29
　2　難燃剤の最近の動向 ……………… 31
　　2.1　難燃剤の種類と需要動向 ……… 31
　　2.2　各種難燃剤の種類と特徴 ……… 35
　　　2.2.1　ハロゲン系難燃剤 ………… 35
　　　2.2.2　りん系難燃剤 ……………… 36
　　　2.2.3　無機系難燃剤 ……………… 37
　　　2.2.4　その他難燃剤 ……………… 40
第4章　難燃化技術の最新動向 ………… 41
　1　高分子の燃焼と難燃化機構 ……… 41
　2　最近の新しい難燃化技術の動向 … 46
　　2.1　高難燃性材料の開発 …………… 46
　　2.2　環境対応型難燃系の開発 ……… 57

第Ⅱ編　難燃剤データ

　1　総論 ………………………………… 67
　　1.1　はじめに ………………………… 67
　　1.2　難燃剤を取り巻く最近の技術動向
　　　………………………………… 68
　　1.3　難燃剤の需要動向 ……………… 69
　　1.4　難燃剤メーカー一覧表 ………… 71
　　1.5　各難燃剤メーカーの取り扱い品
　　　種，特性，特徴 ………………… 76

Ⅰ

2　臭素系難燃剤 …………………………… 78
　(1)　グレートレイクスケミカル日本
　　　　……………………………………… 78
　(2)　ブロモケム・ファーイースト … 78
　(3)　アルベマール日本 ………………… 78
　(4)　帝人化成 …………………………… 78
　(5)　東ソー ……………………………… 85
　(6)　阪本薬品工業 ……………………… 85
　(7)　日宝化学 …………………………… 89
　(8)　三井化学ファイン ………………… 90
　(9)　日本化成 …………………………… 90
　(10)　東都化成 …………………………… 90
　(11)　日本化薬 …………………………… 92
　(12)　マナック …………………………… 92
　(13)　大日本インキ化学工業 …………… 92
　(14)　第一エフ・アール ………………… 94
　(15)　旭化成ケミカルズ ………………… 95
3　塩素系難燃剤 …………………………… 97
　(1)　味の素ファインテクノ …………… 97
　(2)　ソマール …………………………… 97
4　りん系難燃剤 …………………………… 98
　(1)　味の素ファインテクノ …………… 99
　(2)　旭電化工業 ………………………… 99
　(3)　大八化学工業 ……………………… 104
　(4)　アクゾ ノーベル …………………… 104
　(5)　アルベマール日本 ………………… 107
　(6)　日本化学工業 ……………………… 107
　(7)　燐化学工業 ………………………… 113
　(8)　太平化学産業 ……………………… 118
　(9)　三光 ………………………………… 118
5　無機系難燃剤 …………………………… 119
　(1)　昭和電工 …………………………… 119

　(2)　アルマティス ……………………… 123
　(3)　日本軽金属 ………………………… 124
　(4)　住友化学工業 ……………………… 125
　(5)　石塚硝子 …………………………… 125
　(6)　協和化学工業 ……………………… 126
　(7)　ティーエムジー …………………… 129
　(8)　神島化学工業 ……………………… 130
　(9)　堺化学工業 ………………………… 133
　(10)　ファイマテック …………………… 134
　(11)　味の素ファインテクノ …………… 135
　(12)　日本精鉱 …………………………… 136
　(13)　山中産業 …………………………… 138
　(14)　日産化学工業 ……………………… 139
　(15)　鈴裕化学 …………………………… 139
　(16)　水沢化学 …………………………… 142
　(17)　US Borax, Co. ……………………… 142
　(18)　日本化学産業 ……………………… 143
　(19)　シャーウィン・ウィリアムス・
　　　　ジャパン ………………………… 143
　(20)　その他無機系難燃剤メーカー … 143
6　窒素系難燃剤，窒素－りん系難燃剤，
　　その他 ………………………………… 145
　(1)　三和ケミカル ……………………… 145
　(2)　DSMジャパン ……………………… 146
　(3)　日産化学工業 ……………………… 147
　(4)　丸菱油化工業 ……………………… 147
7　シリコーン系難燃剤 …………………… 149
　(1)　東レ・ダウコーニング・シリコーン
　　　　……………………………………… 149
　(2)　GE東芝シリコーン ………………… 149
　(3)　信越化学工業 ……………………… 150

第Ⅲ編　難燃材料データ

1　高分子材料と難燃材料の動向 …… 155
2　難燃性PE（ポリエチレン） ……… 160
3　難燃性PP（ポリプロピレン） …… 176
4　難燃性PS（ポリスチレン） ……… 188
5　難燃性ABS ………………………… 205
6　難燃性PA（ポリアミド） ………… 231
7　難燃性PC（ポリカーボネート樹脂）
　 …………………………………… 263
8　難燃性PET（ポリエチレンフタレート） …………………………… 289
9　難燃性PBT樹脂 …………………… 299
10　難燃性変性PPE樹脂 ……………… 324
11　難燃性エポキシ樹脂 ……………… 338

第Ⅰ編　解　説

第 I 編 総 論

第1章　はじめに

　我々の日常生活の中で高分子材料の占める割合は，着実に増加している。優れた物性，作り易さ，適正なコスト等多くの長所を有しているからである。その反面，燃え易い点が数少ない短所である。そのため消費者の安全性を確保するために世界的に難燃性規格を定めて材料の火災安全性を規定し，一定の認定試験をクリアしなければ製造販売できないことになっている。これらの規格が，UL，CSA，JIS，BS，DIN，FIN，IEC，ISO等である。

　最近は，これらの規格に加え，環境安全性，リサイクル性が強く要求されるようになってきている。それが各種エコラベル，WEEE（電気電子機器廃棄物指令），RoHS（有害性化学物質管理指令）等に盛り込まれている。このように，難燃材料に要求される性能は，物性，電気的性質，成形加工性，難燃性とともに，低有害性，低発煙性が要求されている。有害性については，未だ不明確な点が多く，さまざまな議論がなされている。ハロゲン系難燃剤の中の一部の難燃剤の有害性がクローズアップされて，あたかもすべての臭素系難燃剤が問題であるという誤解もある。りん系難燃剤の中で，りん酸エステルの環境ホルモンの問題，燃焼時に発生するフォスフィンガスの問題等に関する懸念，アレルギー問題等が心配されている。更には，三酸化アンチモンの有害性に対する懸念もある。多くの企業が環境安全宣言を発表し，疑わしきは使用しない方向を打ち出している。

　今後更に時間の経過とともに，科学的な根拠が明確になっていく事が期待されるが，時間がかかる。最も大切な事は，事実を隠蔽することなく，可能な限り科学的な根拠にもとづいて有害性の限界を認識し，使用できないものを削除し，適正な管理の下で運用することである。EUのエコラベルに見られるように，環境問題の過剰な配慮が強すぎると，火災事故の増加による新たな社会問題が発生することになりかねない。

　このような最近の動向を理解し，社会のニーズに適合した優れた難燃材料を作る事が我々に課せられた責務であると認識しなければならない。

　今回は，特に，日本における難燃剤メーカーから市販されている難燃剤の種類と特徴を整理し，難燃剤の適正な選択に役立て，併せて国内で市販されている代表的な難燃材料メーカーのその製品を紹介し，難燃材料開発，実用化に役立てるための資料集を作成することにした。そのために必要な基本的技術課題の解説を付記した。

　第Ⅰ編では，難燃製品，難燃剤，難燃材料の最近の動向，規格規制の動向，難燃製品に要求される性能，難燃化技術の最新技術をまとめ，第Ⅱ編では，難燃剤のメーカー名と上市難燃剤の種

類，特徴，第Ⅲ編では難燃材料のメーカー名と難燃材料の特徴，特性をまとめて紹介した。

多くの技術者が開発，実用化する立場に立って，必要と考えられる情報を集めて実際の業務に役立つ事を主眼にまとめてみた。

これからの難燃化技術は，複雑な燃焼現象の考察と燃焼機構と難燃機構の詳細な研究が必要である。そのために現在最も信頼性の高いといわれるコーンカロリメーターの性能の向上と機器分析を活用した基礎研究が必須である。

今後，ナノコンポジット系難燃材料，生分解性難燃材料，新規難燃触媒を使用した難燃材料等新しい難燃材料の開発の更なる進展を期待したい。

第2章　国内外の規格，規制の動向

1　はじめに

難燃材料に要求される難燃性は，国内外で決められている規格に定められている。世界的な規格の種類は多く，各国独自の難燃性規格が定められている。その中でもUL，ISO，IEC，EU，CSA，BS，JIS等はよく知られている。最近注目されている規格，規制として環境安全性（有害性，発煙性），リサイクル性が上げられる。特に2002～2003年にかけて発表された，WEEE（電気電子機器廃棄物指令），RoHS（有害性化学物質管理指令）の動向，EUのエコラベル，国内におけるエコケーブル規格（EM規格），建築基準法の改正，各種リサイクル法等が特に注目される。

2　最近注目される難燃剤，難燃材料に関する規格，規制

2.1　EUにおけるWEEE，RoHS

EUの最近の動向を見ると臭素系難燃剤に関するエコラベルの運用が，自主規制ではあるが世界的に環境問題への関心を高めた大きな要因と考えられる。しかしながら，EU各国の意見が異なり，解りにくい錯綜した内容になっていることが懸念されていた。それが家電製品の難燃性規格の甘さによる火災事故の増加，リサイクル政策の遅れに結びついたといっても過言でない。このような状況に一つのけじめをつけたのが，2002～2003年に議決されてWEEE，RoHSの議決である。これらの内容を表1にまとめて示すが，難燃剤とリサイクルについての決定事項のポイントを次に示す。

表1　WEEE，RoHS指令の議決[1]（2003年）

規制名	内容	規制時期
WEEE	臭素系難燃剤PBB，PBDE（Octa，Penta）の使用禁止 リサイクル，4kg/人，年目標，分別回収	2006年7月 実質的には2004年末
RoHS	鉛，水銀，6価Cr，Cd，PBB，PBDEの使用禁止	2006年7月

2.1.1 WEEEにおける決定事項

① 難燃剤については，PBB（ポリブロモビフェニル），PentaPBDE（ペンタブロモビフェニルエーテル），OctaPBDE（オクタブロモビフェニルエーテル）は使用禁止（2007年7月）。DecaPBDE（デカブロモビフェニルエーテル）はリスクアセスメントの結果により判断（2003年末段階では禁止されない見通し）。

② リサイクルについては，基本的なターゲットを決め，詳細はEU各国で進めるが，年間4 kg／人（約25％）を目標とする。難燃性プラスチックスは分別処理し，臭素系難燃剤は回収する。パソコン，複写機，AV機器では75％以上のリサイクル化を目標。リサイクルの費用はメーカーが負担。2004年中には，各国で具体的な運用法を決める予定。

2.1.2 RoHSにおける決定事項

水銀，6価Cr，鉛，Cd，PBB，PBDEを禁止する。

このEUのWEEE，RoHSの決定は，今後の臭素系難燃剤についての対応の明確な方向付けを与えたと言えよう。

現在のPBB，PBDE，TBBA，HBCDの世界における需要量を見ると，表2に示す通り，PBBは既に製造が禁止されており使用されていないが，PentaPBDEは，現在世界で7,500トン／年使用されており，ポリウレタン，繊維関係に主として使用されているがTBBA，HBCDへの切り替えが進んでいる。OctaPBDEは，世界で3,790トン／年の使用量で，主としてABSに使用されているが，これもTBBAへの切り替えが進んでいる。DecaPBDEの使用量が多く，世界で56,100トン／年の使用量であり，禁止される対象となると多少の混乱が予想されるが，他の臭素系難燃剤への切り替えには特に問題はない。

その他の難燃剤としてTBBA，HBCDは，現在は禁止の対象にはなっていない。日本の化審法が改正され，HBCDは新しく監視物質に分類されている。今後問題のありそうな化合物は，リスクアセスメントによる検証が行われていくだろう。

表2 WEEE，RoHSの規制対象となっている臭素系難燃剤の需要量（2001年）

（単位：1,000トン）

難燃剤	米国	ヨーロッパ	アジア	その他	合計
TBBA	18,000	11,600	89,400	600	119,600
HBCD	2,800	9,500	3,900	500	16,700
DecaPBDE	24,500	7,600	23,000	1,050	56,150
OctaPBDE	1,500	610	1,500	180	3,790
PentaPBDE	7,100	150	150	100	7,500

第2章 国内外の規格，規制の動向

2.2 エコラベル規制

1989年，スイス連邦研究所のBuserがTVに使用する難燃性プラスチックスを燃焼させると臭素化ダイオキシンと臭素化フランが発生する事を報告して以来，EUの中で特にドイツ，北欧5カ国を中心にエコラベル規制が運用されている（表3）。エコラベルは自主規制であり，法的な強制力はないが消費者に与える影響は大きい。エコラベルは，経時的に変更されてきているが，その中のBAM（ブルーエンジェルマーク），ホワイトスワン等を例にその変遷を表4に示す。今後，エコラベル規制は，先に述べたWEEE，RoHSの動きと共に変遷する事が予想される。

表3 ヨーロッパのエコラベル（自主規制※）

国 名	エコラベル
ドイツ	BAM
スウェーデン	TCO
北欧5ヵ国	ホワイトスワン
EU	EUエコラベル
日本	エコラベル

※臭素系難燃剤，塩素化パラフィンの自主規制

表4 最近のエコラベル[2]

エコラベルおよび規制	対象機種	概　要	
BAM（ドイツ，ブルーエンジェルマーク）	複写機	1993年，50g以上のプラスチック部品へPBB，PBDPEの禁止 1998年，PBB，PBDPE，塩パラの使用禁止 2003年，外装へダイオキシン，フラン発生可能性ある物質（ハロゲン系化合物）使用禁止	
	プリンタ	1996年	PBB，PBDPE，塩パラの使用禁止 外装へダイオキシン，フラン発生可能性物質（ハロゲン系化合物）禁止（ただし，製造上不可避な不純物，0.5%未満のドリップ防止剤は除外）
	FAX	プリンタと同じ	
ホワイトスワン（北欧5ヵ国）	複写機	1993年，PBB使用禁止 1997年，PBB，PBDPE，塩パラ使用禁止 2003年，外装へダイオキシン，フラン発生物質（ハロゲン化合物）禁止（ただし製造上不可避な不純物0.5%未満のドリップ防止剤は除外）	
	プリンタ＆FAX	1996年，外装とシャシーへ塩素系プラ，ハロゲン系難燃剤，塩パラ使用禁止（ただし製造上不可避な不純物0.5%未満のドリップ防止剤は除外）	
EU指令		1998年，ドラフト(1)ハロゲン系難燃剤使用禁止 （2004年使用禁止に修正） 1999年，ドラフト(2)PBB，PBDPE使用禁止 （2004年使用禁止に修正）	
日本エコマーク	複写機	1999年，外装へPBB，PBDPE，塩パラの使用禁止	

2.3 日本における難燃性規格，規制の動き

　日本における難燃性規格，規制の動きの中から代表的なものを表5，図1に示す。難燃規制の動きは，1970年代，UL規格のラジオ受信機に関する規格から音響機器，TVに分かれ，電気電子機器，OA機器の発展の時期に合わせて次第に関心が高まり，難燃材料が注目され現在に至っていると考えられる。1980年代には，NTT世田谷の通信ケーブルの火災事故が社会問題となり，この時期から環境安全性も考慮された難燃性材料が要求されてきている。更にEUのエコラベル自主規制に日本の関心が高まり，環境対応型難燃材料への関心が高まってきた。

表5　日本における難燃規制の動き[2]

年代	主な難燃規制の動向	難燃化技術の変遷
1970	UL-492からUL-1270，UL-1410に分割 IEEE原子力ケーブルの規格化 BAM（ブルーエンジェルマーク）制定	1) ハロゲン化合物＋Sb_2O_3，りん系化合物，水和金属化合物などを中心とした難燃化技術が実用化。
1980	UL規格にEMI規制導入 電取法にIEC規格追加 CSA材料登録制度発足 ULとCSA相互承認制度 NTT，ノンハロゲン難燃通信ケーブル規格規定	2) ノンハロゲン・低発煙化技術の研究実用化が推進される。水和金属化合物系，りん系化合物系を中心に開発実用化。一部シリコーン化合物が実用化。
1990	ULのカナダ向け認定制度 ダイオキシン関連法案ドイツ連邦議会承認 電気用品規制緩和（甲種172品目が乙種へ）（日本） Sマーク制度発足（日本） BAMエコラベル（コピーマシン，コンピュータ，プリンタ，ファックス）規制強化 TCO-95(コピーマシン，コンピュータ，プリンタ)規制 ホワイトスワン（北欧5カ国）エコラベル規制 JCS，エコケーブル規格制定 ・ダイオキシン，フランの発生可能性のある物質（ハロゲン化合物）は2003年まで延期（BAM） ・PBB，PBDPEの代替を2008年まで延期 　代替物質がより環境に悪い場合は適用除外 　適当な代替物質がない場合は連続使用可能 　（WEEE第4次案）	3) 水和金属化合物系の難燃助剤として，金属化合物，りん化合物，シリコーン化合物，有機金属化合物などの開発実用化。 4) APP・りん系化合物，シリコーン化合物，各種金属化合物（モリブデン，ほう酸化合物，錫化合物)，ガラス，ナノコンポジット，耐熱難燃新規ポリマーなど，新しい技術が研究されている。難燃材料の成形加工性の研究も盛んに行われる。
2000	2000年以降に予想される規格の動向 (1)有害性データの蓄積によるエコラベルの規格値の見直し (2)認定有効期間の見直しによる再認定の導入 (3)リサイクル性の規格への導入 (4)難燃性評価方法の進歩と規格への導入 (5)製品別の国際規格統合の推進 　（ISO，UL，CSA，IEC，JIS，その他ヨーロッパ規格） (6)エコロジカル製品規格の増加と用途別材料使い分け方法の規格化	5) リサイクル性の研究，チャー生成促進，安定化の研究，脱塩ビを目ざしたポリオレフィンベースの環境対応型難燃化技術の研究が注目されている。

（西澤仁，CSセミナー技術資料(台湾)，東洋精機製作所，2001）

第 2 章　国内外の規格，規制の動向

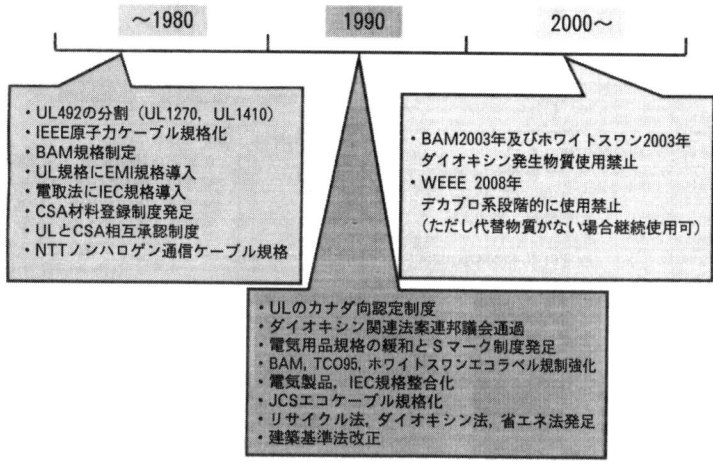

図 1　難燃規制動向

　特に日本国内での環境対応型，低有害性，低発煙性規格の代表的例を表 6 に示すので参照されたい。日本における環境対応型難燃材料に要求される規格値は，各業界で統一されてはいないが，燃焼生成ガス吸収液のpHが3.5以上，光学密度で150以下の発煙性，垂直燃焼試験（IEEE383, UL-94, JISC3005）等に合格する難燃性等が上げられる。

　参考のために，欧米における低有害性，低発煙性規格，規制の代表的な例を表 7 に示す。

　難燃材料が最も多く使用されている電気電子機器，OA機器には，PS，ABS，PP，PE，PC，PA，PET等多くの材料が使われている。要求される難燃性はIEC，UL等に規定されている。

　最近の電気製品の規格は，IEC規格への統合が国際的な整合化として進んでいる。これは，国際的なIECEE-CBスキーム（IEC電気機器安全規格適合制度）と呼ばれる制度があり，このスキームに参加している国どうしがIEC規格による試験データを相互に活用し合う制度が背景にある。例えば，日本でIECの試験合格書を取れば相手国がスキーム加盟国であれば，殆ど追加試験なしで相手国の認証マークを取得する事が出来る。この様な国際的な合理化のためにIEC規格への統合が行われた事を認識すべきである。スキーム参加国は，38カ国にのぼり，米国，英国，イタリア，アイスランド，アイルランド，イスラエル，インド，オーストラリア，オランダ，オーストリア，韓国，ギリシャ，シンガポール，スイス，スウェーデン，スペイン，チェコ，中国，デンマーク，ドイツ，トルコ，日本等である。IEC規格の中のプラスチックスの安全性要求項目を表 8 に示す。

表6 日本における低有害性，低発煙性規格，規制[2]

関連産業	規制，規格の内容	関連産業	規制，規格の内容
①電線，ケーブル	NTT通信ケーブル，原子力ケーブル，航空照明用ケーブル エコケーブル規格値 ①ガス吸収水溶液pH3.5以上（HCl発生量100mg/以下），②光学密度；150以下，③IEEE 383トレイケーブル試験に合格（自己消炎時間60秒以下）		100，65kW/m^2以下，当初2分間の積分値，同上
		⑤船舶用材料	国土交通省 船舶防火構造規制 ISO5659 発煙性；D_m隔壁，天井200以下 床表面；D_m一次甲板 400以下 有害性ガス CO 1450, HCl 310, HF 590, CO_2 6,000, HBr 50, HCN 140, NO_x 350, SO_2 120, アクロレイン 1.7, ホルムアルデヒド 3.2 各種ガス濃度が上記ppm値を超えないこと
②建築用材料	JASI321 ①有害性試験；マウス平均行動停止時間6.8分以上，②発煙性；CA30＞，60＞，120＞，③難燃性；総発熱量 8 MJ/m^2以下，最高発熱速度200kW/m^2以下		
③車両用材料	JR省令14号20条 ①発煙性；僅少，少量，普通，②炭化長；100mm以下，30mm以下，③残炎，残じんなし	⑥衣服類	防炎製品認定委員会の毒性規制（報告） (1)成分，純度，および不純物の成分，含有量 (2)商品名，化学名 (3)急性毒性値（LD_{50}） (4)変位原生（Amesテスト） (5)アレルギー試験
④航空機用材料	FAA規格　室内内装材料 ①煙放射；4分間の光学密度200以下，②発熱率；当初2分間ピーク値		

　日本は，1995年に画期的な規格の改正を行った。それは電気用品規格の改正である。家電製品の大部分を認定業務が必要な甲種から，届けだけで済む乙種に変更し，その代わり第3者認証制度を発足し，Sマークを取得する事を決めている。Sマークを取得すると認証マーク（S）を付ける事が出来て，製品の安全性を示すことになる。現在，多くの家電，電気製品がこの第3者認証マークを取得している。

　電気電子機器，OA機器の規格として世界で最も広く運用されているUL規格は，多くの製品，材料に適用されている。UL-94燃焼試験規格は，ASTM，D4986, ISO9772, ANSI／UL94，IEC 60695, JISZ2291, JISK7242等と整合化している。

　UL94の燃焼性は，次の各種試験法があり，それぞれ燃焼性が表示されている。

① 　水平燃焼試験　　94HB
② 　20mm垂直燃焼試験　　94V-0, 94V-1, 94V-2
③ 　500W（125mm）垂直燃焼試験　　94-5VA, 94-5VB
④ 　薄肉材料の垂直燃焼試験　　94-VTM-0, 94-VTM-1, 94-VTM-2
⑤ 　発泡材料の水平燃焼試験　　94HBF, 94HF-1, 94HF-2

詳細は，UL規格，成書に譲るが，代表的な規格の内容を紹介しておきたい。

第 2 章　国内外の規格，規制の動向

表7　欧米における低有害性規格，低発煙性規格[3,4]

国名	規制，規格の内容	国名	規制，規格の内容
①米国	建築材料：ニューヨーク州（報告義務）材料名，LC_{50}値，ハロゲン含有量，拡炎速度，臨界輻射熱容量 運輸関連発煙性：FR(Federal Registe, Vol.47 No.229)の推奨案 　座席，パネル，床，遮断材料，その他 　光学密度：25，35，100，200以下 〈エアバス〉 発煙性：繊維類，エアダクト，天井，パネル，窓枠，カーペット等製品によりD_s値を15〜100に規定 有害性ガス：HF，HCl，亜硫酸ガス，CO，NOxの最大濃度(ppm)を，1.5分，4分で規定 〈航空機(FAA)〉 発煙性：壁，天井，D_s(1.5分) 100＞， 　　　　　　(1.5〜4分) 200＞ 　繊維，カーテンD_s(4分) 100＞ 　電線，ケーブルD_s(20分) 15＞	⑤フランス	〈建材の壁装，カーテン，カーペット(内務省令)〉 HCN，またはHClの発生の恐れのある窒素，塩素は，室内空間の容積立方メートル当たり5gおよび25gまでとする．成形加工品，その他NFX 70-100 有害物質，揮発性物質の規制として，内装材料$R<1$，$R<5$　外装材料$R<2$，$R<10$ R値は，イギリスの毒性係数に相当
		⑥スイス	〈建築材料の発煙性(発煙性の分類規格-1979)〉 発煙強度を3段階に分類し，強(吸光度＞90)，中(50〜90)，弱(50〜0)として材料の発煙性を規定
		⑦オーストリア	〈建築材料の発煙性 ONORM　B 3800 Part 1〉 発煙強度を3段階に分類，強(＞90)，中(50〜90)，弱(50＞)とし，材料の発煙性を規定，スイスの試験法と同等
②カナダ	〈建築材料の発煙性(ULC 102-M 83)〉 炎の拡大速度による燃焼性と発煙性基準を制定 拡大速度：25，75，150m/min，それ以上 D_s：50，100，300，300〜500対応 〈建築用インテリア仕上げ材の発煙性〉 拡炎速度：0〜20，26〜75，76〜200 光学密度：450以下	⑧ロシア	〈固形材料の発煙性(GOST 12, 017-80)〉 発煙性を比光学密度で3段階に分類，高い(＞500)，中(50〜500)，小(50＞)とし発煙性を規定
		⑨オランダ	〈建築材料の発煙性NEN 3883〉 発煙係数Rを4段階に分類，きわめて高い(＞150)，強(60〜150)，中(5〜60)，弱(5＞)とし発煙性を規制
③イギリス	海軍技術基準：NES No.713 毒性係数：$T_{index}=\Sigma(C_i/C_f)$ 測定濃度と各種ガスの致死濃度の比を合計，燃焼時発生ガスの有害性の判定尺度とする．	⑩北欧5国	〈建築材料の発煙性NT Fire 004, 007〉 壁，天井　クラス1　最大吸光度 100＞ 　　　　　　　　　　　　平均値 10＞ 　　　　　　　　　　　　各測定値 50＞ 　　　　　クラス2，3　平均値 30＞ 　　　　　　　　　　　　各測定値 95＞ 床　　最大吸光度　100＞， 　　　5分間30を超えない
④ドイツ	〈ガス有毒性試験(DIN 53436)〉 5匹のメスのネズミと5匹のオスのネズミを30分間暴露して，死亡数(14日以内)，血液中のCOIlbを測定 〈車両用材料の発煙性DVS 899/35〉 Obuscuration(透視不能濃度)を4段階に分類，わずか(10＞)，中程度(11〜40)，多い(41〜70)，きわめて多い(71〜100)．材料の発煙性を規定	⑪オーストラリア	〈建築材料の発煙性 AS1530, part 3〉 発煙係数を10段階に分類，平均光学密度/mを0.0082〜4.20までとし発煙性規定
		⑫ISO発煙性	平均煙濃度を比光学密度の5個の平均として計算し，規定 (平均点火時間を5個の平均で計算)

表8 IEC規格におけるプラスチックス材料の安全性要求項目[5]

要求項目				国際規格または各国規格	プラスチック材料の登録制度			電気製品の安全規格		
					米国 (UL-94 UL-746A/B)	カナダ (CSA C22.2 No.0.17)	日本 (電気用品取締法)	IEC950 2nd Ed. (1991)	IEC335-1 3rd Ed. (1991)	IEC 65 5th Ed. (1989)
耐久試験（温度上限値）				IEC 216	△UL-746 B	△		○	○	○
熱軟化試験	ボールプレッシャ試験			IEC 335-1			○	○	○	
	ビカット軟化温度			ISO 306						
	0.1mmビカット軟化温度			IEC 65						○
	熱変形温度(H.D.T)			ASTM D 1527	○UL-746 A					
火炎試験	ニードルフレーム試験			IEC 695-2-2					○	
	50W炎（20mm炎）			IEC 695-2-4					○	
	500W炎（125mm炎）			IEC 695-2-4					○	
	1kW炎（175mm炎）			IEC 695-2-4						
	ブンゼンバーナ試験	水平試験 (50W炎)	FH(HB)	IEC 707	○UL-94	○		○	○	
			HBF	ASTM D 4986	○UL-94	○		○		
		500W炎	5 V	IEC 707	○UL-94	○		○		
		垂直試験 50W炎	V-0	IEC 707	○UL-94	○		○	○	
			V-1	IEC 707	○UL-94	○		○	○	
			V-2	IEC 707	○UL-94	○		○		
			VTM-0	ISO 9773	○UL-94	○				
			VTM-1	ISO 9773	○UL-94	○				
			VTM-2	ISO 9773	○UL-94	○				
			HF-1	ASTM D 4986	○UL-94	○				
			HF-2	ASTM D 4986	○UL-94	○				
着火試験	グローワイヤ試験			IEC 695-2-1	△UL-746 A				○	
	ホットワイヤ試験			IEC 829	○UL-746 A			○		
	大電流アーク着火試験			UL-746 A	○UL-746 A					
	高電圧アーク着火試験			UL-746 A	○UL-746 A					
	バットコネクション試験			IEC 695-2-3					○	
耐トラッキング試験			CT 1	IEC 112	○UL-746 A	○		○		
			PT 1	IEC 112					○	
耐アーク試験				ASTM D 495	○UL-746 A					

○：国際規格または各国規格と同等　　△：国際規格または各国規格にほぼ等しい

電気電子機器，OA機器の難燃化に最もよく使われるUL-94垂直試験は，図2，表9に示すように上方燃え上がり試験法であり，ハウジング材料の難燃性としてV-1，V-0以上をクリアする事が目標値と考えられている。特に，ドリップ性は，一般のプラスチックス材料の大きな壁になっている。薄肉材料，発泡材料の試験法は，他の規格にはあまり見られないユニークな評価法として注目される。

その他，日本における電気電子機器，OA機器の難燃性に関する規格に直接関係の深い世界各国の規格は，DIN，BS，ISO，ANSI，SEMI，AS，EN，中国規格等多くがあるが，特異関係の深い関連規格をまとめたのが表10である。

電線，ケーブルの難燃性規格は，最も古くから運用されているものの一つであり，各種規格が規定されている（表11）。その中でも最近は，ノンハロゲン，低発煙性規格が注目されている（表12）。また，PVCケーブルに代わるエコケーブル規格の制定は，他の産業分野に先駆けて制

第 2 章　国内外の規格，規制の動向

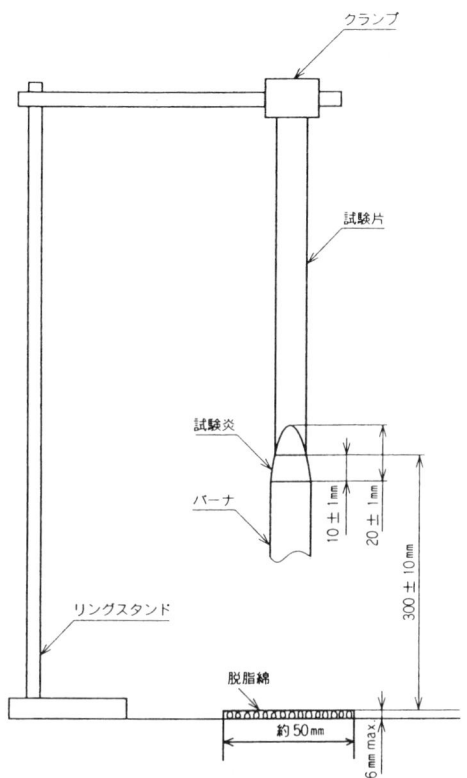

図 2　垂直燃焼試験の配置[6]

表 9　垂直燃焼試験による燃焼性クラス[6]

判　定　基　準	V-0	V-1	V-2
各試験片の残炎時間（t_1 または t_2）	≦10秒	≦30秒	≦10秒
コンディショニング条件ごとの1組の試験片の合計残炎時間（5本の試験片の（$t_1 + t_2$）	≦50秒	≦250秒	≦250秒
第2回目の接炎後の各試験片の残炎時間及び残じん時間の合計（$t_2 + t_3$）	≦30秒	≦60秒	≦60秒
クランプまで達する残炎又は残じん	なし	なし	なし
燃焼物又は落下物による脱脂綿の着火	なし	なし	あり

表10 世界の代表的な電気電子機器関連規格[4]

地域	規格	現状
国際規格	IEC	IEC61508(機械安全), IEC60664(絶縁距離)を基本。難燃性はIEC60950, 第1, 2, 13項(UL難燃グレード採用)
	ISO	ISO12100(機械規格), IEC-60204-1(電気安全規格)を基本。各国規格とIEC/ISOの国際規格との相違点に注意することが重要。IEC規格とEU(EN規格), 北アメリカUL規格, CSA規格との適用規格, 用途規格の対照を示す。

種類	製品	IEC	EN	UL	CSA
適用規格	リレー	60254 60664-1	60255	950	C22.2. No.14
	スイッチ	60949	60947-4-1	508	No.02 No.14
用途規格	情報機器, 事務機	60950	60950	950	No.950
	ラジオ, オーディオ	60065	60065	1270	No.1
	TV	60335-1	60335-1	1410	
	VTR			1409	
	電子レンジ	60335-2-25	60335-2-25	923	No.150
	掃除機	60335-2-2	60335-2-2	1012	No.67
	冷蔵庫	60335-2-24	60335-2-24	250	No.63
	エアコン	60335-2040	60335-2-40	484	No.117

地域	規格	現状
ヨーロッパ規格	EN	IEC規格をベースとして, それにヨーロッパ特有の感電規格を追加している。ヨーロッパ各国間, ヨーロッパと日本や北アメリカ間の貿易には, EN規格で輸出入される。安全性を要求される12種類の製品にCEマーキングの表示が義務づけられる。CEマーキングは国際相互承認制度で決められた安全マークであり, 加盟国はCEマーキングを所得することにより, 相互に貿易が可能。
北アメリカ規格	UL	アメリカ国内で電気機器内蔵部品に義務付け Listing－無条件認定　Recognition－条件付認定
	CSA	カナダ国内およびULとCSAの相互認証制度により, ULマークのアメリカ国内に適用。
	ANSI	規格作成は行わず, ANSI協力団体による作成規格の承認と運用。UL規格は, ANSI/UL508, NFPA規格はANSI/NFPA79として運用。
	SEMI	半導体業界自主規格, 日本, ヨーロッパ, アメリカの安全ガイドラインとして運用。
オーストラリア規格	AS	オーストラリアとしてISO/IEC規格に準じた運用を行っている。
中国	GB	2002年4月CCC(China Compulsory Certification)が発足。従来のCCIS, CCEEを統合。IEC国際規格をベースに規格を作成。従来の認証品は2003年4月までCCC認証に変換が必要。
日本	JIS 電気用品安全法	ISA/03-3583-8002としてIEC/ISO規格ベースを適用。2001年4月より電取法への移行。国際規格IECを導入。家電製品(IEC-J 60335), 事務機器(IEC-60950)(電源コードにアース付を使用する事はIECと異なる)。第三者認証制度(Sマーク)は, 1995年より導入。

第2章 国内外の規格，規制の動向

表11 電線・ケーブルの主な難燃性試験規格

試験法	試験電線	規　格	主な電線・ケーブルの品種
水平燃焼	単線	JIS C 3005	—
傾斜燃焼		JIS C 3005	JCS規格耐燃性ポリエチレン使用電線・ケーブル等
垂直燃焼		IEC 323-1	海外規格電線・ケーブル等
		IEC 332-2	海外規格電線・ケーブル等
		UL-44	家電製品向け電線・ケーブル，光ファイバーコード等
	多条布設ケーブル	IEC 332-3	海外規格電線・ケーブル等
		IEEE 383	電力ケーブル・通信ケーブル等
		JIS C 3521	電力ケーブル・通信ケーブル等
		JCS 397	電力ケーブル・通信ケーブル等
		UL 1581	電力ケーブル・通信ケーブル等

表12 ノンハロゲン低発煙ケーブルの規格値

	ノンハロゲン通信(NTT)シース材料	原子力ケーブル（難燃架橋PE）	低塩害原子力ケーブル(PVC)	航空照明低塩害低発煙ケーブル(EPゴム＋CR)
(1) ノンハロ化・低発煙化	・ノンハロゲン材料である。 ・燃焼生成ガス吸収液のpH3.5以上 ・燃焼ガス比光学密度150以下	通常タイプとノンハロタイプがある。 ・ノンハロタイプ，O, I 絶縁体25以上 シース27以上 ・発煙性（E 662）Dm150以下	・燃焼生成ガス中のHCl量 100mg/g 以下	・シースHCl発生量 350mg/g以下 ・シース発煙量 Dm400以下 （ASTM 662, NF）
(2) 難燃性	・IEEE 383 垂直ケーブル燃焼試験に合格			・IEEE 383 垂直ケーブル試験で上部まで燃焼しない。
(3) 特性	・一般特性は通常シース材料と同等	・LOCA試験に合格		
(4) 腐食性	・なし	・ASTM D2671銅板試験5％以下	・なし	・なし

定され，EM規格として運用され，その規格値は，他のエコ材料の基準となりつつある（表13, 14, 図3）。その規格値は，図3に示す通り，JIS60°傾斜支持燃焼試験法に合格し，燃焼ガス吸収水溶液のpHが3.5以上，発煙性が比光学密度で150以下となっている。

建築基準法は1998年に規格の改正が行われ，2001年までに実運用がほぼ完了している。従来の防火材料の性能評価基準が改正された。従来は，試験法にもとづいた評価による合否判定であったが，新しい基準法は，性能値が明確に示されている。さらに，ISO不燃試験，コーンカロリメーター試験を取り入れ，国際整合性を図っている。新旧基準法に定められている試験法の比較を表15に，性能評価基準を表16に，コーンカロリメーター，改定模型箱試験装置，ガス有害性試験法を図4～6に示す。

表13 JCSエコケーブル規格（低電圧電力ケーブル）[7]

名　称	記　号	規格No.
600V 耐燃性ポリエチレン絶縁電線	EM-IE	JCS No.416
600V 耐燃性架橋ポリエチレン絶縁電線	EM-IC	JCS No.417
600V ポリエチレン絶縁耐燃性ポリエチレンシースケーブル	600V EM-EE	JCS No.418（A）
600V 架橋ポリエチレン絶縁耐燃性ポリエチレンシースケーブル	600V EM-CE	
600V ポリエチレン絶縁耐燃性ポリエチレンシースケーブル平形	600V EM-EE	
600V 架橋ポリエチレン絶縁耐燃性ポリエチレンシースケーブル平形	600V EM-CE	
制御用ポリエチレン絶縁耐燃性ポリエチレンケーブル	EM-CEE	JCS No.419
制御用架橋ポリエチレン絶縁耐燃性ポリエチレンケーブル	EM-CCE	

表14 JCSエコケーブル規格（制御，通信ケーブル）[7]

用途	EM電線・ケーブル			現行製品	
	記　号	品　種	規格番号	記　号	
制御用ケーブル	EM-CEE	制御用ポリエチレン絶縁耐燃性ポリエチレンシースケーブル	JCS 第419号 A	CVV	
	EM-CCE	制御用架橋ポリエチレン絶縁耐燃性ポリエチレンシースケーブル		CCV	
屋内用通信電線	EM-TIEF	耐燃性ポリエチレン絶縁屋内用平形通信電線	JCS C 第74号	TIVF	
	EM-TIEE	ポリエチレン絶縁耐燃性ポリエチレンシースケーブル		TIEV	
通信用構内ケーブル	EM-TKEE	耐燃性ポリエチレン絶縁通信用構内ケーブル	JCS C 第75号	TKEV	
屋内用ボタン電話ケーブル	EM-BTIEE	耐燃性ポリエチレンシース屋内用ボタン電話ケーブル	JCS C 第76号	BTIEV	
通信ケーブル	EM-CPEE	市内対ポリエチレン絶縁耐燃性ポリエチレンシースケーブル	JCS 第420号	CPEV	
	EM-FCPEE	着色識別ポリエチレン絶縁耐燃性ポリエチレンシースケーブル	JCS 第421号	ECPEV	
高周波同軸ケーブル	EM-5C-2E, 他	耐燃性ポリエチレンシース高周波同軸ケーブル	JCS 第422号	5C-2V, 他	

注）各規格の難燃性規格値
　1）難燃性　JIS C 3005（傾斜試験）60秒以内で自己消火
　2）発煙濃度　JCS 第397号による（絶縁，シース共）pH150以下
　3）燃焼時発生ガスの酸性度　JCS 第397号による（絶縁，シース共）pH3.5以上

第 2 章　国内外の規格，規制の動向

(1) JIS60°傾斜燃焼試験
    合格

(2) 燃焼ガス吸収液PH3.5
    以上

(3) 発煙性、光学密度150
    以下

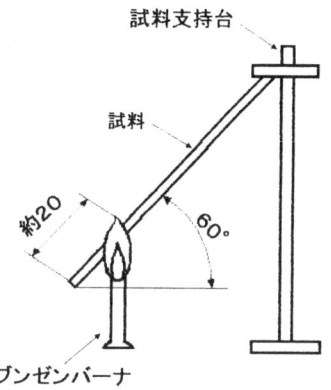

JIS60°傾斜燃焼試験

図3　エコケーブル難燃性の規格値

表15　新旧不燃性試験方法の比較

区　分	旧試験方法	新試験方法
不燃材料	基材試験	発熱性試験（コーンカロリメーター） 不燃性試験 ガス有害性試験
準不燃材料	表面試験 穿孔試験 ガス有害性試験 模型箱試験	発熱性試験（コーンカロリメーター） 改定模型箱試験 ガス有害性試験
難燃材料	表面試験 ガス有害試験	発熱性試験（コーンカロリメーター） 改定模型箱試験 ガス有害性試験

表16　防火難燃材料の性能評価基準

試験	判　定　基　準
不燃性試験	(1) 炉内温度の上昇が20℃以上 (2) 重量減少率が30％以下
発煙性試験	加熱開始後 (1) 総発熱速度 8 MJ/m^2以下 (2) 最高発熱速度200kW/m^2を超えることがない（10秒を超えて継続しない） (3) 防火上有害な、裏面まで貫通する亀裂、及び穴がない。
模型箱試験	(1) 総発熱量が20MJ/m^2以下 (2) 200kW/m^2を超える発熱速度が10秒を超えて継続しない
ガス有害性試験	加熱を始めてからマウスの行動が停止するまでの時間を 8 匹のマウス毎に測定し、マウスの平均行動停止時間が6.8分以上

難燃剤・難燃材料活用技術

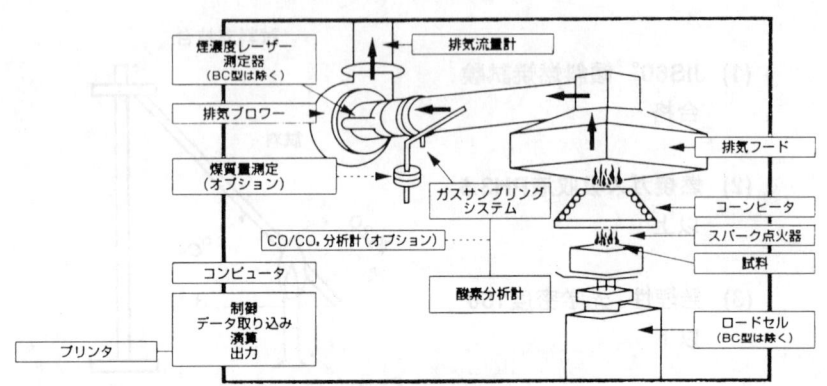

図4 コーンカロリメーター測定試験機システム構成図[9]

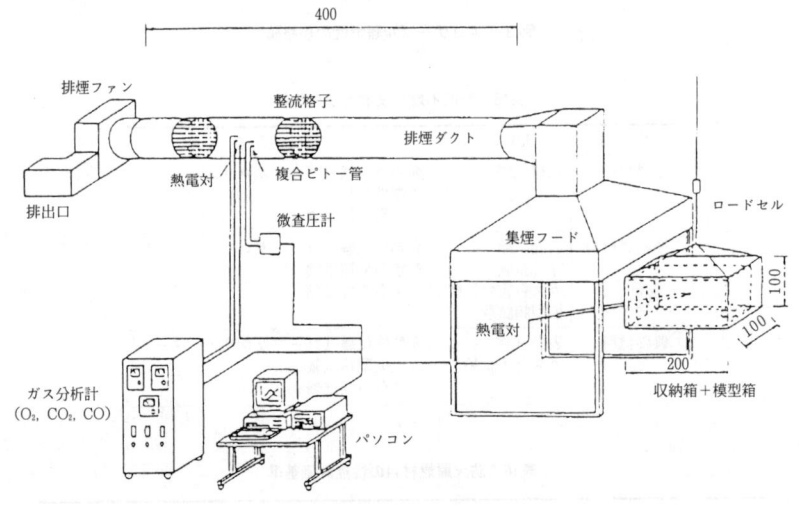

図5 改定模型箱試験装置[9]

現在の難燃材料の分類は，次の3種類に分けられている。
① 不燃材料
　指定の試験で，加熱開始後20分間燃焼せず，防火上有害な変形，溶融，亀裂等が生じないこと。避難上有害な煙，ガスを発生しない。
② 準不燃材料
　指定の試験で，加熱後10分間①と同様の性能を保持している。

第2章 国内外の規格，規制の動向

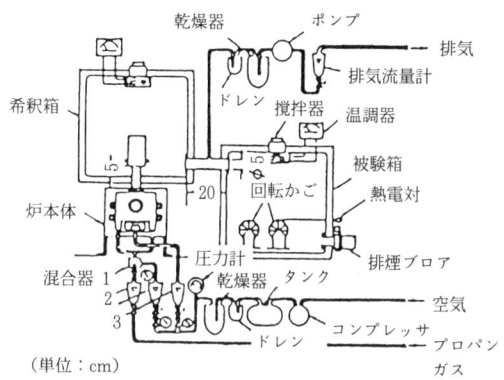

図6　建設材料有毒ガス試験装置（JIS A 1321）[9]

試験法の概要：図のような装置で試験材料を燃焼させ，その生成ガスに8匹のマウスを暴露させる。マウスが行動不能に至るまでの時間を測定し，標準材料（赤ラワン）の場合と比較する。

③　難燃材料

指定した試験で，加熱後5分間①と同様の性能を保持している。

このような試験に合格する材料として表17に示すような例が上げられている。新基準法は基本的には，死傷者発生の主要因となっている煙，有害性ガスを重視した内容になっている。

また，新基準法によると，性能評価基準が明確であり，従来の規格では木材が不燃材料にはなれなかったが，新基準法では既に不燃性木材が開発され認定されている。

コーンカロリメーターの導入は，試験法の精度を向上させるとともに，ISO，ASTM等の国際規格との比較が容易になり，学術的なデータの価値を高める効果もある。ガス有害性試験法は，

表17　基準法適用材料

- **不燃材料**（平成12年建設省告示第1400号）……20分間不燃
  1）コンクリート，2）れんが，3）瓦，4）陶磁器質タイル，5）石綿スレート，6）繊維強化セメント板，7）厚さが3mm以上のガラス繊維混入セメント板，8）厚さが5mm以上の繊維混入ケイ酸カルシウム板，9）鉄鋼，10）アルミニウム，11）金属板，12）ガラス，13）モルタル，14）しっくい，15）石，16）厚さが12mm以上のせっこうボード（ボード用原紙の厚さが0.6mm以下のものに限る），17）ロックウール，18）グラスウール板，19）その他国土交通大臣が不燃材料として認定したもの
- **準不燃材料**（平成12年建設省告示第1401号）……10分間不燃
  1）不燃材料であるもの，2）厚さが9mm以上のせっこうボード（ボード用原紙の厚さが0.6mm以下のものに限る），3）厚さが15mm以上の木毛セメント板，4）厚さが9mm以上の硬質木片セメント板（かさ比重が0.5以上のものに限る），6）厚さが6mm以上のパルプセメント板，7）その他国土交通大臣が難燃材料として認定したもの
- **難燃材料**（平成12年建設省告示第1402号）……5分間不燃
  1）不燃材料であるもの，2）準不燃材料であるもの，3）難燃合板で厚さが5.5mm以上のもの，4）厚さが7mm以上のせっこうボード（ボード用原紙の厚さが0.5mm以下のものに限る），5）その他国土交通大臣が難燃材料として認定したもの

難燃剤・難燃材料活用技術

　国内規格でも動物を使った有害性試験として数少ない試験法の一つであり，国際的にもDINの試験法とともに有用な評価法として注目されている。
　自動車火災の防止対策は，内装材料の難燃化の規制を主として規定しているが，基本的には衝突事故時の燃料の漏洩を防止する対策と，車中に閉じ込められた人命の安全対策が考慮されている。日本における自動車用内装材料の難燃規制は，平成6年に発行された国土交通省の答申に盛り込まれている。
　自動車の内装材料の難燃性規格は，米国の安全規格のFMVSS302が世界的に標準的な規格になっている。日本の規格もこのFMVSS302の内容に準拠している。即ち，自動車室内でのマッチやタバコによる火災の発生防止と，いったん発生した場合の余裕のある避難時間を確保する事が考慮されている。そのため規格値は，火災発生後の火炎の伝播時間を規制している。
　FMVSS302の規格の内容を表18に，燃焼試験装置と試料の取り付け方法を図7に示す。試験法の内容を見ると，水平燃焼試験法を基本にして，水平燃焼速度を4in／min以下に規制すると同時に，火災の急速伝播速度も規定されている。21℃，50％，24時間放置した試料を燃焼箱内に水平に設置して試験片の開放端の中央部に15秒間バーナーの炎を当て燃焼速度を計算する。

　　B＝60（D／T）
　　　B………… 燃焼速度
　　　D………… 燃焼距離
　　　T………… 炎の伝播に要した時間（sec）

　表18にはこのFMVSS302の他に自動車用部品の燃焼性規格も示されている。
　海外の自動車用規格の殆どが内装材料を対象に規定されている。世界主要国における自動車用材料規格の一覧表を表19，20に示す。表20に示すEC指令は，水平試験の他に垂直試験，溶融滴下試験が含まれている。
　その他車両用材料，家具調度品，船舶用，航空機用に多くの規格が制定され，運用されているが既に成書で解説されているので，他の規格と比較して特徴的な繊維関連の規格を紹介したい。繊維関係の難燃性規格は，代表的なのが日本では消防法，JISL1091に規定されている試験法であり，海外では，ISO6940（ISO／TC38／SC19），ISO6941に定められた方法である。これらの方法の概要を表21に示す。
　消防法の45度ミクロバーナー試験を説明すると，図8に示すように試料の重量によって薄手（450g／m^2以下）の場合は，ミクロバーナーを使用し，厚手の場合は，メッケルバーナーを使用して試験する。この試験法は，メッケルバーナーにより溶融収縮するアクリル繊維のようなものは，5％たるませ法によって試験し，溶融するポリエステル繊維，ナイロン繊維のようなものはコイル法を使用する。JISK1091は，消防法とほぼ同一の試験法を採用している。

第2章 国内外の規格，規制の動向

表18 自動車部品の燃焼試験規格[10]

規格番号	FMVSS-302	SAE-J 369	JIS-D 1201	ASTM-D 568	ASTM-D 635	SAE-J 726	JASO-M 311	JIS-C 2410	JIS-C 3405	JIS-C 3406	JIS-D 6830
規格名称	自動車内装材の燃焼性水平試験方法	自動車用内装材料の燃焼性試験方法	自動車室内用有機資材の燃焼性試験方法	硬質プラスチックの燃焼性試験方法	自消性プラスチックの燃焼性試験方法	バックファイアおよび耐炎性試験	自動車用軟質ビニル管	配線教習	高圧電線	低圧電線	自動車用シック材試験方法
適用範囲	乗用車，多目的乗用車，トラック，バス	FMVSSとほぼ同一	自動車室内に用いる有機資材	厚さ1.3mm以下のプラスチックまたはフィルム	厚さ1.3mm以下のプラスチックまたはフィルム	すべての自動車用キャブレターフィラメントメント					熔接時の燃焼保持性
試験体 大きさ	350×100mm (厚さ12.7 max)	350×100mm (3個以上)	350×100m (厚さ12max)×(5個)	457×25.4mm (3個)	注入成型127×13×6 (10個) 加熱成型127×13×13	エレメント完成品	300×13×2mm (5個)	長さ300mm	長さ150mm		70×150×5mm
支持角度	水 平	水 平	水 平	垂 直	45°	使用状態に設置	垂 直	30°	水 平	同 左	
熱 源	合成ガス	同 左 ただし，燃焼後排気の位置大きさが異なる	天然ガス	ガ ス	ガ ス	適用車種のエンジンを用いてバックファイアを起し，その炎（約1〜3回/sec）をエレメント円筒に発炎するまでさらす	LPガス	ガスバーナーまたはアルコールコンロ	ガスバーナーまたはアルコールランプ	同 左	ブンゼンバーナー
試験器具	ブンゼンバーナー	ブンゼンバーナー	ブンゼンバーナー	ブンゼンバーナー	ブンゼンバーナー				規定なし		
炎の長さ	38.1mm		38 mm	25.4mm	25.4mm		約30mm	約80mm		同 左	約50mm
加熱時間	15 sec	15 sec	15 sec	接炎 15sec	接炎 30sec (+30sec)		15 sec	5 sec	管外まで火を接炎		10 sec×6回
測定項目	1. 燃焼速度 (in/min)	1. 燃焼速度 (mm/min)	1. 燃焼速度 (mm/min)	1. 燃焼速度 (cm/min) (ゲージマーク1より計測)	1. 炭化長さ 2. 燃焼特性		1. 自消性	1. 接炎後の消炎時間	1. 難燃性−15sec以内に消炎すること	1. 自消性−15sec以内に消炎すること	1. 燃焼時間 2. 接炎回数
判定基準	1. 不燃性−発炎しない 2. 自消性 3. 遅燃2まで燃えない	1. 不燃性−発炎しない 2. 自消性 3. 遅燃 3 級−50以上75以下 4. 可燃性−75以上100以下 消炎または450mm以上から焼炎以内消失	1. 不燃性−すべて2個 2. 自消性−ゲージマーク1個が消炎，他が消炎すること 3. 可燃性−試験途中で3個とも消炎，または10個のうち5個以上消炎した場合								
略 図	ゲージマーク1 ゲージマーク2 38.1 254 127	ゲージマークB記録 A記録 38.1 254		ゲージマーク1 ゲージマーク2 127 254 457 76 127	ゲージマーク1 ゲージマーク2 25.4 127 25.4 45°			20 127 30°			溝長(200×200) 7 45°
適用部品	シートベルト，ドア，フロアマット，ヘッドライニング，カーテン，サンバイザ，カーペット，アームレスト，グローブボックス，サイドドアカバー，チャイルドシート，インシュレータ	同 左	内装品		共 通		フィルターエレメント	電気系配線，水，空気カバーなどの一般系統燃料油配管系ブレーキ油配管			参 考

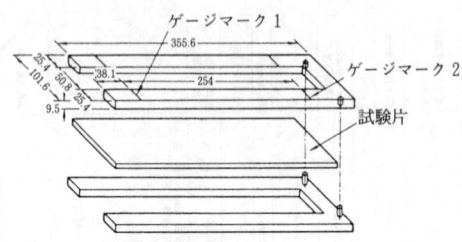

(a) 金属製U字型取付具（単位：mm）

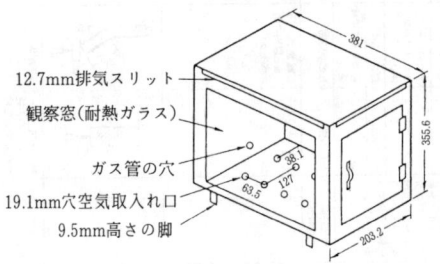

(b) 金属製試験槽（単位：mm）

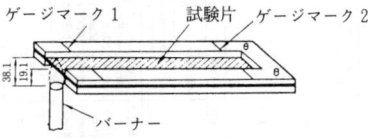

(c) バーナーと試験片の相対位置（単位：mm）

図7　FMVSS No.302の燃焼試験装置[10]

表19　世界各国の自動車用材料規格[11]

規制国	日本	アメリカ	EC	オーストラリア	GCC	中国
	保20条	FMVSS 302	95/28	ADR 58	GS 98	GB 8410-94
適用時期	94.4	72.9	99.10	88.7	91.5	96.1
対象車種	全車種	全車種	バス	バス	全車種	全車種
適用部位	内装材料	内装材料	内装材料	内装材利用	内装材料	内装材料
要求性能（燃焼速度）	100mm/分以下	4インチ/分以下	100mm/分以下	易燃性でないこと	250mm/分以下	100mm/分以下
試験方法	水平燃焼試験	水平燃焼試験	水平燃焼試験＋溶融,垂直	水平燃焼試験	水平燃焼試験	水平燃焼試験

第2章 国内外の規格, 規制の動向

表20 自動車用材料に関するEC指令試験法と評価基準[11]

試験法	適用部位	評価基準
水平燃焼試験	・シートやシートアクセサリ ・ルーフライニング ・サイドおよび後壁ライニング ・防熱または防音材 ・フロアライニング ・荷棚のライニング ・暖房,換気用パイプ ・照明類	燃焼速度が100mm/minを超えてはならない。
溶融滴下試験	・ルーフライニング ・荷棚のライニング ・上部に取り付けられた暖房,空調のパイプ ・天井の照明類	溶融滴下物により,下に置かれた脱脂綿に・着火してはならない。
垂直燃焼試験	・カーテン,ブラインド等の吊り下げもの	燃焼速度が100mm/minを超えてはならない。

表21 消防法, ISO繊維燃焼性試験法

試験方法	規格等	試験体 大きさ(mm)	試験体 配置	前処理	加熱又は点火法	測定項目	判定基準
消防法45度燃焼試験法	45度ミクロバーナー法	350×250	45度,上方伝播	50℃±2℃の電気乾燥器中に24時間,その後シリカゲル入りデシケーター中に2時間以上保冷	60秒及び着炎後3秒	炭化面積 残炎時間 残じん時間	炭化面積≦30cm²,残炎時間≦3秒,残じん時間≦5秒
	45度メッケルバーナー法				120秒及び着炎後6秒		炭化面積≦40cm²,残炎時間≦5秒,残じん時間≦20秒
	たるませ法				60秒(ミクロバーナー) 120秒(メッケルバーナー)	炭化長	炭化長≦20cm
	コイル法	100mm幅で1gまで			ミクロバーナーで試料の下端に接炎	接炎回数	3回以上
ISO繊維布地に対する燃焼試験法	ISO 6941	560×170	垂直,上方伝播		既存の試験法では表面又は下端に5秒又は15秒接炎(エアーミックスバーナー)の火炎長40mm 改良法で表面に30秒接炎(エアーミックスバーナー)の火炎長25mm	残炎,残じん時間 火炎伝播時間 火炎伝播速さ 溶融挙動など	特に規定されていない。
ISO大火源によるカーテン燃焼試験法	IS0/TC38/SC19/WC3 N259作業案	1000×1000	垂直,上方伝播		6個のノズルを持ったバーナーで試料の下端に接炎	火炎伝播時間 火炎伝播速さ 溶融挙動	

(消防研究所研究資料第30号,自治省消防貴研究所平成7年)[12]

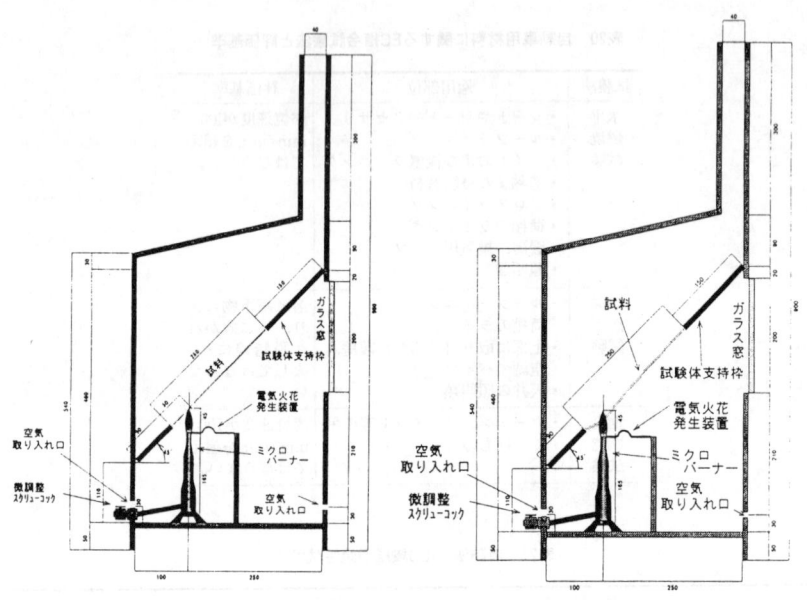

　　45度ミクロ（メッケル）バーナー法　　　　　5％たるませ法

図8　消防法45度繊維燃焼試験法[12]

　　　　　　　　　　　　　　　　文　　　献

1）　西澤　仁，JUR（国際環境連合ファンデーション）講演資料（2004，3月）
2）　西澤　仁，プラスチックス，53，No.7（2002）
3）　Troitzsch, Int Plastics Flammability Handbook（1990）Hanser
4）　西澤　仁，これでわかる難燃化技術，工業調査会（2003）
5）　羽田善英，FRCA-Jセミナー資料（1998）
6）　乾　秦夫，難燃材料活用便覧，テクノネット社（2002）
7）　電線工業会，EMケーブル規格
8）　植田和夫，東洋精機CS Techno Seminar 資料（2001）
9）　東洋精機コーンカロリメーター技術資料
10）　桜井登志郎，火災便覧，共立出版（1998）
11）　大塚順一，難燃材料活用便覧，テクノネット社（2002）
12）　消防研究所資料第30号（1995）

第3章 難燃材料,難燃剤の最近の動向

1 難燃材料の最近の動向と要求される性能

日本におけるプラスチックスの需要動向は,表1に示すように生産量が約1,400万トン／年に達し,国内消費量は,約1,000万トン／年に達している。世界的に見ると表2に示すように生産量は1億8,100万トン／年,消費量1億5,500万トン／年に達している。消費量で見ると世界に対し日本は,7～8％を占めていると考えられる。

難燃材料がこの中のどのくらいを占めるかは詳細な統計がないので推定するしかない。種々の資料から推定するとUL-94のV-1,V-0以上の難燃性を示す難燃材料は,約10％位と考えられる。そうすると日本における難燃材料は100～110万トン／年と推定できるのではないだろうか。

このような難燃材料の需要の中心は,電気電子,OA機器であるが,その他電線,ケーブル,建築用,自動車用,車両用,繊維,船舶,航空機等広い範囲の用途に使用されている。電気電子機器,OA機器を例にとって難燃材料の種類と難燃グレード,応用部品を表3に示すが,UL-94のHBからV-0,5Vまでの難燃グレードが使い分けられている。

表1 日本におけるプラスチックス生産,消費の推移[1]

(単位:1000トン)

	生産量	輸出量 (対生産比)	輸入量 (対生産比)	国内消費量 (対生産比)
2000年	14,440	4,313 (29.9%)	1,185 (8.2%)	11,318 (78.3%)
2001年	13,639	4,029 (29.5%)	1,166 (8.5%)	10,776 (79.09%)
2002年	13,640	4,635 (34.0%)	1,139 (8.45%)	10,144 (74.4%)

表2 世界のプラスチックス消費量の比較[1]

(単位:1000トン)

	世界全体	アメリカ	日本	ドイツ
1999年	140,000	42,248	11,203	12,300
2000年	150,000	44,509	11,609	12,800
2001年	155,000	42,817	11,018	12,800

難燃剤・難燃材料活用技術

表3 難燃性プラスチックスの種類と代表的応用分野[2]

種類	応用分野	難燃グレード
難燃PE, 架橋PE	エコケーブル, 電力ケーブル, 光ケーブル	V-0, 5-V
難燃PP	電線, ケーブル, 電気成形品, コネクター	HB, V-0
難燃PS	TV, VTR, オーディオ, PHS, パソコン等ハウジング材料	V-0, V-1, V-2
難燃ABS	パソコン, プリンター, ファックス, TV, VTR等のハウジング材料	V-0, 5V V-1, V-2
難燃PC	パソコン, プリンター, PHS等のハウジング材料 光ディスク, LCD反射板, 遮光板	V-0, 5V
難燃PET	複写機等のハウジング材料, 各種機能部品	V-0, V-1, V-2
難燃変性PPE	各種機器ハウジング材料	V-0, V-1, V-2
難燃PA	ギヤー, コネクター	V-0, V-1, V-2

1.1 難燃材料に要求される難燃性

　これら難燃材料に要求される難燃性は，既に規制，規格の項で述べたように用途によって異なる。代表的な例として電気電子機器，OA機器，電線ケーブル，建築用材料に定められている難燃性をまとめると表4に示すようになる。

　難燃材料とは，どの程度の難燃性を有するものをいうのだろうか。

　一般に難燃材料といわれている材料は，自己消炎性を示すもののことをいうが，その範囲は広く，材料が燃焼し始める最低酸素濃度で表される酸素指数で示すと，25～35くらいまでが漠然と難燃材料と呼ばれている。

　UL-94の垂直試験(V)でいうと，開発の目標値はV-0以上，5Vを目標として開発されているケースが最も多い。これは，機器の筐体のハウジング材料の難燃化を頭に置いているからであろう。

　最近の環境対応型難燃材料の難燃性は，現在エコケーブルで規定されている数値が一応の目標値と考えてよいのではないだろうか。即ち，目標酸素指数が，29～35，ハロゲン系有害性ガスは燃焼生成ガスの吸収液のPHが3.5以上，発煙性は，光学密度で150以下，JIS60度燃焼試験の合格する難燃性である。最近は，フォスフィンガス，HCNガス等にも配慮する場合もある。

　コーンカロリメーターによれば，建築材料に規定されている発熱量 8 MJ／m^{2}以下，最高発熱量200kW／m^{2}以下などが目標値と考えられよう。

1.2 難燃材料に要求される機械的性質

　難燃材料は，添加型，反応型難燃剤を複合化するため機械的性質の低下が懸念される。機器類

第 3 章 難燃材料,難燃剤の最近の動向

表 4 代表的な製品材料に要求される難燃性[2]

応用製品	要求される難燃性	代表的な適応規格
電気電子機器 OA機器	1）UL-94 HB, V-1, V-2, V-0 5-V等に合格 製品によって下記規格への合格が要求される IEC 695（ニードルフレーム試験） IEC 702（50W水平,垂直試験） IEC 9773（垂直試験） ASTND 4986（垂直試験） IEC 695, 829（着火試験） UL 746A（着火試験） IEC 112（耐トラッキング試験） ASTMD 469（耐アーク試験） 2）目標発熱量　4500cal／g以下（V-0） 3）目標酸素指数　29～35（耐ドリップ性）	UL-94 各相当規格 IEC 60950 JISD 1201
電線,ケーブル （エコケーブル等）	1）JISC-3005, 60度傾斜試験に合格 2）発煙性　　比光学密度　　150以下 3）有害性ガス　蒸留水吸収液 PH3.5以上 4）目標酸素指数　　29～35 5）IEEE 383　グループケーブル試験合格	JISC 3005 EMケーブル規格 EMケーブル規格 JISD 1201 TEEE 383
建築材料 （新建築基準法）	指定の燃焼試験で燃焼せず,防火上有害な変形,溶融,亀裂その他の損傷がおきず,避難上有害な煙,ガスが発生しないこと。 1）発熱量　　　　　　8 MJ/m²以下 　最高発熱速度　200KW/m²を越えないこと 　（10秒を越えて継続しない事） 　防火上有害な裏面まで通過する亀裂,穴がない 2）有害性ガス　　マウス回転試験合格 　　　　　　　（8匹平均致死時間6.8秒以内） 3）目標酸素指数　29～35	新建築基準法 発熱性試験（コーンカロリメーター試験） ガス有害性試験

の筐体として使用される場合,電線,ケーブルの被覆材料,建築用材料等優れた機械的性質が要求される。機器類の筐体では,基本的に金属とほぼ同等の剛性,耐衝撃性,破断強度を有する事が要求され,それだけの厚さを確保しなければならない。機器類,電線,ケーブルの場合に要求される機械的性質を表 5 に示す。材料設計の基本として理解しておく必要がある。

1.3 難燃材料に要求される耐熱性,耐久性寿命

難燃材料の耐熱性,耐久性寿命は,一般にはベース樹脂の性能がそのまま反映されると考えられるが,難燃剤の複合化により大幅に低下する事がないような材料設計が必要である。特に耐熱性の低下に影響するような難燃剤を複合化する場合は,それをカバーするための耐熱性付与剤の添加が必要になる。

機器類の寿命は,電気電子機器,OA機器においては,5～9年と設定され,電線,ケーブルの場合は20～30年,建築材料では60年の寿命が要求される。用途に応じた材料設計が要求され

表5 難燃製品に要求される機械的強度[2,3]

製品	要求される機械的性質				
電気電子機器 OA機器	ハウジング材料をはじめ内部部品材料の機械的強度は，基本的に鋼板，Alに匹敵する強度が要求され，各難燃材料が有する機械的強度を基本として機器の構造，使用条件によって調整して設計する。特に難燃材料の場合は，難燃剤との複合化による強度低下が問題となる。				
	材料	曲げ強度 Kg/mm^2	強度 Kg/mm^2	ALと同一剛性相当厚 mm	鋼板と同一剛性相当厚 mm
	Al	7,000	8	0.8	—
	鋼板	21,000	30	—	—
	PE	50〜100	2.2〜3.9	4.2〜3.2	9.0〜7.2
	PP	100〜150	2.3〜3.9	3.3〜2.9	7.2〜6.2
	PS	280〜380	2.3〜4.2	2.4〜2.2	5.1〜4.7
	ABS	79〜300	1.7〜6.3	3.7〜2.5	8.0〜5.0
	PA	100〜280	4.9〜8.4	3.3〜2.4	7.2〜5.1
電線，ケーブル（エコケーブル）	各種難燃性電線，ケーブルによって特性が若干異なるがエコケーブルの例を示す。 　機械的強度　　　10MPa＜ 　破断伸び　　　　350％＜ 　耐熱老化試験（90℃×96hr） 　機械的強度の残率　85％＜ 　破断伸び　　　　65％＜ 　加熱変形　　　　10％＞				

表6 代表的な絶縁材料の耐熱許容温度[2]

材料	耐熱許容温度	材料	耐熱許容温度
PE，EPコポリマー	75〜90℃	ABS	85〜110℃
架橋PE	90〜110℃	PC	100〜130℃
耐熱塩ビ，超耐熱塩ビ	80〜105℃	シリコーン	乾燥170℃　湿潤150℃

る。機器類に使用される絶縁材料の耐熱許容温度（長期連続使用可能温度）を表6に示す。

　今後ますます製品の高性能化，小型化が進み難燃材料の耐熱性，耐久性が要求される事を考えると難燃材料設計においても耐熱性の優れた縮合，重合タイプ，芳香族系難燃剤の使用が好まれる。特に注意しなければならないのは，使用環境における劣化条件の影響である。温度，湿度の高い条件では，モノマー型りん酸エステルは，加水分解の心配があり，縮合型，重合型の使用が有利となる。半導体封止材料は，イオン導電性物質の遊離が寿命に大きく影響する。反応型難燃剤，無機系難燃剤を使わざるを得ない。脂肪族臭素系難燃剤は，高温での性能評価では揮発によるミクロボイドの生成，急速な劣化の原因となり易い。

第3章 難燃材料，難燃剤の最近の動向

表7 成形加工性の優れた難燃材料開発のポイント[4]

項目	難燃性を考慮した加工性改良技術
配合設計	ベース樹脂の流動性チェックと選択 ベース樹脂と難燃剤の熱分解温度のマッチング 難燃剤の粒子径，粒度分布，形状，表面処理による流動性の改良 ベース樹脂と難燃剤の相溶性の確認 加工温度，最高使用環境温度の確認と耐熱性配合設計（熱分解による変質防止） 流動性に優れた難燃剤配合 　　りん系液状難燃剤による流動性の改良 　　シリコーン系難燃剤による流動性の改良 　　超高分子シリコーン化合物による流動性の改良 高難燃効率難燃系による添加量の減量と流動性の改良 　　相乗効果系 　　難燃触媒（有機金属化合物） 　　ナノコンポジット（単独，従来難燃系との併用）
成形加工設備 金型	コンパウンディング時の温度条件の調整（極部過熱による難燃剤分解の課題） 　　2軸押出機のスクリュー構造，ニーダーの選択，サイドフィード方式 難燃剤の適正な分散技術 　　2軸押出機，ニーダー，コニーダー，BMでの混練り条件の設定 押出し，射出成形ラインの改良 　　スクリュー構造（単軸，2軸，射出） 金型材質の選定，表面処理による汚染，粘着の防止 　　特殊鋼，表面処理剤，離型剤の選択
加工性評価	成形加工条件に適応したせん断速度，温度での粘性の評価 　　NFR，粘性の温度依存性，せん断速度依存性（$10 \sim 10^4 \text{sec}^{-1}$） 加工性指標による評価 　　圧力損失，メルトテンション，応力緩和 　　CAEシミュレーション技術による予測 　　比熱，熱伝導度，熱膨張係数，粘性特性（温度特性，せん断速度依存性）

　成形品表面へのブリード，ブルームの問題も機器類の寿命に影響する。材料自身の劣化がないにもかかわらず外観の汚染による寿命低下に結びつく。難燃剤は，ベース樹脂との相溶性を評価して表面汚染の少ないタイプの選択が重要になる。

1.4 その他要求される特性

　最近特に注目されている項目として成形加工性が上げられる。難燃材料は，難燃剤との複合化により流動特性が低下し，成形サイクル数が落ちる。それによるコストの上昇，品質の低下，不良品の増加が問題になる。材料開発に当たり難燃性，物性のみでなく，優れた成形加工性が要求されてきている。配合設計とのバランスをどのようにとっていくかが今後の大きな課題である。表7に成形加工性に優れた難燃材料開発のポイントを示す。
　難燃材料のもう一つの要求としてリサイクル性に優れた材料設計がある。2001年に家電リサイクル法が施行され，エアコン，TV，冷蔵庫，洗濯機は，50〜60%のリサイクルを義務づけられ

表8 リサイクル性に優れた難燃材料の設計[4]

項目	リサイクルに適した配合設計		
難燃剤の選択	1）耐熱性，熱分解性に優れた難燃剤の選択		
	臭素系難燃剤	エチレンビステトラブロモフタロイミド	
		5％分解温度　440℃，mp　300℃	
		エチレンビスペンタブロモフェノール	
		5％分解温度　380℃，mp　350℃	
		ポリブロモスチレン	
		5％分解温度　370℃，mp　140～240℃	
	りん系難燃剤	縮合りん酸エステル，オリゴマー型，りん酸アミン等	
		ＣＲ７３３Ｓ	350℃　11％分解
		ＣＲ７４１	350℃　6.6％分解
		ＰＣ２００	350℃　4.2％分解
	水和金属化合物	水酸化Mg	脱水開始温度　340℃
		硼酸亜鉛	脱水開始温度　290℃，419℃
耐熱性防止剤 耐候性付与材の添加	1）フェノール系，アミン系耐熱性劣化防止剤 2）ヒンダートアミン系化合物　難燃化効果と紫外線劣化防止効果（Flame Stab NOR）		
成形加工性の改良によるせん断発熱の低減	流動性の向上 成形加工時の熱安定性の向上 粘着性，変色性の防止		
ケミカルリサイクルにおける熱分解の促進	燃焼しにくい難燃材料を分解，燃焼促進するための燃焼促進触媒の開発 アルカリ土類金属，アルカリ金属，アルミキレート化合物，金属化合物等		
低有害性ガス化	低ハロゲンガス化	水和金属化合物，金属炭酸塩　有機銅化合物等	
	低ＨＣＮ化	銅酸化物，有機銅化合物等	
	低NOx化	活性フェロキサイト，Ni／酸化AL，Cu／ゼオライト	
	低発煙化	水和金属化合物，フェロセン，金属炭酸塩，硼酸亜鉛 鉄酸化物，鉄水酸化物，チオシアン化銅，酸化モリブデン，モリブデン酸アンモン，シリカ，ヒドロキシキノリン金属塩（Fe, Mo, Co, V），フタロシアニン塩（Fe, Cu, Mn, Co, V），酸化錫，錫酸銅等	
	燃焼残渣の処理	有害性ガスを吸着，反応した生成物の処理	

ており，2007年4月には，80～90％になろうとしている。難燃材料のマテリアルリサイクル，ケミカルリサイクルは共にいくつかの課題を抱えている。リサイクルの課題として次の項目をあげる事が出来る。これからの難燃材料はこのようなリサイクル性を考慮した配合設計が必要になる。

① 繰り返し使用に耐える耐熱性，耐久性に優れた材料設計（表8）

安定性の高い難燃剤の選択，耐熱性付与剤，耐候性付与剤の選択，せん断発熱性の低い流動性に優れた材料設計が必要となる。

② 識別，分別し易い材料設計

異なる材料を混合する事は，相溶性に優れた材料同士は別として，一般に異種の材料が混入すると材料物性は極端に低下し，しかも成形品の不良にもつながる。識別は各種レーザースペクトル法，UVトレーサー法，赤外スペクトル法等によってなされる。

第3章 難燃材料,難燃剤の最近の動向

分別法で最も多く採用されているのが比重分別法である。比重が明らかに異なるPEとPVCのような材料は簡単に出来る。その他分別法には,静電分離法,サイクロン法等があり,経済性を考慮すると比重分別が最も広く採用されている。

③ リサイクルにおける表面劣化部分の除去

製品は10年使用しても劣化は表面の薄い数ミクロンの厚さだけで内部は殆ど劣化していない事が確認されている。表面部分をジェット洗浄,超音波洗浄等で除いてやる必要がある。金属のような異物を移出して除去することも必要となる。

④ ケミカルリサイクル法による燃焼,ガス化,油化

燃焼してエネルギーを回収するし,臭素系難燃剤を回収するのも同じように識別,分別が必要になり,回収装置,有害性ガスの除去が必要となる。有害性ガスの発生の少ない材料設計には表8に示すような低有害性ガス効果の高い金属化合物の選択も有効な手段である。燃焼残渣の中に灰分として固定する技術が低有害性PVCには既にいくつかの技術が開発されている。また,燃焼しにくい難燃材料を効率的に燃焼させる燃焼触媒も必要になる。金属化合物,有機金属化合物のように酸化促進効果の高い化合物が使われる。

2 難燃剤の最近の動向

2.1 難燃剤の種類と需要動向

難燃剤は,図1に示すように,大きく分けてハロゲン系とノンハロゲン系に分けられる。ハロゲン系は,脂肪族系臭素化合物,芳香族系臭素化合物,塩素系化合物に分けられる。反応型難燃剤が使われている。ノンハロゲン系難燃剤は,りん系難燃剤,無機系難燃剤,シリコーン系難燃剤,窒素系難燃剤等に分類されている。

表9に示すように難燃剤の需要量をみると,世界全体で108～110万トン／年に達し,日本では15～18万トン／年に達している事がわかる。種類別に見ると日本では,無機系難燃剤が最も多く,6万7千トン／年,次いで臭素系難燃剤で5万8千トン／年,りん系難燃剤で2万9千トン／年,塩素系で5千トン／年に達している。日本における種類別の需要量の推移を示したのが表10である。この中の特徴的な傾向を見ると次の事が挙げられる。

① 臭素系難燃剤の需要量は堅調であり,2001年には多少の減少を示しているが,環境問題に関連してエコラベルの問題が騒がれている割には安定した需要を示している。これは臭素系難燃剤と三酸化アンチモンの組み合わせが難燃効率が高く,物性,成形加工性に優れた難燃材料を作るのに欠かせない難燃系であることが理由として挙げられる。

② りん系難燃剤は,2000年から需要が急激に立ち上がってきているが,2002年頃から横ばい

難燃剤・難燃材料活用技術

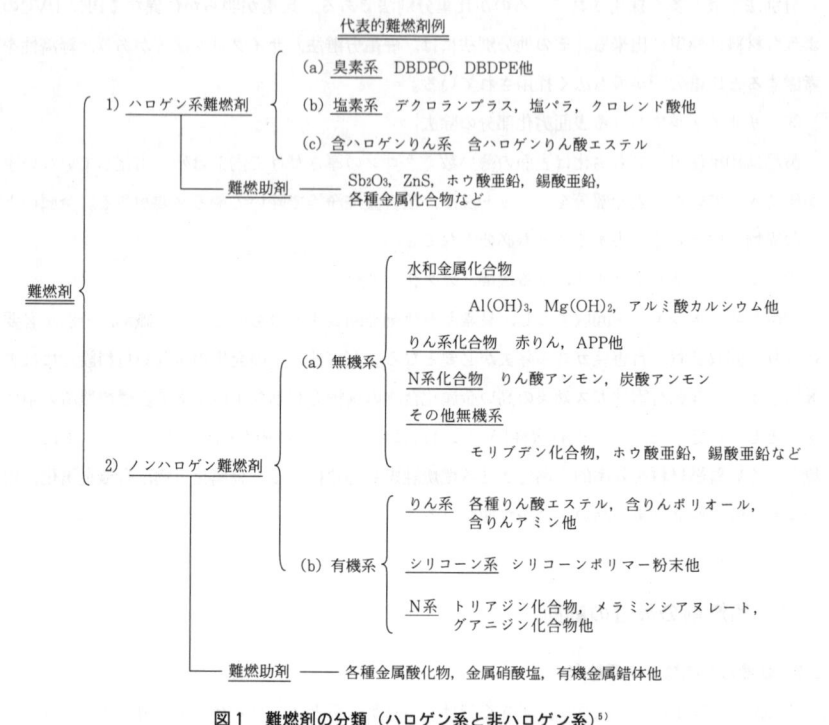

```
                              代表的難燃剤例
                    ┌── (a) 臭素系    DBDPO, DBDPE他
         ┌ 1) ハロゲン系難燃剤 ─┼── (b) 塩素系    デクロランプラス, 塩パラ, クロレンド酸他
         │          └── (c) 含ハロゲンりん系   含ハロゲンりん酸エステル
         │
         └── 難燃助剤 ── Sb₂O₃, ZnS, ホウ酸亜鉛, 錫酸亜鉛,
難燃剤                   各種金属化合物など

         ┌                    ┌─ 水和金属化合物
         │                    │       Al(OH)₃, Mg(OH)₂, アルミ酸カルシウム他
         │          ┌ (a) 無機系 ┼─ りん系化合物    赤りん, APP他
         │          │         │─ N系化合物    りん酸アンモン, 炭酸アンモン
         │          │         └─ その他無機系
         │          │               モリブデン化合物, ホウ酸亜鉛, 錫酸亜鉛など
         ├ 2) ノンハロゲン難燃剤 ─┤
         │          │         ┌─ りん系    各種りん酸エステル, 含りんポリオール,
         │          │         │           含りんアミン他
         │          └ (b) 有機系 ┼─ シリコーン系    シリコーンポリマー粉末他
         │                    └─ N系    トリアジン化合物, メラミンシアヌレート,
         │                              グアニジン化合物他
         └── 難燃助剤 ── 各種金属酸化物, 金属硝酸塩, 有機金属錯体他
```

図1　難燃剤の分類（ハロゲン系と非ハロゲン系）[5]

表9　世界，日本における難燃剤の需要量（推定）[6]

種類	世界全体	日本 （右図参照）
臭素系	421,200	57,550
りん系	248,400	26,500
塩素系	106,000	5,200
無機系	237,600	67,000
窒素系	64,800	—
合計	1,078,000	156,250

（単位：トン）

日本における難燃剤需要割合（2002年）
- 無機系43%　67,000t
- 臭素系37%　57,550t
- りん系17%　26,500t
- 塩素系3%　5,200t
- 合計　156,250t

難燃性プラスチックスが，プラスチックス消費量の10%の110万トンとすると，難燃剤の添加量は平均10%になる。

第3章 難燃材料，難燃剤の最近の動向

表10 日本における難燃剤の需要量の推移(2) [6]

(単位：トン)

年 種類	1996	1997	1998	1999	2000	2001	2002
臭素系	59,100	59,930	63,750	64,450	64,450	67,250	57,550
りん系	10,410	9,010	9,200	9,200	9,200	28,500	26,500
塩素系	5,200	5,260	5,200	5,200	5,200	5,200	5,200
無機系	68,000	70,000	71,100	71,100	71,100	68,500	67,000
合　計	142,710	144,200	149,250	149,950	149,950	169,450	156,250

(化学工業日報社調査資料)

状態を示している。これは一時の臭素系難燃剤に関する環境安全性に対する懸念が影響している。しかしその後伸び悩んでいるが，先に述べた臭素系難燃剤の特徴が再評価されてきた事とりん系難燃剤が環境問題で，環境ホルモン，フォスフィンガスの発生，アレルギー問題等に対する心配が原因している事が推定される。

③ 　無機系難燃剤は，水和金属化合物の中で水酸化Mgがエコ材料の主要な難燃剤として注目され徐々に伸びてきている事と，水酸化Alの堅調な需要が支えている。酸化アンチモンの有害性に心配があるが，日本における化審法による特定化学物質としての取り扱いとダストフリーの義務づけによって法的な使用規制はない。

④ 　新しい難燃剤として開発されたシリコーン系難燃剤や，古くから使われている窒素系難燃剤は量的には少ない。

　　最近は，従来使用量に少ない反応型りん系難燃剤が，半導体封止材料，電気絶縁材料，耐熱性材料の難燃化に使用され需要量を伸ばしている。また，APPを主要難燃剤とするIntumescent系難燃剤がその高難燃効率を生かして注目されている。

最近の2003年から2004年の推移を推定したのが，表11である。難燃剤全体として動向は2002年までと大きな変化はないが，最近の研究の方向は次の4つの課題が注目されている。

① 　高難燃効率の難燃剤，難燃剤の開発
　　細粒化，ナノコンポジット化，新規相乗効果の開発
② 　環境安全性の高い難燃剤，難燃系の開発
　　水和金属化合物及び難燃助剤の開発，りん系難燃剤及び難燃助剤の開発，シリコーン系難燃剤の開発
③ 　成形加工性の優れた難燃剤，難燃系の開発
　　流動性の優れた難燃剤，難燃系の開発，高難燃効率による添加量の低減
④ 　リサイクル性に優れた難燃剤，難燃系の開発
　　マテリアルリサイクル，ケミカルリサイクル性に優れた難燃剤，難燃系

表11 難燃剤の需要動向（2003〜2004年）[7]

（単位：トン）

難燃剤の種類	2003年	2004年
臭素系難燃剤		
TBBA	28,000	28,000
DBDPO	1,000	800
HBCD	2,000	1,800
TBP	3,600	3,600
エチレンビステトラブロモフタロイミド	1,800	1,850
TBBA-PCオリゴマー	2,350	2,400
臭素化PS	2,500	2,500
TBAエポキシオリゴマー，ポリマー	8,700	8,900
エチレンビスペンタブロモフェニール	4,500	4,500
HBB	350	300
TBBA－ジブロモプロピルエーテル	1,000	1,050
テトラブロモベンジルアクリレート	500	600
臭素化芳香族トリアジン	1,000	1,200
りん系難燃剤		
りん酸エステル	21,000	22,000
含ハロゲンりん酸エステル	4,000	3,500
APP	1,200	1,400
赤りん	500	500
フォスファフェナントレン	1,200	1,400
塩素系難燃剤		
塩パラ	4,300	4,000
デクロランプラス	600	600
クロレンド酸	300	300
無機系難燃剤		
三酸化アンチモン	14,500	14,000
水酸化Al	42,000	42,500
窒素化グアニジン	5,000	5,000
五酸化アンチモン	1,000	1,000
水酸化Mg	5,500	5,800
合　計	158,400	159,500

注）本データは，化学工業日報社，シーエムシー出版社の調査データ及びその他情報を総合して推定した値である。

　難燃剤の種類別の具体的な動きを見てみると，臭素系難燃剤は，TBBA系が主体で，その他耐熱性，電気特性，成形加工性の耐熱分解性の優れた芳香族臭素化合物が増える傾向が見られる。塩素系難燃剤は，塩パラ，デクロラン，クロレンド酸等変化は見られない。無機系難燃剤は，水酸化Mg，水酸化Alで新しい展開が見られる。表面処理剤，粒子径，粒子形状，粒度分布において工夫がなされ，成形加工性，難燃効率が高いタイプ，天然水酸化Mgの改良タイプが上市されている。

　りん系難燃剤は，環境対応型として期待されているがやや需要が頭打ちである。耐熱性，加水分解性，電気特性（イオン導電性物質の少ない）に優れたタイプ，難燃効率の高いタイプが望まれている。現在縮合タイプ，重合タイプ（RDP，BPA-DP，BPA-DC等）ポリオレフィン用Intume-

第3章　難燃材料，難燃剤の最近の動向

scent系（FP2000, 2001），反応型（HCA, TPP-OH, 反応型BDP）等が注目されている。
　その他難燃剤としては，シリコーン系，硼酸亜鉛，錫酸亜鉛，窒素系難燃剤，有機金属化合物，ナノフィラー等があるが，量的な拡大は見られない。

2.2　各種難燃剤の種類と特徴
2.2.1　ハロゲン系難燃剤
　塩素系難燃剤は，添加型として塩パラ，塩素化PE，環状脂肪族塩素化合物のデクロランプラス，反応型としてクロレンド酸，無水クロレンド酸がある。塩パラは，塩ビの可塑剤として多く使用されているが，低コスト難燃剤として特徴があり，塩素含有量が70％程度の固体が使われる。塩素化PEは，耐衝撃性付与剤の効果と併せて使われるケースが多い。デクロランは，古くから耐熱性，電気特性，低発煙性，耐ドリップ性が優れた難燃剤として使われ，使用量は少ないが堅実な需要を確保している。
　臭素系難燃剤は，脂肪族系と芳香族系に分類されている。代表的な種類と特性を表12に示す。

表12　臭素系難燃剤の種類と特徴[5]

種別	難燃剤の名称	臭素含有量(％)	融点(℃)	5％分解温度(℃)
脂肪族系	1. ヘキサブロモシクロデカン（HBCD）	75	185～195	250
	2. ビス（ジブロモプロピル）テトラブロモビスフェノールA（DBP-TBBPA）	68	108	290
	3. ビス（ジブロモプロピル）テトラブロモビスフェノールA（DBP-TBBPA）	66	100	300
	4. トリス（ジブロモプロピル）イソシアヌレート（TDBPIC）	70	115	290
	5. トリス（トリブロモネオペンチル）ホスフェート（TTBNPP）	70	182	310
芳香族系	1. デカブロモジフェニルオキサイド（DBDPO）	83	300＜	370
	2. 臭素化エポキシ樹脂（TBBPAエポキシ）水添グリシジル末端TBP封止	53	76	363
	3. ビス（ペンタブロモ）フェニルエタン（BPBPE）	56	75	358
	4. トリス（トリブロモフェノキシ）トリアジン（TTBPTA）	82	354	390
	5. エチレンビステトラブロモフタルイミド（EBTBPI）	67	230	380
	6. ポリブロモフェニルインダン（PBPI）	67	300＜	440
	7. 臭素化ポリスチレン（BrPS）	74	235～255	344
	2臭素置換体	61	185～195	365
	3臭素置換体	70	225～250	353
	8. TBBPAポリカーボネート（TBBPA-PC）	55	160～200	330～350
	9. 臭素化フェニレンオキサイド（BrPPO）	64	200～240	380
	10. ポリペンタブロモベンジルアクリレート（PPBBA）	70	205～215	333

脂肪族系は，比較的分解温度が低く，難燃効率が高いが耐熱性に劣り，成形加工時の分解による金型汚染や製品表面へのブルーム，ブリード現象が起こり易い。しかしながら融点が低く成形加工温度での溶融分散がし易いため難燃効果が高い。しかし耐熱性難燃材料には適さない。

芳香族系は，融点が高く，成形加工温度では溶融せず粒子のまま分散するのが多いので微粒子化が問題になる。耐熱性難燃材料には適している。

その他反応型として，TBBA，テトラブロモフタレート，トリブロモフェノール，ジブロモメタクレゾール，ジブロモネオペンチールグリコール，臭素化フェノール，ビニルブロマイドなどを挙げることが出来る。

2.2.2 りん系難燃剤

りん系難燃剤は，環境対応型難燃剤の一つとして伸びてきているが，一部では安全性が心配されており，ノンフォスフォラスの動きも出ているが，現在，一部特殊な用途を除いてりん系難燃剤を禁止している国はない。現在使用されている難燃剤は次のように分類される。

a）モノマー型りん酸エステル

TPP, TCP, CDP（クレジルジフェニルフォスフェート），TEP（トリエチルフォスフェート）

b）縮合型りん酸エステル

RDP（レゾルシノルビス（ジフェニル）フォスフェート）

BPA-DP（ビスフェノールAビス（ジフェニル）フォスフェート）

BPA-DC（ビスフェノールAビス（ジクレジル）フォスフェート）

c）含ハロゲンりん酸エステル

TCEP（トリス（クロロエチル）フォスフェート）

TCPP（トリス（クロロプロピル）フォスフェート）

TDCPP（トリス（ジクロロプロピル）フォスフェート）

TBPP（トリス（トリスブロモプロピル）フォスフェート）

d）フォスフォネート

ジエチル-NN'-ビス（2-ヒドロオキシエチル）アミノメチルフォスフェート

e）反応型りん系難燃剤

反応型BDP（ビスフェノールAビスジフェニルフォスフェート）

HCA（9,10-ジヒドロ-オキサ-10-フォスファフェナンスレン-10-オキシド）

f）りん酸塩

APP（ポリりん酸アンモン）ポリりん酸メラミン

g）赤りん系化合物

赤りん，赤りん＋膨張性黒鉛

第3章 難燃材料，難燃剤の最近の動向

表13 りん系難燃剤の種類と特性[5]

名称	粘土×10^3 (Pa·s)/20℃	りん含量 (%)	引火点 (℃)
非ハロゲンりん酸エステル単量体			
・トリフェニルホスフェート（TPP）	固体（融点49℃）	9.5	220
・トリクレジルホスフェート（TCP）	58	8.4	234
・トリキシニルホスフェート（TXP）	172	7.6	258
・トリエチルホスフェート（TEP）	1.6	17.0	111
・クレジルジフェニルホスフェート	36	9.1	240
・キシリルジフェニルホスフェート	60	8.8	244
・クレジルビス（ジ-2,6-キシレニル）ホスフェート	1500	7.8	256
・2-エチルヘキシルジフェニルホスフェート	18	8.5	224
非ハロゲンりん酸エステル縮合体			
・レゾルシノルビス（ジフェニル）ホスフェート(RDP)	600	10.2	302
・ビスフェノールAビス（ジフェニル）ホスフェート(BPA-DP)	1800 (40℃)	8.8	334
・ビスフェノールAビス（ジクレジル）ホスフェート(BPA-DC)	1800	8.8	334
・レゾルシノルビス（ジ-2,6-キシレニル）ホスフェート	固体（融点95℃）	10.2	302
含ハロゲンりん酸エステル単量体			
・トリス（クロロエチル）ホスフェート（TCEP）	35	10.8	222
・トリス（クロロプロピル）ホスフェート（TCPP）	68	9.3	210
・トリス（ジクロロプロピル）ホスフェート（TDCPP）	1600	7.1	249
・トリス（トリブロモプロピル）ホスフェート（TTBPP）	固体（融点95℃）	3.0	—
ホスフォネート化合物			
・ジエチル-N,N-ビス(2-ヒドロオキシエチル)アミノメチルホスフォネート	195	12.2～12.6	170

h）その他フォスファゼン化合物

りん系難燃剤は，固相におけるチャー生成，溶融ガラス層の生成，気相におけるラジカルトラップ効果，多孔質発泡チャーの生成等の難燃化機構によって高い難燃性を示す。ハロゲン化合物-アンチモン化合物の相乗効果と比べて難燃効率がやや劣るが，特に分子内に酸素原子を含むエポキシ樹脂，ウレタン樹脂に効果が高い。

最近注目されている反応型難燃剤は，半導体封止材料のようなイオン電導性物質を嫌う場合に効果が高い。HCAのように化学的に結合し遊離のりん化合物を生成しにくいものが好まれる。硬化剤にりん元素を導入したり，主剤にりん元素をグラフト化したりして難燃化する工夫もされている。代表的なりん系難燃剤を表13に示す。

2.2.3 無機系難燃剤

無機系難燃剤の中で最も需要量の多いのが水和金属化合物である。水酸化Al，水酸化Mgが使われているが，ポリマーの成形加工温度によって使い分けられている。脱水吸熱反応と燃焼残渣中に生成する無機酸化物による断熱酸素遮断効果，低発煙効果を示し，りん系難燃剤と共に非ハロゲン系難燃剤を代表する難燃剤として使われている。しかしながら難燃効率が低く，UL-94，

難燃剤・難燃材料活用技術

表14 水和金属化合物系難燃剤の開発と進歩[5]

項　目	技　術　内　容	備　考
陰イオン蓚酸処理水酸化アルミニウム	蓚酸陰イオン処理により脱水温度を200℃～約350℃に上昇。	アルコア化成 1999年量産化中止
硝酸塩処理水酸化アルミニウム	硝酸塩化合物処理により，燃焼立ち上がり時に炭酸ガス，一酸化炭素の発生を促進し難燃効果を向上。	石塚硝子：ハイロライザーHG
高温熱水処理水酸化アルミニウム	ギブソナイト構造を有する水酸化アルミニウムを220～240℃の熱水流中にて処理することにより，表面をベーマイト構造に変化させ，脱水温度を約300℃に上昇させる。	Vereinig Aluminium Werke, 日特開平11-323011
錫酸表面処理水和金属化合物	水和金属化合物と錫酸亜鉛との相乗効果により難燃性，低発煙性の向上。	Fire and material Vol.21, 179 (1997)
ニッケル化合物表面処理水酸化マグネシウム	空気中の炭酸ガスとの反応により，生成する炭酸マグネシウムによる白化現象を改良，難燃性も向上。	TMG㈱：ファインマグSN
シリコーンポリマー表面処理水酸化マグネシウム	シリコーンポリマー表面処理によりポリマーの流動性（MFR）を低下させず，分散の向上により難燃も改良。	Magniffin社技術資料
プロコバイト	金雲母（K，Mg，Al，Siを含む酸化物複合体で2分子の結晶水含有）は高い難燃性と流動性をを付与する。	商品名：NC-25，NC-440
多層表面処理水和金属化合物	反応性，非反応性化合物，EVA，錫酸亜鉛，シリコーン化合物など多層表面処理により難燃性，流動性を改良。	Fire and Polymer Series 797 (2001)
カチオンポリマー処理水酸化マグネシウム	カチオン処理水酸化マグネシウムはポリマーとの親和性を向上し，弾性モジュラスを向上，ひずみによる変色を防止。	商品名：ジュンマグ

V-0を合格させるためには，150部以上の添加量を必要とする。そのため物性，成形加工性の低下が懸念される。そのため細粒化，粒度分布，表面処理等による改良が行われている。最近新しいタイプの開発が行われているが，それらの主なものを表14に示す。細粒化の研究は，結晶構造のために0.2ミクロン以下の粒子径のタイプの製造は困難とされてきたが，最近ハイブリッド重合法によりナノサイズの水和金属化合物の合成に成功している。これらは少量の添加量で効果的な難燃性を示す事が示されている。

その他の無機系難燃剤としては，ハロゲン系化合物の相乗効果を示す三酸化アンチモン，硫化亜鉛，モリブデン化合物，錫化合物，酸化ジルコニウム等がある。

低発煙化，低有害性ガス効果を示す金属化合物がある。即ち，炭酸Ca，炭酸Li，炭酸Mg，硼酸塩，モリブデン化合物，BaO，CaO，錫化合物，バナジウム化合物，ヒドロキシキノりんMn塩，フェロセン，酸化鉄，活性フェロキサイト，Ni／酸化Al，Cu／ゼオライト，酸化銅，チオ

第3章 難燃材料，難燃剤の最近の動向

表15　その他難燃剤の種類と特徴[5]

種　　類	化合物名，商品名メーカー	特　　徴
シリコーン系難燃剤	東レ・ダウコーニング・シリコーン 　DC 4-7045（官能基なし） 　DC 4-7051（エポキシ基） 　DC 4-7081（メタクリル基） 信越化学工業EPX-02ほか 　GE東芝シリコーン 　XC99-B5661ほか	・燃焼時に生成する$-Si-O-$，$-Si-C-$結合を主体とした燃焼残渣と芳香族環状構造を有するチャーを生成させ，クリーンな難燃剤として期待されている。 ・最近は，りん元素と珪素元素が同一分子内に含む化合物（特開2000−256378）も開発されている。脂肪族金属塩，有機金属化合物，硼酸化合物との併用で安定な断熱層を形成する。 ・水和金属化合物の難燃助剤としての効果も大きい。
窒素含有化合物	DSMジャパン 　メラミンシアヌレートほか 三和ケミカル，丸菱油化工業 　グアニジン化合物 三井化学，大塚化学 　プラネロン（三井） 　ホスファゼン（大塚）	・主としてPU用，耐火塗料用に使用されるが，最近はプラスチックスにも使用され始めている。 ・紙，木材の用途が多い。耐水性に課題有り。 ・窒素−りんの併用効果により高い難燃効果を示す。
ヒンダードアミン化合物	チバスペシャルティー・ケミカルズ 　FLAME STAB-NOR 116	・化学構造は，NOR型のHALSであり，ポリオレフィンに特に効果が高い。耐光性・耐熱性に優れる。 ・添加量が少なく物性，成形性への影響も小さい。 ・ハロゲン，りんとの併用で効果が高い。 ・融点が108〜123℃であり，溶融加工が可能。
各種有機金属化合物	有機金属錯体 　アセチルアセトン金属塩 　サルチルアルデヒド金属塩 　8-ヒドロキノりん金属塩 　フタロシアニン金属塩 　エチレンジアミン４酢酸銅錯体 　（EDTA） 　フェロセン，蓚酸銅錯体	・水和金属化合物の難燃助剤として効果が高い。 ・ポリマーの水素引抜環化反応によりチャー生成促進効果，安定化効果を示す。 ・PBTなどのエンプラの難燃化に効果を示す。 ・PVCの低発煙効果が高い。
芳香族エンプラ	PPO，PPE，PPSなど	・チャー生成剤としてポリマーブレンド用として使用される。

シアン銅，蓚酸銅，アセチール酢酸Al，水和金属化合物，ヒドロキシ金属塩（Fe，Mo，Co，V），フタロシアニン塩（Fe，Cu，Mn，Co，V）などである。

その他，水和金属化合物の難燃助剤として使われるZnO，硼酸亜鉛，錫酸亜鉛，カーボンブラック，硝酸銅，硝酸鉄，スルホン酸金属塩等がある。

最近のナノフィラーの研究に見られるスメタナイト，モンモリロナイト，グラファイト，カーボンナノチューブ，フュームドシリカ等は難燃効果を示す無機系化合物として上げられる。

2.2.4 その他難燃剤

その他の非ハロゲン系難燃剤として上げられるのが，シリコーン系難燃剤，窒素化合物，ヒンダートアミン化合物，各種有機金属化合物等である。これら難燃剤をまとめて表15に示すので参照されたい。シリコーン系難燃剤は，最近注目されている一つであるが，コストが高い事から主として水和金属系難燃剤，りん系難燃剤などの難燃助剤として使われている。

文　　献

1) 福岡幸雄，プラスチックス，**54**，No.1（2003）
2) 西澤　仁，第11回難燃材料研究会資料，全通会館（2003年，12月）
3) 冠木公明，プラスチックス成形品の信頼性設計，工業調査会（2002）
4) 西澤　仁，これでわかる難燃化技術，工業調査会（2003）
5) 西澤　仁，総説エポキシ樹脂，エポキシ樹脂技術協会（2004）
6) 西澤　仁，第12回難燃材料研究会資料，全通会館（2003年，5月）
7) 西澤　仁，*JETI*，**53**，No.1（2004）

第4章　難燃化技術の最新動向

1　高分子の燃焼と難燃化機構

　高分子材料は，炭素，酸素，水素元素を主成分としているため極めて燃え易いものが多い。PE，PP，PSなどは，燃焼するときに約1万cal／gの燃焼熱を発生する。比較的燃え難いと言われているPVCでも4,500cal／gの燃焼熱を示す。難燃性材料の目標値であるUL-94，V-0に合格するレベルがPVC程度の難燃性レベルと考えられる。代表的な高分子材料の燃焼熱，引火点を表1に示す。

　燃焼現象は，可燃性成分と酸素，熱エネルギーの3つが必須要素であり，この一つでも欠けると燃焼現象は起こらない。難燃化の基本は，これらの基本要因を制御してやる事が必要になる。高分子材料を燃焼させると，加熱されながら分解し，低分子量の可燃性ガスとなり，熱により発火して更に延焼，拡大していく。燃焼の過程で活性なOHラジカル，OOHラジカルのような燃焼を牽引する成分が生成する。難燃化には，この活性なラジカルの安定化が必要となる。燃焼の抑制には，酸素の遮断と断熱が重要な役割を発揮する。酸素の遮断には，不燃性ガスの生成による遮断と燃焼残渣による遮断があり，断熱には燃焼残渣の役割が特に大きい。燃焼残渣が増加すると，酸素を遮断し，断熱効果による燃焼の拡大を防止する。

表1　代表的な高分子材料の燃焼性[1]

種　類	引火温度(℃)	酸素指数	燃焼熱(cal/g)
PE	340〜400	17〜18	11,000
燃焼PE	390〜450	28〜36	4,500
PP	340〜410	17〜18	10,500
PS	340〜410	17〜19	9,600
ABS	320〜400	17〜19	8,400
PA	350〜400	21〜22	7,300
PC	390〜400	21〜23	7,200
PVC	350〜450	38〜42	4,300
軟質塩ビ	340〜410	29〜36	6,700
フェノール樹脂	390〜480	18〜60	8,500〜3,700
TFE	500〜600	85〜95	1,000〜1,400

注）材料の組成によって数値が異なり，試験条件によっても差が出る。特に分子構造，分子量によって幅があることに注意されたい。

燃焼時には，各種ガスと煙が生成する。分子内に含まれる元素によって各種ガスが生成するが，ハロゲン系ガス，HCN，一酸化炭素，炭酸ガス，窒素系ガス，硫黄系ガス，ダイオキシン，フラン等が代表的である。煙はすべての高分子材料から生成する。この中には有害性の高いものが含まれており，難燃化と有害性の両面を考慮しなければならない。特に煙は，活性な細かいカーボン粒子であるため肺機能を低下する作用が大きい。

高分子材料の燃焼現象は，周囲の環境（空気の流れ，温度，湿度等）によって大きく変化する可能性が高い。解析を複雑化する要因になっている。特に特徴的な事項を上げてみたい。

① 高分子材料表面の酸素濃度はきわめて低く，殆ど無酸素状態に近い酸素濃度で燃焼が起こっている。これは高分子の延焼速度が速いために表面付近は無酸素状態になり易いためと考えられる。
② 高分子材料は，含有水分によって影響を受けるものが多い。
③ 燃焼の方向性（下方燃え下がり，上方燃え上がり，垂直，水平）の影響を受け易い。
④ 燃焼試料の重量，容積，サイズ（厚さ，幅，長さ）の影響を受け易い。
⑤ 燃焼残渣は，グラファイト状のチャーを主成分とした燃え難い層となる。チャーの生成量と分子構造との関係が比較的明確であり，難燃化機構と密接な関係を示す。
⑥ 燃焼時に溶融落下する（ドリップ現象）現象を示すものが多く，多くの難燃性規格の中に規定されており，対策に苦慮する。

高分子材料の燃焼と難燃化機構のコンセプトを図1，2に示す。

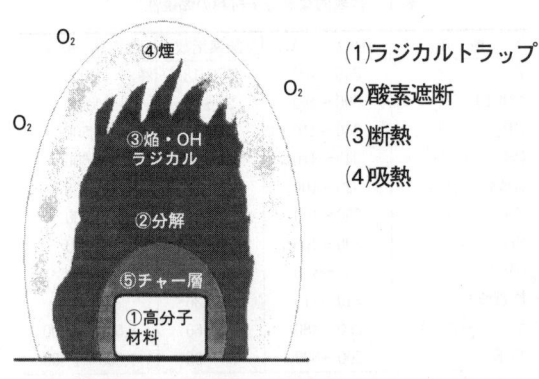

図1　高分子の燃焼と難燃化のコンセプト[2]

第4章　難燃化技術の最新動向

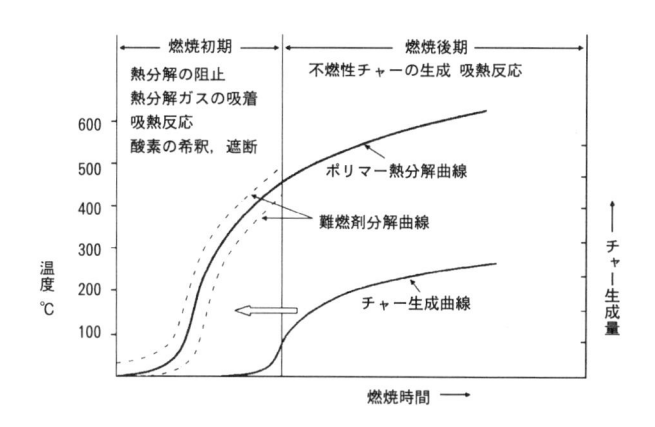

図2　難燃剤の効果的な難燃化機構[3]

　図1は，高分子材料燃焼時の状態をモデル化したものであるが，分解，燃焼，ラジカル発生，煙の発生の状態を示す。難燃化機構は，ラジカルトラップ効果，酸素遮断効果，断熱効果，吸熱効果等に分類されることを示している。図2は，ポリマーの分解挙動と難燃剤の分解挙動，チャー生成挙動とを対比させながら燃焼初期と燃焼中期から後期における効果的な難燃化機構をモデル化した図である。

　ここで示している基本的な難燃化機構は，大きく分けて気相と固相における機構に分類できるが代表的な例を次に示す。

① 気相における難燃化機構
- ラジカルトラップ効果（ハロゲン系難燃剤，ヒンダートアミン化合物，りん化合物）
- 吸熱反応（水和金属化合物，硼酸亜鉛）

② 固相における難燃化機構
- りん化合物によるチャー生成効果
- Intumescent難燃系（APP+PER，シリコーン化合物）による発泡チャー生成効果
- シリコーン化合物による－Si－O－，－Si－C－結合セラミックス層の生成効果
- ナノコンポジット化による微粒子緻密無機断熱層の形成
- 金属化合物，有機金属化合物による脱水素環化反応によるチャー生成効果

　これからの新しい難燃系を開発するのに重要な考え方が図2に示してある。

　燃焼の立ち上がりにおいては気相における難燃化機構が主として貢献すると考えられ，難燃剤の分解と高分子材料の分解曲線をマッチングして効果的難燃効果を付与する事が重要であり，そ

のような難燃剤の選択をする必要がある。燃焼を抑制するには，初期消火が最も効果が高い事は感覚的に理解できる。ハロゲン化合物＋三酸化アンチモン系では，気相の立ち上がりの難燃機構だけでも充分効果的な難燃化が出来ているが，環境対応型難燃系では燃焼立ち上がりの気相での難燃効果だけでは充分な効果を得る事が出来ない。

これはハロゲン化合物＋三酸化アンチモン系が現在でも世界で最も難燃効率の高い難燃系である事で証明されている。その理由は次のように考えられる。

燃焼開始温度付近から4段階に分かれて（250～285℃，410～475℃，475～565℃，658℃）ハロゲンとアンチモンが反応して，比重が大きく燃焼しにくいハロゲン化アンチモンと，脱水炭化作用，ラジカルトラップ効果を発揮するオキシハロゲン化アンチモンを生成するため，燃焼の初期から中期にかけて効果的な物質が燃焼系に供給されるからである。

最近の環境対応型難燃系は，どうしても燃焼立ち上がりの難燃効果が弱い。りん化合物のラジカルトラップ効果，ヒンダートアミン化合物のラジカルトラップ効果では不充分である。

どうしても図2の中のチャー生成曲線を左側の低温側にシフトする事のできる難燃系の開発が望まれる。燃焼初期から燃焼中期，後期にかけて難燃効率の高い難燃系開発の基本的なコンセプ

表2 難燃効率の高い難燃系開発の基本的コンセプト

項目	基本的コンセプト	代表例
燃焼初期（立上がり）で高い効果（気相）	ポリマーの熱分解挙動と難燃剤の分解挙動がマッチングしている（±30℃）。 ラジカルトラップ効果 酸素希釈効果，遮断効果 吸熱効果	・臭素系難燃剤＋三酸化アンチモン ・水和金属化合物 　水酸化Al　200℃分解開始 　水酸化Mg　340℃分解開始 ・りん系難燃剤 ・窒素化合物 ・ヒンダートアミン化合物
燃焼初期から中期の広範囲で効果が高い（気相，固相）	燃焼立上がりの340℃付近から500℃付近まで継続的に効果が持続する。	・臭素系難燃剤＋三酸化アンチモン ・複合難燃系 　水酸化Al＋水酸化Mg＋ 　ハイドロタルサイト
チャー生成速度の促進，チャーの安定性の向上（固相）	可能な限り燃焼初期に断熱酸素遮断効果の高いチャー層，無機層を形成する。 グラファイト状チャー層 脱水素環化反応によるチャー層 -Si-O-，-Si-C-化合物の生成 ナノコンポジット断熱，酸素遮断層	・シリコーン化合物＋有機金属化合物 ・プレセラミックポリマー ・芳香族系ポリマー 　PPO，PPE，フェノールアルデヒド樹脂 ・微粒子表面活性フィラー 　フュームドシリカ，シリカゲル ・Intumescent難燃系＋金属化合物（難燃助剤） ・りん系難燃剤＋難燃助剤（シリコーン化合物，有機金属化合物，窒素化合物） ・水和金属化合物＋難燃助剤 ・有機金属化合物による脱水素環化反応 ・モンモリロナイト，スメクタナイト，カーボンナノチューブ系ナノコンポジット ・ナノコンポジット＋りん系難燃剤，水和金属化合物
燃焼挙動の修正	傾斜分解（熱分解反応を緩やかに制御して燃焼を抑制）	・有機金属化合物

第4章 難燃化技術の最新動向

表3 気相と固相の難燃化機構からみた高分子材料の難燃化技術[4]

難燃化機構	効　　果	効　果　の　詳　細
気相における難燃化効果	・活性OHラジカルのトラップ効果と酸素遮断効果，脱水素炭化効果 ・りんによるラジカルトラップ効果 ・ヒンダードアミン，ラジカルトラップ効果 ・脱水吸熱反応	(1) ハロゲン化合物，ハロゲン化合物と酸化アンチモン 　(a) ・OH+HX→HOH+X・X+RH→HX+R・ 　(b) RHX→R+HX 　　　HX+Sb$_2$O$_3$→SbOX+H$_2$O 　　　SbxOyXz→SbX$_3$+Sb$_2$O$_3$ (2) りん化合物 　H$_3$PO$_4$→HPO$_2$+PO+etc 　H+PO→HPO 　H+HPO→H$_2$+PO 　・OH+PO→HPO+O (3) ヒンダードアミン化合物（NOR） 　>NOR→>NO・+・R 　>NOR→>N・+・OR 　。熱分解によって発生するラジカルは，臭素化合物と反応し臭素の放出を助け，アルコキシラジカルは，チェーンの分裂，架橋反応を助ける。 (4) 水和金属化合物 　AL(OH)$_3$→AL$_2$O$_3$+H$_2$O（約200℃） 　Mg(OH)→MgO+H$_2$O（約340℃） (5) 硼酸亜鉛，硼酸 　2ZnO,3B$_2$O$_3$35H$_2$O→H$_2$O+ZnO，B$_2$O$_3$（約260℃） 　2H$_3$BO$_3$→2HBO$_2$→B$_2$O$_3$ 　(130〜200℃)　(260〜270℃) (6) 錫酸亜鉛 　ZnSn(OH)$_3$→ZnSnO$_3$→Zn$_2$SnO$_4$+SnO$_2$ 　(190〜285℃)　(580〜800℃)
固相における難燃化効果	・チャーおよびチャーと無機断熱層の生成促進効果と安定化効果	(1) りん化合物 　。りん化合物の酸化によるりん酸→メタりん酸→ポリメタりん酸の生成（脱水炭化促進効果） (2) りん化合物＋N含有化合物による発泡チャーの生成（Intumescent系） 　。APP(ポリりん酸アンモン)とPER(ペンタエリスリトール)の併用による発泡チャーの生成と断熱，酸素遮断効果。 **表面に発泡層を持つ断熱層の燃焼継続のための外部温度** | 厚み/cm | 外部温度/℃ | |---|---| | 0.01 | 347 | | 0.1 | 747 | | 0.27 | 1,500 | | 1.0 | 4,500 | 　。極めて薄い層で断熱効果が高い。最近，層の機械的強度と安定性を高める研究が進められている。 (3) 水和金属化合物と難燃助剤による無機−チャー複合層の生成 　。燃焼生成物の金属酸化物とカーボンチャーの複合層。（金属酸化物＋−SiO−＋カーボンチャー，金属酸化物＋硼酸塩ガラス層＋カーボンチャー） 　。複合層の安定化による燃焼時の断熱層の破壊の遅延。 (4) シリコーン化合物系難燃剤 　。燃焼残渣中の−SiO−，→Si−C−化合物とカーボンチャーの複合層の生成。 (5) 芳香族系ポリマーによる多環構造チャーの生成 　。PPO，PPEなどの芳香族系ポリマーとのポリマーアロイの燃焼時のチャー生成による難燃化。 (6) ナノコンポジットのナノフィラー層間での断熱層の生成 　。燃焼残渣の機械的強度と安定性の向上。

トをまとめたのが表2である。難燃化機構を気相と固相とに分けた難燃化機構を表3に示すので対比してみると興味深い。

2 最近の新しい難燃化技術の動向

最近の難燃化技術の課題を見ると，表4に示すように高難燃材料の開発，環境対応型難燃系の開発，リサイクル性に優れた難燃系の開発，成形加工性に優れた難燃系の開発が挙げられる。

2.1 高難燃性材料の開発

高難燃性材料の開発について少し詳細に見てみると，微粒子化とその分散技術，ナノコンポジット系難燃材料，新しい相乗効果系の開発，特に固相での難燃効率の高い難燃の開発などがある（表5）。

ポリマー中に分散させる難燃剤は，触媒化学でも実証されているように，微粒子であるほど燃焼中の反応確率が上昇する（図3）。難燃剤のOHラジカルトラップ効果，脱水吸熱反応，固相におけるチャー生成反応と安定化は，微粒子は

表4 難燃化技術の課題

課題	最新技術
高難燃材料	微粒子化 ナノコンポジット材料 分散技術 新規相乗効果難燃系
環境対応型 難燃化技術	ノンハロゲン難燃系 水和金属化合物 りん系化合物 シリコーン化合物 低有害性，低発煙性難燃系
リサイクル	繰り返し使用 油化，ガス化 溶剤抽出 分別技術
成形加工性	流動性の改良と高生産性

表5 高難化技術の開発

課題	具体的な施策
微粒子化	難燃剤粒子径のファイン化 ナノサイズへの挑戦
分散技術	化学的－オリゴマー担持法 機械的－発泡微粒子多孔体担持法 2軸押出機混練法
ナノコンポジット材料の開発	ナノサイズフィラーの開発
相乗効果系の開発	りん系の相乗効果系 　Mn化合物，Zn化合物 シリコーン系の相乗効果系 　脂肪酸金属塩 ハロゲン＋新規相乗効果剤 　硼酸亜鉛，錫酸亜鉛 　硫化亜鉛，鉄酸化物
固相でのチャー生成促進と安定化	チャー（黒鉛状燃焼残渣）生成 燃焼時破壊し難い安定なチャー

第4章　難燃化技術の最新動向

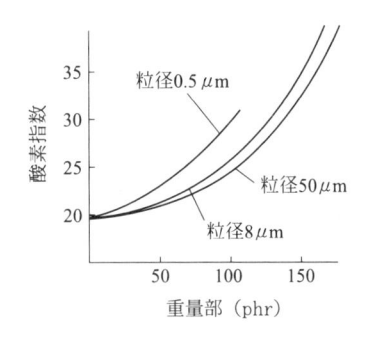

図3　難燃剤の粒子径と難燃性[5]
（水酸化アルミニウム）

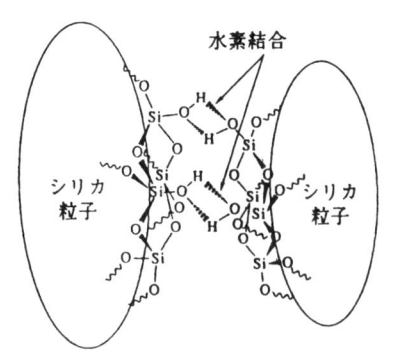

図4　フュームドシリカの表面性状[6]

ど反応が効果的に進む。ポリマーの加工温度で溶融するものや液状難燃剤は，分子レベルで分散するため微粒子化の必要がない。無機難燃剤と融点の高い芳香族臭素系難燃剤が微粒子化の対象になる。

　現在無機系難燃剤で最も細かい種類は，三酸化アンチモンの$0.01\mu m$，微粒子炭酸Caの$0.05\mu m$，煙霧質シリカの$0.05\mu m$である。最近注目されている煙霧質シリカ（フュームドシリカ）は，表面が活性なOHラジカルに覆われ，水素結合による強い凝集力による強固な燃焼残渣の形成と海綿状の粒子の繋がりによる発泡構造からくる可燃性ガスの吸着効果による難燃性付与効果が期待される（図4）。微粒子炭酸Caは，ハロゲン系ガス，ダイオキシンの低減効果を発揮する。

　融点の高い芳香族臭素系難燃剤は，融点が高分子材料の成形加工温度より高いものがあり，コンパウンディング時に粉末のまま分散させるために微粒子化が問題になる。

　ナノコンポジット系難燃材料は，最も進んだ微粒子化技術である。スメタナイト，モンモリロナイト，ベントナイト，カーボンナノチューブ等のナノフィラーを使った難燃材料が研究されている。現在世界で研究されている難燃性ナノコンポジット材料を表6に示す。添加量5部程度で放散熱量（HRR-Heat Release rate）を大幅に低減する事が出来る。

　ナノコンポジット材料が難燃材料として期待される理由は次の事が背景にある。
① 　粒子径の小さいことによる反応性の向上（表7）
② 　環境安全性が高い
　　ナノフィラーの代表として使われているモンモリロナイト，カーボンナノチューブは環境安全性に優れた材質である。
③ 　ナノ粒子の優れた分散法が開発されてきている
　　2軸押出しによるサイドフィード方式によっても充分な分散とナノコンポジット化が出来る

表6　各種ナノコンポジットの難燃性[3]

ポリマー	ナノフィラー(%)	燃焼残渣(%)	平均HRR
PA	MMT 0	1	603
PA	2	3	390
PA	5	6	304
PS	0	0	703
PS（一般）	3	3	715
PS	3	4	444
PS（臭素系）	0	3	313
PP無水MAグラフト	0	5	536
PP無水MAグラフト	4	12	275
PPカーボンナノチューブ	2（ナノカーボン）	―	PPの50%低下

表7　ナノフィラー，ナノコンポジットの構造と難燃化機構[2]

ステップ	処理法
モンモリロナイト	厚さ1nm　長さ10nmのケイ酸塩 アミノドデカン酸とNaカチオンの交換反応
	有機カプロラクタンやアミノ化合物の挿入（インタカレーション）
	直接溶融法，重合法によるナノコンポジット化
	高剛性化－微粒子化による表面積の急増による補強 難燃化－(1)分解ガスの吸着効果の向上 (2)燃焼残渣の増加と安定化による断熱効果の向上

が，次のような微粒子分散技術が開発されてきている（図5，表8）

　多孔体担持分散法…焼成条件により調整したナノサイズの孔を空けた多孔体の孔の中にナノサイズの難燃剤を担持して，多孔体の剛性をポリマー混練時のせん弾力で破壊分散するよう調整する。

　HOST-GUEST法…オリゴマー中にナノサイズの難燃剤を担持させてオリゴマーをポリマー中に分散する

第4章 難燃化技術の最新動向

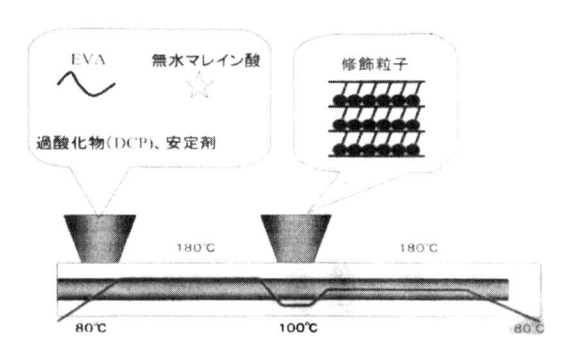

図5 EVA ナノコンポジット作成用2軸押出機[7]
(L／D＝42, 25φmmスクリュー径)

表8 微粒子分散法による難燃化技術[8]

方法	分散技術の詳細	難燃化技術適用例
多孔体担持法	シリカ発泡体の孔の径をナノサイズに調整し，その中に，ナノサイズの難燃剤を担持し，混練成形加工中にシリカ発泡体を破壊して難燃剤を均一に分散する。 (1) 多孔体担持分散法	PBTに対するエチレンジアミン4酢酸銅錯体(Cu(EDTA))の多孔体担持法による難燃化効果 | 材料組成 | 着火時間(s) | 燃焼継続時間(s) | |---|---|---| | PBT | 5 | 220（ドリップ付）| | PBT＋シリカ5％ | 5 | 80（ドリップなし）| | PBT＋Cu(EDTA)10％担持体を5％ | 5 | 30（ドリップなし）|
ホストゲスト法	ナノサイズの難燃剤をオリゴマー中にトラップさせて，オリゴマーとの相溶性，分散性を利用して均一に分散 (2) Host-Guest法による微粒子金属化合物のオリゴマーへのトラップ	PVCにナノサイズの金属化合物を添加して，燃焼時発生するダイオキシンの低減効果を検討し，発生ガス中と燃焼残渣中の合計ダイオキシン量で92～95％の低減効果を確認。すなわち通常のPVC材料が100に対し，8から4の発生量に低減する。

④ 難燃化機構が比較的明確になってきている
- 多層炭化－シリケート複合層による断熱，酸素遮断効果
- 層間への可燃性分解ガスの吸着
- 課題として指摘されているのは，燃焼残渣を固定しないと燃焼中の対流によって空中に揮発飛散する可能性がある。これはチャー－シリケート複合層を固定，安定化する必要あり。

49

表9 EVA モンモリナイト（MMT）ナノコンポジット配合[7]

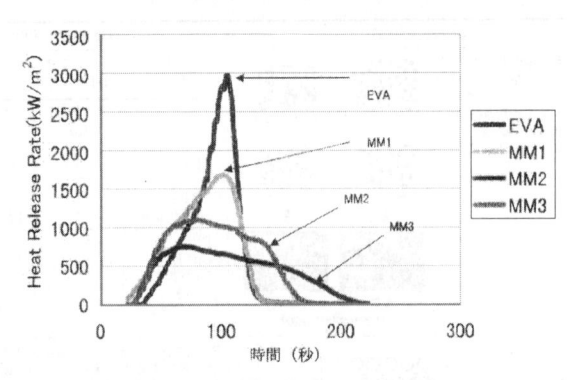

	EVA	MM-1	MM-2	MM-3
EVA (100Phr)				マレイン酸グラフト
MMT (10Phr)	無添加		ドデシールアミンインターカレート	ドデシールアミンインターカレート

図6 EVA-MMTナノコンポジットの放散熱量曲線[7]

次に，ナノコンポジットの実験例を紹介しておきたい。

最初は，EVAに表9に示す配合でモンモリロナイトを2軸押出機でナノコンポジット化して，コーンカロリメーターによる放散熱量（HRR）を測定した結果を図6に示す。図6からわかる様に放散熱量の低減効果が大きい事がわかる。しかしながら，課題として放散熱量の低減効果に比較して表10に示すように酸素指数の上昇効果が小さい事が気にかかる。

これは，先に指摘したように燃焼残渣中にナノフィラーを固定してやらないと燃焼の対流によってナノフィラーが飛散揮発する事が推定されるので，今後このような処理が必要になる。

具体的な固定法については既にいくつかの試みがある。

次に，ナノ粒子の金属化合物の難燃効果に関する研究例を示したい。同じく2軸押出機を使用

第4章 難燃化技術の最新動向

表10 EVAとMMTのナノコンポジットの燃焼試験結果[7]

特 性	単 位	EVA	MM①	MM②	MM③
酸素指数	%	17.0	18.5	19.0	19.5
U1-94 V-2	–	不合格	不合格	不合格	不合格
コーンカロリメータ HRR	kW/m^2	2,999	1,699	785	1,117

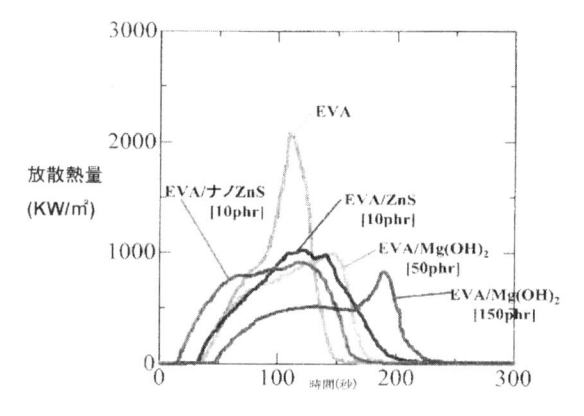

図7 ナノ金属化合物（ZnS）の難燃効果の比率[9]

して硫化亜鉛とナノ粒子の硫化亜鉛の効果をコーンカロリメーターの放散熱量により測定した結果を図7に示す。EVAに通常の粒子径とナノサイズの硫化亜鉛を10部添加して水酸化Mg 50部配合，150部配合と比較している。通常粒子径の硫化亜鉛は10部という少量でも優れた放散熱量低減効果を示し，ナノサイズにすると低減効果を示す燃焼時間がシフトする傾向が見られる。

次に，有機金属化合物，金属化合物を用いナノ技術を応用した新しい難燃系の開発例を示したい。配合量5部程度で，UL-94燃焼時間が5秒以下を目標にした難燃系の開発でほぼそれを満足する結果を得ている。その結果を表11に示す。これは，先に述べた多孔体担持分散法を用いた結果であるが，僅かの配合量で所定の目標を満足する結果である事がわかる。

同じ多孔体担持分散法を使いPBTに有機銅化合物を担持してその難燃化効果を調べた結果を図8に示す。ナノサイズの酸化ケイ素の多孔体の中に有機銅化合物を担持してUL-94の燃焼試験結果を示しているが，酸化ケイ素のみでもそれ相応の難燃性を示すが有機銅化合物を5部添加することにより更に高い難燃性の向上が見られる。

難燃剤・難燃材料活用技術

表11 高分子材料の難燃化の効果のある有機金属化合物[10]

Polymer	Flame Retardant	Content(wt%)	Ave.
PE	APP/PPFBS	4.1	1.7
PP	V_2O_5	5	5.5
PS	Cu・EDTA/SiO_2	5	7.9
ABS	TCP/Fe(acac)$_3$	5	5.9
PA	Melamine/Fe(acac)$_3$	5	0.0
PC	PPFBS	0.1	0.9
PBT	Tri(dibenzoylmethanate)/SiO_2	5	14.3
PPE	(BBC)	5	0.7
合成ゴム	Red P/Carbon Black	5	33.8

注）添加量が5％以下で臭素系化合物を含まない材料に限定
（関連特許；特願平11-340396，特願平13-306171）

ナノコンポジット系難燃材料としてカーボンナノチューブを使った研究も行われており，米国のNISTのグループが研究結果を報告している。PPに1～2部のカーボンナノチューブをナノコンポジット化した難燃材料のコーンカロリメーターによる放散熱量の測定結果を表12，図9に示す。

ナノフィラーを使用した最近の研究の中でシリコーン化合物，ナノフィラー，Intumescent系難燃剤の組合わせで，シリコーン化合物による安定した燃焼残渣と発泡断熱層とナノフィラーによる緻密な燃焼バリアの考え方を取り入れた難燃系の研究も行われている（図10）。

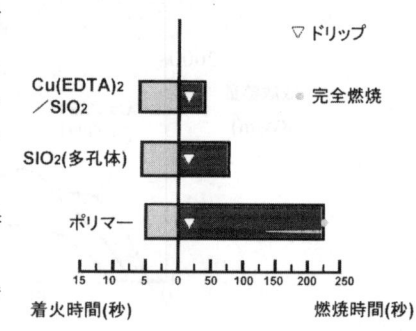

図8 PBTに対する多孔体担持法による難燃化[10]

表12 カーボンナノチューブ ナノコンポジット難燃材料の難燃性[11]

供試試料－PPに多層（Multiwall）ナノカーボンチューブ（キシレンをフェロセン触媒で675℃にて作成）をニーダーで添加

試験結果

特性	PP＋ナノCBチューブ1％	PP＋ナノCBチューブ2％
最大HRR	PPの27％	PPの53％
平均HRR	PPの32％	PPの58％

添加量は容積％

比発熱量（HRR値/ΔW）は43MJ/kgで両者ほぼ同一

難燃機構
カーボン層による断熱，酸素遮断効果
含有鉄分によるラジカルトラップ効果

特徴
クレイナノコンポジットより優れた相溶性

第4章　難燃化技術の最新動向

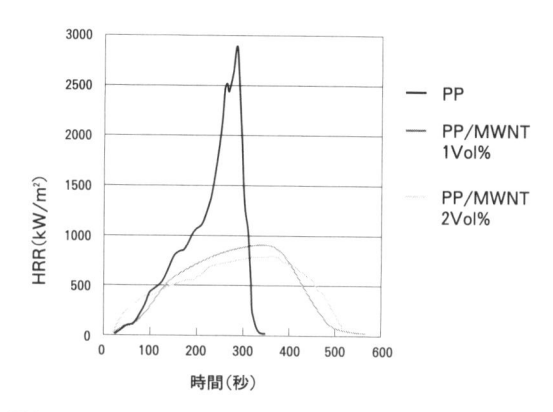

図9　PP/ナノカーボンチューブのコーンカロリメーターによるHRR[1]

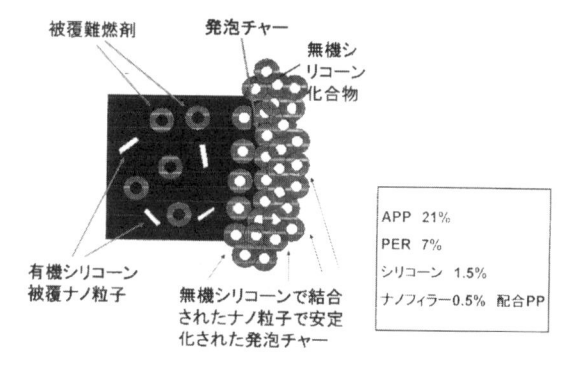

図10　最近注目されている高難燃効率を達成するためのチャー安定化機構[2]

APP 21%
PER 7%
シリコーン 1.5%
ナノフィラー0.5% 配合PP

　高難燃性材料の開発にもう一つ重要な技術は，ハロゲン系化合物＋三酸化アンチモンで見られる相乗効果に代わる新しい相乗効果系の開発である。現在見出されている相乗効果は，表13に示す難燃系がある。
　この中で，最近の研究をみると三酸化アンチモンの代替品として硫化亜鉛，硼酸亜鉛，錫酸亜鉛，酸化錫，酸化鉄，酸化チタン等の効果が研究されている（表14）。
　最近注目されている金属化合物，有機金属化合物の相乗効果は，Intumescent系に対するZn化合物，Mn化合物が注目される（図11，12）。
　現在研究されている水和金属化合物，りん系難燃剤の難燃効率を向上させる難燃助剤の研究が今後の新しい相乗効果系の開発の可能性を秘めている事が期待される。最近の研究例，特許の例を表15，16に示す。

表13 難燃効率の向上に貢献する相乗効果[13]

相乗効果の種類	相 乗 効 果 の 内 容
1. ハロゲン化合物，酸化アンチモンその他金属化合物との相乗効果	(1) ハロゲン化合物と酸化アンチモン，その他金属化合物 　(a) ハロゲン＋酸化アンチモン 　　　$Sb_2O_3＋4RX→2SbOX＋2SbX_3$ 　　　SbOX……………ラジカルトラップ効果，脱水炭化効果 　　　SbX_3…………酸素遮断効果，酸素希釈効果 　　　例：PAN（ポリアクリロニトリル） 　　　　　　10〜12%Br＝2%Sb_2O_3＋6%Br 　　　　　エポキシ樹脂 　　　　　　13〜15%Br＝3%Sb_2O_3＋5%Br
2. りん化合物と窒素含有化合物との相乗効果	(b) その他金属化合物 　　○ZnSとの固相における難燃化効果。 　　○SnO_2の気相，固相における難燃化効果。（温度により気相，固相の両力の効果を示す） 　　○硼酸亜鉛の気相，固相における難燃化効果，（ガラス層の生成と脱水吸熱反応） (2) りん化合物と窒素化合物との併用 　　○POX，PX_n，HXの生成による気相での効果。 　　例：ポリオレフィン 　　　　5%P＝0.5%P＋7%Br＝20%Br
3. 水和金属化合物と金属化合物との相乗効果	(3) APPと窒素含有化合物との併用 　　○発泡チャーの生成と安定化。 (4) APPと亜鉛化合物，マンガン化合物との併用 　　○MnO，ZnO，酢酸マンガン，酢酸亜鉛，硫酸マンガン，硫酸亜鉛ZnBの0.04〜1.5%の添加量で酸素指数が5〜7ポイント上昇。 (5) 水酸化アルミニウムと硝酸金属塩

$Al(OH)_3$	硝酸金属塩	酸素指数	相乗効果の根拠
0 phr	硝酸鉄：3phr	23.1	－
50phr	硝酸鉄：3phr	28.3	18.4＋1.6＋4.7＝24.7
0 phr	硝酸銅：3phr	19.9	－
50phr	硝酸銅：3phr	30.0	－
EVA 100	－	18.4	－
$Al(OH)_3$ 50phr	－	20.0	18.4＋1.6＋1.5＝21.5

表14 臭素系難燃剤の相乗効果[14] －各種金属酸化物の効果の比較－

相乗効果剤	難 燃 機 構
Sb_2O_3	$SbBr_3$，SbOBrの生成（主体は気相） 酸素の遮断効果（気相） ラジカルトラップ（気相） 脱水炭化（固相）
錫酸亜鉛	亜鉛の脱ハロゲン炭化作用によるチャーの生成（固相） 熱分解による吸熱反応（気相）
ZnS	燃焼残渣中のチャー生成効果（固相）
ホウ酸亜鉛	脱水吸熱反応（気相） $2ZnO・3B_2O_3・3.5H_2O$ ガラス層－チャー複合層（固体） B_2O_3－カーボンチャー
SnO_2	ハロゲン高濃度－$SnCl_4$の生成（気相） ハロゲン低濃度－SnO複合化合物生成（固相）

第4章 難燃化技術の最新動向

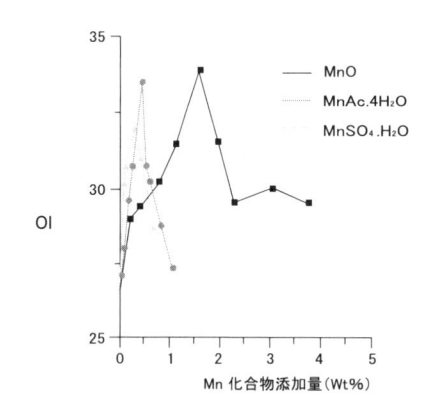

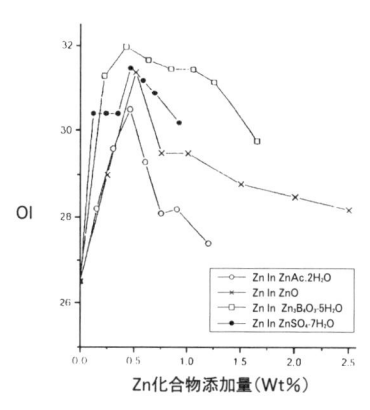

図11 PPのIntumescent難燃系(APP+PER)におけるMn化合物の効果[15]

図12 PPのIntumescent難燃系(APP+PER)におけるZn化合物の難燃性促進効果[15]

表15 水和金属化合物の難燃助剤[16]

ポリマー	難燃助剤	公開特許No.
PO	無機酸，メラミン塩	2002-309098
PO	シリコーン化合物 硼酸塩	2002-338755
アクリル	フォスファゼン，APP	2002-338906
PO	水酸化Mg/水酸化Al，-Si-O-，Ca-O-B-，-B-O-B架橋の芳香環を有する重合体	2002-241545
エポキシ	ノボラックエポキシ樹脂エポキシ基 ノボラックフェノール樹脂 OH基の比 0.8〜1.4 水酸化Alの併用	2002-22558
各種樹脂	硝酸塩	2002-302613

表16 りん系難燃剤の難燃助剤の効果[16]

難燃剤	難燃助剤
りん酸エステル	窒素含有化合物 カルボイミド化合物
フォスファゼン，縮合りん酸エステル	PTFE
りん酸エステル	微粒子酸化Zr
りん系難燃剤	イソシアヌール酸誘導体，ハイドロタルサイト
りん系難燃剤	有機りん酸エステルZr
りん酸エステル	アルコキシ基含有オルガノシロキサン
りん系難燃剤	マグネシウムオキシサルフェート
りん系難燃剤	イソシアヌル酸誘導体
りん系難燃剤	黒鉛，金属酸化物

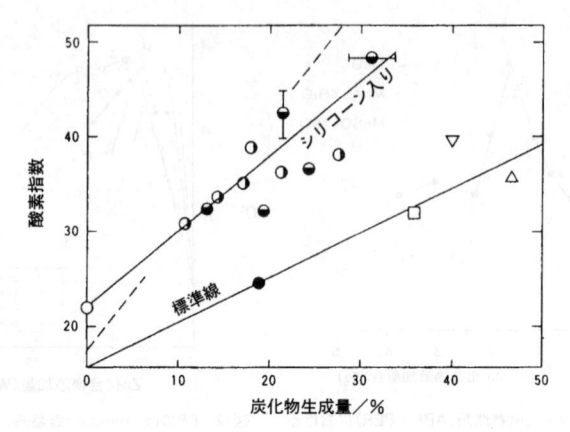

図13 シリコーン添加による酸素指数の上昇効果[17]

表17 難燃化技術の課題[3]

燃焼過程	難燃機構	テーマ
燃焼中期 燃焼後期	500℃以上でのチャー ＋無機化合物 複合断熱層の生成促進 と安定化	(1) りん化合物 　　りん化合物＋Si化合物 　　りん化合物＋無機フィラー 　　りん化合物＋金属化合物（無機・有機） 　　反応型りん化合物＋Si化合物，無機化合物 (2) 水和金属化合物 　　難燃助剤 (3) Si化合物 　　Si化合物＋無機化合物 　　Si化合物＋金属化合物（無機・有機） (4) 芳香族化合物 　　芳香族化合物のグラフト化

（環境対応型低有害ガス化を前提とした）

　最近シリコーン化合物の難燃助剤としての効果が期待されているが，これは，図2で示した燃焼過程でのチャー無機複合層の効果的な生成と安定化によると考えられる。これは，図13に示したように，シリコーン化合物の添加により，従来提唱されているVan Krevenのチャー生成量と酸素指数との関係を上回る相関性を示している事から容易に推定できる。
　シリコーン化合物の効果は，今後の新しい環境対応型難燃化技術としてりん化合物，水和金属化合物，無機化合物，金属化合物，有機金属化合物等との併用によりチャー＋無機複合層の生成による相乗効果が期待される（表17）。

第4章 難燃化技術の最新動向

2.2 環境対応型難燃系の開発

環境対応型難燃化技術は，水和金属化合物，りん系化合物，シリコーン系化合物，金属化合物，有機金属化合物，無機化合物を中心とした難燃系による技術が使われている。

環境対応型難燃剤及び難燃化技術の現状と今後の方向を総合的にまとめたのが，表18である。環境対応型難燃化技術は，次の技術に分類できる。

① 水和金属化合物を中心とした難燃化技術
② りん系化合物を中心とした難燃化技術
③ その他，シリコーン化合物，窒素化合物，ヒンダートアミン化合物，ナノコンポジット系材料，無機化合物，金属化合物等による難燃化技術

水和金属化合物による難燃化技術は，既に難燃剤の項で紹介したように水酸化Al，水酸化Mgが中心で，それに難燃効果を高める難燃助剤を組合わせた系が実用化されている。この系の課題は次の点が挙げられる。

表18 環境対応型難燃剤，難燃化技術の現状と今後の方向[16]

項目	難燃剤	現状及び今後の難燃化技術
りん化合物難燃系	モノマー型りん酸エステル 　TCP, CP, TXP, TEP, DMMP 縮合型，重合型りん酸エステル 　RDP, BPA-DP, BPA-DC, 　レゾルシノール-2.6-キシリニルフォスフェート 反応型難燃剤 　HCA, TPP-OH, 反応型-BDP 赤りん，赤りん＋膨張性黒鉛，APP，ポリりん酸メラミン，フォスファゼン Intumescent系 　FP-2000, FP-2001（T-1063F）	りん系難燃剤＋難燃助剤 　シリコーン化合物 　窒素化合物，カルボイミド化合物，PTFE，微粒子Zr 　イソシアニル酸誘導体＋ハイドロタルサイト 　有機りん酸エステルZr 　Mg-オキシサルフェート， 　黒鉛＋金属酸化物 　ナノコンポジットMB 　有機金属化合物 耐水性，電気絶縁性の改良
水和金属化合物難燃系	1）水酸化Mg 　新規表面処理タイプ 　キスマ5L, P（シラン処理，脂肪酸処理） 　ファインマグSN（Ni固溶体） 　ジュンマグ（カチオンポリマー） 　Magniffin（シリコーンポリマー） 　錫酸亜鉛処理タイプ 　多層表面処理タイプ 2）水酸化Al 　パイロライザーHG（窒素化合物処理） 　ハイジライト（脂肪酸，シラン化合物）他	水和金属化合物＋難燃助剤 　各種金属酸化物 　硼酸亜鉛，錫酸亜鉛 　赤りん，縮合型りん化合物 　フォスファゼン 　有機金属錯体 　シリコーン化合物 　トリアジン＋金属化合物 　ナノコンポジットMB 　表面処理による難燃効率の向上 　微粒子タイプの開発（ナノ粒子）
その他難燃系	1）シリコーン系 　DC4-7045, DC4-7051, DC4-7091 　EXP-02, XC99-B-5564 2）窒素化合物 3）ヒンダートアミン化合物 4）各種金属化合物，有機金属化合物 5）芳香族ポリマー（相溶化剤併用）	りん系化合物，水和金属化合物等との相乗効果 難燃助剤の開発（金属化合物系）

難燃剤・難燃材料活用技術

① 難燃効率が低いため多量の添加量が必要になる
　UL-94, V-0合格には，150部程度の添加量を必要とする
② 添加量が多いため次の課題が挙げられる。
　物性の低下，成形加工性低下
③ ポリオレフィンベース樹脂における白化現象
　水酸化Mgの変色（炭酸Mgの生成）
④ 歪負荷による変色
　歪による結晶化

この様な課題を克服するために次の対策が取られている。

① 表面処理による分散性の向上，脱水温度の上昇，白化現象の改良
　シランカップリング剤処理，脂肪酸表面処理，シリコーンポリマー処理による分散向上（水酸化Al，水酸化Mg）
　カチオンポリマー処理による剛性，白化現象の向上（水酸化Mg）
　Ni化合物による白化現象の改良（水酸化Mg）
　硝酸塩処理による難燃性向上（水酸化Al）
　蓚酸陰イオン処理による脱水温度の上昇（水酸化Al）
　高温熱水処理により脱水温度の上昇（水酸化Al）
② 粒子径，粒度分布，粒子形状の改良による脱水温度の上昇，成形加工性の向上
　粒子径細粒化による水酸化Al脱水温度の上昇
　粒度分布の調整による成形加工性の向上
　粒子形状の調整による流動性の改良
③ 不純物の低減による性能向上
　鉄酸化物の低減による変色，耐熱劣化性，電気特性の向上（天然水酸化Mg）

水和金属化合物難燃系については既に多くの成書に記載されているので詳細は省略して難燃助剤についてのみ記載したい。最近の研究は，難燃効率を上げるために多くの難燃助剤が研究されている。その種類を次に示す。

① 金属化合物
　ZnO，錫酸亜鉛，酸化錫，硼酸亜鉛，モリブデン化合物，硝酸金属塩，有機金属化合物（高級脂肪酸金属塩，フタロシアニン金属錯体，アセチルアセトネート銅金属錯体）
② りん化合物
　赤りん，縮合りん酸エステル，フォスファゼン化合物，りん酸金属塩
③ シリコーン化合物

第4章　難燃化技術の最新動向

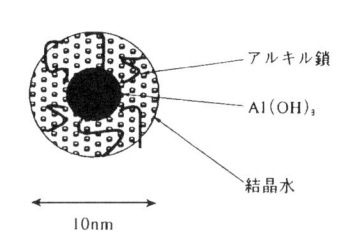

図14　ナノサイズの水酸化Alの構造[7]

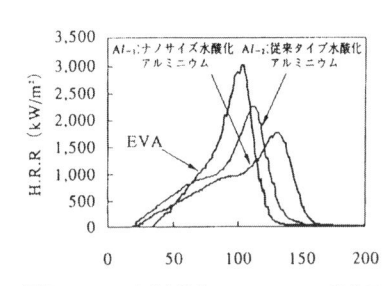

図15　ナノサイズ水酸化アルミニウムの発熱量曲線（EVA配合における従来タイプの水酸化アルミニウムとの比較）[17]

シリコーンゴム，シリコーン油，シリコーン系難燃剤

④　その他

カーボンブラック，PAN，芳香族ポリマー，ナノフィラーMB，フェノールノボラック樹脂，フェノール樹脂，フュームドシリカ

最近の研究で，ハイブリッド重合法によりナノサイズの水和金属化合物が開発され，少量で高い難燃性が得られる可能性が出てきている（図14, 15）。この様な技術が実用化されれば，水和金属系難燃材料が急速に伸びてくる事が期待される。

りん系難燃剤による難燃化技術は，現在，表19に示す難燃剤を主体とした難燃系が使われている。最近の傾向として，耐熱性の優れた縮合型，重合型りん酸エステルやイオン導電性抽出物の少ない反応型が使われる。一般工業用分野には，難燃性の高いIntumescent難燃系が使われる。高難燃性としてりん酸アミド化合物，トリアジン化合物，APP＋フォスファゼン化合物，赤りん＋膨張性黒鉛，りん化合物＋酸化鉄，＋ゼオライト，TPP＋RDP，RDP＋BDPとの併用系，りん系化合物＋メラミン化合物，フォスファゼン化合物との併用系，りん系化合物＋フェノールフォルムアルデヒド樹脂併用系等が検討されている。

表19　りん系難燃剤の種類

りん系難燃剤は，現在約26,500t／年の需要量と推定され，次の種類が商品化されている。

種　類	代　表　例
(1) モノマー型りん酸エステル	TPP, TCP, DNP
(2) 縮合型りん酸エステル	RDP, BDP, BPA-DP
(3) ハロゲン化りん酸エステル	TCPP, TCEP
(4) 反応型りん酸エステル	HCA, 反応型BDP
(5) りん酸塩	APP, ポリりん酸メラミン
(6) 赤りん	各種表面安定化タイプ

難燃剤・難燃材料活用技術

表20 シリコーン系難燃化技術[8]

難燃系	難燃機構	内容
PO, シリコーン油 水和金属化物 脂肪酸金属塩	-Si-O-, -Si-C-結合セラミック層と酸化金属複合層による断熱遮断効果	PE, PP, EPコポリマーに分子量の高いシリコーン油を添加分散し, 水和金属化合物50部, 脂肪酸金属塩数部, 可能ならば赤りん数部を添加。燃焼残渣が硬い安定した生成物となり, 酸素指数が大幅に上昇
PO, シリコーンエラストマー, 煙霧質シリカ, 有機金属化合物, 安定剤, カーボン	セラミック層, 酸化ケイ素層, カーボングラファイト層の複合層が生成し, 優れた断熱遮断効果	結晶性POとしてPE, PPにシリコーンゴム数十部, フュームドシリカ数十部有機金属化合物数部, カーボン数十部, 安定剤数部を添加。有機金属化合物がセラミック層を安定化して崩れにくく硬い断熱遮断層を生成
PA, シリカゲル 炭酸カリウム	セラミック層, グラファイトカーボン複合層	PAにシリカゲルを数部, 炭酸カリウムを数部添加, 表面活性の強いシリカゲルによる硬い安定な無機酸化けい素層を形成
SEBS, プレセラミックスポリマー	分子内にケイ元素を含むプレセラミックスポリマーの燃焼残渣による断熱遮断効果	あらかじめケイ元素を含むプレセラミックスポリマーを数十部ブレンド。燃焼時に容易にセラミック層を形成
EBA, シリコーンポリマー, 炭酸カルシウム	炭酸カルシウムとEBAの分解生成物との反応によるカルシウム化合物とセラミック層, 発生炭酸ガス, 水による吸熱等の複合効果による難燃化	EBA (エチレン-ブチレンアクリレート) にシリコーンポリマー数部, 炭酸カルシウム数十部添加。セラミック層とカルシウム化合物層を形成, 塩ビ代替エコ材料として開発
PC, 指定構造のシリコーン化合物	芳香族環状化合物とシリコーンから生成した-Si-O-, -Si-C-結合に富んだ層の複合生成物による断熱遮断効果	PCに指定されて分子構造, 分子量のシリコーン化合物を添加。シリコーン化合物がPC相の中で厚さ方向に傾斜分布し表面層が高い濃度のシリコーン層を形成させ難燃化効果を発揮

シリコーン化合物による難燃化技術は, 難燃剤が高価なため主難燃剤というより難燃助剤的な使われ方をしている。最近既にいくつかの有用な開発事例があり (表20), 実用化も進んでいる。

最近シリコーン元素をポリマー中に導入する難燃化技術が実用化されている。PS樹脂に2.6%のシリコーン元素を導入し, 酸素指数で23まで上昇できる。また, ケイ素含有エポキシ樹脂TGPSOの難燃性は, 酸素指数で35まで上昇する事も報告されている (表21)。

シリコーン化合物としてビニルメトキシランを化学的に処理したり, プラズマ処理により酸素透過効果の高い膜を作り難燃性を向上する研究もなされている (図16)。

最近の難燃化技術で注目されているのは, エンプラ系の環境対応型難燃化技術である。エンプラ系難燃材料を成形加工温度から①PE, PP, ②ABS, PS ③PC, PET, PAの3グループに分けてその分解温度, 引火温度, 成形加工温度, 成形加工時の最高到達温度を示したのが表22である。

各種エンプラに適した難燃剤, 難燃系の選択において, 成形加工温度では安定で, ポリマーの分解, 燃焼開始温度で適正な分解を起こして効果的な難燃効果を発揮するものを選択する必要が

第4章 難燃化技術の最新動向

表21 シリコーン含有エポキシ樹脂（TGPSO）の難燃性[13]

樹脂の種類	850℃窒素ガス中 チャー生成率(%)	850℃空気中 チャー生成率(%)	酸素指数
EPON828／DDM	18	0	24
TGPSO／DDM	40	31	35

（TGPSO）

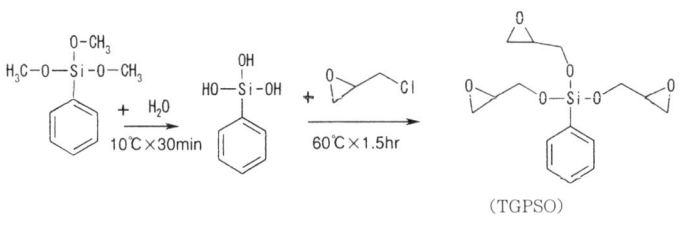

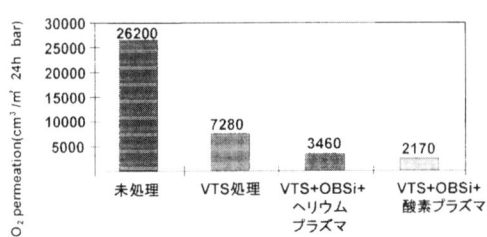

図16 ポリオレフィン表面の難燃化－有機シリコーン層形成－[18]

VTS（ビニルエトキシシラン），OBSi（オルガノボロキシシラン），APP＋PER＋OBSiによる高難燃性断熱，酸素遮断層の形成による難燃化。
特にOBSiの層は，高い酸素遮断効果を示し，更にクラックが発生しない安定な皮膜を作り，難燃効果が高い。

表22 エンプラ系難燃エコ材料開発のポイント[19]

難燃剤選択の条件
各種エンプラの熱特性と加工時の温度（単位℃）

種類	分解温度	引火温度 (平均)	押出温度 (平均)	押出時 最高温度
LDPE	340〜400	340	200	250
HDPE	350〜410	340	210	260
PP	330〜410	350	230	270
PS	300〜400	345	210	250
ABS	－	390	230	270
PC	350〜400	480	280	310
PET	320〜320	440	280	310
PA	320〜350	420	280	310

各種エンプラに適した難燃剤の選択は，成形加工時の最高温度（局部的）で安定で，ポリマーの分解，燃焼温度で適正な難燃効果を発揮するものを選択する。
PC，PET，PAのグループは，分解温度の高い安定性に優れた難燃系が要求される。

表23 エンプラ系難燃エコ材料用難燃系の開発[19]

種類	基本条件	適応難燃系
LDPE HDPE PP	270℃まで安定, 330℃から難燃 効果	水酸化Mg＋難燃助剤 りん系難燃剤＋難燃助剤 表面処理技術 水酸化Mg＋ナノフィラー
PS ABS	270℃まで安定, 300℃から難燃 効果	りん系難燃剤＋窒素系難燃剤＋フェノール系樹脂 水和金属化合物＋りん系難燃剤 りん系難燃剤＋難燃助剤
PC PET PA	310℃まで安定, 350℃から難燃 効果	シリコーン化合物 縮合，重合型りん系難燃剤 ナノコンポジット 微粒子無機系難燃剤 有機金属化合物

表24 熱分解温度，チャー生成効率を考慮した難燃化技術(1)[16]

樹　脂	難燃化技術
エポキシ樹脂	600℃まで，りん化合物とモノ，ジトリ，PERによる炭化層で遮断，600℃以上，無機断熱層で遮断
エポキシ樹脂	アセチルアセテート金属錯体と，金属原子と芳香族化合物がイオン結合または配位結合した Co, Fe, Cu のフタロシアニン錯体，ヒドロキシキノリン錯体等により300〜800℃の広範囲に熱分解挙動を示す難燃材料
エポキシ樹脂	炭酸Liのような金属炭酸塩の分解により炭酸ガスを発生させ燃焼初期の難燃化に貢献し，水和金属化合物のような無機化合物により高温側の難燃化を狙う。

表25 熱分解温度，チャー生成効率を考慮した難燃化技術(2)[16]

樹　脂	難燃化技術
熱可塑性樹脂	1.2ヒドロキシステアリン酸Alを添加し，400℃付近までの着火段階での燃焼を抑える。
熱可塑性樹脂	酸化Zr，酸化Alに無機酸を担持し，発泡チャー層を安定化させる。
熱可塑性樹脂	芳香族有機ホスホン酸アミン塩と含水フィロケイ酸塩（バーミキュライト）によりチャーの安定性を向上
熱可塑性樹脂	膨潤性粘土鉱物（有機ベントナイト）とシリコーン化合物，酸化Cu，酸化Tiにより，無機＋チャー複合断熱層を安定化させ，HRRを抑制
ポリオレフィン	シリコーン化合物，パーフルオロアルカンスルフォン酸金属塩により安定した断熱遮断層を形成する。

第4章 難燃化技術の最新動向

ある。即ち,成形加工時最高温度で安定で,分解,燃焼開始温度で適切な反応を起こすことが要求される。その2つの温度間隔が問題であり,エンプラの種類によっては適正な難燃系が見出せない事もあり得る。今後の耐熱性エンプラに優れた難燃系を開発するためにこのような系を開発しなければならない。これらを満足する可能性の高い難燃系を表23に示す。

これからの難燃化技術の方向として,図2において説明したように,燃焼の初期において優れた難燃性を発揮するとともに,燃焼中期,後期においても広い温度範囲で効果を継続するような難燃系が理想であると考えられる。特に,燃焼の立ち上がりで効果が高い事が大切であり,環境対応型難燃系が,ハロゲン化合物+金属酸化物(三酸化アンチモン)に比較して弱い点である。

最近は,このような考え方で新しい難燃系の開発が試みられており,表24,25に示すような難燃系が研究されている。

文　　献

1) 西澤　仁,難燃材料活用便覧,テクノネット社(2002)
2) 西澤　仁,国連環境計画ファンデーション講演資料,国連大学(2004年,3月)
3) 西澤　仁,第11回難燃材料研究会資料,全遥会館(2003年,5月)
4) 西澤　仁,総説エポキシ樹脂,エポキシ技術協会(2004)
5) 岡本英俊,KAST難燃化技術セミナー資料(2002年,3月)
6) J. W. Gilmann, FRCA Int Conference Paper, March, Sanfrancisco (2001)
7) H. Nishizawa, M. Okoshi, FRCA Int Conference Paper, March, Neworiens (2003)
8) 西澤　仁,プラスチックス,**53**, No.11, 169 (2002)
9) 大越雅之,成形加工シンポジア,11月(2002)
10) 武田邦彦,非臭素系難燃材料データブック,NEDO (2003)
11) T. Kashiwagi, Macromolecule Rapid Comp, **23**, No.13 (2002)
12) 西澤　仁,プラスチックス工業技術研究会セミナー資料,(2004年3月)
13) 西澤　仁,エポキシ樹脂講演会資料(2001)エポキシ樹脂技術協会
14) 西澤　仁,Polyfile, **38** (453) 24 (2001)
15) M. Lewin, *Polymer for Advanced Technology*, **12**, 215 (2001)
16) 西澤　仁,第12回難燃材料研究会資料,全遥会館(2003年12月)
17) Cullis C. F *et al.*, The Combustion of Organic Polymers, Clarendo (1981)
18) J. Ravadits *et al, Polymer Degradation and Stability*, **74**, 419 (2001)
19) 西澤　仁,これでわかる難燃化技術,工業調査会(2003)

第Ⅱ編　難燃剤データ

第Ⅱ編　漢方煎剤エキス

1 総論

1.1 はじめに

　難燃化技術は，難燃剤をポリマー中に配合，混練り分散したり，反応させて分子中に難燃性元素を導入したりして難燃化を行っている。そのため適正な難燃剤の選択が重要である。難燃剤は，既に示したように図1に示すように分類できるが，ここでは，①臭素系難燃剤，②りん系難燃剤，③無機系難燃剤，④その他に分類し，日本における難燃剤メーカー，難燃剤の種類，難燃剤の特性，特徴，選択上の注意点等をまとめた。なお，収集したデータは，難燃化技術に関連する方々にお役に立つように，各難燃剤メーカーの協力を得て入手したカタログ，技術資料を基にしてまとめ，既に文献資料に発表されているものも一部付け加えた。また，難燃剤協会でまとめられた資料も了解頂き引用させて頂いた。各難燃剤メーカー，難燃剤協会に厚く御礼申し上げたい。

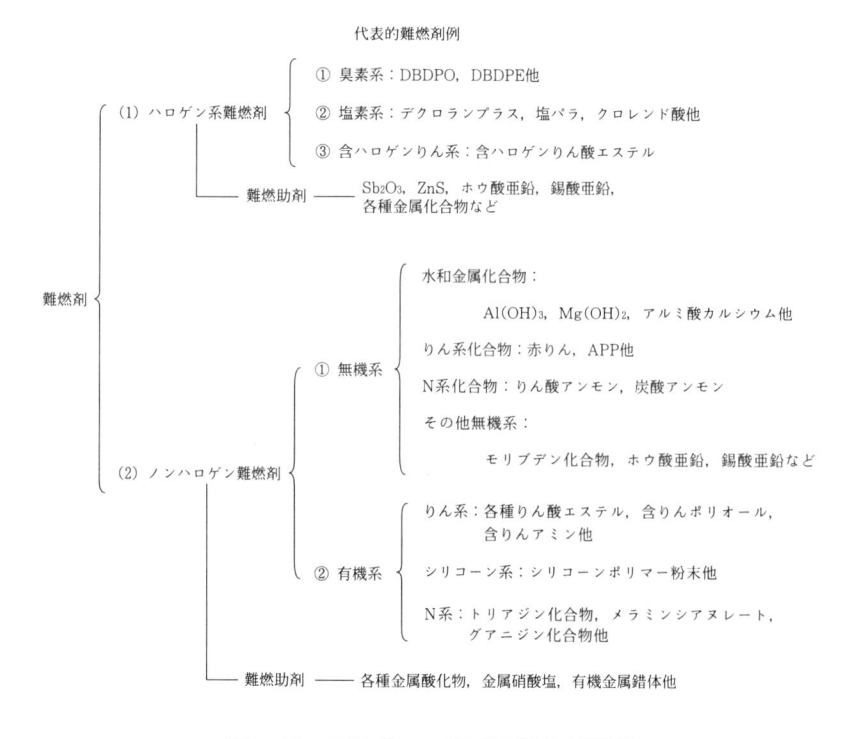

```
                                      代表的難燃剤例
                                    ┌ ① 臭素系：DBDPO，DBDPE他
                   ┌ (1) ハロゲン系難燃剤 ┤ ② 塩素系：デクロランプラス，塩パラ，クロレンド酸他
                   │                 └ ③ 含ハロゲンりん系：含ハロゲンりん酸エステル
                   │    難燃助剤 ── Sb₂O₃，ZnS，ホウ酸亜鉛，錫酸亜鉛，
                   │               各種金属化合物など
                   │
                   │                 ┌         水和金属化合物：
                   │                 │              Al(OH)₃，Mg(OH)₂，アルミ酸カルシウム他
                   │                 │         りん系化合物：赤りん，APP他
         難燃剤 ────┤                 ① 無機系 ┤ N系化合物：りん酸アンモン，炭酸アンモン
                   │                 │         その他無機系：
                   │                 │              モリブデン化合物，ホウ酸亜鉛，錫酸亜鉛など
                   │ (2) ノンハロゲン難燃剤 ┤
                   │                 │         ┌ りん系：各種りん酸エステル，含りんポリオール，
                   │                 │         │       含りんアミン他
                   │                 ② 有機系 ┤ シリコーン系：シリコーンポリマー粉末他
                   │                 │         │ N系：トリアジン化合物，メラミンシアヌレート，
                   │                 │         │     グアニジン化合物他
                   │
                   └    難燃助剤 ── 各種金属酸化物，金属硝酸塩，有機金属錯体他
```

図1　ノンハロゲン系，ハロゲン系で分類した難燃剤

1.2 難燃剤を取り巻く最近の技術動向

難燃剤の技術動向については，既に難燃剤の項で述べているが，若干重複する内容もあるが，関連する規制の動き，需要動向，今後の技術的課題について触れておきたい。

難燃剤に関する最も大きな関心事項は，環境問題を中心とした規制の動きである。エコラベル自主規制に盛り込まれた臭素系難燃剤に関する動きが，表1に示すようにWEEE, RoHSに関するEUの決議によって，次第に臭素系難燃剤の規制の方向が緩和されながらより明確になってきている。しかしながら依然としてユーザーの意向は非ハロゲン化の方向に動いている。ヨーロッパの動きを見ると国によって大きく姿勢が異なり，表2に示すように，EU内部は，一枚岩ではいかない複雑な様相を呈している。

今後は，より科学的なアプローチが行われ，エモーショナルな動きを排し，公正な方向に進んでいく事を切に望みたい。

さて，難燃剤全体の動きを技術的に見てみると，次のような課題が要求されていく事は衆目の一致するところであろう。

① 難燃効率の高い難燃剤
② 環境安全性の高い難燃剤
③ リサイクル性（マテリアルリサイクル，ケミカルリサイクル）に優れた難燃剤
④ 成形加工性に優れた難燃剤
⑤ 成形品の物性低下率の小さい難燃剤

表1　WEEE, RoHSの動き

年度	動　向
1998	EUに提案
2002（4月）	EU会議で基本的な内容の修正提案決議
2002（10月）	WEEE, RoHS指令最終案に最終合意。 1　全ての臭素系難燃剤の禁止について，取り下げる 2　基本的にPBB, PBDEについて，欧州のリスクアセスメントを受け入れる 　　PBB, PentaPBDE, OctaPBDEは使用禁止 　　　（RoHSは2006年7月禁止） 　　Deca PBDEはリスクアセスメントの結果を待つ。 　　　（2003年末に結果がでる予定） 　　RoHSは，水銀，鉛，6価Cr, Cd, PBB, PBDE　6種類を禁止 　　（2007年7月）
2004（8月）	各国で法制化してPBB, PentaPBDE, OctaPBDEは実質的に使用禁止となる（RoSHは2007年7月禁止）。
2005（12月）	リサイクルについては，各国回収装置を設置（2004年各国で法制化して達成に努める）。
2006（12月）	リサイクルターゲットを達成。 臭素系難燃剤含有プラスチックスは分別，リサイクルを行う。

1 総　論

表2　ヨーロッパにおける各国の臭素系難燃剤に対する考え方

国別	基本的な考え方
北欧	全ての臭素系難燃剤を禁止する方向。
オランダ	予防処置をとって安全性を確認してから使用。FR－720（TBAジブロモプロピルエーテル）の省令，2002年3月，解除。
ドイツ，英国	科学的根拠に基づいて判断。
南欧 イタリア スペイン フランス	関心が薄い。

　難燃剤全体の動きは，ここ数年大きな変化はないが，次のように概観できよう。

　臭素系難燃剤は，ここ数年同じような傾向にあり，TBBA系が主体であるが，耐熱性，耐候性，電気特性の優れた芳香族系難燃剤が増えてきている。塩素系難燃剤は，塩パラ，デクロランプラス等が使われ，特に変化が見られない。

　無機系難燃剤の中で最近注目されているのが水酸化Al，水酸化Mgであり，エコ材料への今後の期待から研究されている。内容的には表面処理，粒子形状，粒度分布，粒子径（ナノサイズを含む）の検討による難燃効率の向上，成形加工性の向上が主なテーマである。コストダウンとして天然産水酸化Mgの改質（耐熱劣化，変色）が試みられている。実用配合では，水和金属化合物単独で使用される場合は少なく，難燃助剤との併用が一般的である。

　りん系難燃剤は，環境対応型難燃剤として期待されているため需要量が伸びてきたがここにきて頭打ちになっている。最近の要求課題は，難燃効率の向上，加水分解性，耐熱性，電気特性，イオン導電性抽出物の少ないタイプの開発等である。現在は，縮合，重合タイプのRDP，BPA-DP，BPA-DC等が使われ，電気特性，耐水性の問題のない工業用品には，Intumescent系が，難燃性の高い点を生かして使われている。ポリオレフィン用として新タイプのFP-2000，FP-2001が開発されている。また，イオン導電性物質の抽出性の少ない反応型りん系難燃剤も注目されており，HCA，TPP=OH，反応型BDP等が使われる。

　シリコーン系難燃剤は，エコ材料用として関心が高いが，コストの点で他の難燃剤の助剤的な使われ方をしている。

　今後，金属化合物，有機金属化合物等の低有害性ガス化，高難燃性付与効果が期待される。

1.3　難燃剤の需要動向

　世界，日本における難燃剤の需要量は，既に難燃剤の項で示しているが，再度，表3に示すことにする。世界全体で，108万トン／年，日本においては約16万トン／年を示す。

表3 世界，日本における難燃剤の需要量（推定）

種類	世界全体	日本（右図参照）
臭素系	421,200	57,550
りん系	248,400	26,500
塩素系	106,000	5,200
無機系	237,600	67,000
窒素系	64,800	−
合　計	1,078,000	156,250

（単位：トン）

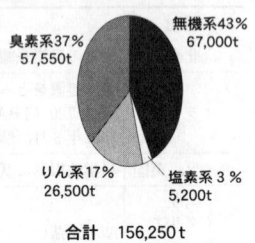

日本における難燃剤需要割合（2002年）
- 臭素系37% 57,550t
- 無機系43% 67,000t
- りん系17% 26,500t
- 塩素系3% 5,200t
- 合計 156,250 t

※難燃性プラスチックスが，プラスチックス消費量の10%の110万トンとすると，難燃剤の添加量は平均10%になる。

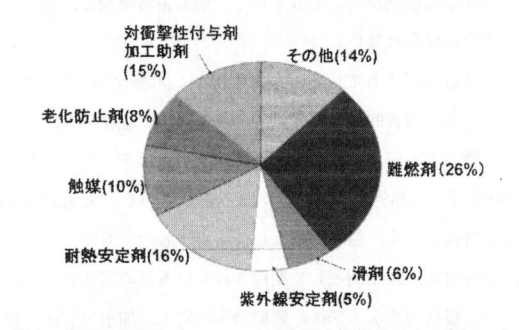

図2 世界におけるプラスチック添加剤の市場（US＄ 90億ドル）
- 対衝撃性付与剤 加工助剤 (15%)
- その他 (14%)
- 老化防止剤 (8%)
- 難燃剤 (26%)
- 触媒 (10%)
- 耐熱安定剤 (16%)
- 滑剤 (6%)
- 紫外線安定剤 (5%)

　難燃剤は，図2に示すように，高分子材料の添加剤の中では需要量が多いほうで，しかもここ数年やや減少か横ばい状態を示している他の添加剤と比べ，横ばいか，数%の上昇を示している。

　日本における状況をもう少し詳細に示すために，化学工業日報社，シーエムシー出版が発表しているデータと，それをもとに推定した1999年から2004年までの需要量を表4，5に示すので参照されたい。

　先に述べたWEEE，RoHSの禁止対象の臭素化難燃剤，リスクアセスメントの対象になっている臭素系難燃剤の世界全体の需要量を見てみたい。PBBは既に製造，使用中止になっているので対象外であるが，DecaPBDE，PentaPBDE，DecaPBDE，TBBA，HBCDの世界での需要量をまとめたのが表6である。PBDEの中のPentaとOctaの需要量は，3,700トン／年から7,500トン／年と低く，しかも既にTBBA系，HBCD系への切り替えが進んでいて余り問題はない。しかし，DecaPBDEは56,000トン／年を示し，禁止されると対応にやや問題が残る。基本的にはTBBA系，

1 総論

表4 日本における難燃剤の需要量（推定）

（単位：トン）

種類		2001年	2002年
臭素系	TBA	32,300	27,300
	DBDPO	2,800	2,500
	HBCD	2,000	2,200
	OBDPO	−	−
	BTBPE	−	−
	TBP	4,300	3,600
	エチレンビステトラブロモフタルイミド	2,000	1,750
	TBA-PCオリゴマー	2,900	1,800
	臭素化PS	3,300	2,500
	TBAエポキシオリゴマー，ポリマー	8,500	8,500
	エチレンビスペンタブロモジフェニル	5,000	4,500
	ポリブロモフェニルオキサイド	−	−
	HBB	350	350
	TABビスジブロモプロピルエーテル	2,000	1,000
	ペンタブロモベンジルアクリレート		550
	臭素化芳香族トリアジン	800	1,000
りん系	りん酸エステル系	22,000	20,000
	含ハロゲンりん酸エステル	4,000	4,000
	APP	1,000	1,000
	赤りん系	500	500
	ホスファフェナントレン	1,000	1,000
塩素系	塩パラ	4,300	4,300
	デクロランプラス	600	600
	クロレンド酸	300	300
無機系	三酸化アンチモン	16,000	14,000
	水酸化アルミニウム	42,000	42,000
	窒素化グアニジン	5,000	5,000
	五酸化アンチモン	1,000	1,000
	水酸化マグネシウム	4,500	5,000
合計		169,450	156,250

（化学工業日報社調査資料）

芳香族系臭素系難燃剤への切り替えは問題はない。現時点では，DecaPBDEのリスクアスメントは問題なく，使用禁止にならないようである。

1.4 難燃剤メーカー一覧表

日本の難燃剤メーカーを臭素系難燃剤，塩素系難燃剤，りん系難燃剤，無機系難燃剤，窒素系難燃剤，シリコーン系難燃剤に分けて表7に示す。

最近は，ハロゲン系難燃剤メーカーでも無機系難燃剤，りん系難燃剤，窒素系難燃剤を販売しているメーカーが増加している。

表5 難燃剤の需要動向（2003～2004年）

（単位：トン）

難燃剤の種類	2003年	2004年
臭素系難燃剤		
TBBA	28,000	28,000
DBDPO	1,000	800
HBCD	2,000	1,800
TBP	3,600	3,600
エチレンビステトラブロモフタロイミド	1,800	1,850
TBBA-PCオリゴマー	2,350	2,400
臭素化PS	2,500	2,500
TBAエポキシオリゴマー，ポリマー	8,700	8,900
エチレンビスペンタブロモフェニル	4,500	4,500
HBB	350	300
TBBA－ジブロモプロピルエーテル	1,000	1,050
テトラブロモベンジルアクリレート	500	600
臭素化芳香族トリアジン	1,000	1,200
りん系難燃剤		
りん酸エステル	21,000	22,000
含ハロゲンりん酸エステル	4,000	3,500
APP	1,200	1,400
赤りん	500	500
フォスファフェナントレン	1,200	1,400
塩素系難燃剤		
塩パラ	4,300	4,000
デクロランプラス	600	600
クロレンド酸	300	300
無機系難燃剤		
三酸化アンチモン	14,500	14,000
水酸化Al	42,000	42,500
窒素化グアニジン	5,000	5,000
五酸化アンチモン	1,000	1,000
水酸化Mg	5,500	5,800
合　　計	158,400	159,500

注）本データは，化学工業日報社，シーエムシー出版社の調査データ及びその他情報を総合して推定した値である。

表6　WEEE, RoHSの規制対象となっている臭素系難燃剤の需要量（2001年）

（単位×1000トン）

難燃剤	米国	ヨーロッパ	アジア	その他	合計
TBBA	18,000	11,600	89,400	600	119,600
HBCD	2,800	9,500	3,900	500	16,700
DecaPBDE	24,500	7,600	23,000	1,050	56,100
OctaPBDE	1,500	610	1,500	180	3,790
PentaPBDE	7,100	150	150	100	7,500

1 総論

表7 日本における難燃剤メーカー一覧表

難燃剤の種類	メーカー名（主な難燃剤）
臭素系難燃剤 塩素系難燃剤	アルベマール日本（各種臭素系難燃剤） グレートレイクスケミカル日本（各種臭素系難燃剤） 東ソー（各種臭素系難燃剤，フレームカット等） 帝人化成（臭素系難燃剤，ファイヤーガード等） 日宝化学（臭素系難燃剤，FR-B，FR-PE等） ブロモケム・ファーイースト（各種臭素系難燃剤，FR-1025M等） マナック（各種臭素系難燃剤，プラセフチー1200等） 三井化学ファイン（プラネロンDB等） 日本化薬（臭素化フェノールノボラック樹脂等） 東都化成（臭素系エポキシ系，フェノキシ系等） フェロ・ジャパン（Pyrochek68PB等） 日本化成（TAIC6B等） 阪本薬品工業（TBBA系臭素化エポキシ系難燃剤等） 第一エフ・アール（臭素系難燃剤ピロガードシリーズ等） 大日本インキ化学工業（臭素系難燃剤プラサーム等） 旭化成ケミカルズ（臭素化エポキシオリゴマー等） 日立化成工業（臭素系化合物等） 旭硝子（臭素系化合物等） 味の素ファインテクノ（塩パラ等） ソマール（デクロランプラス） 丸菱油化工業（臭素系難燃剤等）
りん系難燃剤	旭電化工業（りん系難燃剤アデカスタブ等） 味の素ファインテクノ（りん系難燃剤レオフォス等） 日本化学工業（赤りん系難燃剤ヒシガード等） 燐化学工業（赤りん系難燃剤ノーバレット等） 太平化学産業（ダイエンシリーズ等） 大八化学工業（各種りん酸エステル系難燃剤等） アクゾノーベル（各種りん酸エステル系難燃剤等） 三光工業（反応型難燃剤HCA等） 大塚化学（フォスファゼン系化合物） 鈴裕化学（APE，赤りん-膨張性黒鉛難燃剤） 城北化学工業（りん-塩素化合物） サンド社（りん-塩素化合物） アルブライト＆ウィルソン（赤りん，AMGARD等） 日本ヘキスト（赤りん化合物等）
無機系難燃剤	昭和電工（水酸化Al） アルマティス（旧アルコア化成）（水酸化Al） 住友化学工業（水酸化Al） 日本軽金属（水酸化Al） 石塚硝子（水酸化Al-窒素化合物処理） 堺化学工業（水酸化Mg） 神島化学工業（水酸化Mg） ティーエムジー（水酸化Mg-Ni化合部処理） 協和化学工業（水酸化Mg） 味の素ファインテクノ（水酸化Mg） ブロモケム・ファーイースト（水酸化Mg） ファイマテックス（水酸化Mg-カチオンポリマー処理） 日本精鉱（三酸化アンチモン等） 山中産業，三国精練（三酸化アンチモン等） 日産化学工業（五酸化アンチモン等）

（つづく）

難燃剤・難燃材料活用技術

表7 日本における難燃剤メーカー一覧表
(つづき)

難燃剤の種類	メーカー名(主な難燃剤)
無機系難燃剤	味の素ファインテクノ(三酸化アンチモン等) 水沢化学(錫酸亜鉛等) 日本化学産業(錫酸亜鉛) 鈴裕化学(三酸化アンチモンMB等) ボラックス・ジャパン(硼酸亜鉛) シャーウィン・ウィリアムス・ジャパン(モリブデン化合物) 丸菱油化工業(金属化合物系) 第一希元素化学工業(ジルコニウム化合物)
窒素系難燃剤	三和ケミカル(グアニジン,グアニル尿素系難燃剤等) DSMジャパン(メラミンシアニュレート) 大和化学(フラン-りん-窒素化合物等)
シリコーン系難燃剤	東レ・ダウコーニング・シリコーン(シリコーン系難燃剤), 信越化学工業(シリコーン系難燃剤) GE東芝シリコーン(シリコーン系難燃剤)

表8 脂肪族系,芳香族系臭素系難燃剤の比較

種別	難燃剤の名称	臭素含有量(%)	融点(℃)	5%分解温度(℃)
脂肪族系	1. ヘキサブロモシクロデカン(HBCD)	75	185〜195	250
	2. ビス(ジブロモプロピル)テトラブロモビスフェノールA(DBF-TBBPA)	68	108	290
	3. ビス(ジブロモプロピル)テトラブロモビスフェノールA(DBF-TBBPA)	66	100	300
	4. トリス(ジブロモプロピル)イソシアヌレート(TDBPIC)	70	115	290
	5. トリス(トリブロモネオペンチル)ホスフェート(TTBNPP)	70	182	310
芳香族系	1. デカブロモジフェニルオキサイド(DBDPO)	83	300<	370
	2. 臭素化エポキシ樹脂(TBBPAエポキシ)水添グリシジール末端TBP封止	53	76	363
	3. ビス(ペンタブロモ)フェニルエタン(BPBPE)	56	75	358
	4. トリス(トリブロモフェノキシ)トリアジン(TTBBPTA)	82	354	390
	5. エチレンビステトラブロモフタルイミド(EBTBPI)	67	230	380
	6. ポリブロモフェニルインダン(PBPI)	67	300<	440
	7. 臭素化ポリスチレン(BrPS)	74	235〜255	344
	2臭素置換体	61	185〜195	365
	3臭素置換体	70	225〜250	353
	8. TBBPAポリカーボネート(TBBPA-PC)	55	160〜200	330〜350
	9. 臭素化フェニレンオキサイド(BrPPO)	64	200〜240	380
	10. ポリペンタブロモベンジルアクリレート(PPBBA)	70	205〜215	333

1 総論

表9 各種臭素系難燃剤の用途別一覧表

主要臭素系難燃剤	熱可塑性樹脂											熱硬化性樹脂			その他			
	ABS	ポリスチレン	ポリプロピレン	ポリエチレン	ポリカーボネート	PC/ABS	ポリアミド	ポリエステル	ポリ塩化ビニル	発泡ポリスチレン	発泡ポリウレタン	エポキシ樹脂	不飽和ポリエステル	フェノール樹脂	エラストマー	接着剤・塗料	繊維	木質材
テトラブロモビスフェノールA (TBA)	○	○			○							○	○	○		○		
TBA-エポキシオリゴマー/ポリマー	○	○			○	○	○	○				○		○				
TBA-カーボネートオリゴマー	○				○	○	○	○										
TBA-ビス(2,3-ジブロモプロピルエーテル)		○	○	○						○	○				○	○	○	
TBA-ビス(アリルエーテル)										○	○							
テトラブロモビスフェノールS (TBS)	○	○	○	○			○											
TBS-ビス(2,3-ジブロモプロピルエーテル)			○															
臭素化フェノールノボラックエポキシ												○						
臭素化(アルキル)フェニルグリシジルエーテル												○						
ヘキサブロモベンゼン (HBB)	○	○	○	○				○		○		○					○	
ペンタブロモトルエン	○	○	○	○														
ヘキサブロモシクロドデカン (HBCD)			○	○	○				○						○	○		
デカブロモジフェニルオキサイド (DBDPO)	○	○	○	○		○	○	○		○		○	○		○	○	○	
オクタブロモジフェニルオキサイド (OBDPO)	○	○	○												○			
エチレンビス(ペンタブロモフェニル)	○	○	○	○				○				○						
エチレンビス(テトラブロモフタルイミド)	○	○	○	○				○				○						
テトラブロモ無水フタル酸												○	○			○	○	
臭素化(アルキル)フェノール												○	○					
トリス(トリブロモフェノキシ)トリアジン	○	○	○			○												
臭素化ポリスチレン	○	○					○	○										
オクタブロモトリメチルフェニルインダン	○	○	○					○										
ペンタブロモベンジルアクリレートモノマー/ポリマー		○			○			○										
ポリジブロモフェニレンオキサイド						○										○		
ビス(トリブロモフェノキシエタン)	○				○						○				○	○	○	

(日本難燃剤協会:難燃剤商品リスト(2001))

1.5 各難燃剤メーカーの取り扱い品種,特性,特徴

臭素系難燃剤は,表8に示すように,比較的融点,分解温度の低い脂肪族系から融点,分解温度の高い芳香族系に分類する事が出来る。

難燃剤の中で最も難燃効率が高く,殆どの高分子材料との相溶性に優れているためポリオレフィン,PS,ABS,PC,PET,PA,各種合成ゴム,繊維類に幅広く使用されている。各種臭素系難燃剤の用途別一覧表を表9に示す。また,各メーカーの製造品種別一覧表を表10に示す。

表10　各臭素系難燃剤メーカーの品種別一覧表

主要臭素系難燃剤	アルベマール日本	グレートレイクスケミカル日本	阪本薬品工業	第一工業製薬	帝人化成	東ソー	東都化成	日宝化学	日本化薬	フェロ・ジャパン	ブロモケム・ファーイースト	マナック	丸菱油化工業	三井化学ファイン
テトラブロモビスフェノールA（TBA）	○	○			○	○				○				
TBA－エポキシオリゴマー/ポリマー			○	○		○				○	○			
TBA－カーボネートオリゴマー			○	○										
TBA－ビス（2,3-ジブロモプロピルエーテル）	○	○	○	○	○					○				
TBA－ビス（アリルエーテル）			○	○	○					○				
テトラブロモビスフェノールS（TBS）										○				
TBS－ビス（2,3-ジブロモプロピルエーテル）													○	
臭素化フェノールノボラックエポキシ								○						
臭素化（アルキル）フェニルグリシジルエーテル								○		○				
ヘキサブロモベンゼン（HBB）							○			○				
ペンタブロモトルエン				○			○							
ヘキサブロモシクロドデカン（HBCD）	○	○		○	○					○			○	
デカブロモジフェニルオキサイド（DBDPO）	○	○		○						○			○	○
オクタブロモジフェニルオキサイド（OBDPO）		○								○				
エチレンビス（ペンタブロモフェニル）		○												
エチレンビス（テトラブロモフタルイミド）		○												
テトラブロモ無水フタル酸	○	○												
臭素化（アルキル）フェノール			○	○						○				
トリス（トリブロモフェノキシ）トリアジン				○										
臭素化ポリスチレン	○	○						○		○				
オクタブロモトリメチルフェニルインダン										○				
ペンタブロモベンジルアクリレートモノマー/ポリマー										○				
ポリジブロモフェニレンオキサイド			○	○										
ビス（トリブロモフェノキシエタン）			○											

（日本難燃剤協会：難燃剤商品リスト(2001)）

1 総論

臭素系難燃剤の難燃機構を復習しておくと，表11に示す難燃化機構の気相でのラジカルトラップ効果と三酸化アンチモン併用による臭素化アンチモン，オキシ臭素化アンチモンの優れた酸素遮断効果，ラジカルトラップ効果，脱水炭化効果によると考えられる。

各種難燃剤メーカーの製造，販売品種とその特性，特徴について各メーカー別に紹介したい。

表11 気相における難燃化機構

難燃化機構	効 果	効果の詳細
気相における難燃化効果	・活性OHラジカルのトラップ効果と酸素遮断効果，脱水素炭化効果	1) ハロゲン化合物，ハロゲン化合物と酸化アンチモン (a) ・$OH + HX \rightarrow HOH + X\cdot$ 　　$X + RH \rightarrow HX + R\cdot$ (b) $RHX \rightarrow R + HX$ 　　$HX + Sb_2O_3 \rightarrow SbOX + H_2O$ 　　$Sb_xO_yX_z \rightarrow SbX_3 + Sb_2O_3$
	・りんによるラジカルトラップ効果	2) りん化合物 $H_3PO_4 \rightarrow HPO_2 + PO + etc$ $H + PO \rightarrow HPO$ $H + HPO \rightarrow H_2 + PO$ ・$OH + PO \rightarrow HPO + O$
	・ヒンダードアミン，ラジカルトラップ効果	3) ヒンダードアミン化合物（NOR） $>NOR \rightarrow NOR\cdot + R$ $>NOR \rightarrow N\cdot + \cdot OR$ 熱分解によって発生するラジカルは，臭素化合物と反応し臭素の放出を助け，アルコキシラジカルは，チェーンの分裂，架橋反応を助ける
	・脱水吸熱反応	1) 水和金属化合物 $Al(OH)_3 \rightarrow Al_2O_3 + H_2O$（約200℃） $Mg(OH) \rightarrow MgO + H_2O$（約340℃） 2) ホウ酸亜鉛，ホウ酸 $2ZnO_4 \cdot 3B_2O_3 \cdot 3.5H_2O \rightarrow H_2O + ZnO, B_2O_3$ 　　　　　　　　　　　　　　（約260℃） $2H_3BO_3 \rightarrow 2HBO_2 \rightarrow B_2O_3$ 　（130〜200℃）（260〜270℃） 3) 錫酸亜鉛 $ZnSn(OH)_3 \rightarrow ZnSnO_3 \rightarrow Zn_2SnO_4 + SnO_2$ 　（190〜285℃）　　（580〜800℃）

2 臭素系難燃剤

(1) グレートレイクスケミカル日本

問合わせ先：東京都港区西新橋1-14-2, 新橋SYビル　Tel：03-5510-7001　Fax：03-5510-7004

グレートレイクスケミカル日本は，臭素系難燃剤とともに，ノンハロゲンりん酸エステル，アンチモン化合物も上市している。臭素系難燃剤の一覧表を表12に示す。

最近は，耐熱性，高難燃性で，成形加工時に安定なエンプラ用難燃剤として臭素化PS重合タイプの難燃剤（PDBS-80, PBS-64, PBS-64HW），難燃剤と難燃助剤を予め配合してペレット化したFyreblocグレードを開発上市している。これらを表13, 14に示す。

(2) ブロモケム・ファーイースト

問合わせ先：東京都中央区新川1-5-18, 泉新川ビル　Tel：03-3552-1611　Fax：03-3552-1616

ブロモケム・ファーイーストは，イスラエルのDead Sea bromine社の極東法人であり，臭素系難燃剤，臭素誘導体を製造販売している。

代表的な難燃剤の種類と特性を表15に示すが，代表的なグレードとしてFR-10254 (pentabromobenzylacryate), FR-513 (Tetrabromoneopentylalconol), FR-522 (dibromoneopentylglycol), FR-1206(Hexabromocyclo du decane), FR-1025 (polypentabromobenzyl acrylate)等をあげる事が出来る。その他，水酸化Mg，メラミンシアニュレート（FR-6120）も上市している。

(3) アルベマール日本

問合わせ先：東京都千代田区内幸町2-2-2, 富国生命ビル　Tel:03-5251-0796　Fax:03-3500-5623

アルベマール浅野から名称が変更になり，TBBA（テトラブロモビスフェノールA），DBDPO（デカブロモビフェニールオキサイド），デカブロモ無水フタール酸をはじめ多くの臭素系難燃剤をSaytexの商品名で製造，上市している。最近では非ハロゲン系難燃剤として，縮合りん酸エステル，水酸化Mg，硼酸亜鉛等も販売している。臭素系難燃剤の種類と特性を表16に示す。

(4) 帝人化成

問合わせ先：東京都千代田区内幸町1-2-2, 日比谷ダイビル　Tel:03-3506-4787　Fax:03-3508-9528

商品名ファイヤーガードで製造販売している。種類と特性を表17, 18に示す。

例えば，8500タイプの特徴を見ると，TBBAをベースとしているため耐熱性に優れ，末端停止剤としてTBPを使用しているため臭素含有率が高く，ノンブルーミング性に優れ，PBT, PCのような成形加工温度の高いエンプラ材料の難燃化に適している。

代表的な難燃性付与効果として8500（TBBAのカーボネートオリゴマー）のPBTに対する難燃性付与効果と難燃材料の特性を表19に示す。

急性経口毒性（ラット）LD_{50}は15,000mg／kg，許容濃度ACGIH10mg／m^2（不快粉量）で，既存

2 臭素系難燃剤

表12 グレートレイクスケミカル日本 臭素系難燃剤一覧表 (1)

商品名	化学式	粘度融点(℃)	揮発性比較(TGA.wt%)	比重	かさ比重	溶解性(g/100g溶剤@25℃)
Great Lakes DBS™ Dibromostyrene Formula Weight:261.9 Bromine Content:59.0%	CAS No.125904-11-2	4cps @25℃	5%@170℃ 10%@190℃ 50%@245℃ 95%@272℃	1.8		Water <0.1 Dichloromethane C Toluene C Methanol 50 MEK C
Great Lakes PDBS-80™ Poly(dibromostyrene) Formula Weight:~60,000 Bromine Content:59.0%	CAS No.88497-56-7	TG:140.5	5%@368℃ 10%@378℃ 50%@404℃ 95%@544℃	1.9	1.11(P)	Water <0.1 Dichloromethane 39 Toluene C Methanol <0.1 MEK 2
Firemaster®PBS-64 Polybromostyrene Formula Weight:~30,000 Bromine Content:64.0%	CAS No.Proprietary	TG:149	5%@360℃ 10%@371℃ 50%@400℃ 100%@590℃	1.9	1.11(P)	Water <0.1 Dichloromethane 50 Toluene >50 Methanol <0.1 MEK 1
Firemaster® PBS-64 HW Polybromostyrene Formula Weight:~60,000 Bromine Content:64.0%	CAS No.Proprietary	TG:156	5%@370℃ 10%@381℃ 50%@410℃ 100%@455℃	2.0	1.11(P)	Water <0.1 Dichloromethane 50 Toluene >50 Methanol <0.1 MEK 1
Firemaster® CP-44B Co-polymer of Dibromostyrene Formula Weight:~60,000 Bromine Content:64-65%	Proprietary CAS No.88497-56-7	TG:155	5%@353℃ 10%@371℃ 50%@404℃	2.0	1.25(P)	Water <0.1 Dichloromethane 36 Toluene 50 Methanol <0.1 MEK 0.5
Great Lakes GPP-36™ polypropylene-dibromostyrene graft copolymer Bromine Content:36.0%	Graft copolymer of polypropylene/DBS CAS No.171091-06-8	160-175	5%@359℃ 10%@378℃ 25%@412℃ 50%@451℃	1.3	0.81(P)	Water <0.1 Dichloromethane P Toluene 4 Methanol <0.1 MEK P
Great Lakes GPP-39™ proprietory derivative of GPP-36™ Bromine Content:39.0%	Graft copolymer of polypropylene/DBS	150-170	5%@331℃ 10%@346℃ 25%@404℃ 50%@463℃	1.3	0.88(P)	Water <0.1 Dichloromethane P Toluene 5 Methanol <0.1 MEK P
Great Lakes PHT4™ Tetrabromophthalic anhydride Formula Weight:463.7 Bromine Content:68.2%	CAS No.632-79-1	274-277	5%@229℃ 10%@242℃ 50%@277℃ 95%@297℃	2.9	1.37(L) 0.88(P)	Water <0.1 Dichloromethane 1 Toluene 6 Methanol 1.6 MEK 2.6
Great Lakes PHT4-Diol™ Tetrabromophthalate diol Formula Weight:627.9 Bromine Content:46.0%	CAS No.77098-07-8	100,000cps @25℃	5%@128℃ 10%@166℃ 50%@319℃ 95%@380℃	1.9		Water <0.5 Dichloromethane C Toluene C Methanol 9 MEK C
Great Lakes PHT4-Diol™/70 Tetrabromophthalate diol composition Bromine Content:30.9%	Proprietary	4300cps @25℃		1.6		

(つづく)

難燃剤・難燃材料活用技術

表12 グレートレイクスケミカル日本 臭素系難燃剤一覧表 (2)
（つづき）

商品名	化学式	粘度融点 (℃)	揮発性比較 (TGA.wt%)	比重	かさ比重	溶解性 (g/100g溶剤@25℃)
Firemaster® 520 Tetrabromophthalate diol Bromine Content:46.0% (This prpduct is not registered in Europe)	Proprietary	40,000cps @25℃	5%@150℃ 10%@195℃ 50%@332℃ 95%@400℃	1.9	L=Loose P=packed	Water <0.5 Dichloromethane C Toluene C Methanol 10 MEK C
Great Lakes DDP-45™ Tetrabromophthalate ester Formula Weight:706.1 Bromine Content:45.1%	(構造式) CAS No.26040-51-7	1800cps @25℃	5%@238℃ 10%@255℃ 50%@299℃ 95%@320℃	1.6		Water <0.1 Dichloromethane C Toluene C Methanol 5 MEK C
Firemaster®BZ-54 Tetrabromobenzoate ester Bromine Content:54.1% (This prpduct is not registered in Europe)	Proprietary	500cps @25℃	5%@211℃ 10%@226℃ 50%@268℃ 95%@291℃	1.7		Water <0.1 Dichloromethane C Toluene C Methanol 5.7 MEK C
Firemaster®550 Tetrabromobenzoate ester Composition Bromine Content:27-28% Phosphorus Content:4-5% (This prpduct is not registered in Europe)	Proprietary Blend	120cps @25℃	5%@208℃ 10%@221℃ 50%@263℃	1.4	1.35-1.42	Water <0.1 Dichloromethane C Toluene C Methanol 5.7 MEK C
Great Lakes FR-756™ Disodium salt of tetrabromophthalic anhydride Formula Weight:526 Bromine Content:61%	Proprietary Structue CAS No.25357-79-3	>500	5%@436℃ 10%@445℃ 50%@556℃	2.8	1.01(L) 1.21(P)	Water 16
Great Lakes CD-75™ Hexabromocyclodecane Bromine Content:73%	Proprietary Structue CAS No.3194-55-6	168-180	5%@215℃ 10%@232℃ 50%@253℃	2.1	1.16(L) 1.54(P)	Water <0.1 Dichloromethane 2 Toluene 5 Methanol 0.1 MEK 12
Great Lakes CD-75P™ Hexabromocyclodecane Formula Weight:641.7 Bromine Content:74.7%	(構造式) CAS No.3194-55-6	180-192	5%@228℃ 10%@242℃ 50%@263℃	2.1	1.16(L) 1.54(P)	Water <0.1 Dichloromethane 2 Toluene 5 Methanol 0.1 MEK 12
Great Lakes SP-75™ Stabilized hexabromo- cyclododecane Bromine Content:72.0%	Proprietary Blend CAS No.3194-55-6	187-192	5%@242℃ 10%@252℃ 50%@271℃	2.1	1.07(L) 1.36(P)	Water <0.1 Dichloromethane 2 Toluene 5 Methanol 0.2 MEK 13
Great Lakes BA-59P™ Tetrabromobisphenol A Formula Weight:543.7 Bromine Content:58.8%	(構造式) CAS No.79-94-7	179-182	5%@244℃ 10%@261℃ 50%@304℃	2.2	0.96(L) 1.36(P)	Water <0.1 Acetone 225 Dichloromethane 27 Toluene 6 Methanol 80 MEK 168

（つづく）

2 臭素系難燃剤

表12 グレートレイクスケミカル日本 臭素系難燃剤一覧表 (3)

(つづき)

商品名	化学式	粘度融点 (℃)	揮発性比較 (TGA.wt%)	比重	かさ比重	溶解性 (g/100g溶剤@25℃)
Great Lakes PE-68™ Tetrabromobisphenol A bis(2,3-dibromopropyl ether) Formula Weight:943.6 Bromine Content:67.7%	CAS No.21850-44-2	106-120	5%@305℃ 10%@312℃ 50%@328℃	2.2	0.76(L) 1.10(P)	Water <0.1 Styrene 10 Dichloromethane 50 Toluene 24 Methanol <0.1 MEK 7
Great Lakes BE-51™ Tetrabromobisphenol A bis(allyl ether) Formula Weight:624.0 Bromine Content:51.2%	CAS No.25327-89-3	115-120	5%@224℃ 10%@238℃ 50%@311℃	1.8	0.76(L) 1.08(P)	Water <0.1 Styrene 33 Dichloromethane 47 Toluene 42 Methanol <0.1 MEK 12
Great Lakes BC-52™ Phenoxy-terminated carbonate oligomer of Tetrabromobisphenol A Formula Weight:~2,500 Bromine Content:51.3%	Proprietary CAS No.94334-64-2	180-210	5%@408℃ 10%@438℃ 50%@480℃	2.2	0.61(L) 1.00(P)	Water <0.1 Dichloromethane >100 Toluene 14 Methanol <0.1 MEK >100
Great Lakes BC-52 HP™ Phenoxy-terminated carbonate oligomer of Tetrabromobisphenol A Formula Weight:~5,300 Bromine Content:53.9%	Proprietary CAS No.94334-64-2	210-240	5%@429℃ 10%@448℃ 50%@484℃	2.2	0.63(L) 1.00(P)	Water <0.1 Dichloromethane >100 Toluene 7 Methanol <0.1 MEK >100
Great Lakes BC-58™ Phenoxy-terminated carbonate oligomer of Tetrabromobisphenol A Formula Weight:~3,500 Bromine Content:58.7%	Proprietary CAS No.71342-77-3	200-230	5%@380℃ 10%@423℃ 50%@475℃	2.2	0.66(L) 1.02(P)	Water <0.1 Dichloromethane >100 Toluene 14 Methanol <0.1 MEK >100
Firemaster®2100 Decabromodiphenylethane Bromine Content:81-82%	Proprietary CAS No.84852539	348-353	1%@323℃ 5%@347℃ 10%@358℃ 50%@391℃ 95%@412℃	3.2	0.71(L) 1.11(P)	Water <0.01 Dichloromethane <0.01 Toluene <0.01 Methanol <0.01 MEK <0.01
Great Lakes DE-83R™ Decabromodiphenyl oxide Formula Weight:959.2 Bromine Content:83.3%	CAS No.1163-19-5	300-310	5%@320℃ 10%@334℃ 50%@373℃ 95%@409℃	3.3	1.07(L) 1.42(P)	Water <0.1 Dichloromethane 0.1 Toluene 0.2 Methanol <0.1 MEK <0.1
Great Lakes DE-79™ Octabromodiphenyl oxide Formula Weight:801.4 Bromine Content:79.8%	Br_x (x+y)=8 Br_y CAS No.32536-52-0	85-89	5%@260℃ 10%@279℃ 50%@329℃ 95%@361℃	2.8	1.10(L) 1.48(P)	Water <0.1 Dichloromethane 12 Toluene 7 Methanol 0.3 MEK 16
Great Lakes DE-60F™Special Pentabromodiphenyl oxide blend Bromine Content:52.0%	Proprietary DE-71 Blend	2000cps @25℃	5%@209℃ 10%@225℃ 50%@267℃ 95%@291℃	1.9		Water <0.1 Dichloromethane C Toluene C Methanol 6 MEK C

(つづく)

表12 グレートレイクスケミカル日本 臭素系難燃剤一覧表 (4) (つづき)

商品名	化学式	粘度融点 (℃)	操炎性比較 (TGA.wt%)	比重	かさ比重	溶解性 (g/100g溶剤@25℃)	
Great Lakes PH-73FF™ 2,4,6 Tribromophenol Formula Weight:330.8 Bromine Content:72.5%	CAS No.118-79-6	91-95	5%@122℃ 10%@134℃ 50%@167℃ 95%@183℃	2.2	1.37(L) 1.41(P)	Water Dichloromethane Toluene Methanol MEK	<0.1 36 50 84 225
Great Lakes PHE-65™ Tribromophenyl allyl ether Formula Weight:370.9 Bromine Content:64.6%	CAS No.3278-89-5	74-76	5%@130℃ 10%@142℃ 50%@174℃	2.1	0.96(L) 1.19(P)	Water Dichloromethane Toluene Styrene Methanol MEK	<0.1 80 70 >80 <10 30
Great Lakes FF-680™ bis(Tribromophenoxy)ethane Formula Weight:687.6 Bromine Content:70.0%	CAS No.37853-59-1	223-228	5%@276℃ 10%@291℃ 50%@329℃ 95%@349℃	2.6	0.70(L) 1.10(P)	Water Dichloromethane Toluene Methanol MEK	<0.1 0.3 0.3 <0.1 <0.1

表13 ポリ臭素スチレン系難燃剤の特性

商 品 名	化 学 名	臭素含有量（％）	軟化点・5％TGA	特　徴
Great Lakes PDBS-80	ポリジブロモ スチレン	59 分子量：～80,000	220-240℃ 368℃	高耐熱ナイロン 比加水分解性 PBT用
Great Lakes PBS-64	ポリブロモ スチレン	64 分子量：～30,000	149℃ 360℃	低温でのメルト ブレンド 芳香族ナイロン
Great Lakes PBS-64HW	ポリブロモ スチレン	64 分子量：～60,000	156℃ 370℃	汎用グレード 各種PA/PBT/ PET難燃用

表14 Fyreblocグレード一覧表

100シリーズ	ポリ臭素化スチレン／三酸化サンチモン 100％マスターバッチ
200シリーズ	デカブロモジフェニルエーテル／三酸化 アンチモン　マスターバッチ
400シリーズ	三酸化アンチモン　マスターバッチ
500シリーズ	テトラブロモビスフェノールA及び誘導 体／三酸化アンチモン　マスターバッチ
700シリーズ	ヘキサブロモシクロドデカン　マスター バッチ

2 臭素系難燃剤

表15 ブロモケム・ファーイースト 難燃剤一覧表

商品名	化学式	グレード	用途
アンモニウムブロマイド (FR-11, Ammonium bromide)	NH_4Br		繊維,木材,チップボード,合板 等
水酸化マグネシウム (FR-20, Magnesium hydroxide)	$Mg(OH)_2$		低煙タイプの難燃剤,PP,PE,ナイロン等
トリブロモネオペンチルアルコール (FR-513,(TBNPA), Tribromoneopentyl alcohol)	$C_5H_9Br_3O$	純度 96.0% 臭素含有率 72.0%	ウレタン、難燃剤用中間原料
ジブロモネオペンチルグリコール (FR-522,(DBNPG),Dibromoneopentyl glycol)	$C_{10}H_{10}Br_2O_2$	純度 98.5% 臭素含有率 60.0%	不飽和ポリエステル,ウレタン
トリブロモフェノール (FR-613,(TBP),Tribromohenol)	$C_6H_3Br_3O$	純度 99.0%以上	フェノール樹脂,難燃剤用中間体
ペンタブロモベンジルアクリレート (FR-1025M,(PBB-MA), Pentabromobenzyl acrylate)	$C_{10}H_5Br_5O_2$	純度 98.0%以上 臭素含有率 71.8%以上	反応型,硬化型,エンジニアリングプラスチック,ラテックス,スチレン,アクリル,ポリカーボネート
ペンタブロモベンジルポリアクリレート (FR-1025,(PBB-PA),Poly Pentabromobenzyl acrylate)	$(C_{10}H_5Br_5O_2)x$	臭素含有率 69.0%以上	熱可塑性エンジニアリングプラスチックス(ナイロン,PBT)等
ヘキサブロモシクロドデカン (FR-1206, Hexabromocyclododecane)	$C_{12}H_{18}Br_6$	臭素含有率 73.0%以上	発泡PS,ポリスチレン,ラテックス,繊維 等
熱安定剤入りHBCD (FR-1206HS,Heat stabilized HBCD)	$C_{12}H_{18}Br_6$	臭素含有率 66.0%以上	ポリスチレン,ポリプロピレン
オクタブロモジフェニルオキサイド (FR-1208,(Octa),Octabromodiphenyl oxide)	$C_{12}H_2Br_8O$	臭素含有率 77.0- 79.0%	ABS,ポリスチレン
デカブロモジフェニルオキサイド (FR-1210,(Deca),Decabromodiphenyl oxide)	$C_{12}Br_{10}O$	臭素含有率 82.0%以上	ポリスチレン,PE,PP,ABS,エンジニアリングプラスチックス,繊維
テトラブロモビスフェノール-A (FR-1524,(TBBA), Tetrabromobihenol-A)	$C_{15}H_{12}Br_4O_2$	純度 99.0%以上 臭素含有率 58.0%以上	エポキシ,ポリカーボネート,ABS,フェノール,難燃剤用中間体
テトラブロモビスフェノール-A-アリルエーテル (FR-2124,(TBBA-AE), Tetrabromobisphenol-A allyl ether)	$C_{21}H_{20}Br_4O_2$		発泡PS
臭素化エポキシ (FR-2001, F-2200, Brominated epoxy)	$(C_{21}H_{20}Br_4O_4)x$ MW700-1000	臭素含有率 49.0- 51.0%	エポキシ及びフェノールラミネート,不飽和ポリエステル
臭素化エポキオリシゴマー (FR-2016, Brominated epoxy oligomer)	$(C_{21}H_{20}Br_4O_4)x$ MW1600	臭素含有率 50.0- 52.0%	ABS,ポリスチレン
臭素化エポキシオリゴマー (F-2300, F-2310, Brominated epoxy oligomer)	$(C_{21}H_{20}Br_4O_4C_{15}H_{12}Br_4O_2)x$ MW2100-4000	臭素含有率 51.0- 54.0%	ABS,ポリスチレン,PC/ABSアロイ
臭素化エポキシポリマー (F-2300H, F-2400, F-2400E, F-2400H, Brominated epoxy polymers)	$(C_{21}H_{20}Br_4O_4C_{15}H_{12}Br_4O_2)x$ MW20,000-60,000		PBT, PET, PC/ABSアロイ,ポリスチレン,ABS,ナイロン6, 66,熱可塑性エラストマー,熱可塑性ウレタン
F-1808 (臭素化トリメチルフェニルインダン)	$C_{21}H_{12}Br_n(n=7-8)$		ABS,ポリスチレン,PP,PBT

表16 臭素系難燃剤 SAYTEX

品名	化学名	融点	臭素含有量	用途
SAYTEX CP-2000	テトラブロモビスフェノールA	181℃	58%	エポキシ，ポリカーボネート，ABS，フェノール樹脂
SAYTEX 102E	デカブロモジフェニルオキサイド	305℃	83%	ABS, HIPS, PP, PBT, 電線，繊維，接着剤，塗料
SAYTEX 8010	エチレンビス（ペンタブロモフェニル）	350℃	82%	ABS, HIPS, PP, PBT, ナイロン，電線，繊維，接着剤，塗料
SAYTEX 120	テトラデカブロモジフェノキシベンゼン	380℃	82%	ABS, HIPS, PP, PBT, ナイロン，電線，繊維，接着剤，塗料
SAYTEX BT-93	エチレンビステトラブロモフタルイミド	450℃	67%	ABS, HIPS, PP, PBT, 電線，繊維，接着剤，塗料
SAYTEX BT-93W	エチレンビステトラブロモフタルイミド	450℃	67%	ABS, HIPS, PP, PBT, 電線，繊維，接着剤，塗料
SAYTEX HP-900	ヘキサブロモシクロドデカン	180℃	75%	発泡PS, HIPS, 繊維
SAYTEX HP-800	TBA－ビスジブロモプロピルエーテル	110℃	68%	HIPS, PP
SAYTEX HP-7010	臭素化ポリスチレン	180℃ (Tg)	68%	PET, PBT, ナイロン
SAYTEX RB-49	テトラブロモ無水フタル酸	280℃	69%	不飽和ポリエステル

表17 ファイヤーガードの種類

品種	構造式	主用途	既存化学物質No.
ファイヤーガード 2000 (FG-2000)		エポキシ樹脂，フェノール樹脂，ABS, AS, ポリスチレン	(4)-205
ファイヤーガード 3000 (FG-3000)		ポリエチレン，PVC，エポキシ樹脂	(7)-1264
ファイヤーガード 3100 (FG-3100)		ポリプロピレン，ポリスチレン，PVC	(4)-218
ファイヤーガード 3200 (FG-3200)		発泡ポリスチレン	(4)-218
ファイヤーガード 3600 (FG-3600)		飽和ポリエステル	(4)-218
ファイヤーガード 7000 (FG-7000) ファイヤーガード 7500 (FG-7500)		PET, PBT ABS PC, PC/ABS	(7)-740
ファイヤーガード 8500 (FG-8500)		PET, PBT, PC, PC/ABS, ABS	(7)-740

2 臭素系難燃剤

表18 ファイヤーガードの物性

品　種	外　観	融点	5%減量温度[1] ℃	臭素含有率%	比重	溶解性[2] 水	メタノール	アセトン	ベンゼン
ファイヤーガード2000	白色粉末	(凝固点)178〜181	260	58.8	2.1	×	●	●	▲
ファイヤーガード[3]3000	淡黄褐色無定形固体	(軟化点)60〜70	301	61.6	2.1	×	×	●	●
ファイヤーガード[3]3010	淡黄褐色無定形固体	(軟化点)70〜80	300	61.0	2.1	×	×	●	●
ファイヤーガード3002	淡褐色粉体	ファイヤーガード3000系タルクを40%添加。				―	―	―	―
ファイヤーガード3003	淡褐色粉体	ファイヤーガード3000系にシリカ系無機粉末を4.5%添加。				―	―	―	―
ファイヤーガード3100	白色粉末	90〜105	319	67.4	2.2	×	×	▲	▲
ファイヤーガード3200	白色粉末	115〜120	239	50.9	1.9	×	×	▲	▲
ファイヤーガード3600	白色フレーク	110〜120	304	50.6	1.8	×	●	●	●
ファイヤーガード7500	白色粉末	(溶融温度)208〜228	442	52.1	1.9	×	×	▲	▲
ファイヤーガード7000	白色粉末	(溶融温度)230〜250	444	52.8	1.9	×	×	▲	▲
ファイヤーガード8500	白色粉末	(溶融温度)205〜225	446	58.0	2.1	×	×	▲	▲

1) TGAで20℃/min（N_2）の昇温速度のときの5%減量温度
2) ●：可溶　▲：難溶　×：不溶
3) 固化しても性能はかわらない
4) これらの物性値は参考値であり、材料の規格に対する保証値ではない

化学物質Noは，(7)-740，CAS，No.71342-77-2となっている。

(5) 東ソー

問合わせ先：東京都港区芝3-8-2，芝公園ファーストヒル　Tel:03-5427-5165　Fax:03-5427-5215

日本国内の最大の臭素メーカーとして商品名，フレームカットで製造販売している。表20に商品名と特性を示す。

また，ノンハロゲン系として赤りんと加熱膨張性黒鉛の複合体も上市している。フレームカット121K，821KのPE.PSに対する難燃性付与効果を表21に示す。

(6) 阪本薬品工業

問合わせ先：大阪府大阪市中央区淡路町1-2-6　Tel：06-6231-1855　Fax：06-6222-0631

商品名SR-Tシリーズとして製造販売されているが，TBBAを出発原料としている臭素化エポキシ樹脂であり，各種樹脂との相溶性が優れているのでブリードアウトがなく，耐候性，耐熱性に優れ，リサイクル性にも優れている。加工時のヤケや外観の劣化がなく，燃焼時のダイオキシン発生量が少ない。オリゴマー型，高分子量型，変性型の3種類があり，その選択によって樹脂の機械的性質への影響をなくすることが出来る。また高分子量タイプは，樹脂の耐熱性の低下を

難燃剤・難燃材料活用技術

表19　PBTに対するファイヤーガード8500の難燃効果

項目	試験方法	単位	ブランク	No.1	No.2	No.3
PBT	−	重量部	100	100	100	100
ファイヤーガード8500	−	重量部	−	12	14	16
Sb_2O_3	−	重量部	−	6	7	8
燃焼性	UL-94(3.2mm)	−	HB	V-0	V-0	V-0
	UL-94(1.6mm)	−	HB	V-2	V-0	V-0
	UL-94(0.8mm)	−	HB	V-2	V-2	V-0
OI	ASTM D-2863	%	21.4	26.4	27.6	28.6
比重	〃 D-792	−	1.31	1.41	1.43	1.45
降伏強度	〃 D-638	MPa (kgf/cm^2)	50 (510)	59 (600)	60 (610)	61 (620)
伸び度	〃 D-638	%	320	20	18	17
曲げ強度	〃 D-790	MPa (kgf/cm^2)	83 (850)	91 (930)	97 (990)	99 (1,010)
曲げ弾性率	〃 D-790	MPa (kgf/cm^2)	2,230 (22,700)	2,670 (27,200)	2,700 (27,500)	2,730 (27,800)
衝撃強度	〃 D-256(3.2mm)	J/m ($kgf·cm/cm$)	26 (2.7)	14 (1.4)	14 (1.4)	14 (1.4)
	〃 D-256(6.4mm)	J/m ($kgf·cm/cm$)	26 (2.7)	16 (1.6)	16 (1.6)	15 (1.5)
荷重たわみ温度	〃 D-648 荷重1.82MPa(18.6kgf/cm^2)	℃	55	67	68	68
MFR	JIS-K-7210 275℃×0.0319MPa(0.325kgf/cm^2)	g/10min	4.5	9.2	9.4	9.5

表20　フレームカットシリーズ

グレード名および化学名	臭素含有量%	純度%	融点℃	特徴
110R デカブロモジフェニルエーテル	83	99.3	307	熱安定性に優れ，あらゆる樹脂に対し難燃化効果の高い臭素化芳香族系難燃剤。
120G テトラブロモビスフェノール-A	58	99.5	182	反応型，添加型難燃剤として，エポキシ，ポリカーボネート，PS，AS，ABS等に有効。
121K TBA-ビス (2,3-ジブロモプロピルエーテル)	67	95.5	105〜111	熱安定性に優れたドリップ型難燃剤。特に，PP，PSに低配合で効果的。
122K TBA-ビス（アリルエーテル）	50.3	95.5	115〜122	反応型の臭素化芳香族系難燃剤。発泡PSに低配合で効果的。
130R ヘキサブロモシクロドデカン	73	−	185〜195	添加型の臭素化脂環族系の難燃剤。発泡PS，繊維のコーティング用に効果的。
150R トリブロモフェノール	72.5	99.8	89〜92	反応型の臭素化芳香族系難燃剤。エポキシ，ポリカーボネート用の合成原料として有効。

2 臭素系難燃剤

表21(1) PP, HIPSに対するフレームカット121Kの難燃効果

樹　脂	PP		HIPS
121K(PHR)	3	12	4
610R(PHR)	1.5	6	1
酸素指数	24.6	28.1	24.1
UL94 (1/8″)	V2	V0	V2
(1/16″)	V2	V0	V2

表21(2) LDPE, HDPEに対するフレームカット821PEの難燃効果

樹　脂	LDPE		HDPE	
821PE(PHR)	10	20	15	20
酸素指数	26.5	29.5	26.0	27.0
UL94 (1/8″)	V2	V2	V2	V2
(1/16″)	V2	V2	V2	V2

表22 SRTシリーズの種類と特性, 分子構造

			オリゴマー系		変性型		高分子量型		関連商品
商　品　名		単位	T1000	T2000	T3040	T7040	T5000	T20000	BSP
外　　観			微黄色粉末	淡黄色粉末	淡黄色粉末	淡黄色粒状	淡黄色粒状	淡黄色粉状	白色粉末
軟　化　点		℃	130	160	170	200	190	200以上	50
臭素含有量		%	51	52	54	53	52	52	48
平均分子量			2000	4000	6000	14000	10000	30000	700
対象樹脂	ポリスチレン系		◎		◎		◎		
	ポリエステル系		◎		○		◎		○
	ポリアミド系				△		○		
	ポリカーボネート系		○		○		○		

注) (1)安全性
　　急性毒性：LD_{50}　ラット一経口　7.16g/kg以上
　　皮膚刺激性：パッチテスト　　陰性
　　変異原性：Ames試験　　陰性
(2)分子構造

抑制する。

　表22にSR-Tシリーズの種類と特性, 難燃化対象樹脂, 基本的な分子構造を示す。

　反応性を利用して各種樹脂の変性や機械的性質を改良するオリゴマー型, 反応性が低く, 流れ性や機械的性質への影響が小さい変性型, 耐熱性に優れ, エンプラ, ポリマーアロイの最適な分子量を有する高分子量型の3タイプがあり, 用途に応じて使い分けられる。

難燃剤・難燃材料活用技術

さらに，SR-Tシリーズ難燃剤のガラス強化PBT樹脂に対する難燃効果，PC/ABS樹脂の耐衝撃性に対する分子量の影響，ガラス強化PBT樹脂の加工時の滞留後の機械的強度に対する末端基の影響を図3～5に示す。

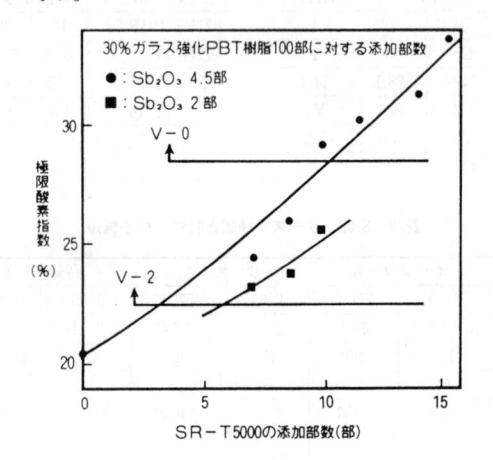

図3　SR-Tシリーズの難燃性付与効果
ガラス強化PBT樹脂の難燃化

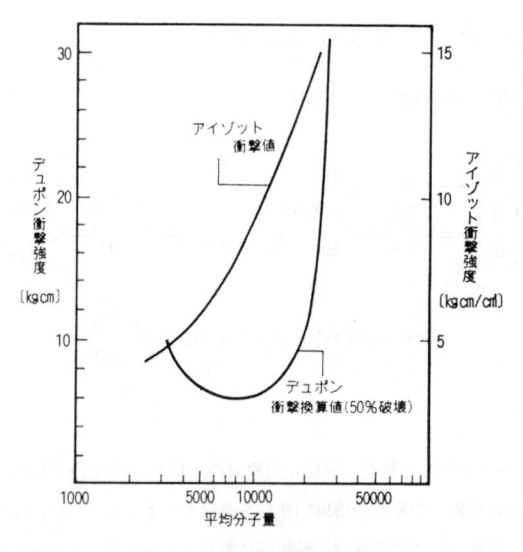

図4　SR-Tシリーズの機械特性
SR-Tシリーズの分子量と衝撃強度の関係（PC/ABS樹脂）

2 臭素系難燃剤

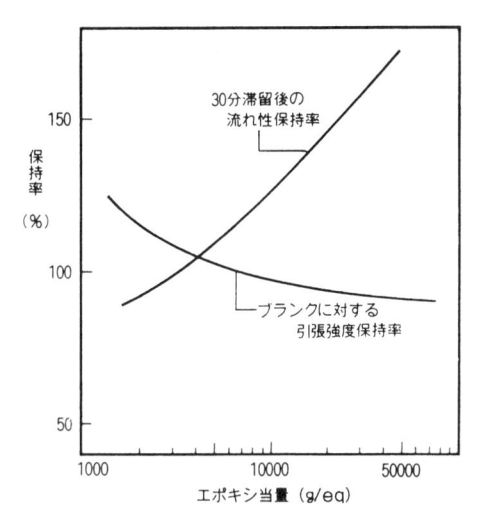

図5 SR-Tシリーズの末端基特性
SR-Tシリーズの末端基がガラス強化PBT樹脂に与える影響

表23 FR-B, FR-PE, PBTの分子構造, 特性用途一覧表

商品名	FR-B	FR-PE	PBT
構造式	(Br六置換ベンゼン)	(Br十置換ジフェニルエーテル)	(Br四置換トルエン, CH_3)
外　　観	淡黄色白色粉末	白色粉末	白色〜灰(黄)白色
含 有 量	99%	97%以上	99%
融　　点	326℃	306℃	288℃
分解温度	350℃以上	350℃以上	約360℃
臭素含有量	87%	83%	82%
毒性 LD_{50}	経口(マウス):14.28mg/kg	経口(ラット):5,000mg/kg以上	経口(ラット):5,000mg/kg以上
許容濃度	総粉塵として8〜15mg/m³	総粉塵として8〜15mg/m³	総粉塵として8〜15mg/m³
用　　途	ABS, PE, PS, PP, エポキシ, ポリアミド	ABS, HIPS, PP, PE, PC, PBT, PET, PVC, EODM, ナイロン, エポキシ, シリコーン, 繊維, 接着剤, その他	PE, ABS, PS, SBR, エポキシ

(7) 日宝化学

問合わせ先:東京都中央区日本橋室町3-3-3, CMヒル　Tel:03-3270-5345　Fax:03-3270-3401

上市している臭素系難燃剤を表23に示す。FR-B, FR-PE, PBTの3種類がある。

FR-B(ヘキサブロモベンゼン)は,臭素含有率が高く,耐熱性に優れ,高温成形用プラスチッ

表24 プラネロンDBの物性

項　　目	DB-100	DB-102
外　　　　観	白色結晶	微量黄白色結晶
融　　点（℃）	306〜309	302〜308
臭素含有量（理論%）	83.32	83.32
熱分析 （DTA-TG5℃/min） 　重量減開始温度（℃） 　10%重量減温度（℃） 　50%重量減温度（℃）	300 365 410	295 360 410
灰　　分　（%）	0.04以下	0.08以下
水　　分　（%）	0.01以下	0.05以下
遊　離　臭　素	検出されず	検出されず
懸　濁　水　溶　液 pH	6.5	6.0
質　　比　　重	3.0	3.0

クスに適している。樹脂との相溶性が良好で，非溶解性であり，樹脂への分散性が優れているため難燃性付与効果が高い。難燃性付与効果は，10〜20部と三酸化アンチモン2〜3部で高い難燃性を示す。ドリップ性にも優れている。

　FR-PE（デカブロモフェミルオキサイド），PBT（ペンタブロモトルエン）ともに難塩効率が高く，成形加工性に優れている。

(8)　三井化学ファイン

　問合わせ先：東京都中央区日本橋本町3-7-2，シオノギ本町共同ビル　Tel：03-5695-0282
　　　　　　　Fax：03-5695-0296

　上市している難燃剤は，プラネロンDB（デカブロモジフェニルエーテル），プラネロンNP（メラミンとピロりん酸の複合塩素主成分），プラネロンCP-630（ポリ塩素化フォスフェート），酸化アンチモンである。プラネロンDBの特性を表24に示す。

(9)　日本化成

　問合わせ先：東京都中央区新川1-8-8，アクロス新川ビル　Tel：03-5540-5917
　　　　　　　Fax：03-5540-5962

　上市している難燃剤のTAIC-6B（トリアジン環を有する臭素系難燃剤）は，他の臭素系難燃剤と比べて熱安定性が優れ，成形加工時のブリードが少ない特徴を有している。PP，HIPSへの難燃効果と分子構造を表25に示す。その他に水酸化Mgも販売している。

(10)　東都化成

　問合わせ先：東京都中央区日本橋馬喰町1-4-16，馬喰町第一ビル　Tel：03-3665-1705
　　　　　　　Fax：03-5643-8033

2 臭素系難燃剤

表25 TAIC-6Bの難燃効果

polymer	PP		HIPS	
UL94	V2	V0	V2	V0
TAIC-6B(phr)	3.8	12.3	4.3	14.6
Sb_2O_3(phr)	1.3	5.9	2.1	7.3

注）分子構造

$CH_2BrCHBrCH_2$ — N — C(=O) — N — $CH_2CHBrCH_2Br$
            |
         C(=O) — N — C(=O)
                |
           $CH_2CHBrCH_2Br$

表26 東都化成 難燃剤の一覧表

品名／項目	分子量	軟化点℃	臭素含有量%	用途
エポキシ	粉末又はフレーク			
YDB-400	700～900	64～74	46～50	積層板，封止材
YDB-405	1000～1300	90～105	49～52	絶縁粉体
YDB-406	1200～1400	95～105	50～52	ABS, HIPS
YDB-409	1500～1800	114～120	50～52	ABS, PBT
TDB-420	6500～7500	150～170	51～54	PET, PBT
フェノキシ	ペレット			
YPB-43C	＞60000	＞200	51～54	ABS, HIPS, エンプラ
YPB-43M	＞60000	＞200	51～54	エンプラ
変性品	粉末又はフレーク			
TB-60	1200～1600	95～105	57～60	HIPS, ABS, 積層板
TB-62	1800～2300	110～120	57～60	ABS, HIPS
TB-63	3000～4000	130～150	53～57	ABS／PCアロイ
YDB-416	1500～1800	105～115	53～57	ABS
YDB-472	1600～2100	105～115	48～52	ABS, HIPS
YDB-474	1800～2300	105～115	48～52	ABS, HIPS

　エポトートYDB，YPB，TBシリーズとして製造，販売している。これらは，TBBAを主原料とした高臭素化エポキシ樹脂である。熱硬化性樹脂，エンプラ，PS等の難燃化に適し，難燃剤の純度が高いために電気電子機器製品の難燃剤としても最適である。混合性，成形加工性，流動性に優れたコンパウンドを作る事が出来る。YDB-472，474は，耐光性，熱安定性のバランスが優れている。上市している難燃剤の一覧表を表26に示す。その他，りん－エポキシ系，りん－フェノキシ系も開発，上市している。

表27 BREN（臭素化フェノールノボラック樹脂）

	臭素含有量 (%)	軟化点 (℃)	エポキシ当量 (g/eq.)	溶融粘度 (Pa・s/150℃)	特徴
BREN-S	34.5～36.5	80～86	275～295	1.00～1.40	高耐熱
BREN-105	34.5～36.5	62～66	265～285	0.12～0.20	高耐熱，低粘度
BREN-304	42.0～46.0	65～75	300～320	0.20～0.40	高耐熱，高臭素

表28 BROC, BR-250H（臭素化フェノールエポキシ樹脂）

	臭素含有量 (%)	粘度 (Pa・s/150℃)	エポキシ当量 (g/eq.)	特徴
BROC	48～51	0.16～0.23	350～370	
BROC-C	48～51	0.12～0.16	330～350	低加水分解性塩素
BROC-Y	49～52	0.10～0.14	320～340	低加水分解性塩素
BR-250H	49～52	0.09～0.13	320～340	低加水分解性塩素

(11) 日本化薬

問合わせ先：東京都千代田区富士見1-11-2，東京富士見ビル　Tel：03-5955-1807
　　　　　Fax：03-5955-1833

反応型ハロゲン系難燃剤として臭素化フェノールノボラック樹脂（BREN），臭素化フェノールエポキシ樹脂（BROC，BR-250H）を製造，販売している。いずれの難燃剤も官能基としてエポキシ基を有し，加水分解性の塩素を低減した臭素系難燃剤である。BRENシリーズは，硬化物の耐熱性が優れ，半導体封止材料，プリント基板等の電気電子機器類の耐熱性，電気特性の要求される分野に適している。BROC, BR-250Hシリーズは，フェノール類の臭素化エポキシ化合物であり，常温で低粘度液状の反応型難燃性希釈剤で，エポキシ樹脂，フェノール樹脂等の熱硬化性樹脂に主に使用される。表27, 28にBREN, BROC, BR-250Hの性能表を示す。

(12) マナック

問合わせ先：東京都中央区日本橋1-1-7，OP日本橋ビルディング　Tel：03-3242-2561
　　　　　Fax：03-3242-2564

プラフティー1200（臭素化ポリスチレン），EB-10WS（DBDP），HBB-S（ヘキサブロモベンゼン），TBP（トリブロモフェノール），EBR-787（臭素化エポキシ樹脂）を上市している。高耐熱性，耐候性，ノンブリードの特徴を有した臭素系難燃剤である。それらの特性比較を表29に示す。

(13) 大日本インキ化学工業

問合わせ先：東京都中央区日本橋3-7-20，ディックビル　Tel：03-3272-4511　Fax：03-3278-8558

2 臭素系難燃剤

表29 マナック 難燃剤性能一覧表

特 性	プラフティ 1200	EB-10WS	HBB-S	TBP	EBR-787
化学名	臭素化PS	PBDE	HBB	トリブロモフェノール	臭素化エポキシ樹脂
一般特性 外観 融点℃ 臭素含有率% 水分%	白, 微黄色 — 64〜69 <0.1	白色粉末 300〜310 80〜84 <0.1	白色粉末 320〜330 83〜85 <9.1	白色フレーク 88〜95 70〜74 <0.1	淡黄色粉末 165〜175 51〜54 <0.1
溶解性	—	アルコール、ケトン, ハロゲン化水素に可溶	左記に同じ	メタノールアセトントルエンに可溶	アルコールトルエンアセトンTHF可溶
化審法No	6-1579	3-2846	3-59	3-959	7-1267
対象樹脂	PBT,P等のエンプラ	PE, PP, PS ABS, PBT, PET	エポキシ樹脂等	フェノール樹脂, エポキシ樹脂	PBT 強化PBT

表30 プラサームの性能表

品 名	分子量	臭素含有率(%)	軟化点(℃)	用 途
EC-14	1400	58	99	ABS, HIPS
EC-20	2000	57	115	ABS, HIPS
ECX-30	3000	55	140	ABS, ABS/PC alloy
EP-13	1300	50	103	ABS, HIPS
EP-16	1600	50	116	ABS, HIPS
EP-20	2000	51	125	ABS, HIPS
EP-100	10000	52	189	PBT, ABS/PC alloy
EP-200	17000	52	206	PBT, ABS/PC alloy

注）化学式
　ECタイプ：末端封止タイプ
　EPタイプ：末端エポキシ基タイプ

$$R-\left[O-\underset{Br}{\underset{|}{\bigcirc}}-\underset{CH_3}{\overset{CH_3}{\underset{|}{C}}}-\underset{Br}{\underset{|}{\bigcirc}}-OCH_2\underset{OH}{\overset{}{CH}}CH_2\right]_n O-\underset{Br}{\underset{|}{\bigcirc}}-\underset{CH_3}{\overset{CH_3}{\underset{|}{C}}}-\underset{Br}{\underset{|}{\bigcirc}}-OR$$

　プラサームの商品名で上市されている臭素系エポキシ樹脂を取り扱っている。各種プラスチクスへの適応を考慮して分子量の調整，末端エポキシ基の変性等により各種製品を開発，上市している。成形性，ブリード性，金型汚染性に優れ，熱分解温度が高く耐熱性に優れている。ECタイプは，末端エポキシ変性タイプで，EPタイプは，両末端エポキシ変性タイプである。ABS,PS, PBT等の各種樹脂に使用できる。代表的な品種の性能と化学式を表30に示す。最近，ポリマーアロイ，特にPC系ポリマーアロイにおいて優れた強度，熱流動特性，熱安定性を示すECX-30も開発されている。

難燃剤・難燃材料活用技術

表31 ピロガードシリーズの用途・性状・荷姿

品　種	用途（適用樹脂）	組　　成	外観	物理的性質[*1]（℃）		
				融点	5％減量点	50％減量点
FR-100[*2]	EPS 不飽和ポリエステル	臭素化フェニルアリルエーテル	白色粉体	77	163	218
SR-319[*2]	EPS, PE, PP 不飽和ポリエステル	臭素化フェニルアリルエーテル	白色粉体	119	225	307
SR-102	HI-PS, EPS, PE, PP	臭素化脂環族化合物	白色粉体〜 淡黄色顆粒	192	239	267
SR-103HR	HI-PS, EPS, PE, PP	臭素化脂環族化合物	白色粉体	193	250	269
SR-105	HI-PS, EPS, PE, PP	臭素化脂環族化合物	白色粉体	200	243	268
GR-200B	HI-PS, EPS, PE, PP	臭素化脂環族化合物	白色粉体	195	227	270
SR-245	HI-PS, ABS, PBT, PC, PC-ABS, PE, PP	臭素化芳香族トリアジン	白色粉体	232	385	427
SR-250	HI-PS, ABS, PE, PP, PA	デカブロモジフェニルエーテル	白色粉体	307	370	432
SR-314[*2]	フェノール、エポキシ、不飽和ポリエステル	臭素化フェニルアルキルエーテル	白色粉体	113	204	258
SR-324[*2]	フェノール、アルキド、不飽和ポリエステル	臭素化フェニルアルキルエーテル	淡褐色液体〜 淡黄色固体	20〜40	217	282
SR-334[*2]	フェノール、アルキド、不飽和ポリエステル	臭素化フェニルアルキルエーテル	淡褐色液体	25＞	210	275
SR-400A	HI-PS, ABS, PE, PP, PC-ABS, PBT, PA	臭素化芳香族ポリマー	淡黄色粉体	220〜230	433	450＜
SR-460B	HI-PS, ABS, PE, PP, PC-ABS, PBT, PA	臭素化芳香族ポリマー	淡黄色粉体	220〜230	375	450＜
SR-600A	ポリエステル、ABS、エポキシ、合成ゴム	臭素化芳香族化合物	白色〜 淡褐色粉体	288（分解）	238	287
SR-720	HI-PS, PE, PP	臭素化脂肪族・芳香族化合物	白色粉体	115	296	330
SR-980A[*2]	フェノール（可塑性付与品）	臭素化芳香族化合物	淡褐色液体	25＞	243[*3]	363[*3]
SR-990A[*2]	フェノール（耐熱品）	臭素化芳香族化合物	黄色液体	25＞	340[*3]	373[*3]

*1：代表値　*2：受注生産　*3：有効成分物性値

(14)　第一エフ・アール

問合わせ先：東京都中央区日本橋3-12-1　Tel：03-3274-6298　Fax：03-3274-6440

　ピロガードシリーズとして各種樹脂に適応した臭素系難燃剤グレードを上市している。即ち、PP樹脂に適したSR-720、HIPSに適したSR-105、SR-720、SR-77、SR-245、ABS樹脂に適したSR-245、PBT、PA等のエンプラに適したSR-460等である。

　種類と特性、各種樹脂に対する難燃処方例を表31〜33に示す。

2 臭素系難燃剤

(15) 旭化成ケミカルズ

問合わせ先：東京都千代田区有楽町1-1-2, 日比谷三井ビル　Tel:03-3507-2335　Fax:03-3507-7637

臭素化エポキシオリゴマー（BEO）を製造販売している。BEOは, 末端未封止タイプ, 末端封止タイプ, 部分末端封止タイプの3種類を上市している。未端未封止タイプは, 両末端がエポキシ基のままのタイプで, 耐光性に優れ, OA機器, 電話機のハウジング用途に使用される。未端封止タイプは, 両末端のエポキシ基をTBP（トリブロモフェノール）と反応させて封止したタイプで, 末端封止タイプに比べ臭素含有率が高いため難燃剤の添加量を下げる事が出来る。非反応性のため成形機内での安定性が優れている。TVのバックカバー, ON機器, 電話機のハウジング材料に使われる。部分末端基タイプは, 両末端エポキシ基をTBPで部分的に封止したハーフキャップタイプで, 耐光性と成形機内での滞留安定性の点でバランスのとれた特性を有している。この種の難燃剤の特性を表34に示す。

表32　熱可塑性プラスチックの難燃化処方例 (1)

品　種	熱可塑性プラスチック					難燃剤の特長
	GP-PS	HI-PS	PE	PP	PVC (DOP40%)	
FR-100[*1]	LOI:32.0 (3.5/0)	V-2 (3.0/0)	—	—	—	EPSに高難燃性
SR-319[*1]	LOI:32.5 (3.5/0)	V-2 (3.0/0)	—	—	—	EPSに高難燃性
SR-102	LOI:27.2 (3.5/0)	V-2 (3.5/0)	LOI:21.8 (5.0/3.0)	V-2 (5.0/3.0)	LOI:27.0 (15.0/0)	EPSに高難燃性
SR-103HR	LOI:27.2 (3.5/0)	V-2 (3.5/0)	LOI:21.8 (5.0/3.0)	V-2 (5.0/3.0)	LOI:27.0 (15.0/0)	EPSに高難燃性 HI-PSに低添加量でV-2
SR-105	LOI:27.2 (3.5/0)	V-2 (3.5/0)	LOI:21.8 (5.0/3.0)	V-2 (5.0/3.0)	LOI:27.0 (15.0/0)	EPSに高難燃性 HI-PSに低添加量でV-2
SR-245	LOI:20.0 (3.5/0)	V-2 (10.0/2.0) V-0 (15.0/4.0)	LOI:26.0 (15.0/5.0)	V-0 (40/15/5)	—	相溶性, 熱安定性良好 物性バランスが良い
SR-250	LOI:20.2 (3.5/0)	V-2 (10.0/2.0) V-0 (15.0/5.0)	LOI:28.1 (11.2/3.8)	V-0 (30/10/5)	LOI:33.3 (15.0/5.0)	高難燃性 汎用
SR-400A	—	—	LOI:26.3 (11.2/3.8)	V-0 (30/10/5)	—	高熱安定性 エンプラ用に有効
SR-460B	—	—	LOI:26.3 (11.2/3.8)	V-0 (30/10/5)	—	高熱安定性 エンプラ用に有効
SR-600A	LOI:22.4 (3.5/0)	—	—	—	—	高難燃性 汎用
SR-720	LOI:22.4 (3.5/0)	V-2 (6.0/2.0)	LOI:23.2 (9.0/3.0)	V-2 (4.0/2.0) V-0 (10.0/5.0)	—	HI-PS V-2 PP V-2, V-0に最適

[*1]：受注生産

難燃剤・難燃材料活用技術

表33 熱可塑性プラスチックの難燃化処方例 (2)

品　種	熱可塑性プラスチック					難燃剤の特長
	ABS	PC-ABS	PBT (GF30%)	PET (GF30%)	ナイロン (GF30%)	
SR-245	V-2(10.0/2.0) V-0(17.0/5.0)	V-2(6.0/2.0) V-0(7.5/2.5)	V-0(12.0/4.0)	－	－	機械強度良好 樹脂流動性良好
SR-250	V-0(15.0/5.0)	V-0(7.5/2.5)	V-0(12.0/4.0)	V-0(15.5/5.0)	V-0(15.0/5.0)	熱安定性良好 高難燃性
SR-400A	－	V-0(7.5/2.5)	V-0(10.5/3.5)	V-0(13.5/4.5)	V-0(18.0/6.0)	高融点ナイロンにも有効 電気特性良好
SR-460B	－	V-0(7.5/2.5)	V-0(10.5/3.5)	V-0(13.5/4.5)	V-0(18.0/6.0)	高熱安定性 電気特性良好

注)（添加量）は難燃剤／三酸化アンチモンで, プラスチックに対する重量部 (phr) 表示。
　　ただし, 波線のアンダーライン部は難燃剤／三酸化アンチモン／アエロジルの配合処方。

表34 旭化成難燃剤（測定値の一例）

グレード	エポキシ 当量 (g/eq)	軟化点 (環球法) (℃)	臭素 含有量 (%)	概　　要
AER®8018	400	70	49	末端未封止タイプ （末端エポキシ基）
AER®8049	450	78	49	
AER®8010	610	97	50	
AER®4955	25,000	102	60	末端未封止タイプ
XAC 4950	1,200	89	56	部分末端封止タイプ （ハーフキャップ）

3　塩素系難燃剤

(1) 味の素ファインテクノ

問合わせ先：神奈川県川崎市川崎区鈴木町1-2　Tel：044-221-2372　Fax：044-221-2387

日本で初めて塩素化パラフィンを製造販売している。電気絶縁性が優れており，塩ビ用2次可塑剤として電線，ケーブル用材料に多く使われている。その他，合成ゴム，PS，ABS，ポリオレフィン，塗料，繊維等に使われる。低コストも魅力である。表35に現在上市されている種類と特性を示す。

(2) ソマール

問合わせ先：東京都中央区銀座4-11-2　Tel：03-3542-2162　Fax：03-3542-2274

パークロロシクロペンタデカン（デクロラン）として電気絶縁材料の難燃化に使用されている。デクロランプラス515，25が上市されている。515は，白色結晶性粉末で比重1.80，平均粒子径5～10μm，融点350℃，塩素含有量65%である。

ポリオレフィン，PS，PVC，PA，ABS，PET，フェノール樹脂，エポキシ樹脂，合成ゴム等広い範囲のポリマーに使用可能である。蒸気圧が高く，熱安定性が優れ，低発煙性である。電気絶縁性に優れ，難燃性と共に，低発煙性，耐ドリップ性に優れているところが特徴である。25は，平均粒子径が2～5μmとやや細かいが他の特性は515と同等である。

表35　エンパラの種類と特性

品　種	外　観	塩素含有率(%)	粘度(Pa・s, 25℃)	特長（用途）
エンパラ40	粘稠性淡黄色液体	40～42	1.5～3.0	二次可塑剤（塩化ビニル樹脂の電線被覆材）
エンパラ70	白色粉末	68～72	—	難燃剤（ゴム，プラスチック），可塑材（塩化ゴム系塗料），防水シート，チャンバー
エンパラK-43	低粘性液体	42～44	0.07～0.11	二次可塑材（塩化ビニル樹脂のレザー，タイル，ゴム）
エンパラK-45	低粘性液体	44～46	0.11～0.18	二次可塑材（塩化ビニル樹脂のレザー，タイル，ゴム）
エンパラK-47	低粘性液体	47～49	0.23～0.45	二次可塑材（塩化ビニル樹脂のレザー，タイル，ゴム）
エンパラK-50	粘性淡黄色液体	50～52	0.53～1.50	二次可塑材（塩化ビニル樹脂のレザー，タイル，ゴム），極圧添加剤（潤滑油）
エンパラAR-500	粘性淡黄色液体	50～53	0.53～1.50	防錆性改良型極圧添加剤（潤滑油）

4 りん系難燃剤

りん系難燃剤は，現在次のように分類されている。
- 非ハロゲン系りん酸エステル
  モノマー型りん酸エステル
  縮合型りん酸エステル
- ハロゲン系りん酸エステル
  モノマー型りん酸エステル
  縮合型りん酸エステル
- 赤りん
- りん酸塩
- その他　　反応型りん酸エステル

難燃化機構は，①ラジカルトラップ効果　②固相でのりん酸，ポリりん酸への分解によるチャー生成反応，ガラス状溶融層の形成，脱水触媒効果によると考えられている。Intumescent系では，固相における発泡チャー生成による断熱層の形成による。

りん系難燃剤の安全性の問題が議論されているが，りん酸エステルの環境ホルモンの問題，燃焼時に発生するフォスフィンガスの問題等がある。日本では，化審法による管理がなされており，EUにおいては，リスク評価が行われている。EUのリスク評価には現在4種類のりん酸エステル，即ち，優先リスト①には，TCEP，優先リスト②には，TMCP，(TCPP)，TDCP，V6が挙げられている。いずれも2004年には詳細な議論が行われる予定である。TCP，TPPについては，いくつかの問題提起があるが個別に議論されている。

TCPは，1970年以降，分留クレゾールから合成クレゾールへ切り替えられ，有害性o-クレゾールを含まないために有害性の問題はないと説明されている。

TPPは，2000年9月，朝日新聞にアレルギー物質がパソコンから発生するという文献が紹介され問題になったが，OECDの皮膚感性試験での発生率0％である事やo-クレゾールを含まないために問題のない事が説明されている。

また，発煙性が多いという問題もあるが，ハロゲン系にも共通した問題で，低発煙配合も一つの課題である。

しかしながら，ノンハロゲン系難燃剤は，無機化合物では対応できず，りん系難燃剤の重要性はこれからますます高まってくることが予想される。

現在のりん系難燃剤の需要量は，年間で日本では23,000トンに達しており，一時増加したが現在は横ばい状態である。

4 りん系難燃剤

表36 りん系難燃剤用途別一覧

主要りん系難燃材	熱可塑性樹脂										熱硬化性樹脂			その他			
	ABS	ポリスチレン	ポリプロピレン	ポリカーボネート	PC/ABS	ポリアミド	ポリエステル	ポリ塩化ビニル	発泡ポリスチレン	発泡ポリウレタン	エポキシ樹脂	不飽和ポリエステル	フェノール樹脂	エラストマー	接着剤・塗料	繊維	木質材
トリフェニルホスフェート	○	○			○	○	○			○	○	○			○		
トリクレジルホスフェート							○	○		○					○	○	○
トリキシレニルホスフェート								○		○					○		
トリメチルホスフェート										○							
トリエチルホスフェート										○							
クレジルジフェニルホスフェート										○							
2-エチルヘキシルジフェニルホスフェート	○	○															
トリアリルホスフェート	○	○															
その他芳香族りん酸エステル				○													
芳香族縮合りん酸エステル類	○			○	○					○	○						
トリスジクロロプロピルホスフェート										○							
トリスβ-クロロプロピルホスフェート										○							
その他含ハロゲンりん酸エステル										○							
含ハロゲン縮合りん酸エステル類										○							
ポリりん酸アンモニウム/アミド		○	○												○		
その他ポリりん酸塩															○	○	
赤りん系	○			○		○	○				○		○				

りん系難燃剤は，多くの高分子材料の難燃化に使われているが，各種りん系難燃剤の適応樹脂との関係を表36に示す。次に各りん系難燃剤メーカーから上市されている難燃剤の種類，特性，特徴，用途等をまとめる。

(1) 味の素ファインテクノ

　　問合わせ先：神奈川県川崎市川崎区鈴木町1-2　Tel：044-221-2372　Fax：044-221-2387

難燃性可塑剤としてレオフォスの商品名でりん酸エステル系難燃剤を上市している。その他，ハロゲン系，無機系（三酸化アンチモン，水酸化Mg）も販売している。表37にりん系難燃剤の種類と特性を示す。TCP，TPP，CDPのような汎用りん酸エステルから，最近では，縮合型のRDP（レゾルシノールビスフェニールフォスフェート），BAPP（ビスフェノールビスジフェニールフォスフェート）も市場展開をしている。代表的なタイプの詳細な特性を表38〜40に示す。

(2) 旭電化工業

　　問合わせ先：東京都中央区日本橋室町2-3-14，古河ビル　Tel:03-5255-9092　Fax:03-5255-9113

難燃剤・難燃材料活用技術

表37 レオフォスの種類と特性用途

品　種	化学名	代表的用途	外　観	粘度 (mm²/s, 25℃)
レオフォス35	トリアリルホスフェート	フェノール樹脂，塩ビ	透明液体	44
レオフォス65	トリアリルホスフェート	塩ビ，極圧添加剤	透明液体	61
レオフォス95	トリアリルホスフェート	塩ビ	透明液体	93
レオフォス110	トリアリルホスフェート	塩ビ，極圧添加剤	透明液体	120
レオフォスTPP	トリフェニルホスフェート	フェノール樹脂，各種エンプラ	白色固体	－
レオフォスRDP	レゾルシノール　ビスジフェニルホスフェート	各種エンプラ	淡黄色液体	500
レオフォスBAPP	ビスフェノールA　ビスジフェニルホスフェート	各種エンプラ	淡黄色粘稠液体	100 (80℃)
クロニテックスCDP	クレジルジフェニルホスフェート	塩ビ，フェノール樹脂，ウレタン	透明液体	36
クロニテックスTPC	トリクレジルホスフェート	塩ビ，農ビ，ゴム，塗料	透明液体	60
クロニテックスTXP	トリキシレニルホスフェート	農ビ，各種エンプラ	透明液体	95
レオモールTBP	トリブチルホスフェート	ゴム，消泡剤，金属抽出	透明液体	3
レオモールTOP	トリオクチルホスフェート	塩ビ，ゴム	淡黄色液体	14
KP-140	トリス（ブトキシエチル）ホスフェート	フロアワックス，ウレタン，ゴム	透明液体	12
レオルーブHYD-110	トリアリルホスフェート	難燃性作動油	淡黄色液体	42 (40℃)

表38 りん酸エステル　レオフォス35，50，65，90，110

製品名	レオフォス35	レオフォス50	レオフォス65	レオフォス95	レオフォス110
化学名	りん酸トリアリルイソプロピル化物				
化学構造	$O=P-O-(Pr_n)_3$				
外　観	透明液体	透明液体	透明液体	透明液体	透明液体
臭　気	ほとんど無臭	ほとんど無臭	ほとんど無臭	ほとんど無臭	ほとんど無臭
粘度(mm²s, 25℃)	44	50	61	93	120
引火点	220℃以上	220℃以上	220℃以上	220℃以上	220℃以上
酸価(mgKOH/g)	0.1以下	0.1以下	0.1以下	0.1以下	0.1以下
加熱減量(%:100℃, 3hr)	0.1以下	0.1以下	0.1以下	0.1以下	0.1以下
溶解性	溶解：メタノール，アセトン，トルエン，クロロホルム，MEK等の一般的な有機溶媒 不溶：水				
相溶性のある樹脂	ポリ塩化ビニル，ポリエステル，ポリスチレン，フェノール樹脂，ウレタン，m-PPE他				
CAS No.	68937-41-7				
化審法	3-3362, 3-3369, 3-2534, 3-2522				
海外登録	on TSCAA, on EINECS, on DSL, on AICS, onECL				
主な用途	フェノール樹脂 PVC	PVC ウレタン 合成ゴム 極圧添加剤	PVC ウレタン 合成ゴム 極圧添加剤	PVC ウレタン 合成ゴム 極圧添加剤	PVC ウレタン 合成ゴム 極圧添加剤
取り扱い上の注意	危険物第4類第四石油類に該当します。 トリフェニルホスフェート（TPP）を含有します。TPPは労働安全衛生法：施行令別表第9名称等を通知すべき有害物に該当いたします。 詳細は，弊社MSDS（整理番号A-1, 2, 3, 4, 5）をご参照下さい。				

＊レオフォス35, 50, 65, 90, 110は，イソプロピル化フェノールを原料とするトリアリルりん酸エステル。それぞれイソピル化度が異なり，イソプロピル化度に比例して動粘度が増加。

4 りん系難燃剤

表39 りん酸エステル レオフォスRDP

製品名	レオフォスRDP
化学名	レジルシノール ビス（ジフェニルホスフェート）
化学構造	(C6H5-O)2-P(=O)-O-C6H4-O-P(=O)-(O-C6H5)2
外 観	淡黄色液体
臭 気	僅かに特異臭あり
粘度(mm^2/s, 25℃)	500
引火点	250℃以上
酸価(mgKOH/g)	0.1以下
りん含有量（%）	10.8
毒性	LD_{50}=5.0g/kg以上（マウス） ：GLCCデータ引用
溶解性	溶解：メタノール，アセトン，トルエン，クロロホルム，MEK等の一般的な有機溶媒 不溶：水
CAS No.	57583-54-7
化審法	3-3735
海外登録	on TSCA, on EINECS, on AICS
主な用途	ポリアミド，PC，PC/ABS，PC/PS，m-PPE，ポリエステル，ウレタン

＊レオフォスRDPは，高分子量の液状りん酸エステルで，高りん含有量につき優れた難燃性を付与でき，かつ低揮発性という特性を有している。熱可塑性樹脂，特にm-PPEやPC，PC/ABS，PC/PS，ウレタン等に用いられる。

表40 りん酸エステル レオフォスBAPP

製品名	レオフォスBAPP
化学名	ビスフェノールA ビス（ジフェニル ホスフェート）
化学構造	(C6H5O)2P(=O)-O-C6H4-C(CH3)2-C6H4-O-P(=O)(OC6H5)2
外 観	淡黄色液体
臭 気	僅かに臭気あり
粘度(mm^2/s, 80℃)	100
引火点	250℃以上
酸価(mgKOH/g)	0.1以下
りん含有量（%）	8.9
毒性	LD_{50}=2.0g/kg以上（マウス）
溶解性	溶解：メタノール，アセトン，トルエン，クロロホルム，MEK等の一般的な有機溶媒 不溶：水
CAS No.	181028-79-5
化審法	登録済み
海外登録	on TSCA, on EINECS, on ECL
主な用途	ポリアミド，PC，PC/ABS，PC/PS，m-PPE，ポリエステル

＊レオフォスBAPPは，高分子量の液状りん酸エステルで，熱可塑性樹脂，特にm-PPEやPC，PC/ABS，PC/PS等に難燃剤として用いられる。耐加水分解性に優れ，かつ低揮発性で高い加工温度でもモールドデポジットや金型汚染を起こさないという特徴を有する。

りん系難燃剤として特に耐熱性に優れた縮合型りん酸エステルを商品化している。

これら縮合型難燃剤は，表41に示すようにアデカスタブPFR，FP-500，FP-600，FP-700がある。りん含有量が高く，耐加水分解性に優れ，耐熱分解温度が高い等の特徴を持ちポリマーの物性を低下させにくい。PFR，FP-600，FP-700は液状であるが，FP-500は粉末であり，ハンドリング性が良い。

これら各種縮合難燃剤の熱安定性（熱重量分析），耐加水分解性，PC/ABS樹脂に対する難燃性付与効果を図6～8に示す。

最近，ポリオレフィン用のIntumescent系難燃剤としてFP-2000，FP-2001を開発し，上市している。これは，環境対応型エコ材料としてポリオレフィン用として開発され，少量で高い難燃

表41　アデカスタブ縮合りん酸エステル系難燃剤の一般性状

商品名 Product name	化学構造 Chemical structure [CAS number]	性　状 Properties	特　徴 Advantages
アデカスタブ ADS STAB PFR	[57583-54-7] [125997-21-9]	淡黄色液体 比重：1.302（25℃） 粘度：580mPa・s 　　（25℃） りん含有量：10－12%	りん含有率が高い。 低粘度である。
アデカスタブ ADS STAB FP-500	[139189-30-3]	白色顆粒 融合：96－97℃ りん含有量：9.0%	耐加水分解性に優れる。 ポリマーの物性（熱変形温度等）を低下させにくい。
アデカスタブ ADS STAB FP-600	[5945-33-5] [181028-79-5]	淡黄色液体 比重：1.258（25℃） 粘度：13000mPa・s 　　（25℃） りん含有量：8.9%	耐加水分解性に優れる。 ポリマーの物性（熱変形温度等）を低下させにくい。
アデカスタブ ADK TAB FP-700	[5945-33-5] [181028-79-5] n(average)<1.1	淡黄色液体 比重：1.257（25℃） 粘度：11000mPa・s 　　（25℃） りん含有量：8.9%	耐加水分解性に優れる。 ポリマーの物性（熱変形温度等）を低下させにくい。

4 りん系難燃剤

効果を示すものとして期待されている。また，通常0.2%のTFEを併用することによりさらに優れた効果を発揮する。ただ成形加工温度が220℃以下である事から成形加工温度の高いエンプラには使えない。アデカスタブFP-2000の物性データ，熱安定性，PPに対する難燃効果を表42，図9～13に示す。

最近，成形加工温度を270℃迄上昇させたFP-2001(T-1063F)を開発している（表43）。

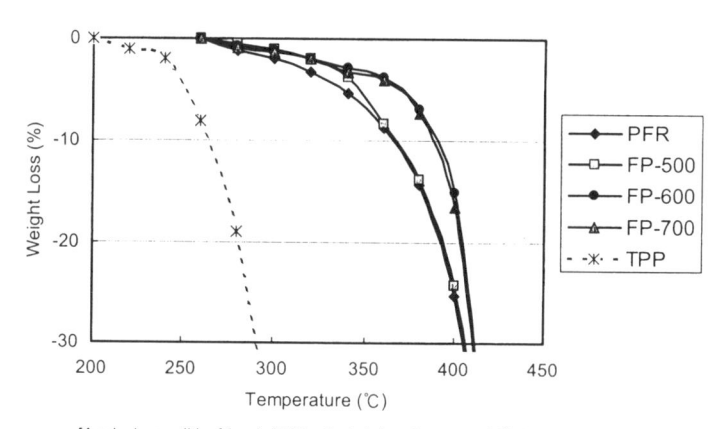

[Analysis condition] in air (150 ml/min.), heating rate : 10℃/min.

図6　アデカスタグ縮合りん酸エステルの熱安定性

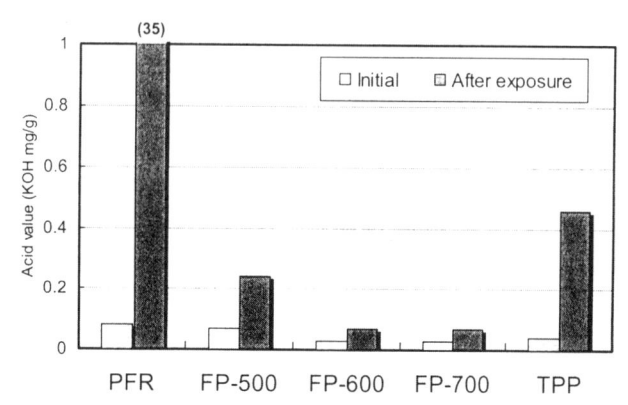

[試験法] サンプル/蒸留水(重量比:75/25)を密栓ガラスビンに入れ、93℃で48時間加熱した。有機相、水相の酸価を測定し、合算して全酸価とした。(MIL規格 H-19457に準拠)

図7　アデカスタグ縮合りん酸エステルの耐加水分解性

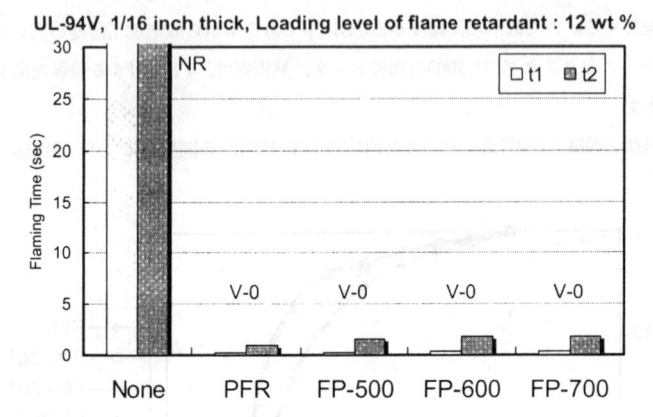

UL-94V, 1/16 inch thick, Loading level of flame retardant : 12 wt %

[Formulation] PC / ABS / Polytetrafluoroethylene / Flame retardant = 70.2 / 17.5 / 0.3 / 12.0

図8　アデカスタグ縮合りん酸エステルのPC/ABSに対する難燃効果

(3) 大八化学工業

　　問合わせ先：大阪府大阪市中央区平野町1-8-13　Tel：06-6201-1451　Fax：06-6201-1458

　りん酸エステル系可塑剤，難燃剤等多種類の製品を上市しているが，難燃剤としての非ハロゲン含有りん酸エステル，ハロゲン含有りん酸エステルを表44，45に示す。最近力を入れている縮合型りん酸エステルは，耐フォギング性が要求される自動車用，ノンハロゲン耐熱性が要求される電気電子機器用に期待されている。最近開発されているグレードには，DATGARD-580，-610等の反応型りん酸エステル，粉末状芳香族りん酸オリゴマーのPX-200などがある。これらの熱安定性のデータ，PC／ABSに対する難燃効果を表46，47に示す。

(4) アクゾ ノーベル

　　問合わせ先：東京都千代田区五番町12-1，番町会館　Tel：03-5275-6257
　　　　　　　　Fax：03-3263-6194

　芳香族，脂肪族りん酸エステル系難燃性可塑剤（フォスフォレックス），芳香族縮合りん酸エステル系難燃剤（ファイロールフレックス），塩素化脂肪酸りん酸エステル系難燃剤（ファイロール）を上市している。これらを難燃性可塑剤，難燃剤に分類し，表48，49に示す。

　茨城県に国内生産拠点としてアクゾカシマを有し，米国，ドイツにそれぞれ工場を有しており，世界的な供給体制を確立している。ノンハロゲン難燃剤としての伸びを期待して生産体制の整備を行っている。

4 りん系難燃剤

表42 アデカスタブFP-2000の物性データ

一般特性	
外 観	白色粉末
融 点	無し（250℃以上で分解）
窒素含率	20〜23%
りん含率	18〜21%
重量減少	TG分析（10℃／min., in air） 　5％重量減少：285℃ 　10%　〃　：320℃ 　20%　〃　：377℃
粒 径	50%D　6μm 90%D　12μm （レーザー回析型粒度計による測定）
見かけ比重	0.3〜0.4
	上記数値は代表値であり品質を保証するものではありません。
毒性データ	
LD_{50}	全ての成分が2000mg／kg以上（ラット経口）
許認可状況	
TSCA（USA）	登録済み
ELINCS（EU）	未登録（準備中）
韓国化審法	登録済み
日本化審法	登録済み
取り扱い上の注意	
・適当な保護具、手袋等を着用のこと。 ・直射日光、高温多湿を避け、冷暗所に保存する。	

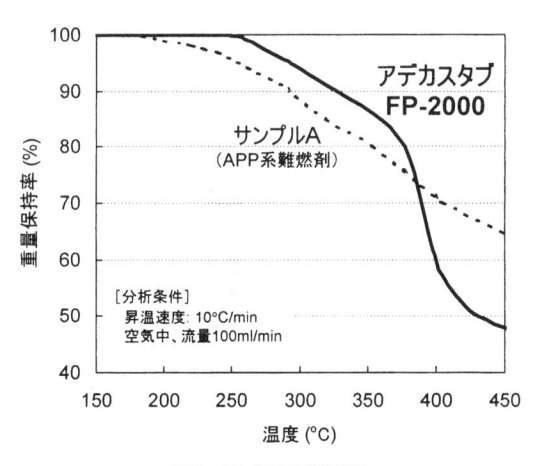

図9　FP-2000の熱安定性

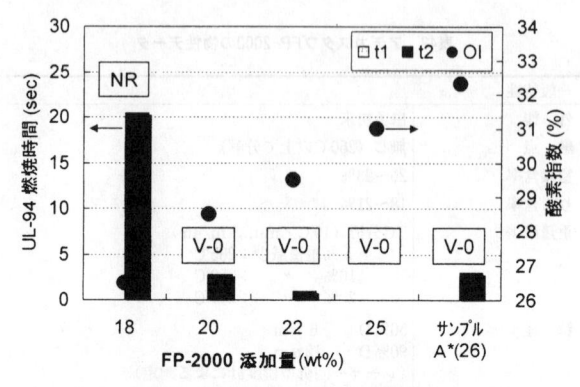

図10　FP-2000のPPに対する難燃効果

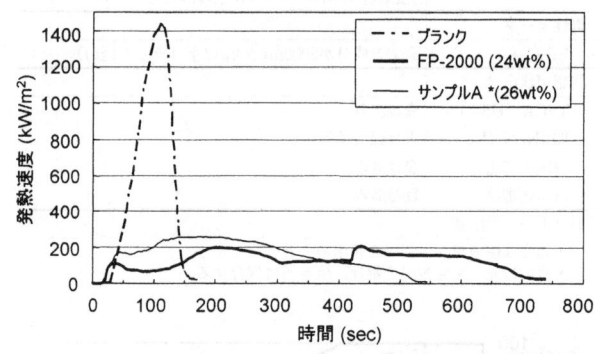

図11　FP-2000のPPに対する難燃効果（コーンカロリメーター発熱速度の比較）

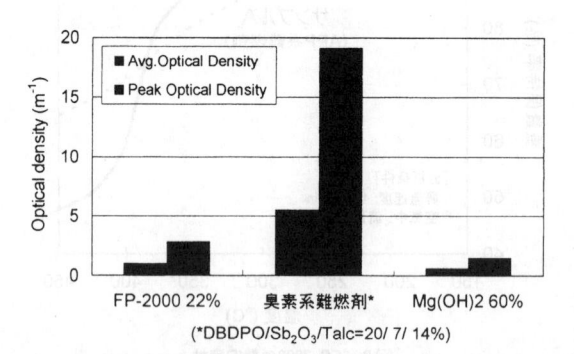

*サンプルA：APP系難燃剤

図12　FP-2000のPPに対する難燃効果（発煙量）（コーンカロリメーターによる評価）

(*DBDPO/Sb$_2$O$_3$/Talc=20/ 7/ 14%)

4 りん系難燃剤

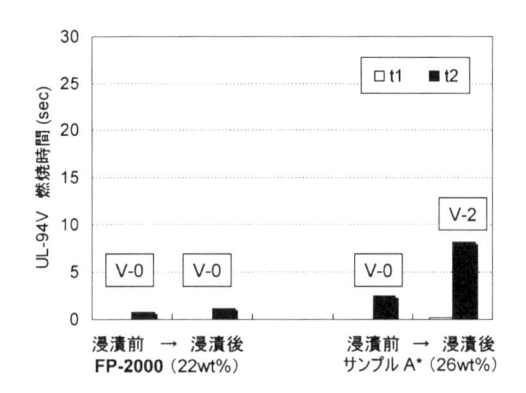

図13 FP-2000の耐加水分解性（APP系難燃剤）(PP配合)

表43 T-1063Fの一般性状と物理特性

概　観	白色粉末
融　点	＞300℃（分解）
窒素含有量	20〜23%
りん含有量	18〜21%
揮散性	1％重量減　　270℃ 5％　〃　　285℃ 10％　〃　　320℃
粒子径	＜10μ
かさ密度	0.25〜0.35

(5) アルベマール日本

問合わせ先：東京都千代田区幸町2-2-2，富国生命ビル　Tel:03-5251-0796　Fax:03-3500-5623

臭素系難燃剤が主体のメーカーであるが，縮合りん酸エステルのNcendX P-30（粘性液体，りん含有量8.9, PC／ABS, PPO／PS用）をはじめポリウレタン用としてAntiblaze, Intmescent系として使われるAPPを販売している。種類を表50，51に示す。

(6) 日本化学工業

問合わせ先：東京都江東区亀戸9-11-1　Tel：03-3636-8111　Fax：03-3636-6817

ヒシガードの商品名で赤りんを製造販売している。赤りんは元々空気中で発火し易い物質であるが，表面処理技術が進歩してきて空気中でも安定な難燃剤が作られている。一般に，赤りん系難燃剤は，発火点が260℃付近にあり，高温下での樹脂混合の際に火災事故を起こす危険性があり，また水と反応してホスフィンガスとりん酸を発生する可能性もある。消防法の危険物第2類

難燃剤・難燃材料活用技術

表44 大八化学工業 非ハロゲンリん酸エステル一覧表

非ハロゲンリん酸エステル

商品名	化学名	化学式	販売規格						物性値						容器	用途
			外観	色数 APHA	比重 20/20℃	酸価 KOHmg/g	水分 %	りん %	屈折率 nD	加熱減量% 125℃×3時間	沸点℃	凝固点℃	りん %	引火点℃ 密閉法	引火減量% 密閉法		
TMP	トリメチル ホスフェート M.W.140	O=P(OCH₃)₃ [既・No.2-2000]	無色透明 液体	30 以下	1.215± 0.005	0.2 以下	0.05 以下	21.0 以上	1.395± 0.002	—	180~195 (101kPa)	−70以下 (<2.0)	22.1	非危険物	—	20kg缶 220kgドラム	比較的揮発性が低い。水に完全に溶解し、各種有機溶剤に易溶、各種合成樹脂の難溶剤にすぐれている。
TEP	トリエチル ホスフェート M.W.182	O=P(OC₂H₅)₃ [既・No.2-2000]	無色透明 液体	20 以下	1.071± 0.003	0.05 以下	—	—	1.403± 0.002	—	216 (101kPa)	−56 (1.6)	17.0	111 4~3	—	18kg缶 210kgドラム	水溶性で、有機溶剤にも溶解する。低粘度である。
TPP	トリフェニル ホスフェート M.W.326	O=P(OC₆H₅)₃ [既・No.3-2522]	白色 フレーク状 固体	—	—	0.03 以下	(塩化物) 白色にごりないこと	—	—	融点℃ 48.5以上	209 (101kPa) 260	—	—	225 4~3	—	25kg底袋 500kg フレコン	ブレーク状固体で、エトキルロース、セルロース、塩ビに難燃性を有するロジン及びゴムの難燃性として使用される。
TCP	トリクレジル ホスフェート M.W.368	O=P(OC₆H₄CH₃)₃ [既・No.3-2613]	無色~ 淡黄色 透明液体	50 以下	1.170± 0.010	0.05 以下	0.10 以下	—	1.557± 0.003	加熱減量% 150℃,APHA 6以下	体積抵抗 抵抗50cm 5×10¹⁰以上	−35 (35)	8.4	240 4~4	非危険物	20kg缶 220kgドラム	塩ビに難燃性、電気絶縁性を与える。酢酸セルロースにもよい難燃性を有するため塩ビフィルム、シート、エポキシ樹脂、各種エンジニアリングプラスチックの難燃性可塑剤、極圧添加剤にも使用される。
TXP	トリキシリル ホスフェート M.W.410	O=P[OC₆H₃(CH₃)₂]₃ [既・No.3-2522]	無色~ 淡黄色 透明液体	200 以下	1.145± 0.025	0.1 以下	0.15 以下	—	1.552± 0.003	—	240~260 (2.7kPa)	−15 (172)	7.6	253 4~4	非危険物	20kg缶 220kgドラム	揮発性が低い、難燃性が高く、TCPと同等級の難燃性、耐熱性、耐寒性もすぐれている。
CDP	クレジルジフェニル ホスフェート M.W.340	(OC₆H₄CH₃) O=P OC₆H₅ [既・No.3-2620]	無色~ 淡黄色 透明液体	50 以下	1.210± 0.005	0.05 以下	0.15 以下	—	—	—	245 (0.33kPa)	−30 (36)	9.1	240 4~4	指定可燃物	20kg缶 220kgドラム	塩ビの水分解性にすぐれ、耐熱性、耐候性を与える。TCPより低粘度、耐寒性にもすぐれており、低温時加熱硬化で軟質塩ビ全般に使用される。
PX-110	クレジル 2,6-キシレニル ホスフェート	(OC₆H₄CH₃) O=P OC₆H₅ [既・No.3-3363]	無色~ 淡黄色 透明液体	—	1.160± 0.020	0.10 以下	粘度 1300~1800	—	—	—	256 —	−14	7.8	指定可燃物	20kg底袋	塩ビの水分解性、耐熱性にすぐれ、TCPより高強性。耐熱性、耐候性をもたらし、高強性にもすぐれている。ポリフェニレンエーテル系樹脂の各種エンジニアリングプラスチックの難燃剤として使用される。

非ハロゲン縮合リん酸エステル

商品名	化学名	化学式	販売規格						物性値					容器	用途
			外観	色数 APHA	比重 20/20℃	酸価 KOHmg/g	水分 %	りん %	粘度 mPa·s(25℃)	凝固点℃	りん %	引火点℃ 密閉法			
CR-733S	芳香族縮合 リん酸エステル	C₆H₅ C₆H₅ O=P(OC₆H₄)ₙOC₆H₅ 主成分	無色~ 淡黄色 透明液体	80 以下	1.306± 0.010	0.5 以下	0.15 以下	10.5 以上	500~800	−13	10.5 以上	334	指定可燃物	20kg缶 220kgドラム	縮合化性化合物のため、耐熱性にすぐれるTCTPP、TXPより更に低揮発性である。
CR-741	芳香族縮合 リん酸エステル	(C₆H₅O)₂OCX-H(CH₃-CH₂)(OPO(OC₆H₅)₂ [既・No.7-2346]	無色~ 淡黄色 透明液体	—	1.260± 0.010	0.2 以下	0.10 以下	8.8	2,300 (40℃)	4~5	8.8	334	指定可燃物	20kg缶 220kgドラム	耐加水分解性、耐熱性にすぐれ、高揮発性を与える。CR-747より粘度が低い。
CR-747	芳香族縮合 リん酸エステル	[既・No.4-1798]	無色~ 淡黄色 透明液体	—	1.220± 0.010	3.0 以下	0.10 以下	8.2	3,900 (40℃)	4~5	8.2	340	指定可燃物	20kg缶 220kgドラム	耐加水分解性、耐熱性にすぐれ、高揮発性を与える。
PX-200	芳香族縮合 リん酸エステル	(OC₆H₃(CH₃)₂)₂POPO(OC₆H₅)(OC₆H₄(CH₃)₂ [既・No.4-1640]	白色粉末 ~粒状	—	—	1.0 以下	りん分% 8.7以上	9.0	水酸基数 KOHmg/g 161以上	融点℃ 92以上	9.0	308	非危険物	25kg底袋	耐加水分解性、耐熱性にすぐれ、低揮発性である。
DAIGUARD -580	ノンハロゲン リん酸エステル	[既・No.3-4403]	淡黄色 液体	—	(1.23)	(0.15以下)	(0.1以下)	—	—	—	12	217	可燃物	20kg缶 220kgドラム	ノンハロゲン系難燃剤で高難燃性を与えている。
DAIGUARD -610	ノンハロゲン リん酸エステル		淡黄色 液体	—	(1.29)	(0.1以下)	(0.1以下)	—	水酸基数 KOHmg/g 465以下	—	11	4~4	可燃物	20kg缶 220kgドラム	ノンハロゲン系難燃剤で高加工性で低粘度化を行っているフッキング用、成形型ポリウレタン樹脂全般のコーティング難燃剤として用いられる。

4 りん系難燃剤

表45 大八化学工業 含ハロゲンりん酸エステル一覧表

含ハロゲンりん酸エステル

商品名	化学名	化学式	外観	色相 APHA	比重 20/20℃	酸価 KOHmg/g	水分 %	加熱減量 %	屈折率 n_D	凝固点 ℃	粘度 mPa·s(25℃)	りん %	ハロゲン %	引火点℃ 参考消防法	容器	特性	用途
TMCPP	トリス(クロロプロピル)ホスフェート M.W.328 [既・No.2-1941]	O=P(OCH$_2$-CH$_3$CH$_2$Cl)$_3$	無色～淡黄色透明液体	50以下	1.293±0.005	0.10以下	0.10以下	0.30以下	1.460～1.466	-40	68	9.3	塩素 31.4	210 4-4	20kg缶 250kgドラム	耐加水分解性が良好で揮発性も低い。	塩化、硬質ウレタンフォーム、エポキシ樹脂用難燃剤として使用される。
CRP	トリス(βクロロエチル)ホスフェート M.W.431 [既・No.2-1914]	O=P(OCH$_2$-CHCl CH$_2$Cl)$_3$	無色～淡黄色透明液体	100以下	1.518±0.003	0.1以下	0.1以下	0.30以下	—	26.8	1,600	7.1	塩素 48.6	249 4-4	20kg缶 250kgドラム	塩素含有率が高く、難燃性がすぐれている。耐加水分解性も低く、揮発性にすぐれている。冬期凝固する場合がある。	ポリスチレン樹脂、ポリオレフィン樹脂等の難燃剤として使用される。
CR-900	トリスジブロモネオペンチル M.W.1019 [既・No.2-1941]	O=P(OCH$_2$-C-CH$_2$Br CH$_2$Br)$_3$	白色粘晶状粉体	—	—	—	—	臭素% 69以上 りん% 2.9以上	融点℃ 180以上	—	—	3.0	臭素 70.3	180 非危険物	25kg紙袋	高融点、高臭素含有のりん酸エステルで耐熱性、耐光性、難燃性にすぐれている。	ポリエチレン樹脂、ポリプロピレン樹脂等の難燃剤として使用される。

含ハロゲン縮合りん酸エステル

商品名	化学名	化学式	外観	色相 APHA	比重 20/20℃	酸価 KOHmg/g	水分 %	粘度 mPa·s(25℃)	凝固点 ℃	粘度 mPa·s(25℃)	りん %	ハロゲン %	引火点℃ 参考消防法	容器	特性	用途
CR-504L	含ハロゲン縮合りん酸エステル	—	無色～淡黄色透明液体	150以下	1.330±0.010	0.30以下	0.10以下	800～1,100	-10		10.9	塩素 23.0	236 4-4	20kg缶 250kgドラム	スコーチが少なく、耐加水分解性を有し、揮発性が極めて低い。	軟質ウレタンフォーム、塗料、エラストマー、成型品等ウレタン樹脂全般にわたって難燃剤として使用される。
CR-570	含ハロゲン縮合りん酸エステル	—	無色～淡黄色透明液体	—	1.326±0.010	0.10以下	0.10以下	2,000～6,000	—		12.5	塩素 26.1	214 4-4	20kg缶 250kgドラム	りん、ハロゲン含有率が良く、難燃、スコーチ性に優れている。	軟質ウレタンフォーム、塗料、成型品等のウレタントナーおよび不飽和ポリエステル樹脂等の難燃剤として、アクリル樹脂等の難燃剤として使用される。
DAIGUARD-540	含ハロゲン縮合りん酸エステル	—	無色～淡黄色液体	100以下	1.324±0.05	0.10以下	0.10以下	粘度 mPa·s(25℃) 300～730	—		10.7	塩素 24.7	227 4-4	20kg缶 250kgドラム	りん、ハロゲン含有率が良く、スコーチが少なく低粘度で加工性が良好である。	軟質ウレタンフォーム、成型品等、ウレタン樹脂全般にわたって難燃剤として使用される。

表46 りん系難燃剤の重量減少（％）
示差熱分析による

	250℃	300℃	350℃
TPP	18.2	71.5	98.3
CR-733S	2.3	5.4	11.6
CR-741	0.5	2.2	6.6
CR-200	0.0	0.0	4.2

測定条件：チッソガス雰囲気50ml／min
10℃／min, Alオープンカップ

表47 PC／ABSによるりん系難燃剤の使用例

	10部	12部	14部	16部	18部
CR-733S		V-1	V-0	V-0	
CR-741			HB	V-1	V-0
CR-200			V-1	V-0	

（配合）樹　脂：PC／ABS　　　　　　　100部
　　　　難燃剤：CR-733S, CR-741, PX-200　10～20部
　　　　難燃助剤：PTFE（フッ素樹脂）　　0.4部

表48　アクゾノーベル　難燃性可塑剤一覧

難燃性可塑剤(1)　芳香族りん酸エステル

製品名	化学名	特徴	主な用途
フォスフレックスTPP	トリフェニルホスフェート 化審法No.；3-2522 CAS No.；115-86-6 EINECS No.；2041122 TSCA　　；登録あり	常温で白色固体 相溶性に優れ、耐水・耐油性を与える りん含有量：9.5wt%	変性PPE樹脂、PC/ABSアロイエポキシ樹脂、フェノール樹脂 トリアセテートフィルム
リンドールXP PLUS	トリクレジルホスフェート 化審法No.；3-2613 CAS No.；1330-78-5 EINECS No.；2155488 TSCA　　；登録あり	常温で無色～淡黄色液体 耐熱性、耐候性に優れる 揮発性が低く、油で抽出されにくい りん含有量：8.4wt%	PVC樹脂・農業用フィルム、変性PPE樹脂エポキシ樹脂、ポリウレタン 潤滑油添加剤
フォスフレックスCDP	クレジルジフェニルホスフェート 化審法No.；3-2620 CAS No.；26444-49-5 EINECS No.；2476938 TSCA　　；登録あり	常温で無色～淡黄色液体 PVC樹脂との相溶性良好 低揮発性で、ウレタンフォーム成形性良 りん含有量：9.0wt%	PVC樹脂、変性PPE樹脂エポキシ樹脂、発泡ポリウレタンフェノール樹脂 天然・合成ゴム
フォスフレックスTXP	トリキシレニルホスフェート 化審法No.；3-3363 CAS No.；25155-23-1 EINECS No.；2466778 TSCA　　；登録あり	常温で無色～淡黄色液体 耐熱性、耐候性に優れる りん含有量：7.5wt%	PVC樹脂・農業用フィルム フェノール樹脂、エポキシ樹脂
フォスフレックス71B	t-ブチルフェニルホスフェート 化審法No.；3-3728, 3-3729 　　　　　　3-3730, 3-2522 CAS No.；115-86-6, 56803-37-3 　　　　　65652-41-7, 78-33-1 EINECS No.；2603910, 　　　　　　2858598 TSCA　　；登録あり	常温で無色～淡黄色液体 耐熱性、耐候性に優れる 低粘度、相溶性良好 りん含有量：8.5wt%	PVC・PVCフォーム、ビニルニトリルフォームポリビニルアセテートエマルジョン セルロース樹脂

難燃性可塑剤(2)　縮合型芳香族りん酸エステル

製品名	化学名	特徴	主な用途
ファイロールフレックスRDP	レゾルシノールビス （ジフェニルホスフェート） 化審法No.；7-2346 CAS No.；125997-21-9 EINECS No.；2608306 TSCA　　；登録あり	常温で無色～淡黄色液体 低揮発性で、耐熱性に優れる 高難燃性を有する りん含有量：10.9wt%	変性PPE樹脂、PC/ABSアロイ等

4 りん系難燃剤

難燃性可塑剤(3) 脂肪族, 芳香族／脂肪族混合りん酸エステル

製品名	化学名	特徴	主な用途
フォスフレックス T-BEP	トリブトキシエチルホスフェート 化審法No.；2-2022 CAS No.；78-51-3 EINECS No.；2011229 TSCA　　；登録あり	常温で無色〜淡黄色液体 耐熱性, 耐候性に優れる 低粘度, 各種樹脂との相溶性良好 りん含有量：7.8wt%	フロアーワックス, 合成ゴム
フォスフレックス 362	2-エチルヘキシル ジフェニルホスフェート 化審法No.；3-2520 CAS No.；1241-94-7 EINECS No.；2149872 TSCA　　；登録あり	常温で無色〜淡黄色液体 低温特性に優れるPVC用可塑剤 食品包装用フィルム用として使用される りん含有量：8.5wt%	PVC樹脂, 合成ゴム
フォスフレックス 4	トリブチルフォスフェート 化審法No.；合2021 CAS No.；126-73-8 EINECS No.；2048002 TSCA　　；登録あり	常温で無色〜淡黄色液体 耐熱性, 耐候性に優れる 高リン含有量, 低比重 低粘度, 各種樹脂との相溶性良好 りん含有量：11.7wt%	ニトロセルロース, セルロースアセテート合成ゴム, 消泡剤（製紙, インク等）

表49 アクゾ ノーベル 難燃剤一覧

難燃剤(1) 脂肪族りん酸エステル

製品名	化学名	特徴	主な用途
ファイロール CEF	トリス（クロロエチル）ホスフェート 化審法No.；2-1941 CAS No.；115-96-8 EINECS No.；2041185 TSCA　　；登録あり	常温で無色〜淡黄色液体 低温特性, 可塑化効率良好 樹脂との相溶性良好, 低粘度 りん含有量：10.8wt% 塩素含有量：36.7wt%	硬質および軟質ポリウレタンフォームおよび塗料 エポキシ樹脂, フェノール樹脂 ポリメチルメタクリレート 不飽和ポリエステル樹脂
ファイロール PCF	トリス（クロロプロピル）ホスフェート 化審法No.；2-1941 CAS No.；13674-84-5 EINECS No.；2371587 TSCA　　；登録あり	常温で無色〜淡黄色液体 耐加水分解性良好 ポリオールとの相溶性良好 PUフォーム成形性良好 りん含有量：9.5wt% 塩素含有量：32wt%	硬質ウレタンフォーム 不飽和ポリエステル樹脂 フェノール樹脂
ファイロール FR-2	トリス（ジクロロプロピル）ホスフェート 化審法No.；2-1914 CAS No.；13674-87-8 EINECS No.；2371592 TSCA　　；登録あり	常温で無色〜淡黄色液体 塩素含有量が高く, 高難燃性を有する 低揮発性および耐加水分解性良好 りん含有量：7.3wt% 塩素含有量：49wt%	軟質ウレタンフォーム, エポキシ樹脂 フェノール樹脂, 不飽和ポリエステル樹脂

難燃剤(2) 配合型難燃剤

製品名	化学名	特徴	主な用途
ファイロール MEF	主成分 含ハロゲンりん酸エステル 化審法　登録あり CAS　　登録あり EINECS 登録あり	常温で無色〜淡黄色液体 PUフォーム成形性良好 粘度が低く取り扱い性良好 りん含有量：7.8wt% 塩素含有量：45wt%	軟質ウレタンフォーム
ファイロール A300TB	主成分 含ハロゲンりん酸エステル 化審法　登録あり CAS　　登録あり EINECS 登録あり	常温で無色〜淡黄色液体 塩素含有量が高く, 高難燃性を有する 低揮発性および耐加水分解性良好 りん含有量：7.1wt% 塩素含有量：47wt%	軟質ウレタンフォーム

難燃剤(3)　脂肪族系ホスホン酸エステル

製品名	化学名	特徴	主な用途
ファイロール6	ジエチル-N,N-ビス (2ヒドロキシエチル) アミノメチルホスホネート 化審法No.；2-1979 CAS No.；2781-11-5 EINECS No.；2204828 TSCA　；登録あり	常温で暗褐色液体 ノンハロゲン系反応型難燃剤 ポリオールとの相溶性良好 含窒素、高りん含有量による 高難燃性付与 りん含有量：12.4wt% 窒素含有量：5.4wt%	硬質ウレタンフォーム、 フェノール樹脂
ファイロール DMMP	ジメチルメチル ホスホネート 化審法No.；2-1961 CAS No.；756-79-6 EINECS No.；2120523 TSCA　；登録あり	常温で無色～淡黄色液体 高りん含有量、低粘度 極性物質の強力な溶剤 りん含有量：25.0wt%	硬質ウレタンフォーム 不飽和ポリエステル樹脂

表50　アルベマール日本　りん系難燃剤

商品名	組成
Antiblaze®DMMP	ジメチルメチルフォスフォネート
Antiblaze®TDCP Antiblaze®195	塩化ジフォスフォネートエステル
Antiblaze®TDCP LV	AntiblazeTDCPの低粘度品　Antiblaze195
Antiblaze®TMCP Antiblaze®80	トリス（2-クロロプロピル）フォスフェート
Antiblaze®V6 Antiblaze®100	塩化ジフォスフォネートエステル
Antiblaze®V66	塩化ジフォスフォネートエステル
Antiblaze®V77	塩化ジフォスフォネートエステル
Antiblaze®78	塩化ジフォスフォネートエステル
Antiblaze®V88	塩化ジフォスフォネートエステル
Antiblaze®125	塩化ジフォスフォネートエステル
Antiblaze®140	塩化フォスフォネートと塩化フォスフォネートエステルの混合物
Antiblaze®205	アルキルとアリルフォスフォネートエステルの混合物
Antiblaze®230	アリルフォスフォネートエステルの混合物
Antiblaze®V270	塩化フォスフォネートエステル
Antiblaze®V280	塩化フォスフォネートエステル
Antiblaze V300	ハロゲンフォスフォネートエステル混合物
Antiblaze®V400	有機フォスフォネートエステル
Antiblaze®V490	有機フォスフォネートエステル
Antiblaze®V500	塩化フォスフォネートエステル
Antiblaze®V610	塩化フォスフォネートと塩化フォスフォネートエステルの混合物
Antiblaze®V650	塩化フォスフォネートエステル
Vircol®82	中性リンポリオール

4 りん系難燃剤

表51 アルベマール日本 App系難燃剤

商品名	組成
Antiblaze®BQ	りん酸アンモニウム塩と硫酸アンモニウム塩
Antiblaze®CL	ポリりん酸アンモン溶液
Antiblaze®FSD	液状ポリりん酸アンモンブレンド品
Antiblaze®LR2	ポリりん酸アンモニウム塩の溶液
Antiblaze®LR3	ポリりん酸アンモンの粉末
Antiblaze®LR4	ポリりん酸アンモンの粉末(低吸湿性)
Antiblaze®MC	ポリりん酸アンモンの粉末
Antiblaze®ML	ポリりん酸アンモン溶液
Antiblaze®P1	ポリりん酸アンモンの粉末
Antiblaze®TR	ポリりん酸塩溶液

表52 ヒシガードの種類と特性

ヒシガード	特徴	平均粒子径(μm)	赤りん分(%)	消防法	備考
CP-A15	汎用品	15	85	危険物第二類	基本材料
TP-10	高級品	20	90	危険物第二類	基本材料
ファイン	微細品	5	85〜90	危険物第二類	基本材料
ホワイト	灰白色	10〜20	33	危険物第二類	TiO_2コート
セーフ	高ハンドリング性	—	33	非危険物	無機・樹脂混合
EP	高ハンドリング性	—	20〜50	非危険物	エポキシ混合
マスター	高ハンドリング性	—	15〜30	非危険物	各種樹脂ペレット

1種に属している。このような問題点を改良するために無機コート(アルミナ,チタン)を施したものがヒシガードである。

自然時発火温度が300℃まで上昇し,ホスフィンガスの発生が少なく酸化チタンのコートにより白色化が可能になっている。危険性を更に軽減するため粉体,液状のマスターバッチ化している。また,無機コートをしているため樹脂への分散に優れている。

ヒシガードの種類と特性を表52に示す。

最近,従来品に比べホスフィンガスの発生の少ないLPタイプ,微細粉末品LP-F,不純物や溶出りん酸分を抑制したEL等が開発されている。

(7) 燐化学工業

問合わせ先:東京都中央区京橋3-2-5,東ソー京橋ビル Tel:03-3272-3511 Fax:03-3272-3569

微粉末状を赤りんは安定した性質を持っているが,さらに安定化を図るためにマイクロカプセル技術を施したノーバレットシリーズ,ノーバクエルを上市している。ノーバレットシリーズは取り扱い安全性,化学的安定性に優れ,耐湿性,電気特性に優れている。

表53 ノーバレット、ノーバエクセルの種類と特性

商品名	特　徴	外観	平均粒径 (μm)	赤りん分 (%)	荷　姿	消防法の適用
ノーバレットF120 ノーバレットF120UF ノーバレットF120UFA	①少量添加で高難燃性が得られる。 ②燃焼時において、ハロゲン系難燃剤と比較して、低発煙性、低毒性。 ③赤りんと比較して、取扱い安全性、化学的安定性が優れている。	赤紫色粉末 〃 〃	25 10 10	85 78 90	} 15kg,ポリ内装缶	危険物第2類
ノーバエクセル140	①少量添加で高難燃性が得られる。 ②燃焼時において、ハロゲン系難燃剤と比較して、低発煙性、低毒性。 ③赤りんと比較して、取扱い安全性、化学的安定性が優れている。 ④りんか赤りんの特殊コート品であり、耐湿性、電気特性等の特性に優れ、電気絶縁樹脂用に最適。	赤紫色粉末	30	94	15kg,ポリ内装缶	危険物第2類
ノーバエクセルF5	①少量添加で高難燃性が得られ、樹脂特性の低下が少ない。 ②微細球状品であり、薄肉成形品、フィルム及びシート等の難燃化に最適。 ③平滑な成形品表面が得られる。	鮮赤色	1	93	13kg,ポリ内装缶	危険物第2類
ノーバエルST ノーバエルFST	①少量添加で高難燃性が得られる。 ②燃焼時において、ハロゲン系難燃剤と比較して、低発煙性、低毒性。 ③赤りんと比較して、取扱い安全性、化学的安定性が優れている。 ④ノーバエルはノーバレット又はノーバエクセルと無機物の混合物であり、衝撃による発火性が著しく改善されている。	帯赤白色粉末 〃	種類により異る	種類により異る	15kg 10kg } ポリ内装缶	危険物第2類
ノーバエルRX PE,EP,PP,PA 等の樹脂粉末	ノーバレットまたはノーバエクセルと樹脂粉末（および無機物）との粉体混合品であり、衝撃によって発火しにくく、取扱いが容易。	帯赤白色粉末	種類により異る	種類により異る	紙袋	危険物の規制対象除外品とする
ノーバレット（各種） PE,PP,PA,PET PBT,PS,PC等の樹脂	ノーバレットまたはノーバエクセルと樹脂の難燃マスターバッチであり、発火性が著しく改善されている。 非危険物組成例 PA6(70%)/NVE140(30%)　PC(80%)/NVE140(20%) PBT(70%)/NVE140(30%)　PS(85%)/NVE140(15%) PE(70%)/NVE140(20%)　PP(90%)/NVE140(10%)	赤紫色ペレット	直径1～3mm 長さ1～5mm	種類により異る	紙袋 フレコン	危険物の規制対象除外品とする

4 りん系難燃剤

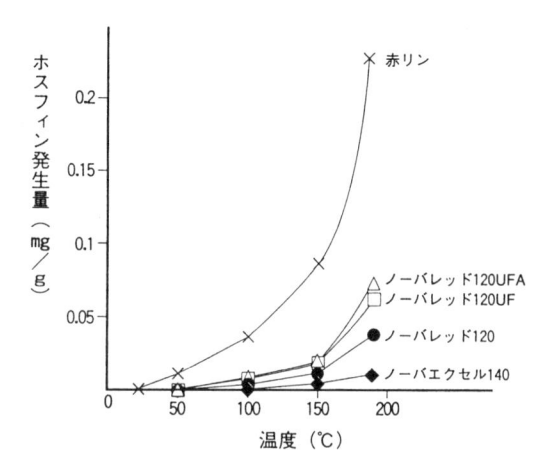

図14 ノーバレット，ノーバエクセル，赤りん系難燃剤のホスフィン発生量（窒素気流中3時間）

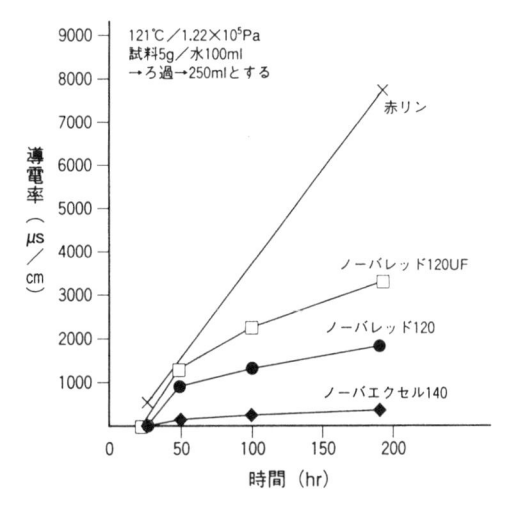

図15 ノーバレット，ノーバエクセル，赤りん系難燃剤浸漬水の導電率

　上市されている種類と性状を表53に示す。ノーバレットは，赤りんと樹脂のマスターバッチであり，粉塵の発生がなく，安定であり，消防上の危険物の規制から除外される樹脂組成物も用意されている。ノーバクエルは，赤りん系難燃剤と金属水酸化物の粉体混合品であり，衝撃安全性が優れている。

表54 ノーバレット,ノーバエクセルの打撃発火性

高さ(cm)	10	20	30	40	50	～	100
未処理の赤りん	×	○					
ノーバレッド120	×	×	○				
ノーバエクセル140	×	×	○				
ノーバクエルST100	×	×	×	×	×		×
ノーバクエルRX	×	×	×	×	×		×

試験方法:試料1gを乳鉢に入れ乳棒の高さを変えて打撃発火点を調べる。
　　　　(乳鉢及び乳棒は鉄製,乳棒重量1.8kg)
　　　　○印……発火　　×印……発火なし

表55 ノーバレット,ノーバエクセルのエポキシ樹脂の電気特性への影響

エポキシ樹脂	添加量(部)*	体積抵抗率 p ($\Omega \cdot cm$)	
		p_0	p2000hr
未処理の赤りん	15	1.9×10^{16}	7.8×10^9 **
ノーバレッド120＋Al(OH)₃	10＋100	2.4×10^{15}	1.7×10^{13}
ノーバエクセル140＋Al(OH)₃	10＋100	3.7×10^{15}	6.1×10^{13}
Al(OH)₃	120	2.8×10^{15}	1.1×10^{12}
無添加	—	3.0×10^{15}	5.5×10^{14}

体積抵抗率500V.DC/min (70℃, 93%RH)
*　樹脂100部への添加量
**　未処理の赤りんのみ1000hr

表56 PEの難燃化に対する赤りんの効果

(単位:部)

	①	②	③	④	⑤	⑥	⑦	⑧	⑨	⑩
LDPE	100									
LLDPE		50								
VLDPE			100							
HDPE						100	95			
EVA								100	100	
EEA					5			100	100	
エチレンαオレフィン共重合体		50								100
赤りん系難燃剤	5	1	3	5	3	5	5	5	5	8
金属水酸化物	50	100	100		100		100		100	130
ポリイミド					5					
カーボンブラック		60				5		5		
その他			3		5	0.1			0.1	4
OI	32	32	29.6	21.5	24.6	36.5	50.0	20.5	28.4	34
UL94　3.2㎜					V-6		V-0	V-2		

①61-190811(住友電工),②63-165427(三菱電線),③⑤05-262931(日本石化)
④⑦⑧社内資料,⑥02-258850(藤倉電線),⑨02-158640(藤倉電線),⑩01-193363(藤倉電線)
　＊特許番号は公開番号
　　赤りん系難燃剤と金属水酸化物の組合せでは,難燃化が不十分なケースもあり,第3成分
　　(ポリイミド)の配合が検討されている。

4 りん系難燃剤

表57 PCの難燃化に対する赤りんの効果

(単位:部)

	①	②	③	④	⑤	⑥	⑦	⑧	⑨	⑩
PC	100	100	100	100	100	75	75	70	70	85
PBT						25	25			
ABS								30	30	
HIPS										15
赤りん	3	5	1.8	0.6	3	1.5	1.5	2.5	1	0.8
りん酸エステル			0.3			0.3	5	1.5		
フェノール樹脂						2				
シリコーン化合物				0.5					0.6	0.3
アミン化合物					1					
フッ素樹脂			0.2	0.3	0.2	0.3		0.4	0.2	0.2
ゴム										5
その他			0.2			0.2	0.3	0.2		
UL94 3.2mm	V0	V0								
1.6mm			V0	V0	V0		V0	V0	V0	V0
1.0mm					V0	V0				

①05-239260(旭化成)、②社内資料、③⑥⑧10-114856(鐘淵化学)
④9-239260(旭化成)、⑤'00-256564(東レ)、⑦10-168297(鐘淵化学)

　赤りん系難燃剤で、ポリカーボネート樹脂を難燃化する場合、5部以下でUL94:V-0となる。ポリマーアロイ(PC/ABS, PBT, PS)になると、V-0に必要な赤りん系難燃剤量は多くなる。各社では、赤りん系難燃剤量削減のため、りん酸エステル、フェノール樹脂等の添加を検討し、UL94(1.6mm)でV-0を達成している。

表58 PAの難燃化に対する赤りんの効果

(単位:部)

	①	②	③	④	⑤	⑥	⑦	⑧	⑨	⑩
PA6	100	100	100	100						
PA66					100	100	100	100	100	100
ガラス繊維					42	50		60	60	50
水酸化マグネシウム			50	18	8	30				
赤りん	5	5	6	10	8	10	5	10	5	5
エポキシ樹脂				0.5						
フェノール樹脂										20
共重合PET					10					
PC								20	15	
PET								10	10	
UL94 1.6mm	V2	V0	V0	V0	V2	V0	V0			V0
0.8mm					V0			V0	V0	V0

①②⑦社内資料、⑤⑥63-243158(BIPケミカル)、③05-255591(協和化学)、
④11-217499(東レ)、⑧⑨'00-053860(東レ)、⑩'00-256552(東レ)

　赤りん系難燃剤のみでは、難燃化が不十分なケースもあり、水酸化マグネシウム、窒素化合物樹脂等の併用により、UL94(1.6mm)でV-0の報告がなされている。

空気中でのホスフィンガスの発生量，吸湿特性，打撃発火性，配合樹脂の電気特性，各種樹脂への難燃化効果等を，図14, 15, 表54〜58に示すので参照されたい。

(8) 太平化学産業

問合わせ先：大阪府大阪市中央区東高麗橋1-16　Tel：06-6942-2515　Fax：06-6942-2514

無機りん酸塩としてりん酸アンモニウム（タイエンN），重合りん酸アンモンニウム（タイエンL），重合りん酸アンモニウムアミド（タイエンS），ダイエンG（タイエンSの水分散品），タイエンE，タイエンH，PAP-L45，APA（りん酸アルミニウム）等りん窒素化合物系難燃剤を上市している。その性状を表59に示す。

(9) 三光

問合わせ先：大阪府大阪市中央区南船場3-11-18　Tel：06-6251-5158　Fax：06-6251-5120

反応型りん系難燃剤HCAを製造，上市している。HCAは，図16に示すような化学構造式を有し，プラスチックスの加熱成形時，熱硬化時の着色防止剤と難燃剤等の合成原料として使用される。この高純度品は，微量不純物，金属イオン等の除去に効果的で，不純物を嫌う電気電子機器分野の着色防止にも使われる。

表59　タイエンシリーズの種類と特性表

特性	タイエンN	タイエンL	タイエンS	タイエンH
りん含有量（％）	45.5	6.3	25.3	29.8
窒素含有量（％）	16.5	3.0	16.9	16.2
pH	6.6	6.9	6.6	6.8
溶解度	58.7　20℃			
粒度				94.3%330#通過
水不溶分（％）			水不溶分85.3%　20℃	水不溶分94.3%　20℃
外観			水燃性白色微粉末	水難性白色粉末
熱分解温度（℃）			270	240
特徴	セルローズの含浸加工に適す。安価	セルローズには7％程度で効果を発揮。木材用に適す。	木材への応用可樹脂へは7〜20部で効果。POには，メラミン，塩パラの併用が必要。	木材，多種類の樹脂に応用可能。

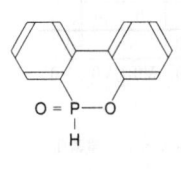

SANKO-HCA（標準品 Regular grade）
SANKO-EPOCLEAN（高純度品 High grade）
・CHEMICAL NAME　　9, 10-Dihydro-9-oxa-10-phosphaphenanthrene-10-oxide.
・SYNONYM　　6-H-dibenz[c,e] [1,2]oxaphosphorin-6-oxide.

図16　HCAの化学構造

5　無機系難燃剤

無機系難燃剤は，難燃剤の中で最も需要量の多いものの一つであり，環境問題が叫ばれる中最も注目される難燃剤の一つである。その種類を難燃化機構とあわせてみると次のようになる。

① 水和金属化合物

水酸化Al，硼酸亜鉛

難燃化機構は，①脱水吸熱反応，②チャー＋無機断熱層生成，③炭素酸化促進反応による低発煙効果，④ガラス断熱遮断層の生成

② 酸化アンチモン

難燃化機構　ハロゲン化合物との相乗効果（ハロゲン化アンチモン，オキシハロゲン化アンチモンの生成による酸素遮断効果，ラジカルトラップ効果脱水炭化反応）

③ その他化合物

金属化合物，有機金属化合物，ナノフィラー，難燃化機構，①脱水素環化反応によるチャー生成促進，②チャー＋無機断熱層生成反応，③傾斜燃焼反応

今回は，水和金属化合物，三酸化アンチモン，その他金属化合物の中からメーカー別に上市されている難燃剤の種類，特性，特徴，その効果等を具体的なデータを主体にまとめたい。

(1) 昭和電工

問合わせ先：東京都港区芝大門 1-13-9　Tel：03-5470-3586　Fax：03-3438-3430

各種表面処理，粒子径の水酸化Alを多種類上市している。現状のグレードを表60〜63に示す。これらが全部難燃剤として使用されているのではなく，人工大理石等の用途にも多く使われている。

難燃剤としての水酸化Alが，水酸化Mgと比較される。両者の特性比較をわかり易く示したのが表64，図17である。水酸化Mgとの違いは，脱水開始温度である。水酸化Alが200℃位に対し，水酸化Mgは，350℃位になる。エンプラ，ポリオレフィンでは水酸化Mgを使わざるを得ない。吸熱量は，やや水酸化Alが大きいがそれ程大差はない。その他は水酸化Mgはアルカリ性でありポリマーによっては（PC，PET等）影響がでる。燃焼によって生成する酸化Alと酸化Mgとの違いは，安定性，断熱効果はよく考察されていない。ただ酸化促進反応による低発煙効果は，酸化Mgがやや優れている事を指摘する研究者がいるが大差がないと考えた方がよい。難燃挙動については表65に示す研究がある。細かく見ると微妙な難燃効果の違いがある。問題は，粒子径，表面処理がこのような挙動とどの様に関係してくるかである。

水酸化Alの難燃効果を向上させるための重要なポイントは，分散の改良のための表面処理技術，粒子径の細粒化，粒度分布等である(図18)。

表60　各種水酸化アルミニウム製品ラインアップ

製品群	グレード	平均粒子*
粗粒	H-10C	85
標準粒	H-10C	55
細粒	H-21C, H-31C, H-32C	26～8
微粒	H-42M, H-43M	1.1～0.75
カップリング処理品	H-32ST, H-42STV, H-42STE, H-42T	4.0～1.1
低粘度品	H-34, H-34HL	4.0
低導電率品	H-32I, H-42I	8～1.1
ステアリン酸処理品	H-42S, H-43S	1.1～0.75
高白色品	各種	73～7

* 代表値

表61　粗粒・標準粒・細粒・微粒　グレード

品質項目		品名	粗粒 H-10C	標準粒 H-10	細粒 H-21	細粒 H-31	細粒 H-32	微粒 H-42M	微粒 H-43M
付着水分		(%)	0.02	0.03	0.07	0.08	0.20	0.23	0.30
化学成分	Al(OH)$_3$	(%)	99.8	99.8	99.8	99.8	99.8	99.6	99.6
	Fe$_2$O$_3$	(%)	0.01	0.01	0.01	0.01	0.01	0.01	0.01
	SiO$_2$	(%)	0.01	0.01	0.01	0.01	0.01	0.01	0.01
	Na$_2$O	(%)	0.12	0.17	0.17	0.17	0.17	0.33	0.34
	w-Na$_2$O	(%)	0.01	0.01	0.02	0.02	0.02	0.05	0.07
平均粒子径		(μm)	85	55	26	20	8	1.1	0.75
嵩密度 (g/cm^3)	軽装		1.2	1.2	1.0	0.9	0.7	0.2	0.2
	重装		1.4	1.3	1.4	1.2	1.1	0.5	0.5
白色度			84	85	89	90	95	98	99
吸油量 (mg/100g)	DOP		27	32	25	26	32	48	55
	アマニ油		19	20	19	19	21	36	43
pH（30%スラリー）			9.3	9.3	9.3	9.3	9.3	10.1	10.2
BET比表面積 (m^2/g)			0.4	0.6	1.3	1.4	2.0	5	6.7
平衡吸湿容量 (%)			－	－	0.10	0.15	0.45	0.9	1.0

表62　カップリング処理・低粘度　グレード

品質項目		品名	カップリング処理品 H-32ST	カップリング処理品 H-42STV	カップリング処理品 H-42STE	カップリング処理品 H-42T	低粘度品 H-34	低粘度品 H-34HL
付着水分		(%)	0.15	0.14	0.14	0.20	0.20	0.17
化学成分	Al(OH)$_3$	(%)	99.8	99.6	99.6	99.6	99.8	99.8
	Fe$_2$O$_3$	(%)	0.01	0.01	0.01	0.01	0.01	0.01
	SiO$_2$	(%)	0.01	0.01	0.01	0.01	0.01	0.01
	Na$_2$O	(%)	0.18	0.35	0.35	0.33	0.22	0.22
	w-Na$_2$O	(%)	0.03	0.05	0.05	0.05	0.04	0.03
平均粒子径		(μm)	4.0	1.1	1.1	1.1	4.0	4.0
嵩密度 (g/cm^3)	軽装		0.6	0.3	0.3	0.4	0.5	0.7
	重装		1.1	0.6	0.6	0.7	1.0	1.1
白色度			91	94	94	94	92	90
吸油量 (mg/100g)	DOP		17	35	35	35	28	15
	アマニ油		16	35	35	31	18	15
pH（30%スラリー）			－	－	－	－	9.7	－
BET比表面積 (m^2/g)			3.0	5.0	5.0	5.0	3.5	2.5
平衡吸湿容量 (%)			0.90	0.30	0.30	0.32	0.50	0.25

5 無機系難燃剤

表63 低導電率品・ステアリン酸処理品・高白色品

品質項目			低導電率品		ステアリン酸処理品		高白色品			
		品名	H-32I	H-42I	H-42S	H-43S	H-210	H-320	H-241	HS-320
化学成分	付着水分	（％）	0.09	0.15	0.20	0.35	0.08	0.24	0.06	0.13
	Al(OH)$_3$	（％）	99.8	99.7	99.6	99.6	99.8	99.8	99.8	99.8
	Fe$_2$O$_3$	（％）	0.01	0.01	0.01	0.01	0.01	0.01	0.01	0.01
	SiO$_2$	（％）	0.01	0.01	0.01	0.01	0.01	0.01	0.01	0.01
	Na$_2$O	（％）	0.15	0.29	0.33	0.40	0.18	0.18	0.18	0.04
	w-Na$_2$O	（％）	0.003	0.008	0.05	0.13	0.01	0.01	0.01	0.005
平均粒子径		（μm）	8.0	1.1	1.1	0.75	29	10	38.0	9.0
嵩密度 (g/cm^3)	軽装		0.7	0.2	0.4	0.3	0.9	0.7	1.0	0.8
	重装		1.1	0.5	0.7	0.6	1.2	0.9	1.4	1.1
白色度			94	96	98	96	98	100	97	99
吸油量 (mg/100g)	DOP		32	48	35	40	28	32	20	27
	アマニ油		21	33	30	33	20	21	18	19
pH（30％スラリー）			7.6	7.7	—	—	8.2	7.1	8.3	7.7
BET比表面積（m^2/g）			2.0	5.4	5.0	6.7	1.0	3.0	0.8	1.8
平衡吸湿容量（％）			0.15	0.30	0.30	0.40	0.09	0.40	0.08	0.17

表64 水酸化アルミニウムと他の無機フィラーの特性比較

	水酸化アルミニウム	水酸化マグネシウム	アルミン酸カルシウム	炭酸カルシウム
化学式	Al（OH）$_3$	Mg（OH）$_3$	3CaO・Al$_2$O$_3$・6H$_2$O	CaCO$_3$
比重	2.42	2.39	2.52	2.71
硬度（旧モース）	3	2－3	3	3
屈折率	1.57	1.57	1.61	1.66　1.49
比熱（cal/g）	0.28	0.31	—	0.19
誘電率	8.7	10＜	—	7
pH（30％スラリー）	8－10	10＜	9－10	7
結晶の形状	板状～不定形の一次粒子（凝集粒子）	サブミクロンの一次粒子（凝集粒子）	多面体状一次粒子（凝集粒子）	不定形（重質）
一次粒子の大きさ	0.2-100μm	0.2-2μm	0.3-2μm	0.1μm＜
耐酸・アルカリ性	常温では強酸・アルカリに安定	1mol/lNaOHに不溶，強酸に溶解	強酸に溶解	弱酸でも反応しやすい

表65 水酸化アルミニウムと水酸化マグネシウムの難燃特性比較

効　果	優れるもの
①材料温度上昇の抑制効果	Al（OH）$_3$
②表面放散熱量の低下効果	Al（OH）$_3$
③発火点上昇効果（少量配合時）	Mg（OH）$_2$
④発火点上昇効果（多量配合時）	Al（OH）$_3$
⑤発火時間延長効果	Al（OH）$_3$
⑥酸素指数上昇効果	Mg（OH）$_2$
⑦炭化促進効果	Mg（OH）$_2$

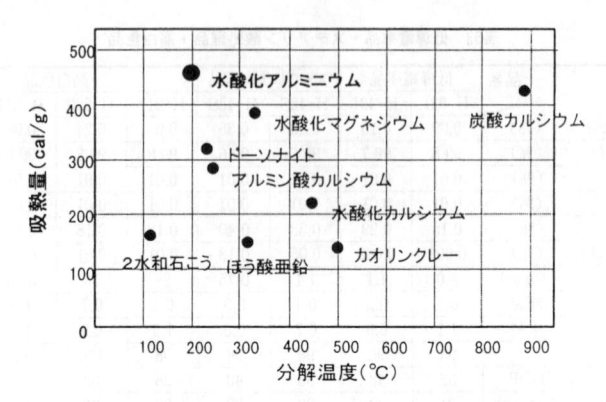

図17 各種無機フィラーの熱分解温度と吸熱量の関係

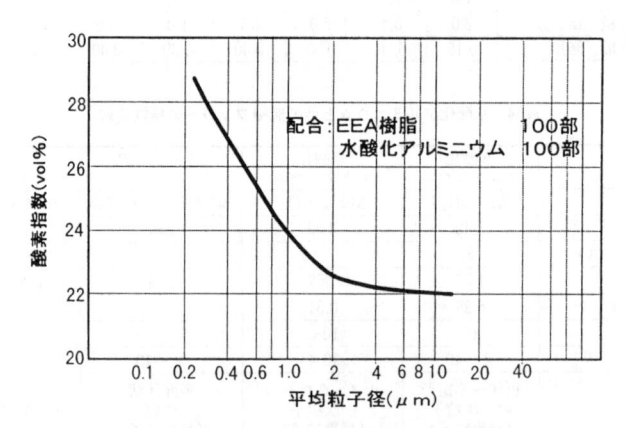

図18 水酸化アルミニウムの平均粒子径と難燃特性

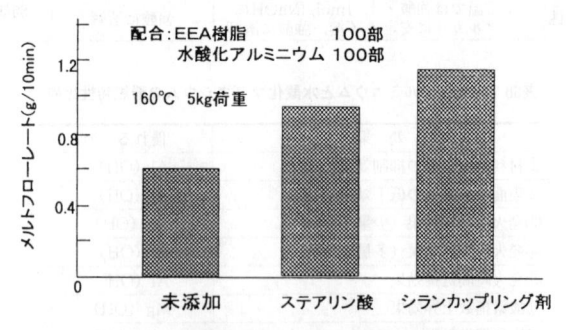

図19 表面処理剤による流動性の改善効果

5 無機系難燃剤

表66 粒子形状制御による流動性の改良（開発中）

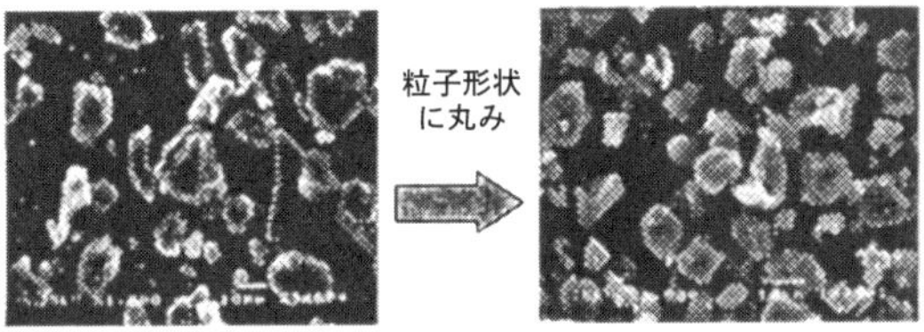

従来品　　　　　　　　　開発品

粒子形状に丸み

	従来品	開発品
平均粒子径(μm)	10	9
BET比表面積(m^2/g)	2.6	0.6
コンパウンド粘度(P)	1850	930
ゲルタイム(min)	89	7

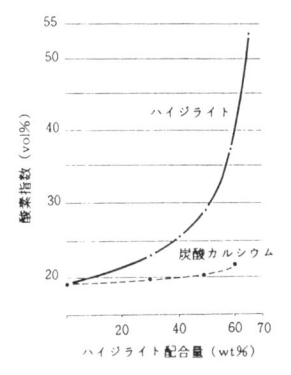

図20　不飽和ポリエステル樹脂に対するハイジライトの難燃効果

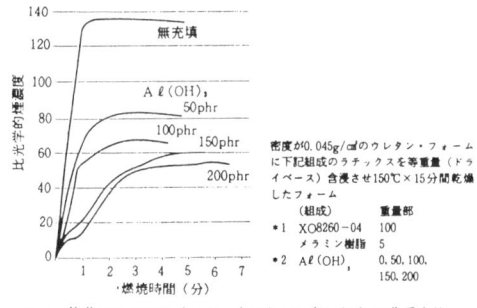

図21　軟質ウレタンフォーム中のハイジライトの低発煙効果（NBS法）

＊1　塩化ビニリデン／1・3-ブタジエン（60／40）の非重合体
＊2　H-42M 使用

また、添加量が多くなるために樹脂の成形加工性を低下させる問題がある。これには粒子径，粒度分布，表面処理剤，粒子形状の制御等による改良が行われている（図19，表66）。不飽和PETに対する難燃効果，ポリウレタンフォームに対する低発煙効果を図20, 21に示す。

(2) アルマティス

問合わせ先：東京都虎ノ門4-2-2　Tel：03-5472-3203　Fax：03-5472-3209

アルコア・ワールドアルミナ（豪州）で製造されたアルミナ3水和物（ギブソナイト）を使っているが，現在次のグレードを日本で上市している。

① B-30シリーズ（B-325, B-315, B-308, B-303）

123

表67 高白色水酸化アルミニウムの品質

項　目	単　位	NOC-30	NOC-30F	NOC-315	NOC-308
付着水分	%	0.04	0.10	0.14	0.10
$Al(OH)_3$	%	99.7	99.7	99.7	99.7
SiO_2	%	0.025	0.025	0.025	0.025
Fe_2O_3	%	0.005	0.005	0.005	0.005
Na_2O	%	0.17	0.17	0.17	0.17
$Sol.Na_2O$	%	0.005	0.005	0.015	0.020
粒子径	μm	88	50	13	8
DOP吸油量	ml／100g	38	27	30	32
白色度					
L	－	98	98	98	99
b	－	1.5	1.3	1.0	0.9

表68 水酸化アルミニウムの特性

分　類	品　名
普通粒・粗粒	平均粒径50〜80μ B 53，B 73
細粒	平均粒径3〜30μ B 103，B 153，B 303
微粒	平均粒径2μ以下 B 1403，B 703
高白色	B W103，B W153，B W53
表面改質	シランカップリング剤，チタネートカップリング剤，ステアリン酸等で表面改質したもの
高純度	$Al(OH)_3>99.9\%$

豪州で製造された水酸化Al（粒子径65μm）を原料として粉砕加工されたもの。
② 微粉品シリーズ（UHF-16, S-11）
　比較的新しいグレードで，UFH-16の粒子径1.8μm品とS-11の粒子径0.25μmがある。
③ 高白色の水酸化Al
　NOC-30；析出品で透明性が高い
　NOC-30F；注型用に開発された低粘度品
　NOC-315；NOC-30を粉砕して10〜15μmのBMC用とした製品
　NOC-308；表面性能の良いBMC用
　水酸化Alは，プラスチックスの難燃化，高級人造大理石に使われている。代表的な高白色水酸化Alの種類と特性を表67に示す。

(3) **日本軽金属**
　問合わせ先：東京都品川区東品川2-2-20　Tel：03-5461-9352　Fax：03-5461-8186

5 無機系難燃剤

表69 各種水酸化Alの種類と特性

グレード	微粒	細粒				耐熱	白色		
製品名	C-301	C-303	C-305	C-308	CM-45	CL-310	CW-308	CW-325LV	CW-375HT
中心粒径(μ)	1	3	5	8	15	10	8	25	75
特徴	微粒	−	−	−	−	耐熱	高白色	高白色	高白色
主用途	紙電線	トランス紙	SMC	SMC	壁紙	回路板	人工大理石	人工大理石	人工大理石

表70 パイロライザーHGの性状

外　観	白色粉末
嵩密度（g/cm³）	0.3〜0.5
平均粒子径（μm）	1〜2
水分（％）	0.5
分解温度（℃）	220

表71 パイロライザーHGのPPに対する難燃効果

試料（添加量）／特性	引張強度（MPa）	酸素指数（−）	UL94
PP(100部)+水酸化アルミニウム（100部）	21.3	23.2	燃焼
PP(100部)+パイロライザーHG（50部）	24.6	33.3	V-2

水酸化Alと英国アルキャンケミカルの錫酸亜鉛（FLAMTARD）を上市している。水酸化Alは，粒子径が通常タイプから細粒，微粒，高白色，表面改質，高純度も各タイプを販売している（表68）。

(4) 住友化学工業

　　問合わせ先：東京都中央区新川2-27-1,　東京住友ツインビル東館　Tel：03-5543-5322
　　　　　　　Fax：03-5543-5912

各種水酸化Alとポリりん安（りん酸とアンモニウムの縮合体）を上市している。水酸化Alは，表69に示すように微粒，細粒，耐熱，白色の各タイプを揃えている。

(5) 石塚硝子

　　問合わせ先：愛知県名古屋市昭和区高辻町11-15　Tel：052-871-3316　Fax：052-871-6106

水酸化Alをベースとして特殊処理を施したパイロライザーNGを上市している。これは，通常の水酸化Alに比較して難燃効果が高く，50部の添加でUL-94，V-0を合格する事が出来る。添加量を低減することにより樹脂の物性と成形加工性の低下を抑制する事が出来る。パイロライザーHGは，火炎に曝されると燃焼開始温度より低い温度で急速に分解し，炭酸ガスとなり，そのために樹脂の着火を抑制する。消火までの時間は，UL-94，V-0に相当する。

パイロライザーHGの性状，難燃性付与効果，発煙性試験結果，燃焼ガス試験結果，耐候性試験結果を表70〜74に示す。

表72 パイロライザーHG配合PPのNBSスモークチャンバーテストによる煙濃度

	4分後	最大値
煙濃度（Ds）	71	101

ASTM E 662に準拠　0.5mm厚　無炎燃焼

表73 パイロライザーHG配合PPのNBSスモークチャンバーテストによるガス分析値

	HCN	CO	NOx	SO_2	HCl	HF
4分後のガス分析値（ppm）	1以下	165	2	ND	ND	ND
参考　30分暴露致死濃度Cf（ppm）	150	4000	250	400	500	100

表74 パイロライザーHG配合PP樹脂の耐候変色性

キセノンランプ照射時間	100h	200h
色差（△E）	2.5	2.6

(6) 協和化学工業

　　問合わせ先：東京都中央区日本橋本町3-9-4　Tel：03-3667-8037　Fax：03-3667-1938

　キスマ5の商品名で水酸化Mgを上市している。環境対応型難燃剤として電線用を中心にエコ材料用として伸びてきている。キスマ5の銘柄と品質を表75に示す。水酸化Mgは，水酸化Alよりも脱水分解温度が高く340～350℃から始まって約410℃にピークがあるために樹脂の加工温度で安定で，脱水による樹脂の発泡現象は起こらず，樹脂の分解温度，燃焼温度とマッチングして効果的な吸熱反応が起こる。基本的な事でよく知られているが，水酸化Alと水酸化Mg（キスマ5）の脱水挙動を図22，23に示す。

　実際にEVAに対する配合効果を表76，図24に示すが，配合量とともに比例的に酸素指数が上昇する。150部配合で酸素指数38程度まで上昇する。電気特性の低下が小さく，電気絶縁材料として優れた特性を示している。

　もう一つの特徴は，低発煙効果が大きい事である。PVCに対する低発煙効果を図25に示すが，低発煙効果が高い事が理解できる。また，HCLガスの低減効果を図26に示すが，水酸化Al，炭酸Caに比較して高い抑制効果がある。注意すべきは粒子径によって異なるので同一粒子径で比較する事が重要である。

　実際に，電線，ケーブルの実用配合においては，添加量が150部前後を最低必要とするため樹脂の流動性，物性が低下するので難燃助剤を併用してこの配合量を極力減らすような努力がなされている。既に触れたように各種難燃助剤が研究されている。

5　無機系難燃剤

表75　キスマ5の銘柄と品質

項　目	銘　柄			
	5 A	5 B	5 E	5 J
Cl含量（wt%）	0.05	0.05	0.05	0.05
Ca含量（wt%）	0.05	0.05	0.05	0.05
揮発分含量(wt%)(120℃,1Hr)	0.06	0.06	0.06	0.06
比表面積(m^2/g)(BET法)	4〜7	4〜7	4〜7	4〜7
平均結晶粒子径（μm）	0.6〜1.0	0.6〜1.0	0.6〜1.0	0.6〜1.0
平均2次粒子径（μm）	0.6〜1.0	0.6〜1.0	0.6〜1.0	0.6〜1.0
モース硬度	2.5	2.5	2.5	2.5
真比重	2.36	2.36	2.36	2.36
屈折率	1.56〜1.58	1.56〜1.58	1.56〜1.58	1.56〜1.58
脱水開始温度（℃）	340	340	340	340
吸熱量（cal/g）	312	312	312	312
特徴	耐水，耐酸性が特に優れている	耐寒性良好 機械的強度良好	ナイロンなどの極性ポリマーに良好	耐水，耐酸性極めて良好 機械的強度良好
適合樹脂	ポリオレフィン	ポリオレフィン	ナイロン	ポリオレフィン

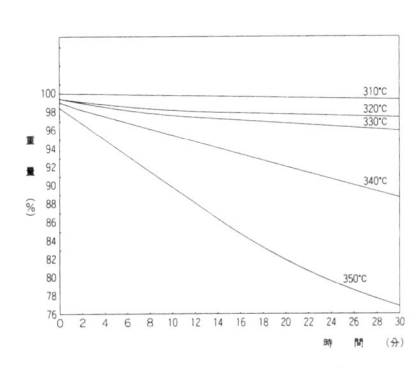

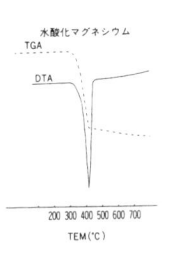

図22　水酸化Mg（キスマ5）のTGA，脱水挙動

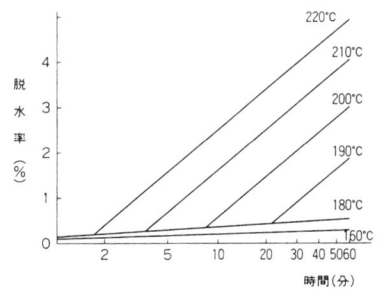

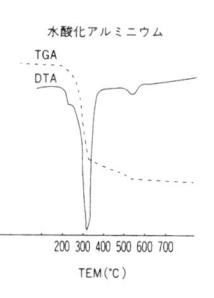

図23　水酸化アルミニウムのTGA，脱水挙動

難燃剤・難燃材料活用技術

表76 EVAに対するキスマ5の難燃効果

物性 配合 EVA(VA20%) 100PHR DCP 3〃 イルガノックス1010 1〃	引張強さ(JISC 3005)			体積 固有抵抗 Ω cm	電気特性					酸素指数
	降伏点 引張強さ kgf/cm²	破断点 引張強さ kgf/cm²	破断点 伸び %		耐アーク性 秒	耐トラッ キング性 V	誘電率 IMHZ (%)	誘電 正接 IMHZ	誘電体 損率	
キスマ5A 125PHR	53 ((62)) 〈81〉	119 ((116)) 〈95〉	600 ((540)) 〈380〉	1.4×10^{14} (3.9×10^{13})	170	600<	3.85	0.0332	0.128	27
キスマ5A 150PHR	56 ((67)) 〈86〉	72 ((65)) 〈76〉	550 ((520)) 〈270〉	1.5×10^{14} (3.3×10^{13})	185	600<	4.01	0.0306	0.123	38
水酸化アルミニウム 125PHR	60 ((73)) 〈92〉	92 ((67)) 〈95〉	550 ((330)) 〈290〉	2.9×10^{14} (1.2×10^{13})	214	600<	4.15	0.0427	0.177	27
水酸化アルミニウム 150PHR	67 ((81)) 〈95〉	60 ((66)) 〈77〉	350 ((150)) 〈140〉	1.0×10^{14} (4.9×10^{13})	213	600<	4.32	0.0387	0.167	34

(( ))100℃×96Hrs耐熱　　( )70℃×168Hrs 浸水後
〈 〉135℃×168 〃

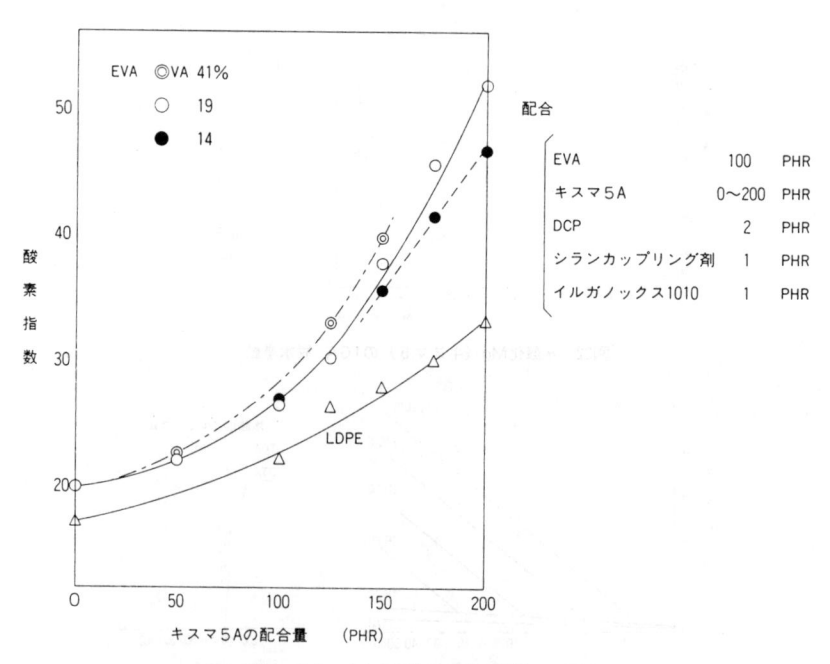

図24 キスマ5Aの配合量と酸素指数との関係

配合
EVA　　　　　　100 PHR
キスマ5A　　　　0〜200 PHR
DCP　　　　　　2 PHR
シランカップリング剤　1 PHR
イルガノックス1010　1 PHR

EVA ◎VA 41%
○ 19
● 14

5 無機系難燃剤

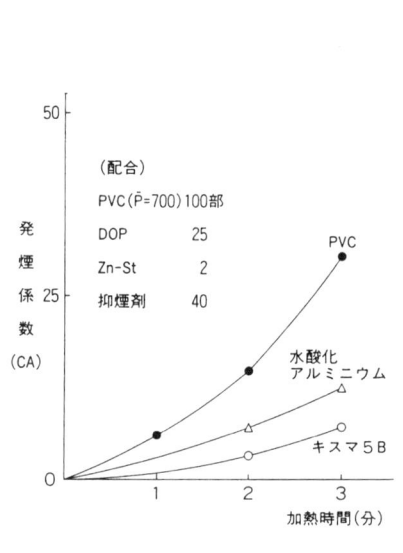

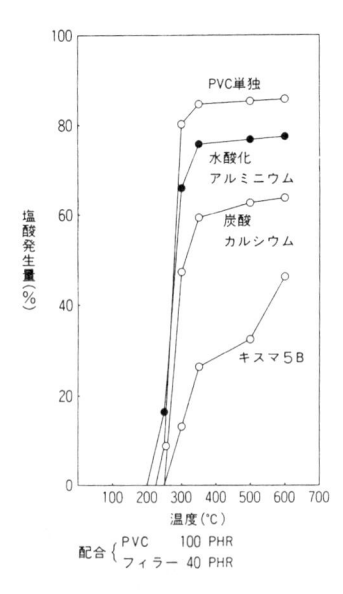

図25 PVCに対する抑煙効果

図26 キスマ5のPVCに対するHCl発生抑制効果

(7) ティーエムジー

問合わせ先:東京都中央区京橋3-2-5, 常磐合同ビル Tel:03-3276-1855
Fax:03-3276-1857

ファインマグの商品名で水酸化Mgを上市している。独自の結晶コントロール技術により1μm前後の粒子径で高い分散性を有するファインマグMO, ファインマグSN, ファインマグMO-Eを製造, 販売している。それらの代表的な性状を, 表77に示す。

ファインマグSNは図27に示すように, 六角状の水酸化Mg結晶表面にNiをドーブした複合金属水酸化物である。その分子式は次の通りである。

$Mg_{1-x}Ni_x(OH)_2$

難燃機構は, 図28, 表78に示すように, 気相における吸熱反応, 輻射熱の抑制, 固相におけるチャー+無機断熱層の生成による燃焼抑制効果によると考えられる。

熱分解挙動, コーンカロリメーターによる発熱量試験結果を図29, 30に示すが, 次のような特徴を有している。

① ファインマグSNの吸熱反応は, 通常の水酸化Mgより低温側で活発である。
② ファインマグSNの吸熱ピークは, 樹脂(EEA)の発熱ピークに近くなっている。

難燃剤・難燃材料活用技術

表77 ファインマグ®の一般特性（代表例）

グレード		FINEMAG®MO	FINEMAG®SN
表面処理剤		MO-T：飽和脂肪酸 MO-L：不飽和脂肪酸	SN-T：飽和脂肪酸 SN-L：不飽和脂肪酸
色相	—	白色	5 E
平均二次粒子径	μm	0.9	0.05
比表面積	m^2/g	6	0.05
乾燥減量	%	0.1	0.06
真比重	g/cm^3	2.4	4〜7
固溶金属	—	—	0.6〜1.0
特徴	—	難燃性 耐水耐酸性	高難燃性 高耐水耐酸性
適用		電線・ケーブル ワイヤーハーネス 建材 接着剤 Polyolefine, EPDM, PVC, etc.	電線・ケーブル ワイヤーハーネス

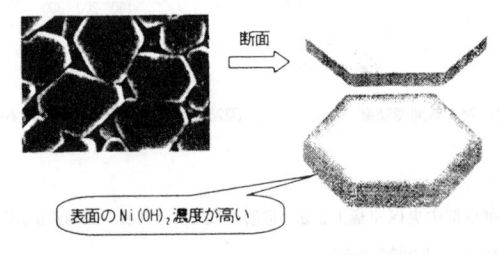

図27 ファインマグ® SNの結晶モデル

③ 1次ピークの発熱量が小さい（熱分解時の吸熱反応の低温化）。

④ 2次ピークは遅く，発熱量が少ない（表面炭化層の形成）。

電線，ケーブルへの応用例としてEEAに対する難燃効果を表79に示す。

ファインマグは，特に，電線，ケーブル用エコ材料の難燃化に適している。現在機器内配線，自動車用ワイヤーハーネスへの応用技術が確立されつつあり，この分野への応用が期待され，伸びている。この分野にシランカップリング処理したファインマグMO-Eが上市されている。

(8) 神島化学工業

問合わせ先：大阪府大阪市中央区高麗橋4-2-7，興銀ビル別館　Tel：06-6226-0302
　　　　　 Fax：06-6266-4980

マグシリーズN．M，Sタイプを上市している，合成品（N-1，S-3）と低コスト品(N-1，Wシリーズ）がある。

5 無機系難燃剤

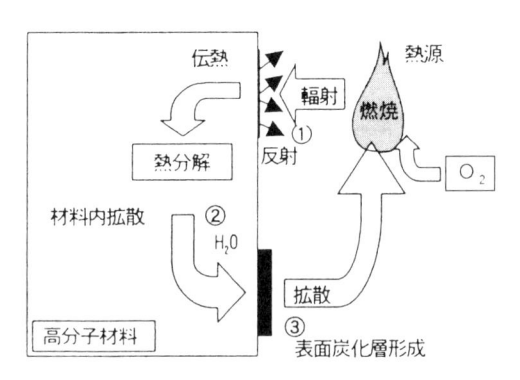

図28 燃焼過程

表78 ファインマグ®の難燃機構

	燃焼抑制要因	FINEMAG®MO	FINEMAG®SN
①	・輻射熱の抑制	・表面の反射効率が高い	
②	・低分子量分子の生成抑制	・熱分解の抑制 [脱水反応による 冷却効果]	・熱分解の抑制 ・吸熱ピークの低温化 [Niの触媒効果による 水の生成促進]
③	・低分子量分子の拡散抑制	・表面炭化層(チャー)形成	・表面炭化層(チャー) 形成の促進

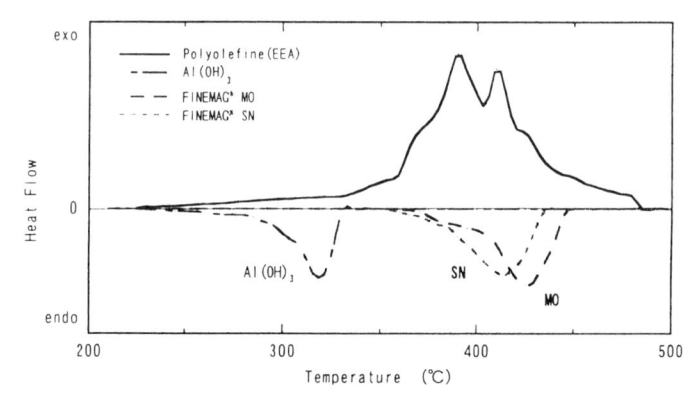

図29 熱分解挙動モデル

難燃剤・難燃材料活用技術

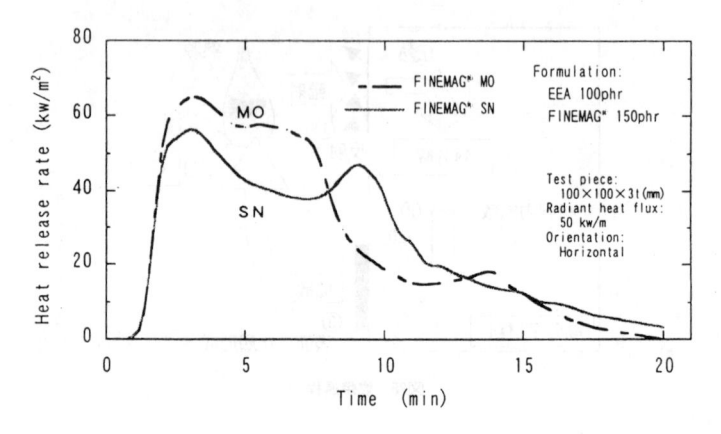

図30 コーンカロリーメーターによる燃焼試験

表79 電線,ケーブル用EEA配合におけるファインマグSNの難燃効果

配合			1	2	3	4	5	6
難燃剤	FINEMAG®SN	phr	130	140	150	—	—	—
	Commercial Mg(OH)$_2$	phr	—	—	—	130	140	150
樹脂	EEA(EA15%)	phr	100	100	100	100	100	100
難燃助剤	Carbon black	phr	6.3	6.3	6.3	6.3	6.3	6.3
老化防止剤	Irganox 1010	phr	0.2	0.2	0.2	0.2	0.2	0.2
特性			1	2	3	4	5	6
引張特性	引張強さ	JIS C3005	MPa	10.7	9.9	8.7	9.1	9.5	9.2
	引張伸び	JIS C3005	%	590	560	490	520	570	570
耐熱老化	強度残率	JIS C3005 90℃ 96h	%	108	111	102	112	96	89
	伸び残率	JIS C3005 90℃ 96h	%	110	111	108	115	96	83
燃焼性	酸素指数	JIS K7201	%	30.2	31.5	32.7	29.5	30.5	31.0
発煙量	光線透過率	ASTM E662	%	81	79	78	75	80	82
垂直トレイ燃焼試験	シース炭化長さ	IEEE 383 1C×3.5sq	cm	165 180<	144 171	127 80	180< 146	180< 180<	180< 180<
	判定		—	1/2 pass	pass	pass	1/2 pass	not pass	not pass
電気特性	体積抵抗率	JIS K6723	Ω·cm	6.4×10^{15}	7.2×10^{15}	6.9×10^{15}	0.18×10^{15}	0.24×10^{15}	0.23×10^{15}
	誘電率 60Hz	JIS K6911	—	3.8	3.9	3.8	3.9	3.9	3.9
	誘電正接 60Hz	JIS K6911	—	4.1	4.2	3.7	4.7	4.9	4.5

5 無機系難燃剤

表80 水酸化マグネシウム系難燃剤マグシーズシリーズ

グレード名	N-4	S-3	W-H4	W-H10
MgO（％）	65.5	67.1	62.8	61.8
Cl（ppm）	80	80	30	30
比表面積（m^2/g）	3.5	6.0	6.5	2.1
平均粒子径（μm）	1.1	1.0	3.4	12.0
製法	合成品	合成品	天然品	天然品
表面処理	脂肪酸系	シランカップリング剤	脂肪酸系	脂肪酸系
用途例	エコ電線被覆材, ハウジング材	家電・自動車用電線被覆材	エコ電線被覆材, シーリング材, 壁紙	パテ材, 床材, 封止剤

表81 MGZシリーズの種類と性状

	MGZ-1	MGZ-2	MGZ-3	MGZ-4
	高分散グレード	高難燃グレード	高難燃微細グレード	高透明グレード
平均粒子径（μm）	0.8	0.8	0.1	0.1
比表面積（m^2/g）	7	8	20	44
嵩密度（g/ml）	0.30	0.30	0.18	0.15
吸油量（ml/100g）	35	35	40	52

合成品は，海水を原料としているため粒度分布がシャープであり，1μm前後の微細粒子を有し，分散性に優れている。脂肪酸処理したN-4，シランカップリング処理したS-3が受注を伸ばしている。

天然品はN-1に加えてWを販売しているが，高品位の天然原石を使用しているため不純物が少なく，平均粒子径が3〜25μmまで幅広い製品が出来るようになっている。

マグシーズの種類と性状を表80に示す。

(9) 堺化学工業

問合わせ先：大阪府堺市戎ノ町西1-1-23　Tel：072-223-4111　Fax：072-223-8355

水酸化Mg（MGZ）を上市している。MGZは，水酸化Mgの難燃効率を向上させるために複合難燃剤として配合部数を減らす事が出来る複合難燃剤である。その種類と性状を表81に示す。MGZ-2は，助剤を複合化することによりチャー生成促進効果を高めたタイプであり，MGZ-3は，助剤を加えた上に粒子を微細化したことによりさらに難燃効率を上げたタイプである。従来市販品に比較して配合量を20％低減する事が出来る。MGZ-4は，樹脂に添加した時の透明性を維持する事ができ，微細粒子表面の改質を行うことにより吸油特性を改良し樹脂への分散も高めたタイプである。

(10) **ファイマテック**

問合わせ先：東京都港区西新橋2-8-6，住友不動産日比谷ビル　Tel：03-3595-4491　Fax：03-3595-4490

ジュンマグは，カチオンポリマー処理水酸化Mgである。次の4種類を上市している。

① ジュンマグC　　カチオンポリマー処理グレード
② ジュンマグCS　カチオンポリマー処理＋ステアリン酸処理グレード
③ ジュンマグK　　特殊ポリマー処理グレード
④ ジュンマグF　　特殊油脂処理グレード

表82　ジュンマグの一般特性

ハンター白色度	%	BLUE : 94.9　AMBER : 95.9　GREEN : 95.7	
平均粒子径	μm	2.0	1.2
5μmオーバー	%	4.6	0.74
10μmオーバー	%	0.0	0.0
BET比表面積	m^2/g	11.4	14.4
吸油量	ml／100g	78.0	－
塩酸不溶分	%	1.9	
水分	%	0.5＞	
MgO	%	65.8 (Ig. Loss換算Mg(OH)$_2$：95.2)	
CaO	%	0.398	
SiO$_2$	%	2.34	
Fe$_2$O$_3$	%	0.286	
Al$_2$O$_3$	%	0.101	
Ig. Loss	%	31.0	

物性値は代表値であり保証値ではありません

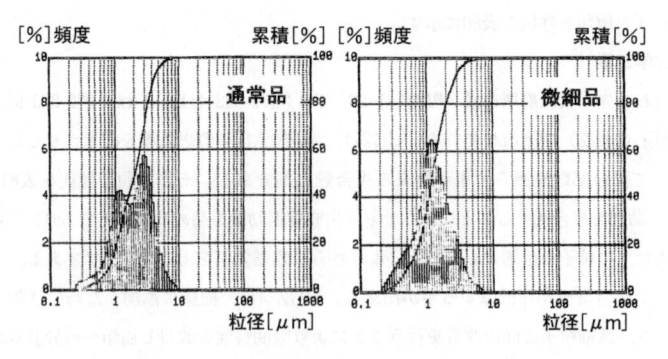

図31　レーザー回折・散乱法による粒度分布（マイクロトラック）

5　無機系難燃剤

表83　重填量別UL94耐炎性試験

	45wt%	50wt%	55wt%	60wt%
A社　合成品	規格外	VO	VO	VO
B社　天然品	規格外	規格外	VO	VO
ジュンマグC	規格外	VO or NOT	VO	VO
ジュンマグCS	規格外	VO or NOT	VO	VO
ジュンマグK	規格外	VO	VO	VO
ジュンマグF	規格外	VO or NOT	VO	VO

注）EEAに対する配合効果を示す。　　　　　　　　　　厚さ：6mm

ジュンマグの特徴は，一般の水酸化Mgの特徴に加え次のような特徴を有している。
① 界面接着による引張強度が高い（C, CSグレード）
② 屈曲時，引掻きによる白化現象を低減できる（全グレード）
③ 熱による変色が少ない(全グレード)
④ 酸化窒素（NO_x）による変色が少ない（C, CSグレード）
⑤ 耐水性，耐酸性に優れている（K.Fグレード）

ジュンマグの一般特性を表82に，EEAに対する難燃性付与効果を表83に示す。

(11)　味の素ファインテクノ

問合わせ先：神奈川県川崎市川崎区鈴木町1-2　Tel：044-221-2372　Fax：044-221-2387

ポリセーフMGの商品名で水酸化Mgを上市している。ポリセーフMGは，天然鉱石（ブルーサイト）由来の水酸化Mgである。特殊乾式粉砕法により従来の天然鉱石粉砕品より平均粒子径が小さく，粗大粒子が少なく，合成品に匹敵する。特殊表面処理により分散性を改良し，樹脂の熱劣化時に起こる熱劣化を抑制する事が出来る。ポリセーフMG-23Dの化学組成，一般物理特性，EEAに対する難燃効果を表84～86に示す。また，三酸化アンチモンをベースとした機能性を有する複合難燃剤ポリセーフを上市している。これらを表87に示す。チタネートカップリング剤を表面処理してあるので分散性がよく物性，特に耐衝撃性が優れている。

表84　ポリセーフMG-23Dの化学組成
　　　（代表値，蛍光X線／ICP分析）

MgO^*	67（%）MIN
CaO	1.0（%）MAX
Al_2O_3	1.0（%）MAX
Fe_2O_3	0.3（%）MAX
付着水分	0.5（%）MAX

＊ $Mg(OH)_2$換算で97.2%

表85　ポリセーフMG-23Dの一般物理特性

平均粒子径	$2.0\pm0.5(\mu m)$／HORIBA(LA-700)
最大粒子径	$8.0(\mu m)$／同上
比表面積	$29.5(m^2/g)$
粒度分布測定例	—
粒子外観	同上
X線回析データ	同上
熱分解挙動	同上
難燃性データ	同上

表86　EEAに対するポリセーフMG-23Dの難燃効果と物性

	MG-23D	ステアリン酸処理品	市販合成品	市販天然品
平均粒径（μm）	1.9	1.9	1.0	4.0
酸素指数	27.4	27.0	27.2	26.0
メルトフロー（g/10分）	0.7	0.8	0.9	0.8
引張強度（Mpa）	9.9	8.6	7.8	8.3
引張伸び（％）	336	326	334	332
初期着色	灰褐色	灰褐色	白色	灰褐色
熱劣化試験	色，柔軟性変化なし	15分後褐色柔軟性低下	色，柔軟性変化なし	15分後褐色柔軟性低下

(配合)
　　EEA樹脂（エチレン-エチルアクリレート共重合体）　　100重量部
　　ポリセーフMG-23D，または対象品　　　　　　　　　　125重量部
　　（対照品：天然粉砕物ステアリン酸処理品，及び市販合成品，市販天然品）
　　ステアリン酸カルシウム　　　　　　　　　　　　　　　2.0重量部
　　フェノール系酸化防止剤（GLCジャパン製，ANOX20）　　0.2重量部

表87　複合三酸化アンチモン難燃剤，ポリセーフの種類と特徴

タイプ	品名	形状	主な成分	特徴	用途
三酸化アンチモン	100	粉末	三酸化アンチモン	安価	汎用
	100-T	〃	三酸化アンチモン，ブレンアクト	分散性，耐衝撃性	汎用
	100ND-T	〃	三酸化アンチモン，ブレンアクト	分散性，防塵性向上	PVC, PE, PP
複合型難燃剤	FCP-2	粉末	エンパラ70，三酸化アンチモン	分散性	PVC，ゴム
	FCP-5	〃	高臭素化合物，三酸化アンチモン	高難燃性，分散性，物性向上	PS, ABS，ゴム
	FCP-6	〃	エンパラ70SS，三酸化アンチモン	耐熱性，分散性	PE, PP, PS
	FCP-7	〃	臭素ポリマー，三酸化アンチモン	耐熱性，非移行性	ナイロン，PBT
	FCP-10	〃	高塩素化合物，三酸化アンチモン	耐熱性，分散性	ABS，ナイロン
	NS-80A	〃	亜鉛化合物，三酸化アンチモン	低発煙性，耐熱性	軟質PVC
	PDMZ-8241	〃	りん，窒素化合物	アンチモン，ハロゲンフリー	汎用
	WA-55	水分散液	高臭素化合物，三酸化アンチモン	高難燃性，分散性	ラテックス，エマルジョン

⑿　日本精鉱

　　問合わせ先：東京都新宿区下宮比町3-2　Tel：03-3235-0021　Fax：03-5261-7335

　三酸化アンチモンのメーカーとして各種三酸化アンチモンを上市しているが，最近はノンハロゲン系難燃剤として無機複合難燃剤も開発してきている（表88，89）。三酸化アンチモンの他にも表90に示すような各種アンチモン化合物を上市している。特に難燃効率が高い微粉タイプは他の追従を許さない。

　ハロゲン系難燃剤との相乗効果は，難燃系の中で最も難燃効率が高いといわれており，表91に示すような標準的な配合割合が推奨されている。

5 無機系難燃剤

表88 難燃助剤用三酸化アンチモン主力グレード

用途	グレード	特徴
汎用用途	PATOX-M	適用範囲広い
〃	PATOX-MK	徳用
〃	PATOX-K	住友金属鉱山継承品
低不純物	PATOX-C	低Pb, As
透明性	PATOX-P	弱い隠蔽性
低粗粒物	PATOX-CZ	粗粒物個数管理
機能性	PATOX-L	低活性・耐加水分解性
機能性	PATOX-HS	低不純物低α線品
	PATOX-SUF	湿式製法品(低不純物超低α線)

表89 複合難燃剤STグレード

用途	グレード	特徴
PVC用途	STOX-101	Sb_2O_3低減タイプ
〃	STOX-301	低発煙タイプ
〃	STEM-301	Sb_2O_3フリー透明タイプ
ポリオレフィン	STEM-101	ノンハロゲンタイプ
〃	STEM-402	ノンハロゲンタイプ

表90 各種アンチモン化合物の種類と特性

化合物	アンチモン	三酸化アンチモン	三硫化アンチモン	アンチモン酸ナトリウム3水和物	無水アンチモン酸ナトリウム	三塩化アンチモン	五塩化アンチモン
化学式	Sb	Sb_2O_3	Sb_2S_3	$NaSbO_3 \cdot 3H_2O$	$NaSbO_3$	$SbCl_3$	$SbCl_5$
CAS番号	7440-36-0	1309-64-4	1345-04-6	30718-75-3	30718-75-3	10025-91-9	7647-18-9
既存化学物質番号	—	1-543	1-567	1-506	1-506	1-256	1-256
国連番号	2871	1549	1549	1549	1549	1733	1730
IMDG ICAO/IATA	6.1/Ⅲ	6.1/Ⅲ	6.1/Ⅲ	6.1/Ⅲ	6.1/Ⅲ	8/Ⅱ	8/Ⅱ

酸化アンチモン,硫化アンチモン及びアンチモン酸ソーダについては,ヒ素含有率が0.5%重量%以下のものは適用除外。

・物理/科学的性質

外観,性状	粉末,粒状,塊状	白色粉末	黒色粉末	白色粉末	白色粉末	無色潮解性結晶	黄色液体
分子量	121.75	291.5	339.7	246.5	192.7	228.1	299.0
融点(℃)	630	656	550	>180(脱水)	—	73.4	2.8
沸点(℃)	1,380	1,425	1,180	1,427(分解)	1,427(分解)	223	140(70mmHg)
蒸気厚(mmHg)	1.66(800℃)	5(625℃)	1.17(500℃)	—	—	13.7(100.2℃)	1.0(22.7℃)
比重	6.7	5.2	4.6	3.9	4.0	3.1	2.3
電気的性質	4.3Mho/m	不良導体	ND	ND	ND	不良導体	不良導体
モース硬度	3.0	2〜2.5	ND	ND	ND	ND	ND
溶解性 水	不溶	不溶	不溶	微溶(熱水)	不溶	易溶	分解
溶解性 塩酸	不溶	易溶	易溶	分解	分解	易溶	易溶
溶解性 アルコール	不溶	不溶	不溶	不溶	不溶	易溶	易溶

・ND:データなし

難燃剤・難燃材料活用技術

表91　三酸化アンチモンの難燃配合列

樹脂種類				配合列（部数）		
PVC	100phr	DINP	50	Sb_2O_3	3	………
PE	100phr	TBA*	12	Sb_2O_3	5	UL94 V-2
PP	100phr	DBDPO	26	Sb_2O_3	10	UL94 V-0
PS	100phr	DBDPO	10	Sb_2O_3	5	UL94 V-0
ABS	100phr	TBA*	24	Sb_2O_3	8	UL94 V-0
PBT	100phr	TBA*	16	Sb_2O_3	7	UL94 V-0

＊Br含有率　50〜70%TBA誘導体及びオリゴマータイプを含む。
・記載のデータは実測値の一覧で規格値あるいは効果の保証値ではない。

(13) 山中産業

問合わせ先：大阪府大阪市中央区南船場4-11-28　Tel：06-6251-3091　Fax：06-6245-5123

各種三酸化アンチモンを上市している。特に難燃剤としては汎用のMSA，MSX，MSF，MSIが使われる。高純度グレードとして電子材料用の低α線品としてRAC，表面処理による分散改良品STA，発塵性改良品STG等もある。

四酸化アンチモンは1000℃までの熱安定性，化学安定性などからエンプラ，エポキシ樹脂高機能樹脂の難燃剤として使用されている。表92に上市されている銘柄の種類と特徴を示す。

表92　三酸化アンチモンの銘柄と特徴（山中産業）

用　途	グレード	特　徴
一般難燃用	MSA	平均粒径1μmと比較的細かく粒度分布も狭いため，どの用途にも使える標準グレードである。
	MSF	平均粒径が0.5μmとより細かいため，隠ぺい力が大きく分散時の沈降が少ないなどの特徴があり，繊維や塗料の難燃などに最適である。
	MSL	透明性が要求される用途や顔料の色を生かした製品づくりなどに最適である。
	MSX	一般難燃用で，標準品よりもコストダウンができる。
電子材料用の難燃	MSC	粗大粒子をカットした製品で，粗大粒子の混入が問題となる難燃用途に最適である。
	MSE	イオン性不純物が少なく粗大粒子も少ない製品で，電子材料用の難燃に最適である。
高純度品	MSH	標準品より純度が高く不純物が少なく，塩酸，エチレングリコールなどの溶剤に極めて溶解性がよい。ポリエステルの重合触媒や蛍光体用に最適である。
	RAC	低α線品であり，しかもPb，Asも10ppm以下と低いため，電子材料用の難燃や特殊用途に最適である。
特殊品	STA	表面処理をした三酸化アンチモンで，合成樹脂との親和性を改良したグレードである。
	STG	発塵性を改良した湿潤グレードである。
四酸化アンチモン	ATE	三酸化アンチモンより高温時の耐熱性が良く，エンプラ樹脂やエポキシ樹脂などの難燃用に適している。

5 無機系難燃剤

表93 酸化アンチモンゾル,サンコロイドの種類と性状

グレード	酸化アンチモンゾル			サンコロイド[R]			
	A-1510LP	A-1550	A-2550	ATL-130	ADM-130	AMT-130	AME-130
分散媒	水	水	水	トルエン	DMF	メタノール	MEK
主成分	Sb_2O_5	Sb_2O_5	Sb_2O_5	Sb_2O_5	Sb_2O_5	Sb_2O_5	Sb_2O_5
濃度	13%	48%	48%	30%	30%	30%	30%
特徴	低PH 透明剤フリー	透明性 分散性	透明性 分散性 相溶性	溶解ゾル 分散性	溶解ゾル 分散性	溶解ゾル 分散性	溶解ゾル 分散性
用途	ハロゲンエマルジョンとの併用 カーシート,マット,不織布の難燃剤,ハードコート剤			溶剤型接着剤,ウレタン,エポキシ, フェノールの難燃剤等			

表94 サンエポックの種類と性状

グレード	A-1582	NA-1030	N-1070L	MA-3171	NA-3181	NA-4800	EFR-6N
主成分	Sb_2O_5水和物	Sb_2O_5	$Na_2O \cdot Sb_2O_5$	Sb_2O_5	Sb_2O_5	Sb_2O_5	Sb_2O_5
特徴	水に再分散 透明性	無水物 耐熱性	無水物 耐熱性	耐熱老化性 着色性	耐熱老化性 透明性	透明性 溶剤に再分散	高純度
用途	FPR, フェノール	PET,PBT エンプラ	PET,PBT エンプラ	塩ビレザー ターポリン	塩ビレザー フィルム,シート	ABS,PS	顔料原料

(14) 日産化学工業

問合わせ先:東京都千代田区神田錦町3-7-1,興和一橋ビル　Tel:03-3296-8070
Fax:03-3296-8360

　五酸化アンチモンゾルは,五酸化アンチモンをコロイド分散した乳白色液体で,ハロゲンと併用で繊維,紙,モダアクリル,プリント基板の難燃剤に使われている。

　粉体は,サンエポックの商品名で販売され,エンプラ用,耐熱樹脂用,透明用に使われる。PET,PBT,PA用等用途別にグレード分けされている。その他に商品名,サンコロイド有機溶剤ゾルがある。メタノール,DHF,トルエン,MEX等の各種溶剤のコロイドで,粒子径は,5～50μmである。水性ゾル,サンエポック,サンコロイドの種類と性状,特徴,用途を表93,94に示す。

(15) 鈴裕化学

問合わせ先:茨城県守谷市百合ヶ丘1-2420　Tel:0297-48-1575　Fax:0297-48-1576

　三酸化アンチモンを中心に無機化合物,ハロゲン系化合物との複合系難燃剤,各種高濃度マスターバッチを上市している。更に難燃剤の選定,配合設計,燃焼試験の実施等ユーザーの要求にマッチしたスターバッチの製造を行っている。主要な製品を次に示す。

① 三酸化アンチモン
　AT 3　　中国産高純度品を生成したグレード
　AT 3^{CN}　中国産高重度品
　AT 3^{CS}　中国産高純度品
　各種アンチモンマスターバッチ（ヒロマスターC-605, J-300)
② 各種マスターバッチ
　臭素系難燃剤と三酸化アンチモンのマスターバッチ
③ ノンハロゲン系難燃剤
　FCO-730, 720（APP＋含窒素化合物＋相乗化剤）
　PP, PE, エラストマー用（酸素指数30以上，UL-94　V-0i以上合格品も可能）
　GREP－EG, RP, AP…赤りん＋膨張性黒鉛
④ 水酸化Mgマスターバッチ（80％以上）
⑤ 難燃剤ブルーミング防止剤（ヒロマスターBC-7A）…ブルーム及び分散改良剤
⑥ リサイクルPET改質剤（ヒロマスターSF-235, SF-505）…耐衝撃性改良剤

　各種ハロゲン系，ノンハロゲン系のマスターバッチ（商品名ヒロマスター），及びハロゲン系難燃剤，無機系難燃剤，ノンハロゲン系難燃剤（商品名ファイヤーカット）を上市しているが，その一覧を表95，96に示す。

表95　ヒロマスターシリーズ一覧

・ハロゲン系難燃剤マスターバッチ

品　名	組　成	用　途	濃　度
C-500	デカブロ・三酸化アンチモン	PP, PS, PE, ABS, PBT, PC/ABS, PA－6, 66, PET	80%
C-510	ノンデカ・三酸化アンチモン	PP, PS, PE, ABS, PBT, PC/ABS, PA－6, 66, PET	80%
99	TBS-BP・三酸化アンチモン	PP	93%
A-500-8	TBS-BP・ノンデカ・三酸化アンチモン	PP	80%
F-101	臭素系フェノキシ・三酸化アンチモン	PP, ABS, PBT, PET, PC/ABS, PA－6, 66, PET	100%
PC-80G	臭素化ポリスチレン・三酸化アンチモン	PP, ABS, PBT, PET, PC/ABS, PA－6, 66, PC	90%
SX-7141	臭素化エポキシ・三酸化アンチモン	PP, ABS, PBT, PET, PC/ABS, PA－6, 66, PC	100%

・ノンハロゲン系難燃剤マスターバッチ

品　名	組　成	用　途	濃　度
R-103	パーフロロブタンスルフォン酸カリウム 塩類のラクトン変性品	PC	100%

5 無機系難燃剤

表96 ファイヤーカットシリーズ一覧

・無機系難燃剤

品 名	組 成	用 途	摘 要
FCP-100 FCP-300 FCP-400	無機水酸化物と 三酸化アンチモンとの混合品	ゴム PVC	ハロゲン化合物との併用が必要 配合比率変更可

・ハロゲン系難燃剤

品 名	組 成	用 途	摘 要
FCP-83D	デカブロモジフェニルエーテル (DBDE)	PP,PS,PE,ABS PBT,PC/ABS, PA-6,66,PET	臭素含有量：83% 融点　　　：307℃ CAS No. ：1163-19-5
FCP-680G	TBA－ビス(2,3-ジブロモプ ロピルエーテル) (TBA-BP)	PP,PS,PE	臭素含有量：67% 融点　　　：105〜115℃ CAS No. ：21850-44-2
FCP-65	ビス(3,5-ジブロモ-4-ジブロ モプロピルオキシフェニル) スルホン	PP,PS	臭素含有量：65% 融点　　　：60℃ CAS No. ：42757-55-1
FCP-660	トリアリルイソシアヌレート 6臭化物	PP,PS	臭素含有量：66% 融点　　　：105℃ CAS No. ：52434-90-9
FCP-880M FCP-880MS	熱安定性改良ヘキサブロモシクロド デカン 顆粒状ヘキサブロモシクロドデカン	PP,PS	臭素含有量：70% 融点　　　：185〜195℃ CAS No. ：3195-55-6
FCP-921	デカブロと 三酸化アンチモンとの混合品	PP,PS,PE,ABS PBT,PC/ABS, PA-6,66,PET	配合比率変更可
FCP-1570	ノンデカ系と 三酸化アンチモンとの混合品	PP,PS,PE,ABS PBT,PC/ABS, PA-6,66,PET	配合比率変更可
FCP-850	FCP-660と FCP-680Gとの混合品	PP,PS,PE	配合比率変更可
FCP-870	FCP-880Mと FCP-680Gとの混合品	PP,PS	配合比率変更可
FCP-855N	FCP-65と FCP-680Gとの混合品	PP,PS	配合比率変更可

・ハロゲン系難燃剤

品 名	組 成	用 途	摘 要
FCP-720 FCP-730	ポリりん酸アンモニウム, 含窒素化合物	PP,PE	平均粒径　20μm 　　　　　　8μm

表97 アルカネックスFRC-500の物理的特性値および化学組成値

		FRC-500
ZnO	(%)	33〜36
B_2O_3	(%)	42〜44
結晶水	(%)	15〜17
水分	(%)	0.6以下
嵩比重	(g/ml)*	0.27±0.05
平均粒径	(μm)**	2〜3

＊ 顔料法，＊＊ コールターカウンター法（A.P50使用）

表98 アルカネックスZHSの物理的特性値および化学組成値（一例値）

項目／試料	ZHS	ZHSF	ZHSC-50	ZHSC-100
外観	白色	白色	白色	白色
Zn(%)	22	22	21	20
Sn(%)	42	42	40	38
水分(%)*	2.0以下	2.0以下	2.0以下	2.0以下
嵩比重(g/ml)**	0.37	0.41	0.30	0.29
平均粒径(μm)***	2.0以下	2.0以下	2.0以下	2.0以下

＊ 180℃，＊＊ 顔料法，＊＊＊ レーザー光散乱法

(16) 水沢化学

　　問合わせ先：東京都中央区日本橋室町1-13-6，共同ビル（新三越前）　Tel：03-3270-2051
　　　　　　　Fax：03-5201-7466

　硼酸亜鉛系無機化合物，アルカネックス（FRC-500），錫酸亜鉛系アルカネックスZHSシリーズを上市している。その化学組成，性状を表97，98に示す。

　FRC-500は，平均粒子径2〜3μm，分散性に優れ，シェル効果，アンチドリッピング効果に優れている，三酸化アンチモンとの併用で優れた難燃効果を示す。ZHSシリーズは，熱安定性の優れた低発煙化剤である。塩素含有樹脂に対し優れた耐熱性とシェル効果，アンチドリッピング効果を示す。

(17) US Borax, Co.

　　問合わせ先：早川商事　東京都中央区日本橋小舟町6-1　Tel:03-3662-6721　Fax:03-3662-1657

　Fire brake ZB，ZBF，ZB-XF，415，無水硼酸亜鉛として上市されている。三酸化アンチモンの代替品として期待されている他，水酸化Al，水酸化Mgの難燃助剤としても使用される。

　ZBシリーズは，脱水温度が290℃でハロゲン系，ノンハロゲン系のPA，PO，エポキシ樹脂，ポリウレタン，TPE等に広く使用される。

5　無機系難燃剤

415は，脱水温度が415℃と高く，高温時に発泡，チャー生成を促進する。特にPAに効果が高い。軟質塩ビの低発煙化効果が高い。

無水硼酸は，ハロゲン系，ノンハロゲン系のエンプラに効果が高いと言われている。

(18) 日本化学産業

問合わせ先：東京都台東区下谷2-20-5　Tel：03-3876-3131　Fax：03-3876-3278

ヒドロキシ錫酸亜鉛，錫酸亜鉛を上市している。特にハロゲン含有ポリマーに対する低発煙効果，難燃効果を示し，従来の三酸化アンチモン代替品として期待されている。

(19) シャーウィン・ウィリアムス・ジャパン

問合わせ先：東京都港区赤坂21-12，陶香堂ビル6F　Tel：03-3588-8108　Fax：03-3583-4927

KEMGARDシリーズとしてモリブデン酸Ca，亜鉛（911A），塩基性モリブデン酸亜鉛（911B），モリブデン酸亜鉛とケイ酸Mgの化合物（911C），りん酸亜鉛ベースの化合物（981），モリブデン酸Ca亜鉛－低コスト（425），モリブデン酸Ca化合物（X501）等を上市している。

特に塩ビに対する低発煙効果，難燃効果が高い事が特徴である。PVCに対するこれらの効果を表99，図32～34に示す。

(20) その他無機系難燃剤メーカー

その他無機系難燃剤メーカーとして次のメーカーが上げられる。

① 第一稀元素化学工業……酸化ジルコニウム
② 日本電工……酸化ジルコニウム
③ 国峰工業，トピー工業……スメタナイト，モンモロロナイト等のナノフィラー
④ 東ソー・シリカ，デガッサ……煙霧質シリカ（フュムームドシリカ）

表99　PVCに対する酸化アンチモン，モリブデン化合物（KEMGARD911A）の難燃効果

添加剤の量	酸素指数
なし	28.2
1phrのSb_2O_3	31.1
1phrのKEMGARD911A	30.6
2phrのSb_2O_3	32.0
1phrのSb_2O_3＋1phrのKEMGARD911A	32.7
3phrのSb_2O_3	32.7
2phrのSb_2O_3＋1phrのKEMGARD911A	32.8

注）　基本配合
　　PVC　　　　　　　　　　　　100phr
　　DIDP(フタル酸ジイソデシル)　30phr
　　Tribase XL　　　　　　　　　7phr
　　Acrawax C　　　　　　　　　0.4phr
　　DS207　　　　　　　　　　　0.4phr

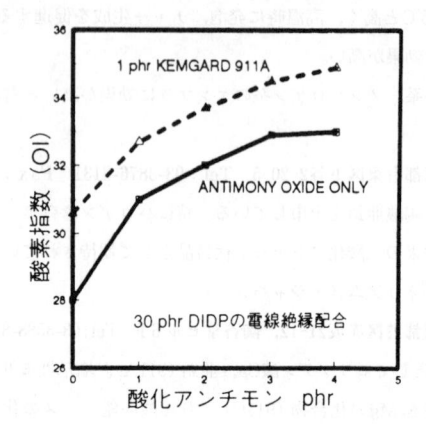

図32　PVCに対するKEMGARD911Aの酸素指数効果

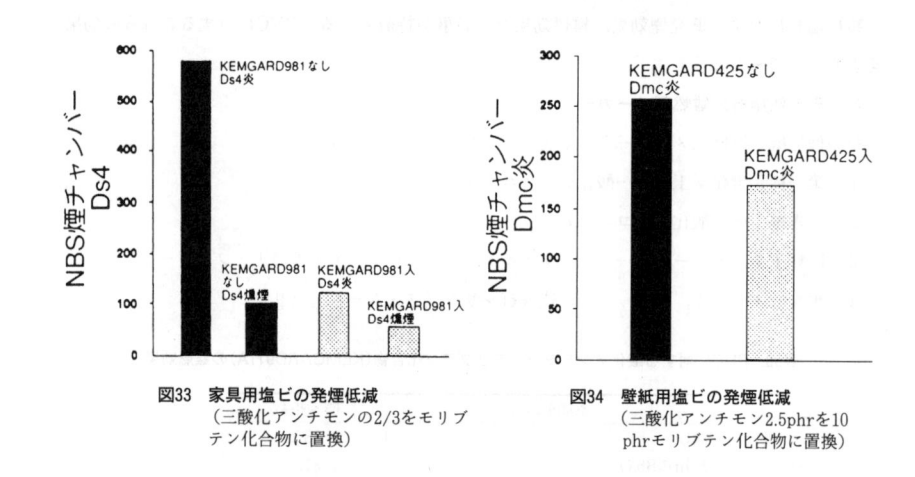

図33　家具用塩ビの発煙低減
（三酸化アンチモンの2/3をモリブテン化合物に置換）

図34　壁紙用塩ビの発煙低減
（三酸化アンチモン2.5phrを10phrモリブテン化合物に置換）

6　窒素系難燃剤,窒素－りん系難燃剤,その他

窒素系難燃剤を中心として難燃剤は,グアニジン化合物,メラミン化合物等が上げられるが,使用量は未だ多くない。りん系難燃剤と併用して使用されるIntumescent系難燃系が最近難燃効果が高い事から注目されており,窒素系難燃剤の併用に関心が持たれている。今後環境対応型難燃系としても伸びが期待される分野である。

(1) 三和ケミカル

問合わせ先:東京都港区港南2-11-19,大滝ヒル　Tel:03-5462-8255　Fax:03-5462-8256

塩基性の有機窒素系化合物と難燃性の無機酸を組合わせた難燃剤を上市している。グアニジン,グアニル尿素系難燃剤,メラミン系難燃剤に分けられる。製品の種類と性状を表100~102に示す。

① グアニジン,グアニル尿素系難燃剤

この種類は,低有害性で,水に溶けやすいため取り扱いが容易であること,ベースの素材の特性の低下を起こさないのでセルローズに使われ,樹脂には使用されていない。紙用には,スルファミン酸グアニジン(アビノン100シリーズ),繊維用にりん酸グアニジン(アビノン301シリーズ)が使われている。りん酸グアニル尿素は,発泡層を形成するため難燃性が高い特徴を有す。

表100　グアニジン系難燃剤

〔主用途〕　セルロース(紙・木材),合成繊維の難燃化薬剤。消化薬剤
〔難燃性〕　脱水炭化型

グレード名	主成分	性状		標準包装形態	特徴
ピアノン-101	スルファミン酸グアニジン	防炎性*	100	25kg入りポリ袋 500kg入りフレコンバッグ	・保湿性
		固形分(%)	100		・寸法安定性(紙)
		分解点(℃)	230		・低経口毒性
		溶解度(at20℃)	110g/100g aq		推奨:他用途
ピアノン-145	スルファミン酸グアニジン (45%水溶液)	防炎性*	95	220kg入り樹脂ドラム 1200kg入りコンテナー	・耐熱性
		固形分(%)	45		・白色保持性(紙)
		分解点(℃)	230		・寸法安定性(紙)
		溶解度(at20℃)	－		推奨:紙
ピアノン-303	りん酸グアニジン	防炎性*	155	20kg入り紙袋	・高難燃性*
		固形分(%)	100		・低腐食性(鉄)
		分解点(℃)	260		・低経口毒性
		溶解度(at20℃)	15g/100g aq		推奨:他用途
ピアノン-307	りん酸グアニジン (50%水溶液)	防炎性*	155	220kg入り樹脂ドラム 1200kg入りコンテナー	・水溶性
		固形分(%)	50		・高難燃性*
		分解点(℃)	240		・低腐食性(鉄)
		溶解度(at20℃)	－		推奨:繊維,不織布

*防炎性　　JIS法に基づく弊社防炎性試験における防炎性指標
*高難燃性　難燃化樹脂に使用されているシアヌル酸メラミンやポリりん酸アンモニウムを,同量のアビノン-901またはMPP-Bに切り替えた時の難燃性評価結果

表101 グアニル尿素系難燃剤

〔主用途〕 セルロース（紙・木材），合成繊維の難燃化薬剤
〔難燃性〕 炭化層形成，脱水炭化型

グレード名	主成分	性　状		標準包装形態	特　徴
ピアノン-405	りん酸グアニル尿素	防炎性*	155	20kg入り紙袋	・発泡性
		固形分(%)	100		・相溶性(樹脂)
		分解点(℃)	190		・高難燃性*
		溶解度(at20℃)	8 g/100g aq		推奨：樹脂，塗料

*防 炎 性　JIS法に基づく弊社防炎性試験における防炎性指標
*高難燃性　難燃化樹脂に使用されているシアヌル酸メラミンやポリりん酸アンモニウムを，同量のアピノン-901
　　　　　 またはMPP-Bに切り替えた時の難燃性評価結果

表102 メラミン系難燃剤

〔主用途〕 熱可塑性樹脂，塗料，紙（内添）の難燃化薬剤
〔難燃性〕 炭化層形成，脱水炭化型

グレード名	主成分	性　状		標準包装形態	特　徴
ピアノン-901	硫酸メラミン	防炎性*	100	20kg入り紙袋	・高分解点
		固形分(%)	100		・難溶性
		分解点(℃)	350		・分散性
		溶解度(at20℃)	0.03g/100g aq		・高難燃性*
		平均粒径(μ)	17.0±2.0		推奨：樹脂，接着剤
MPP-B	ポリ化りん酸メラミン	防炎性*	100	20kg入り紙袋	・高分解点
		固形分(%)	100		・難溶性
		分解点(℃)	380		・分散性
		溶解度(at20℃)	0.05g/100g aq		・高難燃性*
		平均粒径(μ)	12.0±2.0		推奨：樹脂，接着剤

*防 炎 性　JIS法に基づく弊社防炎性試験における防炎性指標
*高難燃性　難燃化樹脂に使用されているシアヌル酸メラミンやポリりん酸アンモニウムを，同量のアピノン-901
　　　　　 またはMPP-Bに切り替えた時の難燃性評価結果

② メラミン系難燃剤

シアヌール酸メラミン　PA用

ポリりん酸メラミン（MPP-A），硫酸メラミン　非水溶性，耐熱性，安定性

窒素系難燃剤は，難燃化機構が脱水炭化作用，チャー生成，発泡チャー生成のように酸素遮断効果，断熱効果により高い難燃性を示す。樹脂に応用する場合は耐水性，電気特性に注意して使用する必要がある。紙，繊維類には好適な難燃剤である。今後Intumescent系に見られるように高い難燃効果が注目される。建築用，工業用品用難燃材料に適している。

(2) DSM ジャパン

　　問合わせ先：東京都港区芝公園2-6-15，黒龍芝公園ビル　Tel：03-3437-7670　Fax：03-3437-7680

6 窒素系難燃剤, 窒素－りん系難燃剤, その他

メラミン系難燃剤としてMelapur200, 200/70, MC50, MC25, MC15, P-46, MP等の商品名で上市している。単体のメラミンは, ポリウレタンフォーム, 防火塗料に使われ, メラミンシアニュレートは, ポリウレタン, PA, エポキシ樹脂, PET等に使用される。

(3) 日産化学工業

問合わせ先：東京都千代田区神田錦町3-7-1, 興和一橋ビル　Tel：03-3296-8070
　　　　　Fax：03-3296-8360

メラミンシアニュレート(MC-410, 610, 440, 640, 600, 850)ポリりん酸メラミン(PNP-100, 200)を上市している。それらの性状を表103, 104に示す。

(4) 丸菱油化工業

問合わせ先：東京都中央区八重洲1-5-3, 不二ビル　Tel：03-3217-6550　Fax：03-3276-3711

りん系, りん－窒素系, 臭素系, りん－ハロゲン系, りん－窒素－ハロゲン系等多種類の難燃剤をノンネンの商品名で上市している。窒素系難燃の項に分類するのは適当でないかもしれない。

難燃剤の最も効果的な組合わせは, 各種難燃性元素を含有する化合物を併用することであるが, 表105に示す通り, 多くの併用系難燃剤を製造, 販売している。

表103　メラミンシアヌレートMCシリーズの性状

| | | 規　格　値 | | | | | 分析値 |
		グ　レ　ー　ド					開発品
項目	単位	MC-410	MC-610	MC-440	MC-640	MC-600	MC-860
外観	目視	白色粉体	白色粉体	白色粉体	白色粉体	白色粉体	白色粉体
水分	%	<0.5	<0.5	<0.5	<0.5	<0.5	0.13
嵩比重	g/ml	0.4－0.5	0.1－0.3	0.2－0.4	0.1－0.3	0.1－0.3	0.21
粒子径	μm	40－60	1－5	10－30	1－5	1－5	レーザー法 3.3
表面処理		PVA	PVA	シリカ	シリカ	未処理	未処理

<化学式>

$$\underset{\underset{NH_2}{|}}{\underset{N}{C}} \quad \text{(メラミン)} \quad - \quad \text{(シアヌル酸)}$$

表104　ポリりん酸メラミンPMPシリーズの性状

銘　　柄		PMP-100	PMP-200
外観		白色粉末	白色粉末
リン含有量（wt%）		14.5	10.6
pH［10%分散液］		3.5	6.0
溶解度（g/100g水）		0.03	0.02
真比重（g/ml）		1.85	1.81
平均粒子径（μm）		2.5	2.5
トリアジン組成比	メラミン（wt%）	100	50
	メラム　（wt%）	0	40
	メレム　（wt%）	0	10

＜化学式＞

$$\text{HO}\!-\!\!\left(\!\!\begin{array}{c}\text{O}\\ \|\\ \text{P}\!-\!\text{O}\\ |\\ \text{OH}\\ \cdot\\ \text{M}\end{array}\!\!\right)_{\!n}\!\!-\!\text{H}$$

表105　難燃剤ノンネンシリーズの種類と特徴

用　途	製品名	組　成	特　徴
合成樹脂用	ノンネンPR-2 （Non Nen52）	臭素系	PP用 低ハロゲン，低比重，V－0，V－2用 ダイオキシンの発生がきわめて少ない。 ブリードしにくい
	ノンネン9210	臭素系	PE用
	ノンネンDP-10	臭素系	HIPS，ABS，PE・PP用
	ノンネンBC-11	りん・ハロゲン系	PVC，電線用その他
塩ビ壁紙用	ノンネンSK-410	ハロゲン・金属酸化物系	ペーストレンジ用 中・低発泡他　塩ビ壁紙用
	ノンネン576	金属酸化物系	難燃減煙剤 中・低発泡塩ビ壁紙用
エマルション， 接着剤， パッキング用	ノンネンN-2	窒素・硫黄系（水溶液）	ポバール，酢ビ，アクリル酸エステルとの相溶性良好，ナイロン他用
	ノンネンB-311	りん・窒素・ハロゲン系 （水溶液）	各種エマルションとの相溶性良好 綿，レーヨン，PP，PET用
	ノンネンB-121	りん・窒素・ハロゲン系 （水溶液）	相溶性良好，高耐光型 綿，レーヨン，ポリエステル用
	ノンネンR-16	ハロゲン系（水分散液）	各種バインダー混入用 綿，レーヨン，PP，PET，ナイロン用
	ノンネンD-2	りん・ハロゲン・硫黄系 （水溶液）	ポバール，デンプン，アクリル酸エステルに相溶性良好 綿，レーヨン，ビニロン，ナイロン用

7　シリコーン系難燃剤

(1) 東レ・ダウコーニング・シリコーン

問合わせ先：東京都千代田区丸の内1-1-3，AIGビル　Tel：03-3287-8318　Fax：03-3287-8322

米国ダウコーニング社が開発したシリコーン系難燃助剤としてSiパウダーと称する難燃剤を上市している。現在官能基の種類によって表106に示すDC-4-7051, DC-4-7081がある。

7051は，エポキシ基を有しており，PC, PPE, PBT, PETに適し，7081は，メタアクリル基を有し，PP, PE, PSに適する。いずれも白色粉末でポリマー中への分散が良好で，従来の難燃剤と異なり機械的性質，成形加工性を低下する事がない。成形加工性はシリコーンの流動性改良効果により向上する。

難燃特性は，発熱量を大幅に抑制し，ドリップ性の改良，煙の発生量の低減，一酸化炭素の発生速度の低減を図る。金型成形時の金型の汚染改良にも効果がある。

PSに7081を添加した場合の発熱量の低減効果を図35に示す。

(2) GE東芝シリコーン

問合わせ先：東京都港区六本木6-2-31，ZONE六本木ビル　Tel：03-3479-3918
　　　　　　Fax：03-3479-2944

シリコーン系難燃剤XC99-B5664を上市している。特にPCに効果を発揮する目的で開発されたものである。燃焼時に有害性ガスの発生がなく，廃棄した際の有害性が低い事からエコ難燃材料として期待されている。特性を表107に示す。外観は白色，顆粒状で分散性が良い。

表106　「Si-パウダー」の種類

製品名	性　状	官能基の種類	適用樹脂
DC4-7051	白色系粉末	エポキシ基	PC, PPE, PBT, PET
DC4-7081	白色系粉末	メタクリル基	PP, PE, PSt

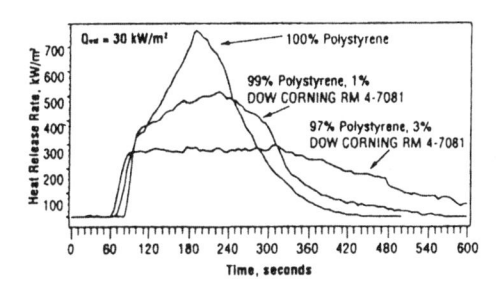

図35　DC4-7081により改善したポリスチレン燃焼時の熱発生速度

難燃剤・難燃材料活用技術

表107 「XC99-B5664」の物性

項目	試験法	単位	PC単体	臭素系[*1]難燃PC	「XC99-B5664」添加系[*2]PC
曲げ強さ	ASTMD-790	Mpa kgf/cm²	94 957	95 966	92 934
曲げ弾性率	ASTMD-790	Mpa kgf/cm²	2250 2300	2250 2300	2160 22000
衝撃強さ	ASTMD-256	J/m kgf・cm/cm	953 97.3	438 44.7	783 79.9
熱変形温度	ASTMD-648	℃	138	137	134
ロックウェル硬さ	ASTMD-785		63	66	60
メルトフロー	ASTMD-1238	g/min	10.4	10.7	11.8
難燃性	UL-94,1/16in.		V-2	V-0	V-0

*1 TBA系, *2 10wt%添加

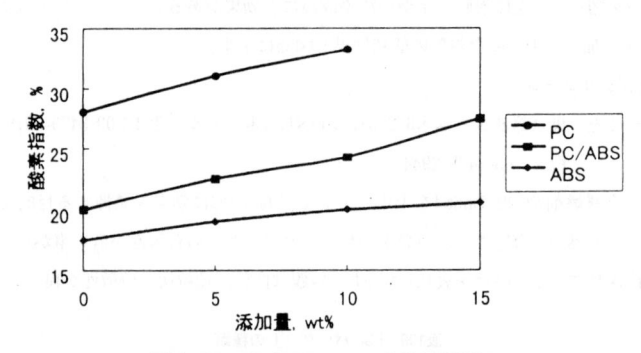

図36 PC, PC／ABSアロイに有効な難燃効果

耐衝撃性，金型への移行性，汚染性を改良し，成形加工性も向上する。耐熱性があり，リサイクル性が良好である。PC, PC／ABS, ABSに対する難燃化効果を図36に示す。

(3) 信越化学工業

　　問合わせ先：東京都千代田区大手町2-6-1, 朝日東海ビル　Tel：03-3246-5151
　　　　Fax：03-3246-5350

シリコーン系難燃剤，X-40-9805（メチール系固形シリコーン）を上市している。PC樹脂に添加することにより難燃性を向上し，環境調和型の安全性の優れたノンハロゲンPC樹脂を提供する。PC樹脂との相溶性に優れ，樹脂の成形性，衝撃強度，耐湿性を損なわない。表108, 109に，本難燃剤の一般特性とPCに対する難燃効果を示す。

7 シリコーン系難燃剤

表108 「X-40-9805」の一般特性

項目 製品名	X-40-9805
外観	白色粉体
揮発分105℃/3h %	0.1
軟化点 ℃	95
有効成分 %	100

(規格値ではない)

表109 「X-40-9805」の添加したポリカーボネートの特性

特 性	PC単独	臭素系 難燃剤添加PC	X-40-9805 添加PC
曲げ強さ (kgf/cm^2)	960	970	930
曲げ弾性率 (kgf/cm^2)	230	230	220
衝撃強度 (kgf・cm/cm)	97	45	80
荷重タワミ温度 (℃)	138	137	134
ロックウエル硬度	63	66	60
メルトフロー (g/min)	10.4	10.7	11.8
難燃性 UL94*	V-2	V-0	V-0

* 試験片厚み1/16in.

引用文献,参考文献

　主要なデータは,各難燃剤メーカーの協力を頂き,提供を受けた技術資料,カタログ等から引用させて頂いたが,次の文献からも引用させて頂きました。厚く御礼申し上げます。
1) 難燃剤協会編,難燃剤商品リスト (2001)
2) 西澤 仁,武田邦彦,難燃材料活用便覧 (2002) 工業調査会
3) 西澤 仁,これでわかる難燃化技術 (2003) 工業調査会
4) JETI, **47**, No.11 (1999)
5) JETI, **52**, No.3 (2004)

第Ⅲ編　難燃材料データ

第Ⅲ編　漢燃材料之一ッ

1 高分子材料と難燃材料の動向

世界の高分子材料（熱可塑性樹脂，熱硬化性樹脂）の生産量を見ると表1に示す通り2003年には，約2億トンを超えると推定され，前年比で約6％の伸びを示している。地域別に見るとアジアは，前年比6.3％増で，6,300万トン，構成比33％であり，ヨーロッパは，前年比5.7％増で，6,340万トン，構成比30.8％，北米は，前年比6.1％増で，5,500万トン，構成比27％を示し，比較的好調な数字を示している。その他は，前年比8.1％と高いが，数値的には1,900万トンである。

日本の動向を少し詳細に見るために，各種樹脂別の生産推移を，2001年からの推移で示したのが表2である。2003年の生産実績は，1,362万トンと前年比で0.1％と僅かながら上昇を示した。しかし2000年と比べると約80万トン減少している。

2003年における熱硬化性樹脂は，126万トンを示し，フェノール樹脂以外は，すべて前年比で減少している。エポキシ樹脂は2002年に増加したが2003年には僅かに減少しており，2004年度のIT産業の復活による増加が期待される。

一方，熱可塑性樹脂は，1,216万トンを示し，4大樹脂を見ると，PPが275万トン（4.3％増）と増加しているが，PVCは2.7％減，PSは3.3％減，PEは0.3％減となっており，全体で924万トン（1.0％減）である。

その他の樹脂は，PA，PC，ポリアセタール樹脂，メタアクリル樹脂が伸びているが，これは，自動車産業，電気電子機器，OA機器等の伸びの影響によっていると推定される。更に特徴的なのは，PBTが大きく伸びている点である。2003年で37％の伸びを示し，ここ2年間で約2倍に伸びている。

このような傾向が，表3，表4に示す高分子材料応用製品の推移にも現れている。

このような高分子材料の中にどの程度の難燃材料が含まれているのかについては既に触れたように統計データが報告されていないので詳細は明らかでないが，UL-94，V-0以上の難燃性を有する難燃材料としては，約10％程度ではないかと推定されている。

表1 地域別プラスチック生産量推移

（単位：1,000トン，％）

地　域	2001年構成比(％)	2002年（％）	2003年（％）
アジア	58,000 (32.5)	64,000 (3.0)	68,000 (33.0)
ヨーロッパ	57,900 (32.0)	60,100 (31.0)	63,400 (30.8)
北アメリカ	48,900 (27.0)	52,400 (27.0)	55,600 (27.0)
その他	15,400 (8.5)	17,500 (9.0)	19,000 (9.2)
合　計	181,000(100.0)	194,000(100.0)	206,000(100.0)
前年比（％）	1.7増	7.2増	6.2増

（出典：プラスチックス，**55**，No.6（2004））

表2 プラスチック原材料生産推移（2001～2003年）

（単位：トン，％）

樹脂名	2001年			2002年			2003年		
	数量	前年比	構成比	数量	前年比	構成比	数量	前年比	構成比
フェノール樹脂	231,890	△11.4	1.7	241,873	4.3	1.8	258,520	6.9	1.9
ユリア樹脂	146,389	△30.4	1.1	137,876	△5.8	1.0	131,162	△4.9	1.0
メラミン樹脂	175,298	15.3	1.3	159,125	△9.2	1.2	152,364	△4.2	1.1
不飽和ポリエステル樹脂	194,040	△10.2	1.4	184,879	△4.7	1.4	179,412	△3.0	1.3
アルキド樹脂	96,165	△12.4	0.7	91,638	△4.7	0.7	88,396	△3.5	0.6
エポキシ樹脂	191,796	△21.2	1.4	200,668	4.6	1.5	195,285	△2.7	1.4
ウレタンフォーム	256,671	△2.4	1.9	254,929	△0.7	1.9	253,903	△0.4	1.9
熱硬化性樹脂 計	1,292,249	△11.3	9.5	1,270,988	△1.6	9.3	1,259,042	△0.9	9.2
ポリエチレン 計	3,294,272	△1.4	24.2	3,176,103	△3.6	23.3	3,165,278	△0.3	23.2
（低密度）	1,851,272	△2.2	13.6	1,788,937	△3.4	13.1	1,795,388	0.4	13.2
（高密度）	1,239,728	△0.5	9.1	1,180,963	△4.7	8.7	1,169,347	△1.0	8.6
（エチレン酢ビコポリマー）	202,888	△0.3	1.5	206,203	1.6	1.5	200,543	△2.7	1.5
ポリスチレン 計	1,225,156	△8.7	9.0	1,194,209	△2.5	8.8	1,155,297	△3.3	8.5
（成形材料）	1,052,663	△9.0	7.7	1,021,563	△3.0	7.5	986,936	△3.4	7.2
（発泡用）	172,493	△7.0	1.3	172,646	0.1	1.3	168,361	△2.5	1.2
AS樹脂	122,376	△9.7	0.9	134,370	9.8	1.0	123,330	△8.2	0.9
ABS樹脂	462,924	△15.3	3.4	508,848	9.9	3.7	523,664	2.9	3.8
ポリプロピレン	2,696,202	△0.9	19.8	2,641,476	△2.0	19.4	2,754,055	4.3	20.2
ポリブテン*	－	－	－	－	－	－	－	－	0.0
石油樹脂	132,914	△3.3	1.0	140,052	5.4	1.0	144,936	3.5	1.1
メタクリル樹脂	211,476	△4.7	1.6	234,953	11.1	1.7	254,710	8.4	1.9
ポリビニルアルコール	189,373	△5.9	1.4	193,101	2.0	1.4	190,379	△1.4	1.4
塩化ビニル樹脂	2,194,718	△8.9	16.1	2,225,273	1.4	16.4	2,164,802	△2.7	15.9
塩化ビニリデン樹脂	61,317	0.3	0.4	64,340	4.9	0.5	70,396	9.4	0.5
ポリアミド系樹脂成形材料	232,080	△9.9	1.7	241,672	4.1	1.8	263,716	9.1	1.9
フッ素樹脂	24,175	△9.0	0.2	21,399	△11.5	0.2	22,894	7.0	0.2
ポリカーボネート	370,248	4.6	2.7	385,604	4.1	2.8	408,838	6.0	3.0
ポリアセタール	116,149	△14.7	0.9	130,448	12.3	1.0	135,744	4.1	1.0
ポリエチレンテレフタレート	662,122	△5.3	4.9	696,637	5.2	5.1	603,478	△13.4	4.4
ポリブチレンテレフタレート	64,252	△11.9	0.5	96,395	50.0	0.7	132,419	37.4	1.0
変形ポリフェニレンエーテル	60,346	△34.4	0.4	59,823	△0.9	0.4	48,518	△18.9	0.4
熱可塑性樹脂 計	12,120,100	△5.0	88.9	12,144,703	0.2	89.2	12,162,454	0.1	89.3
その他樹脂	226,029	△2.8	1.7	193,503	△14.4	1.4	198,138	2.4	1.5
合 計	13,638,378	△5.6	100.0	13,609,194	△0.2	100.0	13,619,634	0.1	100.0

*2002年より「ポリブテン」は「その他樹脂」に入れており，単独では統計数字が取れない。

（出典：化学工業統計年報ほか，プラスチックス，55，No.6 (2004)）

1 高分子材料と難燃材料の動向

表3 プラスチック製品の品目別生産推移 (2001~2003年)

(単位:トン,%)

樹 脂 名	2001年			2002年			2003年		
	数 量	前年比	構成比	数 量	前年比	構成比	数 量	前年比	構成比
フィルム 計	2,005,941	△1.0	33.8	1,972,198	△1.7	33.9	2,023,498	2.6	34.7
軟質製品計	1,620,680	△1.8	27.3	1,577,163	△2.7	27.1	1,589,586	0.8	27.2
農業用	112,386	△7.0	1.9	101,693	△9.5	1.7	100,735	△0.9	1.7
包装用	1,165,484	△0.6	19.6	1,141,387	△2.1	19.6	1,144,669	0.3	19.6
ラミネート	139,959	4.1	2.4	136,535	△2.4	2.3	144,603	5.9	2.5
その他	202,851	△8.6	3.4	197,548	△2.6	3.4	199,579	1.0	3.4
硬質製品	385,261	2.5	6.5	395,035	2.5	6.8	433,912	9.8	7.4
シート	232,266	△26.8	3.9	226,203	△2.6	3.9	229,791	1.6	3.9
板 計	123,611	△17.5	2.1	123,144	△0.4	2.1	143,966	16.9	2.5
平 板*	91,101	△20.9	1.5	89,694	△1.5	1.5	111,764	24.6	1.9
波 板	32,510	△6.4	0.5	33,450	2.9	0.6	32,202	△3.7	0.6
合成皮革	65,457	△12.8	1.1	64,214	△1.9	1.1	66,185	3.1	1.1
パイプ	637,730	△4.6	10.7	645,115	1.2	11.1	594,257	△7.9	10.2
継 手	68,396	0.6	1.2	65,119	△4.8	1.1	65,441	0.5	1.1
機械器具部品	716,153	△9.0	12.1	710,786	△0.7	12.2	714,253	0.5	12.2
輸送機械用	362,393	△2.2	6.1	380,524	5.0	6.5	394,380	3.6	6.8
電気通信用	243,340	△13.2	4.1	229,469	△5.7	3.9	215,801	△6.0	3.7
その他	110,420	△19.1	1.9	100,793	△8.7	1.7	104,072	3.3	1.8
日用品雑貨	337,286	△3.7	5.7	285,479	△15.4	4.9	269,047	△5.8	4.6
容器類 計	623,791	33.4	10.5	637,646	2.2	10.9	647,209	1.5	11.1
中空成形容器	437,100	14.3	7.4	457,269	4.6	7.8	460,450	0.7	7.9
その他	186,691	119.7	3.1	180,377	△3.4	3.1	186,759	3.5	3.2
建材 計	302,101	△7.0	5.1	290,945	△3.7	5.0	291,100	0.1	5.0
雨どい・同付属品	33,994	△6.6	0.6	31,206	△8.2	0.5	30,893	△1.0	0.5
床 材 料	136,540	△9.0	2.3	139,946	2.5	2.4	139,507	△0.3	2.4
その他	131,567	△4.8	2.2	119,793	△8.9	2.1	120,700	0.8	2.1
発泡製品 計	372,763	△1.5	6.3	370,031	△0.7	6.4	367,506	△0.7	6.3
板 物	99,817	△2.2	1.7	99,976	0.2	1.7	98,858	△1.1	1.7
型 物	75,198	△3.2	1.3	73,702	△2.0	1.3	74,417	1.0	1.3
その他	197,748	△0.5	3.3	196,353	△0.7	3.4	194,231	△1.1	3.3
強化製品*	72,191	△8.3	1.2	70,519	△2.3	1.2	71,758	1.8	1.2
その他製品 計	380,166	△4.7	6.4	363,934	△4.3	6.2	354,422	△2.6	6.1
異形押出製品	34,017	△1.1	0.6	34,208	0.6	0.6	34,273	0.2	0.6
ホース	46,084	△4.7	0.8	46,090	△6.1	0.8	43,638	△5.3	0.7
ディスクレコード	11,342	△9.7	0.2	11,542	1.8	0.2	13,020	12.8	0.2
その他	285,723	△4.9	4.8	272,094	△4.8	4.7	263,491	△3.2	4.5
合 計	5,937,852	△2.5	100.0	5,825,333	△1.9	100.0	5,838,433	0.2	100.0

(注)従業員40人以上の事業所を対象として集計された統計で,2001年では52.6%と推定する異型押出製品のうち,建材,機械器具部品,日用品・雑貨はそれぞれの品目に含まれる。
*平成14年1月より強化製品は従来の内訳,板物,型物,その他をなくし強化製品一本に集約。

(出典:プラスチック製品統計年報ほか,プラスチックス,55, No.6 (2004))

難燃剤・難燃材料活用技術

表4 プラスチック製品の原材料 製品別消費内訳（2003年）

（単位：トン）

原料名	消費	生産品目別消費内容									
		フィルム・シート	板	合成皮革	パイプ・継手	機械器具部品	日用品・雑貨	容器	建材	発泡製品	強化製品	その他
原料樹脂計	5,306,487	2,120,574	142,803	52,286	606,808	693,097	240,789	643,116	132,655	336,202	48,699	289,458
ポリエチレン	1,165,273	785,994	1,484	3,399	47,618	31,977	37,580	157,528	818	47,540	83	51,252
ポリスチレン	824,635	290,555	16,608	0	2,614	179,501	34,217	22,470	3,616	238,304	29	36,721
ポリプロピレン	1,144,872	509,450	13,566	127	2,924	252,947	147,969	120,870	961	17,452	297	78,329
塩化ビニル樹脂（コンパウンドを含む）	1,046,355	192,549	37,335	28,329	546,168	31,181	7,715	8,420	125,336	3,622	54	66,246
メタクリル樹脂（成形材料）	40,635	131	22,919	–	152	13,375	772	0	0	–	0	3,286
不飽和ポリエステル樹脂	53,582	–	–	–	3,607	3,901	213	1,362	0	0	42,815	2,084
フェノール・ユリア・メラミン樹脂（成形材料）	23,445	–	836	–	75	15,134	2,792	–	0	13	4,346	249
ポリカーボネート	64,698	303	33,901	307	141	19,770	606	142	437	0	180	8,911
その他の樹脂	942,392	341,592	16,154	20,124	3,509	145,311	8,925	332,324	1,487	29,291	1,295	42,380
再生品プラスチック材料	145,582	67,613	5,230	102	9,790	16,966	3,431	5,792	8,008	5,429	123	23,149

（注）原材料樹脂計は、再生品プラスチック材料を除く。 （出典：プラスチック製品統計月報）

表5 産業分野別プラスチックス使用比率－トップ10ランキング－

（単位：％）

順位	全産業		電子機器		電気機器		事務機器	
1	PP	24	PS	28	PP	30	ABS	32
2	PVC	14	PP	25	ABS	27	PS	18
3	ABS	13	ABS	22	PS	14	EP	17.5
4	PS	10	HDPE	12	PVC	8	mPPE	15
5	PUR	5.5	PVC	2.4	AS	4	POM	3
6	HDPE	5	POM	2	PUR	3	PVC	2.7
7	FRP	3	PF	1	PMMA	2	PC	2.7
8	PUR	2.5	PC	0.8	PC	1.3	PP	1.8
9	LDPE	2	AS	0.8	PE	1.2	PF	0.9
10	POM	1.5	EP	0.7	PA6	1.1	PA	0.6

　その中でも，最も品種，使用量ともに多いのが，電気電子機器，OA機器類である。もう一度，電気電子機器，事務機器，全産業分野に使用される高分子材料を表5に示す。樹脂別に見ると，4大樹脂のPP，PVC，PS，PEから，ABS，PC，変性PPE，PA，AS等が多く使われている。更には，PET，PBT，PC／ABSアロイ，液晶ポリマー，熱可塑性エラストマー等も使われている。
　また，電気電子機器分野に例をとって使用される難燃材料の難燃グレードを表6に示すが，UL-94，HBクラスから5Vクラスまで幅広い難燃性材料が使われている。

1 高分子材料と難燃材料の動向

表6 難燃性プラスチックスの種類と難燃性

種類	応用分野	難 燃 性
難燃PE	エコケーブル	V-0, 5V
難燃PP	ケーブル，成形品コネクター	HB, V-0
難燃PS	TV, VTR, PHS, PC筐体	V-0, V-1, V-2 5V
難燃ABS	PC, プリンター, TV, VTR筐体	V-2〜5V
難燃PC	PC, プリンター, PHS筐体, CD	V〜0.5V
難燃PET	複写機筐体, 各種機能部品	V-2〜V-0
難燃PPE	各種機器筐体	V-2〜V-0
難燃PA	ギアー，コネクター	V-2〜V-0

　このような多くの材料が市場に出ているが，難燃材料，難燃製品を開発，設計する方々にとって，各種難燃材料の選択は重要な関心事であり，手間のかかる業務である。

　今回は，現在，難燃製品を開発，設計される方々に参考になるように現在日本市場に上市されている難燃材料を取り上げ，その種類と代表的な特性，成形加工性の指標等をまとめることにした。

　各材料メーカーの多大なご協力を頂き，技術資料，カタログを入手し，また，各種技術雑誌等の資料を引用させて頂きまとめを行った。

　多くの製品が商品化されており，まさに日進月歩の時代で，最新のデータを網羅できない点もあると思われるがご容赦いただきたい。

2 難燃性PE（ポリエチレン）

PEは低密度PE(LDPE, LLDPE)，高密度PEに分類されるが，エチレン酢ビコポリマー(EVA)も入れて分類される。PEの生産，出荷状況を表7に示す。

2003年のPE全体の生産量は，317万トンに達し，低密度PEが179万トン，高密度PEが117万トン，EVAが20万トンに達している。現在メーカーは11社になる。

低密度PEについて見ると，LLDPE（直鎖状低密度PE）の生産量は，81万トンになり，低密度全体の45％になる。次第にLLDPEへの移行が進む事が予想される。国内出荷量は，180万トンを示し，表8，図1に示すように，フィルム(52%)，加工紙(17%)，電線，ケーブル(5%)，射出成形品(5%)，中空成形品(3%)，パイプ(1%)，その他(17%)等に使われている。

高密度PEの需要実績と需要構成を表9，図2に示すが，2003年の出荷は，116万トンに達し，その内国内向けが前年比1％減の約96万トンになり，輸出が前年比前年比1％増の約20万トンになっている。用途は，フィルム(37%)，中空成形(19%)，射出成形(12%)，パイプ(8%)，フラットヤーン(4%)，繊維(3%)，その他(17%)になる。

難燃性PEについてみると，原材料メーカーが難燃性グレードを上市しているところは，比較的少なく，電線ケーブル，フィルム，成形品メーカー等製品メーカーが独自の配合設計によって難燃材料を作っているところが多い。実際の材料のコンパウンディングは原料メーカー，またはコンパウンドメーカーに依頼している。

注目すべき事は，産業界で最も熱心にノンハロゲン難燃化を推進している電線，ケーブルメーカーは，工業会でEMケーブル規格を作成して運用し，PEを主体としてノンハロゲン難燃コンパウンドを多量に使っている。これは昭和59年の世田谷の通信ケーブルの火災事故以来，難燃化に対する業界の関心が高まり，特にノンハロゲン化に対する研究が先行していたことが背景にある。

表7 ポリエチレン生産推移

(単位：トン，%)

項　目	2001年	2002年	2003年	'03/'02
低密度ポリエチレン	1,851,656	1,788,937	1,795,388	0
エチレン・酢ビコポリマー	202,888	206,203	200,543	△3
高密度ポリエチレン	1,239,728	1,180,963	1,169,347	△1
合　計	3,294,272	3,176,103	3,165,278	△0

(出典：経済産業省化学工業統計)

2 難燃性PE（ポリエチレン）

使用されている難燃系は，成形加工温度で脱水分解しにくい水酸化Mgが主として使われ，赤燐，芳香族りん化合物，硼酸亜鉛，カーボンブラック，シリコーン化合物，りん酸亜鉛等を難燃助剤とした配合が圧倒的に多い。ベース樹脂は，PE単独よりも，水酸化Mgと相溶性の高いEVA，EEA，TPE，PE^+ゴム弾性体ブレンド等を選択する場合が多い。これは一般の工業品よりも難燃性規格が厳しいためである。

成形加工温度が190℃以下のベース樹脂の場合は，コストの安い水酸化Alも使用できる。ポリオレフィン系のEP共重合体（EPDM），ベーマック（エチレン－エチレンアクリル酸エステルの共重合体），TPE等は水酸化Alが使用できる。

現在市場にでている代表的なPEベースの難燃材料を，電線，ケーブルに使用されているポリオレフィンベースのノンハロゲン難燃性材料と合わせて次に示したい。

表8 低密度ポリエチレン需要（出荷）実績

（単位：トン，%）

需要部門	2001年	2002年	2003年	'03/'02
フ ィ ル ム	814,600	808,800	829,700	3
加 工 紙	254,500	261,500	268,600	3
電 線 被 覆	85,800	75,500	72,500	△4
射 出 成 形	82,400	83,600	84,100	1
パ イ プ	28,600	24,300	23,100	△5
中 空 成 形	45,900	44,900	44,500	△1
そ の 他	242,200	256,600	262,000	2
国 内 需 要 計	1,553,900	1,555,200	1,584,500	2
輸 出	216,700	228,300	218,600	△4
合 計	1,770,500	1,783,500	1,803,200	1

（出典：経済産業省）

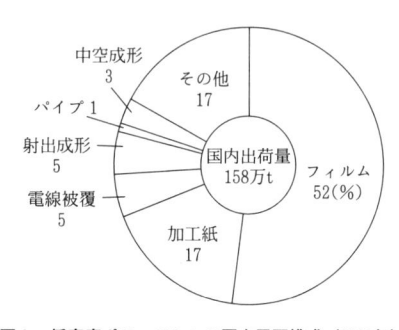

図1 低密度ポリエチレンの国内需要構成（2003年）

表9　高密度ポリエチレン需要（出荷）実績

(単位：トン，%)

需要部門	2001年	2002年	2003年	'03/'02
フィルム	365,000	349,800	347,100	△1
中空成形	174,500	173,700	180,700	4
射出成形	123,400	126,100	113,700	△10
パイプ	85,700	86,500	80,800	△7
フラットヤーン	42,100	40,200	41,000	2
繊維	30,200	28,000	31,100	11
その他	162,300	159,900	164,100	3
国内需要計	983,200	964,200	958,500	△1
輸出	205,300	196,400	199,200	1
合計	1,188,500	1,160,600	1,157,800	0

(出典：経済産業省)

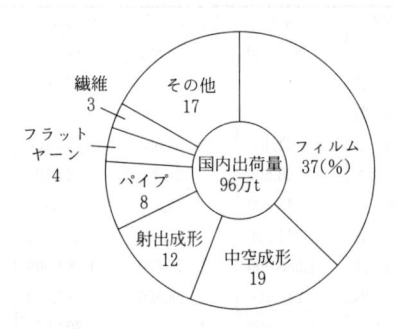

図2　高密度ポリエチレンの国内需要構成（2003年）

　代表的なPEベース難燃材料，ポリオレフィンベースのノンハロゲン難燃材料の特性表を表10〜表22に示す。

2　難燃性PE（ポリエチレン）

表10　難燃材料特性一覧表

材料の種類：PE

メーカー名／商品名　三井化学／リュブマー

特　性	評価法，規格	13,000	15,000	15,220	
比重	ISO 1193	969	966	964	
吸水率 %	ASTMD 570	0.01	0.01	0.01	
軟化点（ピカット）℃	ISO-11357-3	135	135	135	（溶融温度）
	ASTMD 1525	130	130	130	（ピカット）
荷重撓み温度，℃					
線膨張係数×10^5／K	ASTMD 696	1.3	1.3	1.3	
熱伝導率 W／m・K					
燃焼性　UL-94	UL-94	HB	HB	HB	
酸素指数					
発煙濃度					
燃焼発生ガス酸性度					
降伏強度　MPa	ASTMD 638	37	47	45	
破断強度　MPa	〃				
破断伸び　%	〃	20	10	10	
衝撃強度　KJ／m^2	ASTMD 256	162	194	194	
体積抵抗率　Ω-cm	IEC 60093	$10^{17}<$	$10^{17}<$	$10^{17}<$	
誘電率（1MHz）					
誘電正接×10^3	ASTMD 150	1〜2	1〜2	1〜2	
破壊電圧　MV／m					
耐アーク性　秒					
成形収縮率　%	メーカー法	1.9/1.4	1.8/1.6	1.8/1.7	
MFR　g／10分					
MVR　m^3／10分					
シリンダー温度 ℃		220	270		
金型温度　℃		24〜40	24〜40		
射出圧力　MPa		60	80		

難燃剤・難燃材料活用技術

表11　難燃材料特性一覧表

材料の種類：PE

メーカー名／商品名　三井化学／ハイゼックスミリオン

特　性	評価法，規格	240S	340M	630M	
比重	ASTMD 792	0.94			
吸水率%	ASTMD 570	<0.01			
軟化点(ピカット)℃	ASTMD 2117	136	136	136	(溶融温度)
荷重撓み温度，℃	ASTMD 648	80	80	80	
線膨張係数×10^5／K	ISO11359-2	15	15	15	
熱伝導率W／m・K	ASTMC 177	0.42	0.42	0.42	
燃焼性　UL-94	UL-94	HB	HB	HB	
酸素指数					
発煙濃度					
燃焼発生ガス酸性度					
降伏強度　MPa	ASTMD 638	42	41	39	
破断強度　MPa	〃				
破断伸び　%	〃		350	260	
衝撃強度　KJ／m^2	ASTMD 256	破断せず	破断せず	破断せず	
体積抵抗率　Ω-cm	ASTMD 257	10^{17}<	10^{17}<	10^{17}<	
誘電率（1MHz）	ASTMD 150	2.3	2.3	2.3	
誘電正接×10^3（〃）	ASTMD 150	0.2	0.2	0.2	
破壊電圧　MV／m					
耐アーク性　秒					
成形収縮率　%					
MFR　　g／10分	ISO 1133	流動せず	流動せず	流動せず	
MVR　m^3／10分					
シリンダー温度℃					
金型温度　℃					
射出圧力　MPa					

2 難燃性PE（ポリエチレン）

表12 難燃材料特性一覧表

材料の種類：PE（ノンハロ難燃PE）
メーカー名／商品名　日本ユニカー／ナックセーフ™

特　性	評価法，規格	NUC 9731	NUC 9725	WB 997	WB 259	NUC 9750
比重	JISK 6922-2	1.24	1.44	1.39	1.37	1.02
吸水率％						
軟化点（ピカット）℃						
荷重撓み温度，℃						
線膨張係数×10^5／K						
熱伝導率W／m・K						
燃焼性　UL-94						
酸素指数	JISK 7201	25	29	27	28	22
発煙濃度	JCS 7397	135	110	70	100	50
燃焼発生ガス酸性度	JCS 7397	4.2	4.2	4.2	4.1	5.0
降伏強度　MPa						
破断強度　MPa	JISC 3005	14.2	12.3	12.3	12.3	19
破断伸び　％	〃	750	550	550	750	800
衝撃強度　KJ／m²						
体積抵抗率　Ω-cm	IEC-93	10^{13}	10^{13}	10^{12}	10^{13}	10^{16}
誘電率（1 MHz）						
誘電正接×10^3						
破壊電圧　MV／m						
耐アーク性　秒						
成形収縮率　％						
MFR　g／10分	JISK 6922-2	0.60	0.18	0.12	0.17	0.60
MVR　m³／10分	〃	51	17	20	21	―
シリンダー温度℃						
金型温度　℃						
射出圧力　MPa						

表13 難燃材料特性一覧表

材料の種類：PE（ノンハロ難燃PE）

メーカー名／商品名　日本ユニカー／ナックセーフエコ

特　性	評価法，規格	WB-808	NUC 9727	WB-851	WB-852	WEFN033	WB-264
比重	JISK 6922-2	1.29	1.31	1.37	1.36	1.47	1.5
吸水率%							
軟化点（ビカット）℃							
荷重撓み温度，℃							
線膨張係数×10^5／K							
熱伝導率W／m・K							
燃焼性　UL-94							
酸素指数	JISK 7201	28	26	28	28	32	35
発煙濃度	JISC 7397	100	100	80	80	90	100
燃焼発生ガス酸性度	JCS 7397	4.3	4.5	4.4	4.4	8.3	9.1
降伏強度　MPa							
破断強度　MPa	JISC 3005	13	13	12	12	11	12
破断伸び　%	〃	700	700	700	730	570	170
衝撃強度　KJ／m^2							
体積抵抗率　Ω・cm	IEC-93	10^{13}	10^{13}	10^{13}	10^{13}	10^{12}	10^{12}
誘電率（1 MHz）							
誘電正接×10^3							
破壊電圧　MV／m							
耐アーク性　秒							
成形収縮率　%							
MFR　g／10分	JISK 6922-2	0.2	0.25	0.13	0.16	0.07	0.03
MVR　m^3／10分	〃	31	24	21	21	15	10
シリンダー温度℃							
金型温度　℃							
射出圧力　MPa							

2 難燃性PE（ポリエチレン）

表14 難燃材料特性一覧表

材料の種類：ポリオレフィン（ノンハロゲン難燃）
メーカー名／商品名　リケンテクノス／トリニティFR

特　性	評価法，規格	ANT 9870N	ANT 9871N	ANT 9871P	SNE 9952V	ANA 9903R
比重	JISK 7112	1.27	1.50	1.53	1.26	1.37
吸水率%						
軟化点(ビカット)℃						
荷重撓み温度，℃						
線膨張係数×10^5／K						
熱伝導率W／m・K						
燃焼性　UL-94						
酸素指数	JISK 7201	25	33	35	26	22
発煙濃度	JCS 7397				116	102
燃焼発生ガス酸性度	JCS 7397				4.1	4.2
降伏強度　MPa						
破断強度　MPa		12.6	12	9.7	14.7	12.4
破断伸び　%		526	357	346	680	483
衝撃強度　KJ／m^2						
体積抵抗率　Ω-cm	JISK 6723	10^{12}	10^{14}	10^{14}	10^{15}	10^{15}
誘電率（1MHz）						
誘電正接×10^3						
破壊電圧　MV／m						
耐アーク性　秒						
成形収縮率　%		211.8N	〃	〃	98.0N	〃
MFR　g／10分	JISK 7210	1.0	1.7	4.3	0.7	7.7
MVR　m^3／10分		(190℃)	(190℃)	(190℃)	(190℃)	(230℃)
シリンダー温度℃					200～230	200～230
金型温度　℃						
射出圧力　MPa						
用　途			汎　用		汎用EM材料	耐火電線用

難燃剤・難燃材料活用技術

表15　難燃材料特性一覧表

材料の種類：ポリオレフィン（ノンハロゲン難燃）
メーカー名／商品名　リケンテクノス／トリニティFR

特　性	評価法，規格	ANA 9930T	ANA 9885P	ANA 9921N	ANA 9882N	ANA 0017A	ANA 9872N
比重	JISK 7112	1.39	1.39	1.43	1.41	1.43	1.51
吸水率%							
軟化点（ビカット）℃							
荷重撓み温度，℃							
線膨張係数$\times 10^5$／K							
熱伝導率W／m・K							
燃焼性　UL-94							
酸素指数	JISK 7201	25	25	33	32	33	36
発煙濃度	JCS 7397	130	130	125	120	109	120
燃焼発生ガス酸性度	JCS 7397	4.3	4.4	4.1	4.3	5.2	5.1
降伏強度　MPa							
破断強度　MPa		12.6	12.3	12.0	12.8	9.8	11.3
破断伸び　%		590	458	321	334	263	227
衝撃強度　KJ／m²							
体積抵抗率　Ω-cm	JISK 6723	4×10^{15}	2×10^{15}	4×10^{14}	2×10^{14}	5×10^{13}	6×10^{14}
誘電率（1 MHz）							
誘電正接$\times 10^3$							
破壊電圧　MV／m							
耐アーク性　秒							
成形収縮率　%		98N	98N	98N	98N	211.8N	211.8N
MFR　g／10分	JISK 7210	3.8	2.7	0.2	1.6	16.3	5.7
MVR　m³／10分		(230℃)	(230℃)	(230℃)	(230℃)	(230℃)	(230℃)
シリンダー温度℃		200〜230	200〜230	200〜230	200〜230	200〜230	200〜230
金型温度　℃							
射出圧力　MPa							
用　途		汎用予軟材料		二芯平行コード用		電気用品対応 二芯平行コード用	

2 難燃性PE（ポリエチレン）

表16 難燃材料特性一覧表

材料の種類：ポリオレフィン（ノンハロゲン難燃）
メーカー名／商品名　リケンテクノス／トリニティFR

特　性	評価法, 規格	ANA 9884P	ANA 9936P	ANA 9877N	ANA 9876P
比重	JISK 7112	1.42	1.22	1.28	1.04
吸水率%					
軟化点(ビカット)℃					
荷重撓み温度, ℃					
線膨張係数×10^5／K					
熱伝導率W／m・K					
燃焼性　UL-94					
酸素指数	JISK 7201	33	33	25	—
発煙濃度	JCS 7397	123	120	—	—
燃焼発生ガス酸性度	JCS 7397	4.3	4.1	—	—
降伏強度　MPa					
破断強度　MPa		10.9	12.8	10.4	21.7
破断伸び　%		614	420	609	975
衝撃強度　KJ／m^2					
体積抵抗率　Ω-cm		9×10^{13}	4×10^{15}	—	—
誘電率（1MHz）					
誘電正接×10^3					
破壊電圧　MV／m					
耐アーク性　秒					
成形収縮率　%		211N	98N	〃	〃
MFR　g／10分		6.3	2.0	0.5	4.2
MVR　m^3／10分		(230℃)	(230℃)	(230℃)	(230℃)
シリンダー温度℃		200〜230	200〜230		
金型温度　℃					
射出圧力　MPa					
用　途		シース 電気用品対応 キャプタイヤーコード用	絶縁 電気用品対応 キャプタイヤーコード用	シース 電気用品対応 キャプタイヤーケーブル用	絶縁 電気用品対応 キャプタイヤーケーブル用

表17 難燃材料特性一覧表

材料の種類：ポリオレフィン

メーカー名／商品名　昭和化成工業／MAXIRON

特　性	評価法, 規格	EJ-C1150	E12150	EJ-DE3155	EJ-K4110	E15150	E18101
比重	JISK 7112	0.99	1.28	1.35	1.45	1.49	1.21
吸水率%							
軟化点(ビカット)℃							
荷重撓み温度, ℃							
線膨張係数×10^5／K							
熱伝導率W／m・K							
燃焼性　UL-94							
酸素指数		非難燃	難燃	〃	〃	〃	〃
発煙濃度							
燃焼発生ガス酸性度							
降伏強度　MPa							
破断強度　MPa		14.5	13.5	14.3	12.5	11.8	5.0
破断伸び　%			550	560	530	—	400
衝撃強度　KJ／m²							
体積抵抗率　Ω-cm		2.5×10^{17}	8.2×10^{15}	5.7×10^{15}	6.7×10^{15}	2.5×10^{15}	—
誘電率（1 MHz）							
誘電正接×10^3							
破壊電圧　MV／m							
耐アーク性　秒							
成形収縮率　%							
MFR　g／10分							
MVR　m³／10分							
シリンダー温度℃							
金型温度　℃							
射出圧力　MPa							

2 難燃性PE（ポリエチレン）

表18 難燃材料特性一覧表

材料の種類：架橋PE（ノンハロゲン難燃）
メーカー名／商品名　プラス・テク／REMシリーズ

特 性	評価法，規格	7100	6100
比重 吸水率 %	JISK 7112	1.59	1.31
軟化点(ピカット)℃ 荷重撓み温度，℃ 線膨張係数×10^5／K 熱伝導率W／m・K 燃焼性　UL-94 酸素指数 発煙濃度 燃焼発生ガス酸性度	JISK 7201	40	26
降伏強度　MPa 破断強度　MPa 破断伸び　％ 衝撃強度　KJ／m²	JISC 3005 〃	8 200	11 500
体積抵抗率　Ω-cm 誘電率（1 MHz） 誘電正接×10^3 破壊電圧　MV／m 耐アーク性　秒	JISC 3005	1×10^{14}	5×10^{15}
成形収縮率　％ MFR　g／10分 MVR　m³／10分			
シリンダー温度℃ 金型温度　℃ 射出圧力　MPa			
用　途		5〜10 Mrod	10〜30 Mrod
		電子線架橋用	

難燃剤・難燃材料活用技術

表19　難燃材料特性一覧表

材料の種類：PE（ノンハロゲン難燃）
メーカー名／商品名　プラス・テク／KEMシリーズ

特　性	評価法，規格	1104	1102	1103	3101	3102
比重	JISK 7112	1.45	1.36	1.38	1.35	1.31
吸水率%						
軟化点（ピカット）℃						
荷重撓み温度，℃						
線膨張係数×10^5／K						
熱伝導率W／m・K						
燃焼性　UL-94						
酸素指数	JISK 7201	35	30	31	30	30
発煙濃度	JCSB 7397A	103	85	103	105	102
燃焼発生ガス酸性度	JCS 7397A	4.6	4.3	4.3	4.2	4.3
降伏強度　MPa						
破断強度　MPa	JISC 3005	13	12	12	12	12.5
破断伸び　%	〃	600	610	590	500	600
衝撃強度　KJ／m^2						
体積抵抗率　Ω-cm	JISC 3005	1×10^{14}	5×10^{14}	1×10^{14}	1×10^{14}	6×10^{13}
誘電率（1 MHz）						
誘電正接×10^3						
破壊電圧　MV／m						
耐アーク性　秒						
成形収縮率　%	JISK 7210	2.16kg 0.1 (190℃)	2.16kg 0.5 (190℃)	2.16kg 0.4 (190℃)	2.16kg 0.5 (190℃)	2.16kg 0.6 (190℃)
MFR　g／10分						
MVR　m^3／10分						
シリンダー温度℃						
金型温度　℃						
射出圧力　MPa						
用　途		通信LAN シース用	通信LAN シース用（JIS, JCS)		電力通信LAN シース用（JIS, JCS)	

2　難燃性PE（ポリエチレン）

表20　難燃材料特性一覧表

材料の種類：PE（ノンハロゲン難燃）
メーカー名／商品名　プラス・テク／KEMシリーズ

特　性	評価法，規格	4101	4102	9101
比重	JISK 7112	1.48	1.45	1.29
吸水率%				
軟化点（ピカット）℃				
荷重撓み温度，℃				
線膨張係数×10^5／K				
熱伝導率W／m・K				
燃焼性　UL-94				
酸素指数	JISK 7201	35	35	26
発煙濃度				
燃焼発生ガス酸性度				
降伏強度　MPa				
破断強度　MPa	JISK 7113	12	12.5	6.5
破断伸び　%	〃	200	400	230
衝撃強度　KJ／m^2				
体積抵抗率　Ω-cm	JISK 6723	5×10^{15}	5×10^{14}	7×10^{15}
誘電率（1 MHz）				
誘電正接×10^3				
破壊電圧　MV／m				
耐アーク性　秒				
成形収縮率　%				
MFR　g／10分				
MVR　m^3／10分				
シリンダー温度℃				150〜200
金型温度　℃				30〜40
射出圧力　MPa				(40〜99%)

表21 難燃材料特性一覧表

材料の種類：PE（ノンハロゲン難燃）

メーカー名／商品名　日本ポリエチレン／レクスパール

特　性	評価法, 規格	CA1150	CA1152	CA11571	CA1200
比重	JISK 7112	1.33	1.37	1.41	1.43
吸水率%					
軟化点(ビカット)℃					
荷重撓み温度, ℃					
線膨張係数×10^5／K					
熱伝導率W／m・K					
燃焼性　UL-94					
酸素指数	JISK 7201	27	30	35	33
発煙濃度	ASTME 662	105	110	100	90
燃焼発生ガス酸性度	JCS 7397	4.2	4.3	4.2	4.2
降伏強度　MPa					
破断強度　MPa	JISK 6251	13.2	11.3	13.3	11.3
破断伸び　%	〃	600	680	630	700
衝撃強度　KJ／m^2					
体積抵抗率　Ω-cm					
誘電率（1MHz）					
誘電正接×10^3					
破壊電圧　MV／m					
耐アーク性　秒					
成形収縮率　%					
MFR　g／10分					
MVR　m^3／10分					
シリンダー温度℃		150～180	150～180	150～180	150～180
金型温度　　℃					
射出圧力　MPa					
用　　途		通信	通信LAN	通信電力LAN	通信LAN

2 難燃性PE（ポリエチレン）

表22　難燃材料特性一覧表

材料の種類：PE（ノンハロゲン難燃－エコ用途）
メーカー名／商品名　日本ポリエチレン／レクスパール

特　性	評価法, 規格	CR235F	CR246F	CR242E	CR241FH
比重	JISK 7112	1.28	1.28	1.3	1.28
吸水率%					
軟化点(ピカット)℃					
荷重撓み温度, ℃					
線膨張係数×10⁵／K					
熱伝導率W／m・K					
燃焼性　UL-94					
酸素指数	JISK 7201	23	24	25	25
発煙濃度	ASTME 662	125	100	100	120
燃焼発生ガス酸性度	JCS 7397	4.0	4.0	4.0	4.0
降伏強度　MPa					
破断強度　MPa	JISK 6351	13	12	12	13
破断伸び　%	〃	650	750	750	740
衝撃強度　KJ／m²					
体積抵抗率　Ω-cm					
誘電率（1MHz）					
誘電正接×10³					
破壊電圧　MV／m					
耐アーク性　秒					
成形収縮率　%					
MFR　g／10分	JISK 7210	0.3	0.3	0.25	0.22
MVR　m³／10分					
シリンダー温度℃		150〜180	150〜180	150〜180	150〜180
金型温度　℃					
射出圧力　MPa					

3 難燃性PP（ポリプロピレン）

PPは優れた機械強度，衝撃性，電気特性，成形加工性を生かして各種射出成形品，押出成形品，フィルム，延伸テープ，中空成形品に使われている。最近は，環境問題が追い風になり堅調な需要を示している。汚水処理の規制強化による遮水シートの増加，自動車内装分野でのPVCからPPへ切り替え，冷凍食品，レトルト製品の増加等に現れている。

PPの生産，需要推移，需要構成を表23，表24，図3に示すが，2003年の生産量は，前年比4％増の275万4千トンで，出荷実績は，国内向け前年比1％増の251万7千トンと，過去最高を記録している。一方輸出は，中国の需要増の影響で，30万2,500トンと，前年比25％と伸びている。その結果，出荷量全体で，282万トン，前年比3％増となっている。

難燃材料については，チッソ，三井住友ポリオレフィン，カルプ工業等が上市している。上市されているグレードと代表的な特性を表25〜表34に示す。

環境問題が叫ばれる中，PEと同様にノンハロゲン難燃グレードが注目されており，需要の伸びが期待される。高難燃性グレードは，WEEE，RoHSの規制に触れない臭素形難燃剤と三酸化アンチモン等の金属酸化物の併用系が使われている。電気絶縁材料には，水和金属化合物，芳香族りん系難燃剤が使われているが，工業用品には，Intumescent系難燃剤，臭素系難燃剤が使われている。

表23　ポリプロピレン生産推移

(単位：トン，％)

項　　目	2001年	2002年	2003年	'03/'02
ポリプロピレン	2,696,202	2,641,476	2,754,055	4

(出典：経済産業省化学工業統計)

表24　ポリプロピレン需要（出荷）実績

(単位：トン，％)

需要部門	2001年	2002年	2003年	'03/'02
射　出　成　形	1,372,500	1,436,200	1,460,100	2
フ　ィ　ル　ム	509,000	514,300	515,400	0
フラットヤーン	44,400	48,700	43,900	△10
繊　　　　　維	107,700	111,200	110,700	△0
中　空　成　形	28,000	31,500	27,500	△13
押　出　成　形	228,200	236,100	245,400	4
そ　の　他	125,800	118,100	114,400	△3
国　内　需　要　計	2,415,500	2,496,100	2,517,500	1
輸　　　　　出	307,800	239,800	302,500	26
合　　　計	2,723,300	2,735,900	2,820,000	3

(出典：経済産業省)

3 難燃性PP（ポリプロピレン）

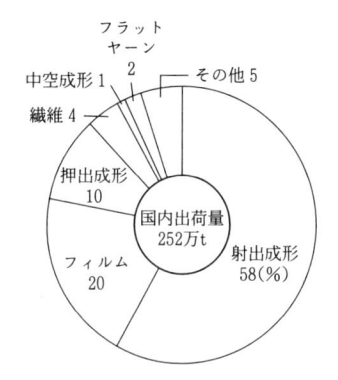

図3 ポリプロピレンの国内需要構成（2003年）

難燃剤・難燃材料活用技術

表25 難燃材料特性一覧表

材料の種類：PP

メーカー名／商品名　三井住友ポリオレフィン／三井住友ポリプロ

特　性	評価法，規格	J105WT	J106	J107W	CJ700
比重 吸水率%	JISK 7112	0.91	0.91	0.91	0.91
軟化点（ビカット）℃ 荷重撓み温度, ℃ 線膨張係数×10^5／K 熱伝導率 W／m・K 燃焼性　UL-94 酸素指数	JISK 7206 JISK 7191 	155 95 HB	155 95 HB	155 90 HB	160 120 HB
降伏強度　MPa 破断強度　MPa 破断伸び　% 衝撃強度　KJ／m^2	JISK 7161 〃	36 200	37 100	35 400	42 750
体積抵抗率　Ω-cm 誘電率（1MHz） 誘電正接×10^3 破壊電圧　MV／m 耐アーク性　秒					
成形収縮率　% MFR　g／10分 MVR　m^3／10分	JISK 7210	15	20	30	10
シリンダー温度℃ 金型温度　℃ 射出圧力　MPa					
用　途			日用品	工業部品	

3 難燃性PP（ポリプロピレン）

表26 難燃材料特性一覧表

材料の種類：PP
メーカー名／商品名　三井住友ポリオレフィン／三井住友ポリプロ

特　性	評価法，規格	H503A	H503F	J705M	J815HK	J707	J830HV	J708
比重	JISK 6758	1.31	0.95	0.91	0.91	0.91	0.91	0.91
吸水率%								
軟化点（ビカット）℃	JISK 6758			152	150	150	150	150
荷重撓み温度, ℃	JISK 7207	89/136	65/114	90	85	85	95	80
線膨張係数×10^5／K								
熱伝導率W／m・K								
燃焼性　UL-94		V-0	V-0	HB	HB	HB	HB	HB
酸素指数								
降伏強度　MPa	ASTMD 638	22	25	27	27	27	27	27
破断強度　MPa								
破断伸び　%	ASTMD 638	10	>500	100	100	200	50	200
衝撃強度　KJ／m^2	JISK 6758	2	9					
体積抵抗率　Ω-cm								
誘電率（1 MHz）								
誘電正接×10^3								
破壊電圧　MV／m								
耐アーク性　秒								
成形収縮率　%	自社法MD/TD	1.1-1.4	1.4-1.8					
MFR　g／10分	JISK 7210	5	9	9	15	24	30	40
MVR　m^3／10分								
シリンダー温度℃								
金型温度　℃								
射出圧力　MPa								

表27 難燃材料特性一覧表

材料の種類：PP

メーカー名／商品名　チッソ／チッソポリプロ（難燃）

特　性	評価法，規格	2654	2814	2854	オレセーフ 2360	2527	2038
比重	JISK 7112	1.34	1.49	1.34	1.21	1.00	1.00
吸水率％	JISK 7206	0.02>	0.02>	0.02>	0.02>	0.02>	0.02>
軟化点(ピカット)℃	JISK 7206	153	145	153	130	152	152
荷重撓み温度，℃	JISK 7207	135	155	135	115	120	110
線膨張係数×10^5／K							
熱伝導率W／m・K							
燃焼性　UL-94		V-0	V-0	V-0	5VA	V-0	V-0
酸素指数		0.75mm	1.5mm	0.75mm	2.0mm	0.75mm	0.75mm
降伏強度　MPa	JISK 7113	30	80	30	19	35	29
破断強度　MPa							
破断伸び　％	JISK 7113	30	5	30	80	50	100
衝撃強度　KJ／m^2	JISK 7110	3.5	7.5	3.5	8.0	4.0	7.5
体積抵抗率　Ω-cm	ASTMD 257	1×10^{15}	1×10^{15}	1×10^{15}	1×10^{14}	1×10^{15}	1×10^{15}
誘電率（1KHz）	ASTMD 150	2.5	2.5	2.5	2.7	2.5	2.5
誘電正接×10^3	〃	1	2	1	1	1	1
破壊電圧　MV／m	2.3mm厚	40	40	40	32	40	40
耐アーク性　秒	ASTMD495	70	70	70	110	130	130
成形収縮率　％	2.3mm厚	1.2	0.6	1.2	1.4	1.6	1.6
MFR　g／10分	JISK 7210	5	5	5	6	8	8
MVR　m^3／10分	230℃, 21.2N						
シリンダー温度℃		200～250	200～250	200～250	190～230	180～280	180～280
金型温度　℃							
射出圧力　MPa							
用　途				電気部品　外枠材料			

3 難燃性PP（ポリプロピレン）

表28 難燃材料特性一覧表

材料の種類：PP

メーカー名／商品名　チッソ／チッソポリプロ難燃グレード

特　性	評価法，規格	2029	2028	2048A	2058	2421
比重	JISK 7112	0.95	0.95	1.00	0.94	0.94
吸水率％	JISK 7209	0.02＞	0.02＞	0.02＞	0.02＞	0.02＞
軟化点（ビカット）℃ 荷重撓み温度，℃ 線膨張係数×10^5／K 熱伝導率W／m・K	JISK 7207	110	125	105	105	95
燃焼性　UL-94 酸素指数		V-2 0.75mm	V-2 0.75mm	V-0 0.75mm	V-2 0.75mm	V-2 0.75mm
降伏強度　MPa 破断強度　MPa	JISK 7113	28	30	26	32	27
破断伸び　％	JISK 7113	100	80	60	100	＞200
衝撃強度　KJ／m^2	JISK 7110	7.0	9.0	7.5	6.0	＞20
体積抵抗率　Ω・cm	ASTMD 257	1×10^{15}	1×10^{15}	1×10^{15}	1×10^{15}	1×10^{15}
誘電率（1KHz）	ASTMD 150	2.5	2.5	2.5	2.5	2.5
誘電正接×10^3	〃	1	1	1	1	1
破壊電圧　MV／m	ASTMD 149 1mm厚	40	40	40	40	40
耐アーク性　秒	ASTMD495	130	130	130	130	130
成形収縮率　％		1.6	1.6	1.6	1.6	1.6
MFR　g／10分 MVR　m^3／10分	JISK 7210 230℃, 21.2N	18	10	40	9	1
シリンダー温度℃ 金型温度　℃ 射出圧力　MPa		180～280	〃	〃	〃	〃
用　途			電気部品	外枠材料		中空成形

難燃剤・難燃材料活用技術

表29 難燃材料特性一覧表

材料の種類：PP

メーカー名／商品名　チッソ／チッソポリプロ

特　性	評価法, 規格	K7030	K7030RN	K7050	K7250	K4028
比重	JISK 7112	0.90	0.90	0.90	0.90	0.90
吸水率%	JISK 7209	0.01＞	0.01＞	0.01＞	0.01＞	0.01＞
軟化点（ビカット）℃	JISK 7206	150	150	150	150	100
荷重撓み温度, ℃	JISK 7207	110	110	110	110	100
線膨張係数×10^5／K						
熱伝導率 W／m・K						
燃焼性　UL-94		HB	HB	HB	HB	HB
酸素指数		1.0mm	1.2mm	1.0mm	1.0mm	1.2mm
降伏強度　MPa	JISK 7113	25.5	25.5	26	25	32.5
破断強度　MPa						
破断伸び　%	JISK 7113	200＜	200＜	50	100	200＜
衝撃強度　KJ／m^2	JISK 7110	−	8.5	7.0	8.0	4.5
体積抵抗率　Ω-cm	ASTMD 257	1×10^{15}	1×10^{15}	1×10^{15}	1×10^{15}	1×10^{15}
誘電率（1 KHz）	ASTMD 150	2.3	2.3	2.3	2.3	2.3
誘電正接×10^3	〃	0.2	0.2	0.2	0.2	0.2
破壊電圧　MV／m	ASTMD 449 1mm厚	40	40	40	40	40
耐アーク性　秒	ASTMD495	130	130	130	130	130
成形収縮率　%		1.6	1.6	1.6	1.6	1.6
MFR　g／10分	JISK 7210	25	25	45	45	10
MVR　m^3／10分	230℃, 21.2N					
シリンダー温度℃		180〜280	〃	〃	〃	〃
金型温度　℃						
射出圧力　MPa						
用　途		一般工業用品				

3 難燃性PP（ポリプロピレン）

表30 難燃材料特性一覧表

材料の種類：PP
メーカー名／商品名　チッソ／HCPP

特　性	評価法，規格	K5016	K5019F	K5028
比重	JISK 7112	0.91	0.91	0.91
吸水率%	JISK 7209	0.01＞	0.01＞	0.01＞
軟化点(ピカット)℃	JISK 7206	156	156	156
荷重撓み温度，℃	JISK 7207	140	140	130
線膨張係数×10^5／K				
熱伝導率W／m・K				
燃焼性　UL-94		HB	HB	HB
酸素指数		1.2mm	1.2mm	1.0mm
降伏強度　MPa	JISK 7113	41	41	43
破断強度　MPa				
破断伸び　%	JISK 7113	50	35	20
衝撃強度　KJ／m^2	JISK 7110	3.5	3.0	3.0
体積抵抗率　Ω-cm	ASTMD 257	1×10^{15}	1×10^{15}	1×10^{15}
誘電率（1 KHz）	ASTMD 150	2.3	2.3	2.3
誘電正接×10^3	〃	0.2	0.2	0.2
破壊電圧　MV／m	ASTMD 149 1mm厚	40	40	40
耐アーク性　秒	ASTMD 495	130	130	130
成形収縮率　%		1.7	1.7	1.7
MFR　g／10分		6	12	12
MVR　m^3／10分				
シリンダー温度℃		200〜280	190〜280	190〜280
金型温度　℃				
射出圧力　MPa				

表31 難燃材料特性一覧表

材料の種類：PP

メーカー名／商品名　チッソ／チッソポリプロ

特　性	評価法，規格	K5108	K5108H	K5230	K5350	K5360	K9230
比重	JISK 7112	0.91	0.91	0.91	0.91	0.91	0.91
吸水率％	JISK 7209	0.01＞	0.01＞	0.01＞	0.01＞	0.01＞	0.01＞
軟化点（ビカット）℃	JISK 7206	153	153	153	152	152	152
荷重撓み温度, ℃	JISK 7207	135	135	138	130	130	130
線膨張係数×10^5／K							
熱伝導率W／m・K							
燃焼性　UL-94		HB	HB	HB	HB	HB	HB
酸素指数		1.0mm	1.2mm	1.0mm	1.0mm	1.0mm	1.0mm
降伏強度　MPa	JISK 7113	33	33	35	30	30	30
破断強度　MPa							
破断伸び　％	JISK 7113	150	150	40	60	40	20
衝撃強度　KJ／m^2							
体積抵抗率　Ω-cm	JISK 7110	8.5	8.5	6.5	7.5	7.0	6.5
誘電率（1MHz）	ASTMD 257	2.3	2.3	2.3	2.3	2.3	2.3
誘電正接×10^3	〃	0.2	0.2	0.2	0.2	0.2	0.2
破壊電圧　MV／m	ASTMD 149 1mm厚	40	40	40	40	40	40
耐アーク性　秒	ASTMD495	130	130	130	130	130	130
成形収縮率　％	JISK 7210 230℃, 21.2N	1.6	1.6	1.6	1.6	1.6	1.6
MFR　g／10分		10	10	30	30	45	60
MVR　m^3／10分							
シリンダー温度℃		190〜280	190〜280	180〜280	180〜280	180〜280	180〜280
金型温度　℃							
射出圧力　MPa							

3 難燃性PP（ポリプロピレン）

表32 難燃材料特性一覧表

材料の種類：PP

メーカー名／商品名　チッソ／オレエース

特　性	評価法，規格	2211	2261
比重 吸水率%	JIS K 6758	1.01	1.20
軟化点(ビカット)℃ 荷重撓み温度, ℃ 線膨張係数×10^5／K 熱伝導率W／m・K 燃焼性　UL-94 酸素指数		V-0 1.6mm 32	V-0 0.8mm 38
降伏強度　MPa 破断強度　MPa 破断伸び　% 衝撃強度　KJ／m^2	JIS K 6758 〃 〃	186 40 58.8	28.4 8 31.4
体積抵抗率　Ω-cm 誘電率（1 MHz） 誘電正接×10^3 破壊電圧　MV／m 耐アーク性　秒	ASTM D 257 ASTM D 150 〃 ASTM D 149 ASTM D 495	$2×10^{16}$ 2.9 $5×10^{-3}$ 31 88	— — — —
成形収縮率　% MFR　g／10分 MVR　m^3／10分			
シリンダー温度℃ 金型温度　℃ 射出圧力　MPa			

表33 カルプ工業 難燃PPの種類と物性一覧表（射出形式グレード）

試験項目		試験法	単位	一般タイプ							耐熱・高剛性タイプ					良光沢タイプ		難燃タイプ							
																		デカブロ系			非デカブロ系				ノンハロ系	
				1470G-2	1460G	1450G	1440G	1420G	1401G	1350G	4720G-2	4700G	4200G	4300G	4600G	3522G	3511G	8400G	8500G	8200R-2	8800R	FR240-2	8700R	8900R	FR600	FR900	FR812
密度		JIS K7112:99 ISO 1183:87	kg/m³	1,030	1,040	1,080	1,130	1,230	1,380	1,010	1,030	1,040	1,060	1,130	1,230	990	1,120	1,370	1,410	1,000	1,000	1,320	940	1,120	1,330	1,090	1,020
メルトマスフローレート (MFR)		JIS K7210:99 ISO 1133:97	g/10min	22	8.0	12	28	13	14	38	51	20	33	16	16	16	12	8.0	7.0	25	16	4.6	10	14	17	9.0	20
引張特性	引張降伏応力	JIS K7161:94 ISO 527-1:93	MPa	32	21	26	20	23	18	24	32	35	33	25	32	37	32	22	20	36	25	30	28	30	20	24	22
	引張破壊時呼びひずみ	JIS K7162:94 ISO 527-2:93	%	30	300＜	92	78	57	40	26	22	14	19	26	49	25	49	30	22	20	96	31	55	27	31	19	42
曲げ特性	曲げ強さ	JIS K7171:94 ISO 178:93	MPa	51	35	44	36	45	37	40	48	54	53	43	52	54	50	39	34	53	36	49	41	49	39	41	40
	曲げ弾性率		MPa	2,400	1,700	2,200	2,000	3,100	3,600	2,150	2,660	2,900	2,990	2,710	4,210	2,380	2,520	3,140	2,650	2,200	1,460	3,250	1,630	2,790	3,410	2,090	2,190
シャルピー衝撃強さ (23℃：ノッチ付)		JIS K7111:96 ISO 179:96	KJ/m²	2.9	6.3	2.8	3.7	2.7	2.1	4.0	2.0	2.0	1.8	3.4	2.4	2.9	3.7	2.5	2.9	2.7	6.5	2.4	7.7	3.2	3.5	3.2	2.7
ロックウェル硬さ		JIS K7202:95 ISO 2039-2:87	Rスケール	102	81	97	83	101	94	90	100	105	105	90	101	108	101	83	72	104	82	98	90	98	90	87	91
荷重たわみ温度 (0.45MPa)		JIS K7191-1, 2:96 ISO 75-1, 2:93	℃	121	103	109	107	121	119	117	117	132	132	124	132	129	121	117	116	115	89	125	95	122	98	113	102
成形収縮率		カルブ法	%	1.3〜1.6	1.2〜1.5	1.2〜1.5	1.1〜1.4	1.0〜1.3	0.9〜1.2	1.2〜1.5	1.2〜1.5	1.1〜1.5	1.0〜1.3	0.9〜1.2	0.8〜1.1	1.4〜1.7	1.3〜1.6	0.9〜1.2	0.8〜1.1	1.5〜1.8	1.5〜1.8	0.9〜1.2	1.5〜1.8	1.1〜1.4	0.9〜1.2	0.9〜1.2	1.4〜1.7
UL	燃焼特性	UL-94	- (mm)	HB (1.5)	HB (1.5)	HB (1.5)	HB (1.5)	HB (1.5)	HB (1.5)	HB (1.5)	HB	HB	HB (1.5)	HB (1.5)	HB (1.5)	HB (1.5)	HB (1.5)	V-O (0.71)	V-O (0.75)	V-O (0.71)	V-O (0.83)	V-O (0.75)	V-O (1.5)	V-2 (0.79)	V-O (1.20)	V-O (1.50)	V-2 (1.20)
	温度インデックス	UL-746B	℃	65	65	105	65	65	65		65	65	65	65	105	105	105	125	105	105	65	125	65	65	65	65	65
	ボールプレッシャー温度	電取法	℃	140	140	140					140	140	140	140	140	150	150	150	140	145	145	150	140	140	140		
食品用途										○	○	○	○	○	○	○	○										
備考																光沢度 87	光沢度 80										

(注) 本物性はISO法に基づき測定した測定値である。
本物性は標準値であり、規格値ではない。

3　難燃性PP（ポリプロピレン）

表34　カルプ工業　難燃PP物性一覧表（押出グレード）

試験項目		試験法	単位	難燃タイプ		
				デカブロ系		非デカブロ系
				8450R	8610R	FE100-1
密　度		JIS K7112:99 ISO 1183:87	kg/m^3	1,350	1,050	1,010
メルトマスフローレート(MFR)		JIS K7210:99 ISO 1133:97	g/10min	1.0	0.06	0.22
引張特性	引張降伏応力	JIS K7161:94 ISO 527-1:93	MPa	28	28	26
	引張破壊 呼びひずみ	JIS K7162:94 ISO 527-2:93	%	45	27	31
曲げ特性	曲げ強さ	JIS K7171:94 ISO 178:93	MPa	48	24	23
	曲げ弾性率		MPa	3,340	1,090	1,090
シャルピー衝撃強さ (23℃：ノッチ付)		JIS K7111:96 ISO 179:96	KJ/m^2	4.6	12	24
ロックウェル硬さ		JIS K7202:95 ISO 2039-2:87	Rスケール	93	62	53
荷重たわみ温度 (0.45MPa)		JIS K7191-1, 2:96 ISO 75-1, 2:93	℃	110	95	80
備　考						

4 難燃性PS（ポリスチレン）

　PSの用途は，ラジカセ，TVのハウジング，ステレオカバー，照明器具等の電気機器，器具，車両製品，食卓用品，文房具，玩具，医療機器等に広く使用されている。PBをブレンドした耐衝撃性PS（HIPS），中間的な耐衝撃性をもつMIPSも使われている。

　ポリスチレンの各種産業分野での最近の需要量の推移を見ると，2002年以前は，年間約100万トンに達していたが，2003年以降は，100万トンを割り込む事が予想される（表35）。全体的に減少傾向を示しているが，この内需の減少は，主として電気，工業用途の生産拠点の海外シフトによるものと考えられる。

　2002年の実績を用途別に見ると，電気工業用が21%，包装用が38%，雑貨，産業用が19%，FS用が22%となっており，その後も構成比は余り変化がない。

　技術面から見ると，液晶TV，DVDへの移行に伴い，難燃性PSから一般用PEへの転換が予想され，全体的に減少傾向にある。

　このような需要動向は，製造メーカーの統合に現れている。1999年に9社存在したメーカーが現在4社となり，4社の製造能力が104万トン／年になり，33%減少している。PSの製造会社と生産能力の推移を表36に示す。

　難燃性PSのメーカーは，現在，PSジャパン，大日本インキ化学工業，東洋スチレン，日本ポリスチレンが国内のメーカーとして上市しているが，BASFジャパン，台湾メーカーも国内に進出している。難燃性樹脂の配合技術の検討は，出光石化，新日鉄化学等のメーカー独自でも行われており，独自のグレードが開発されている。

　各社の代表的な難燃グレードを表37〜表56に示す。

4 難燃性PS（ポリスチレン）

表35 日本のPS需要実績と中期展望

(単位：1,000トン／年)

	2001年実績	2002年実績	2003年見通	2004年予測	2005年予測
電機・工業用	202	194	189	186	185
対前年比(%)	△21	△4	△2	△2	△1
内需構成率	23%	21%	21%	21%	21%
包装用	335	341	345	345	344
対前年比(%)	△6	2	1	0	0
内需構成率	38%	38%	38%	38%	38%
雑貨・産業用	164	176	174	171	171
対前年比(%)	△4	7	△1	△2	0
内需構成率	18%	19%	19%	19%	19%
FS用	192	199	192	195	195
対前年比(%)	△6	4	△3	2	0
内需構成率	22%	22%	21%	22%	22%
内需計	892	908	900	897	895
対前年比(%)	△10	2	△1	0	0
輸入品	32	26	30	30	30
国内総需要	924	934	930	927	925
輸出	127	139	75	60	50
対前年比(%)	△14	9	△46	△20	△17
国産品計	1,019	1,047	975	957	945

(出典：浮田健吉，プラスチックス，**55**，No.1（2004））

表36 PS製造会社と生産能力

(単位：1,000トン／年)

1996年（ピーク時）		2002年		2003年	
社名	生産能力	社名	生産能力	社名	生産能力
旭化成	383	A&Mスチレン	400	PSジャパン	445
三菱化学	200				
出光石油化学	180	出光石油化学	130		
大日本インキ化学工業	95	大日本インキ化学工業	131	大日本インキ化学工業	131
電気化学工業	220				
新日鐵化学	186	東洋スチレン	278	東洋スチレン	278
ダイセル化学工業	53				
住友化学	92	日本ポリスレン	190	日本ポリスレン	190
三井化学	150				
9社	1,559	5社4グループ	1,129	4社	1,044

表37　難燃材料特性一覧表

材料の種類：PS

メーカー名／商品名　大日本インキ化学工業／ディックスチレン

特　性	評価法，規格	CR2500	CR3500	CR3500G	CR4500	CR4500G	GP XC-510
比重	JISK 7112	1.05	1.05	1.05	1.05	1.05	1.05
吸水率%							
軟化点(ピカット)℃	JISK 7206	85	95	94	102	101	100
荷重撓み温度，℃							
線膨張係数×10^5／K							
熱伝導率W／m・K							
燃焼性　UL-94		HB	HB	HB	HB	HB	HB
酸素指数							
降伏強度　MPa							
破断強度　MPa	JISK 7161	45	48	47	55	55	57
破断伸び　%	〃	2	2	2	2	2	2
衝撃強度　KJ／m²							
体積抵抗率　Ω-cm							
誘電率（1MHz）							
誘電正接×10^3							
破壊電圧　MV／m							
耐アーク性　秒							
成形収縮率　%	ASTMD 955	0.3〜0.6	0.3〜0.6	0.3〜0.6	0.3〜0.6	0.3〜0.6	0.3〜0.6
MFR　g／10分	JISK 7210	20	8	9	3.5	4	1.6
MVR　m³／10分							
シリンダー温度℃							
金型温度　℃							
射出圧力　MPa							

4　難燃性PS（ポリスチレン）

表38　難燃材料特性一覧表

材料の種類：PS

メーカー名／商品名　大日本インキ化学工業／ディックスチレン

特　性	評価法，規格	H1 CH 6300-1	H1 CH 9650-1	H1 9600-1	特殊 SR-500-1
比重	JIS K 7112	1.04	1.04	1.04	1.04
吸水率%					
軟化点（ビカット）℃	JIS K 7206	85	96	97	95
荷重撓み温度, ℃					
線膨張係数×10^5／K					
熱伝導率W／m・K					
燃焼性　UL-94		HB	HB	HB	HB
酸素指数					
降伏強度　MPa	JIS K 7161	25	33	35	37
破断強度　MPa	〃	22	32	30	33
破断伸び　%	〃	40	50	40	40
衝撃強度　KJ／m²					
体積抵抗率　Ω-cm					
誘電率（1MHz）					
誘電正接×10^3					
破壊電圧　MV／m					
耐アーク性　秒					
成形収縮率　%		0.4〜0.8	0.4〜0.8	0.4〜0.8	0.4〜0.8
MFR　g／10分	JIS K 7210	9	2	3.5	6
MVR　m³／10分					
シリンダー温度℃					
金型温度　℃					
射出圧力　MPa					

難燃剤・難燃材料活用技術

表39 難燃材料特性一覧表

材料の種類：PS

メーカー名／商品名　大日本インキ化学工業／ディックスチレン

特　性	評価法，規格	GP XC520	GP XC540	GP XC515	M1 MH6700-1	M1 6100-1	M1 1B-100
比重	JISK 7112	1.04	1.05	1.05	1.04	1.04	1.04
吸水率％							
軟化点（ビカット）℃	JISK 7206	96	92	163	87	95	88
荷重撓み温度，℃							
線膨張係数×10^5／K							
熱伝導率W／m・K							
燃焼性　UL-94		HB	HB	—	HB	HB	—
酸素指数							
降伏強度　MPa	JISK 7161	—	—	—	23	35	26
破断強度　MPa	〃	57	53	58	17	34	25
破断伸び　％	〃	2	2	2	30	30	40
衝撃強度　KJ／m^2							
体積抵抗率　Ω-cm							
誘電率（1 MHz）							
誘電正接×10^3							
破壊電圧　MV／m							
耐アーク性　秒							
成形収縮率　％		0.4～0.8	0.4～0.8	0.4～0.8	0.4～0.8	0.4～0.8	0.4～0.8
MFR　g／10分		1.6	2	1.5	22	5	6.5
MVR　m^3／10分							
シリンダー温度℃							
金型温度　℃							
射出圧力　MPa							

4 難燃性PS（ポリスチレン）

表40 難燃材料特性一覧表

材料の種類：PS
メーカー名／商品名　PSジャパン／帯電防止タイプ

特 性	評価法，規格	H100	H110C	H122M	VS220
比重 吸水率%	ISO 1183	1.05	1.05	1.05	1.11
軟化点(ビカット)℃ 荷重撓み温度，℃ 線膨張係数×10^5／K 熱伝導率W／m・K 燃焼性　UL-94 酸素指数	ISO 306 ISO 75-2 	93 76 HB 	95 81 HB 	92 75 HB 	89 73 V-2
降伏強度　MPa 破断強度　MPa 破断伸び　% 衝撃強度　KJ／m^2	ISO 527-1 ISO 527-2 〃 	35 30 50 	40 20 34 	33 25 51 	39 25 54
体積抵抗率　Ω-cm 誘電率（1MHz） 誘電正接×10^3 破壊電圧　MV／m 耐アーク性　秒	JISK 6911	3×10^{14}	3×10^{13}	1×10^{13}	1×10^{13}
成形収縮率　% MFR　g／10分 MVR　m^3／10分	ISO 1135	2.7	1.5	3.0	6.0
シリンダー温度℃ 金型温度　℃ 射出圧力　MPa					

表41 PSジャパン 難燃性HIPSの種類と特性

試験項目	試験規格 ISO	試験片の タイプ寸法 mm	試験条件	単位 S.I.	良熱安定性 V2 VS165	高耐光性 V2 VS151	良流動性 VO VS55	高流動性 VO VS61	高耐光性 VO・5V VS718	良流動耐光 VO・5V VS740	非ハロゲン V2 VT201
1. レオロジー特性											
メルト・フローレイト	1133	ペレット	200℃ 5kgf	g/10min	9	9	18	30	11	8	6
メルト・ボリュームレイト	1133	ペレット	200℃ 5kgf	cm³/10min	9	9	17	33	10	8	6
2. 機械的特性											
引張降伏応力	527-1	type A	50mm/min	MPa	32	29	25	30	24	27	38
引張破壊呼び ひずみ	527-1	type A	50mm/min	%	30	42	30	25	40	18	30
曲げ弾性率	178	80×10×4	2mm/min	MPa	2400	2300	2400	2300	2200	2300	2500
曲げ強さ	178	80×10×4	2mm/min	MPa	52	49	40	40	40	48	63
シャルピー衝撃強さ（ノッチ付き）	179	80×10×4	1eA	kJ/m²	10	10	10	9	9	11	10
3. 熱的性質											
荷重たわみ温度	75-2	80×10×4	フラットワイズ 1.8MPa	℃	72	72	69	68	70	73	72
ビカット軟化温度	306	10×10×4	50℃/h 50N	℃	93	90	83	82	89	90	89
4. その他の特性											
密度	1183	80×10×4	A法	kg/m³	1090	1100	1160	1160	1175	1170	1070
5. ISO 10350以外の項目											
ボールプレッシャー温度		t=3mm	電取法	℃	85	—	80	80	—	85	—
6. 燃焼性	UL-94				1.4-3.0mm V-2	1.5-3.0mm V-2	2.5mm V-0	2.5mm V-0	1.5mm V-0 2.0mm 5VB 2.5mm 5VA	1.5mm V-0 2.0mm 5VB	1.4-3.0mm V-2
備　考					良流動で熱安定性に優れたV-2グレードです。	深耐光V-2グレード。熱安定性に優れたOAハウジングに適します。	良流動V-2グレード。熱安定性に優れたTV用のハウジングに適します。	良流動で大型TV用バックカバー、キャビネットに適します。	良流動高耐光5VグレードバックカバーTVハウジングに適します。	超高耐光5VグレードプリンターデッキグレードTVバックカバー、キャビネットに適します。	非常に高流動でV用ノンハロプリンター、PPC等の大型プリンターハウジングに適したハウジングデカバーPPC等に適します。

（ISO 10350に基づくシングルポイントデータ）

4 難燃性PS（ポリスチレン）

表42 PSジャパン 難燃性超光沢ブレードポリスチレンの特性

試験項目	試験法	単位	EXG11	403R
引張降伏応力	ISO 527-1	MPa	36	41
引張破断呼び歪	ISO 527-2	%	25	25
曲げ強度	ISO 178	MPa	58	66
曲げ弾性率	ISO 178	MPa	2200	2350
シャルピー衝撃強さ	ISO 179	kJ/m^2	14	13
荷重たわみ温度	ISO 75-2	℃	73	78
ビカット軟化温度	ISO 306	℃	90	96
メルトフローレイト	ISO 1133	g/10min	4.0	3.0
密度	ISO 1183	kg/m^3	1040	1040
燃焼性	UL94	—	1.5mm HB	1.5mm HB
光沢度 60°	JIS K7105	%	98	87
20°	ASTMダンベル	%	60	42

表43 東洋スチレン 難燃性PSの種類と特性

特徴			ハロゲン系					
			低密度	良熱安定性	良耐光性	高流動	良耐光性	高耐光性
新品種名			EJ2	F2	J2	EJ1	F11	CS5
メルトマスフローレート	JIS K 7210	g/10min	10.0	6.0	12.0	13.0	4.5	4.5
ビカット軟化温度(50N荷重)	JIS K 7206	℃	89	89	89	85	89	89
荷重たわみ温度(1.8MPa荷重)	JIS K 7191	℃	74	73	73	71	73	73
シャルピー衝撃強さ	JIS K 7111	kJ/m^2	8.6	7.0	7.0	9.2	11.7	11.7
引張降伏応力	JIS K 7161	MPa	42	32	30	31	26	26
引張破壊ひずみ	JIS K 7162	%	21	25	25	52	30	25
曲げ強さ	JIS K 7171	MPa	61	50	48	54	40	39
曲げ弾性率	JIS K 7171	MPa	2660	2440	2440	2470	2240	2200
ロックウェル硬さ	JIS K 7202	—	L70	L65	L65	L50	L50	L45
密度	JIS K 7112	kg/m^3	1080	1110	1100	1160	1160	1170
燃焼性	UL94	—	V-2/1.6mm	V-2/1.4mm	V-2/1.6mm	V-0/3.2mm	V-0/2.1mm	5VA/2.0mm
ボールプレッシャー登録温度	電気用品安全法	℃	85	85	85	80	80	80

表44 東洋スチレン 難燃性PSの種類と特性

特徴			ノンハロゲン系		
			V-2	V-0	5V
新品種名			NX2C	NX11C	NX5
メルトマスフローレート	JIS K 7210	g/10min	8.0	13.5	4.0
ビカット軟化温度(50N荷重)	JIS K 7206	℃	89	82	89
荷重たわみ温度(1.8MPa荷重)	JIS K 7191	℃	74	70	73
シャルピー衝撃強さ	JIS K 7111	kJ/m^2	11.5	8.0	10.9
引張降伏応力	JIS K 7161	MPa	45	42	50
引張破壊ひずみ	JIS K 7162	%	15	30	20
曲げ強さ	JIS K 7171	MPa	64	62	72
曲げ弾性率	JIS K 7171	MPa	2480	2640	2810
ロックウェル硬さ	JIS K 7202	—	—	L75	L75
密度	JIS K 7112	kg/m^3	1060	1100	1130
燃焼性	UL94	—	V-2/1.4mm	V-0/2.1mm	5VA/2.0mm
ボールプレッシャー登録温度	電気用品安全法	℃	85	—	—

表45 難燃材料特性一覧表

材料の種類：PS

メーカー名／商品名　BASFジャパン／ポリスチロール

特　性	評価法，規格	143E	143EO	144C	158K	165H	168N
比重	ISO 1183	1.05	1.05	1.05	1.05	1.05	1.05
吸水率％							
軟化点（ピカット）℃	ISO 306 50N	84	84	84	101	89	101
荷重撓み温度，℃	ISO 75	72	72	70	88	76	86
線膨張係数×10^5／K	ISO 11357	8	8	8	8	8	8
熱伝導率W／m・K							
燃焼性　UL-94		HB	HB	HB	HB	HB	HB
酸素指数							
降伏強度　　MPa							
破断強度　　MPa	ISO 527	46	46	42	55	59	57
破断伸び　％	〃	2	2	1.5	3	2	3
衝撃強度　KJ／m²							
体積抵抗率　Ω-cm	IEC 60093	>10^{13}	>10^{13}	>10^{13}	>10^{13}	>10^{13}	>10^{13}
誘電率（1 MHz）	IEC 60250	2.5	2.5	2.5	2.5	2.5	2.5
誘電正接×10^3	〃	0.07	0.07	0.07	0.05	0.07	0.05
破壊電圧　MV／m							
耐アーク性　秒							
成形収縮率　％							
MFR　g／10分							
MVR　m³／10分	ISO 1133 200℃　5 kg	10	9	28	3	3.4	1.5
シリンダー温度℃		180～260	180～260	180～260	180～260	180～260	180～260
金型温度　　℃		10～60	10～60	10～60	10～60	10～60	10～60
射出圧力　MPa							

4 難燃性PS（ポリスチレン）

表46 難燃材料特性一覧表

材料の種類：PS

メーカー名／商品名　BASFジャパン／ポリスチロール

特　性	評価法，規格	168NO	2710	2712	427 D	432 B	445 EWu
比重	ISO 1183	1.05	1.05	1.05	1.05	1.05	1.05
吸水率%							
軟化点（ビカット）℃	ISO 306 50N	101	90	83	96	82	87
荷重撓み温度，℃	ISO 75	86	79	70	86	73	78
線膨張係数×10^5／K	ISO 11357	8	10	10	10	10	10
熱伝導率W／m・K							
燃焼性　UL-94		HB	HB	HB	HB	HB	V-O
酸素指数							
降伏強度　MPa	ISO 527	－	21	17	43	32	31
破断強度　MPa	〃	57	－	－	－	－	－
破断伸び　%	〃	40	40	30	30	30	30
衝撃強度　KJ／m^2							
体積抵抗率　Ω-cm	IEC 60093	>10^{13}	>10^{13}	>10^{13}	>10^{13}	>10^{13}	>10^{13}
誘電率（1 MHz）	IEC 60250	2.5	2.5	2.5	2.5	2.5	2.5
誘電正接×10^3	〃	0.05	40	40	40	40	50
破壊電圧　MV／m							
耐アーク性　秒							
成形収縮率　%							
MFR　g／10分							
MVR　m^3／10分	200℃ 5 kg ISO 1133	1.5	3.2	6.5	9	25	13
シリンダー温度℃		180〜260	180〜260	180〜260	180〜260	180〜260	180〜260
金型温度　℃		10〜60	10〜60	10〜60	10〜60	10〜60	10〜60
射出圧力　MPa							

難燃剤・難燃材料活用技術

表47 難燃材料特性一覧表

材料の種類：PS

メーカー名／商品名　BASFジャパン／ポリスチロール

特　性	評価法，規格	454 C	456 F	473 D	486 M	495 F	576 H
比重	ISO 1183	1.05	1.05	1.05	1.05	1.05	1.05
吸水率%							
軟化点（ピカット）℃	ISO 306 50N	84	94	84	90	90	90
荷重撓み温度，℃	ISO 75	78	84	79	74	85	78
線膨張係数×10^5／K	ISO 11357	10	10	10	10	10	10
熱伝導率 W／m・K							
燃焼性　UL-94		HB	HB	HB	HB	HB	HB
酸素指数							
降伏強度　MPa	ISO 527	—	—	25	24	26	31
破断強度　MPa		—	—	—	—	—	—
破断伸び　%	〃	40	30	35	35	40	30
衝撃強度　KJ／m²							
体積抵抗率　Ω-cm	IEC 80093	>10^{13}	>10^{13}	>10^{13}	>10^{13}	>10^{13}	>10^{13}
誘電率（1MHz）	IEC 60250	2.5	2.5	2.5	2.5	2.5	2.5
誘電正接×10^3	〃	40	40	40	40	40	40
破壊電圧　MV／m							
耐アーク性　秒							
成形収縮率　%							
MFR　g／10分							
MVR　m³／10分	200℃ 5 kg ISO 1133	4	6	14	3.9	9.5	7
シリンダー温度℃		190～220	180～260	180～260	180～260	180～260	180～260
金型温度　℃		10～60	10～60	10～60	10～60	10～60	40～60
射出圧力　MPa							

4 難燃性PS（ポリスチレン）

表48 難燃材料特性一覧表

材料の種類：PS

メーカー名／商品名　BASFジャパン／ポリスチロール

特　性	評価法，規格	585K	ES 8550	FR-3180
比重	ISO 1183	1.05	1.05	1.07
吸水率%				
軟化点(ビカット)℃	ISO 306 50N	89	88	86
荷重撓み温度，℃	ISO 75	77	92	74
線膨張係数×10^5／K	ISO 11357	10	10	10
熱伝導率W／m・K				
燃焼性　UL-94		HB	V-0	V-0
酸素指数				
降伏強度　MPa	ISO 527	32	29	30
破断強度　MPa				
破断伸び　%	〃	25	35	25
衝撃強度　KJ／m^2				
体積抵抗率　Ω-cm	IEC 60095	>10^{13}	>10^{13}	>10^{13}
誘電率（1 MHz）	IEC 60250	2.5	2.6	2.5
誘電正接×10^3	〃	40	40	40
破壊電圧　MV／m				
耐アーク性　秒				
成形収縮率　%				
MFR　g／10分				
MVR　m^3／10分	200℃ 5 kg ISO 1133	5	14	10
シリンダー温度℃		180〜260	200〜260	200〜260
金型温度　℃		40〜60	10〜60	10〜60
射出圧力　MPa				

表49 難燃材料特性一覧表

材料の種類：PS

メーカー名／商品名　奇美実股份有限公司／ポリレックス

特　性	評価法，規格	PG 33	PG 50	PG 383	PH 55Y	PH 60	PH 88
比重	ASTM 792	1.05	1.05	1.05	1.05	1.05	1.05
吸水率%							
軟化点（ピカット）℃	ASTMD 1525	54	97	106	95	100	98
荷重撓み温度，℃	ASTMD 648	79	81	86	80	88	82
線膨張係数×10^5／K							
熱伝導率 W／m・K							
燃焼性　UL-94		HB	HB	HB	HB	HB	HB
酸素指数							
降伏強度　MPa							
破断強度　MPa	ASTMD 638	45	49	54	22	27	25
破断伸び　%	〃	20	20	20	40	40	40
衝撃強度 KJ／m^2 (J／m)	ASTMD 256	(16.7)	(17.7)	(17.7)	(63.7)	(83.4)	(107.9)
体積抵抗率　Ω-cm							
誘電率（1 MHz）							
誘電正接×10^3							
破壊電圧　MV／m							
耐アーク性　秒							
成形収縮率　%							
MFR　g／10分	ASTMD 1238 200℃　5 kg	8.0	4.0	2.2	9.0	5.5	5.3
MVR　m^3／10分							
シリンダー温度℃							
金型温度　℃							
射出圧力　MPa							

4 難燃性PS(ポリスチレン)

表50 難燃材料特性一覧表

材料の種類:PS
メーカー名/商品名 奇美実股份有限公司/ポリレックス

特　性	評価法，規格	PH60F	PH888H	PH60G	PH888G	PH88S	PH879	PH872	PH874A
比重	ASTMD 792	1.05	1.05	1.05	1.05	1.05	1.15	1.15	1.07
吸水率%									
軟化点(ピカット)℃	ASTMD 1525	96	102	103	102	100	94	93	102
荷重撓み温度，℃	ASTMD 648	80	85	88	85	83	75	74	85
線膨張係数×10^5/K									
熱伝導率W/m・K									
燃焼性　UL-94		HB	HB	HB	HB	HB	V-0	V-0	V-2
酸素指数									
降伏強度　MPa									
破断強度　MPa	ASTMD 638	26	29	39	34	24	28	27	32
破断伸び　%	〃	40	43	25	35	45	40	40	42
衝撃強度　KJ/m^2									
体積抵抗率　Ω-cm									
誘電率(1MHz)									
誘電正接×10^3									
破壊電圧　MV/m									
耐アーク性　秒									
成形収縮率　%									
MFR　g/10分	ASTMD 1238	9.0	3.8	3.0	4.0	2.6	1.2	20	7.8
MVR　m^3/10分									
シリンダー温度℃									
金型温度　℃									
射出圧力　MPa									

表51 新日鐵化学 OA機器向HIPS、V-0／5Vグレード特性表

試験項目	試験法	試験条件	単位	CS0/CS5	N11/N5	F11/F5	J11
引張強さ	ASTM D 638	5mm/min	MPa (kgf/cm²)	22 (220)	22 (220)	22 (220)	25 (250)
引張破壊ひずみ	ASTM D 638	3.2mm厚	%	25	25	30	30
曲げ強さ	ASTM D 790	3mm/min	MPa (kgf/cm²)	34 (350)	35 (360)	35 (360)	39 (400)
曲げ弾性率	ASTM D 790	6.4mm厚	MPa (kgf/cm²)	1,960 (20,000)	1,990 (20,300)	2,010 (20,500)	2,010 (20,500)
アイゾット衝撃強さ	ASTM D 256	6.4mm厚 ノッチ付	kJ/m² (kgf·cm/cm²)	9.8 (10)	9.8 (10)	9.8 (10)	9.8 (10)
ロックウェル硬さ	JIS K 7202	Lスケール	−	L45	L48	L50	L50
メルトフローレート	JIS K 7210	200℃、49N	g/10min.	4.5	4.5	4.5	6.0
密度	JIS K 7112	23℃	g/cm³	1.17	1.16	1.16	1.16
成形収縮率	ASTM D 955	−	%	0.4〜0.6	0.4〜0.6	0.4〜0.6	0.4〜0.6
荷重たわみ温度	ASTM D 648	6.4mm厚、1.82MPa、アニール無し	℃	82	82	82	80
ビカット軟化温度	JIS K 7206	49N、120℃/Hr	℃	93	93	93	92
ボールプレッシャー温度	電気用品取締法	−	℃	80	−	(F11のみ)80	−
燃焼性	UL94	−	−	CS0:2.1mmV-0 CS5:2.0mm5VA	N11:2.1mmV-0 N5:2.5mm5VA	F11:2.1mmV-0 F5:2.5mm5VA	2.1mmV-0
特徴				高強度 高耐光 高熱安定性	高強度 高耐光 良熱安定性	高強度 高耐光 良熱安定性	良耐光 良熱安定性 良外観

表52 新日鐵化学 ＴＶハウジング用HIPS、V-0グレード特性表

試験項目	試験法	試験条件	単位	FX11F	FX11	EJ1	T1
引張強さ	ASTM D 638	5mm/min	MPa (kgf/cm²)	21 (210)	23 (230)	22 (220)	25 (260)
引張破壊ひずみ	ASTM D 638	3.2mm厚	%	25	30	30	30
曲げ強さ	ASTM D 790	3mm/min	MPa (kgf/cm²)	34 (350)	36 (370)	35 (360)	39 (400)
曲げ弾性率	ASTM D 790	6.4mm厚	MPa (kgf/cm²)	1,960 (20,000)	2,010 (20,500)	1,860 (19,000)	2,160 (21,000)
アイゾット衝撃強さ	ASTM D 256	6.4mm厚 ノッチ付	kJ/m² (kgf·cm/cm²)	8.3 (8.5)	8.8 (9.0)	5.9 (6.0)	5.9 (6.0)
ロックウェル硬さ	JIS K 7202	Lスケール	−	L50	L50	L45	L50
メルトフローレート	JIS K 7210	200℃、49N	g/10min.	14	7.0	18	15
密度	JIS K 7112	23℃	g/cm³	1.15	1.15	1.16	1.15
成形収縮率	ASTM D 955	−	%	0.3〜0.6	0.3〜0.6	0.3〜0.6	0.3〜0.6
荷重たわみ温度	ASTM D 648	6.4mm厚、1.82MPa、アニール無し	℃	78	78	76	70
ビカット軟化温度	JIS K 7206	49N、120℃/Hr	℃	91	91	87	83
ボールプレッシャー温度	電気用品取締法	−	℃	80	80	80	−
燃焼性	UL94	−	−	2.1mmV-0	2.1mmV-0	3.0mmV-0	3.0mmV-0
特徴				良熱安定性 良流動	良熱安定性	良熱安定性 良流動 良外観	良熱安定性 良流動 良外観

4 難燃性PS（ポリスチレン）

表53 新日鐵化学 ＴＶハウジング用HIPS，V-0グレード特性表

試 験 項 目	試験法	試験条件	単位	BX11F	BX11	B100
引 張 強 さ	ASTM D 638	5mm/min	MPa (kgf/cm²)	21 (210)	23 (230)	23 (230)
引張破壊ひずみ	ASTM D 638	3.2mm厚	％	25	30	30
曲 げ 強 さ	ASTM D 790	3mm/min	MPa (kgf/cm²)	35 (360)	37 (380)	37 (380)
曲げ弾性率	ASTM D 790	6.4mm厚	MPa (kgf/cm²)	1,960 (20,000)	2,010 (20,500)	2,160 (22,000)
アイゾット衝撃強さ	ASTM D 256	6.4mm厚 ノッチ付	kJ/m² (kgf·cm/cm²)	8.8 (9.0)	8.8 (9.0)	6.4 (6.5)
ロックウェル硬さ	JIS K 7202	Lスケール	−	L50	L48	L50
メルトフローレート	JIS K 7210	200℃, 49N	g/10min.	16	9.0	15
密 度	JIS K 7112	23℃	g/cm³	1.15	1.15	1.15
成形収縮率	ASTM D 955	−	％	0.3～0.6	0.3～0.6	0.3～0.6
荷重たわみ温度	ASTM D 648	6.4mm厚, 1.82MPa, アニール無し	℃	78	78	73
ビカット軟化温度	JIS K 7206	49N, 120℃/Hr	℃	91	91	86
ボールプレッシャー温度	電気用品取締法	−	℃	80	80	−
燃 焼 性	UL94	−	−	2.1mmV-0	2.1mmV-0	3.0mmV-0
特徴				良熱安定性 良流動	良熱安定性	良熱安定性 良流動

表54 新日鐵化学 HIPS，V-2グレード特性表

試 験 項 目	試験法	試験条件	単位	J2	F2	K2	2T
引 張 強 さ	ASTM D 638	5mm/min	MPa (kgf/cm²)	25 (250)	27 (280)	25 (260)	27 (280)
引張破壊ひずみ	ASTM D 638	3.2mm厚	％	25	25	25	25
曲 げ 強 さ	ASTM D 790	3mm/min	MPa (kgf/cm²)	42 (430)	44 (450)	41 (420)	46 (470)
曲げ弾性率	ASTM D 790	6.4mm厚	MPa (kgf/cm²)	2,250 (23,000)	2,250 (23,000)	2,400 (24,500)	2,250 (23,000)
アイゾット衝撃強さ	ASTM D 256	6.4mm厚 ノッチ付	kJ/m² (kgf·cm/cm²)	4.9 (5.0)	4.9 (5.0)	6.9 (7.0)	4.9 (5.0)
ロックウェル硬さ	JIS K 7202	Lスケール	−	L65	L65	L70	L70
メルトフローレート	JIS K 7210	200℃, 49N	g/10min.	12	6.0	16	6.0
密 度	JIS K 7112	23℃	g/cm³	1.10	1.11	1.08	1.11
成形収縮率	ASTM D 955	−	％	0.3～0.6	0.3～0.6	0.3～0.6	0.3～0.6
荷重たわみ温度	ASTM D 648	6.4mm厚, 1.82MPa, アニール無し	℃	80	80	80	80
ビカット軟化温度	JIS K 7206	49N, 120℃/Hr	℃	92	93	92	93
ボールプレッシャー温度	電気用品取締法	−	℃	85	85	85	80
燃 焼 性	UL94	−	−	1.6mmV-2	1.4mmV-2	1.4mmV-2	1.6mmV-2
特徴				良熱安定性 高耐光 良流動 良外観	良熱安定性 良耐光	低比重 良流動 良外観 良耐光	良熱安定性

難燃剤・難燃材料活用技術

表55 新日鐵化学 HIPS，V-2グレード特性表

試験項目	試験法	試験条件	単位	SE-HL-1	SE-HM-1	SE-HH-1
引張強さ	ASTM D 638	5mm/min	MPa (kgf/cm^2)	33 (340)	29 (300)	25 (260)
引張破壊ひずみ	ASTM D 638	3.2mm厚	%	20	25	30
曲げ強さ	ASTM D 790	3mm/min	MPa (kgf/cm^2)	59 (600)	54 (550)	44 (450)
曲げ弾性率	ASTM D 790	6.4mm厚	MPa (kgf/cm^2)	2,740 (28,000)	2,600 (26,500)	2,250 (23,000)
アイゾット衝撃強さ	ASTM D 256	6.4mm厚 ノッチ付	kJ/m^2 (kgf·cm/cm^2)	2.5 (2.5)	3.9 (4.0)	5.9 (6.0)
ロックウェル硬さ	JIS K 7202	Lスケール	-	L90	L84	L75
メルトフローレート	JIS K 7210	200℃, 49N	g/10min.	11	10	7.5
密度	JIS K 7112	23℃	g/cm^3	1.06	1.06	1.07
成形収縮率	ASTM D 955	-	%	0.3〜0.6	0.3〜0.6	0.3〜0.6
荷重たわみ温度	ASTM D 648	6.4mm厚, 1.82MPa, アニール無し	℃	80	78	78
ビカット軟化温度	JIS K 7206	49N, 120℃/Hr	℃	92	90	90
ボールプレッシャー温度	電気用品取締法	-	℃	75	80	80
燃焼性	UL94	-	-	1.6mmV-2	1.6mmV-2	1.6mmV-2
特徴				高耐光 低比重	高耐光 低比重	高耐光 低比重

表56 新日鐵化学 高難燃HIPS（ABS代替）グレード特性表

試験項目	試験法	試験条件	単位	J11X	J2X
引張強さ	ASTM D 638	5mm/min	MPa (kgf/cm^2)	29 (300)	29 (300)
引張破壊ひずみ	ASTM D 638	3.2mm厚	%	15	25
曲げ強さ	ASTM D 790	3mm/min	MPa (kgf/cm^2)	46 (470)	46 (470)
曲げ弾性率	ASTM D 790	6.4mm厚	MPa (kgf/cm^2)	1,960 (20,000)	2,160 (22,000)
アイゾット衝撃強さ	ASTM D 256	6.4mm厚 ノッチ付	kJ/m^2 (kgf·cm/cm^2)	8.8 (9.0)	6.9 (7.0)
ロックウェル硬さ	JIS K 7202	Lスケール	-	L50	L60
メルトフローレート	JIS K 7210	200℃, 49N	g/10min.	7.0	8.0
密度	JIS K 7112	23℃	g/cm^3	1.16	1.10
成形収縮率	ASTM D 955	-	%	0.4〜0.6	0.3〜0.6
荷重たわみ温度	ASTM D 648	6.4mm厚, 1.82MPa, アニール無し	℃	80	80
ビカット軟化温度	JIS K 7206	49N, 120℃/Hr	℃	92	92
ボールプレッシャー温度	電気用品取締法	-	℃	-	85
燃焼性	UL94	-	-	2.1mmV-0	1.6mmV-2
特徴				超高光沢 良耐光 良熱安定性 高強度	超高光沢 良耐光 良熱安定性 高強度

5　難燃性ABS

　ABSは，非晶性のスチレン系樹脂であり，耐衝撃性，剛性，流動性に優れ，寸法安定性，成形加工性，耐薬品性等のバランスのとれた材料である。PBにスチレン，アクリルモノマーをグラフト重合して作られる。他の樹脂との相溶性が優れ，PC，PVCなどとのブレンド材料も多く使われている。

　用途面を見ると，TV，冷蔵庫，掃除機等家電製品，ラジエーターグリル，コンソールボックス，メーターケース等の車両用製品，文具，玩具，食卓製品，その他スポーツ用品など幅広い。

　最近のABSの国内メーカーは，統合，分社の動きがあり，2002年4月には，宇部サイコンと三菱レーヨンのABS事業部が統合してUMG ABSが発足し，2002年10月には，鐘淵化学工業のABS部門のテクノポリマーへの譲渡，2003年10月旭化成の分社化による旭化成ケミカルの発足等の動きがあるが，現在国内では7社のメーカーがある。縮小傾向にある需要に対し倍以上の供給能力を有しており，需要面で厳しい状況が続いている。もっぱら中国を中心とした海外への需要が期待されている。

　現在のABSの国内出荷量，輸出量を見ると表57，図4に示す通り，2003年の国内出荷量は約34万トンを示し，輸出量は20万トンに達している。

　技術面を見ると，難燃性樹脂材料に要求される難燃性は，UL-94のV-0，5Vにまでになっており，優れた難燃性が要求されている。また，最近のWEEE，RoHSに見られる臭素系難燃剤規制の方向付けがかなり明確になって従来より臭素系難燃剤に対する風当たりが弱まった感があるにしても，ユーザー各社の環境安全性の先取の方向は，依然としてノンハロゲン，脱塩ビの方針が打ち出されている。

　厳しい難燃ブレードは，性能と成形加工性に優れたPC／ABSポリマーアロイが使われ，ノンハロゲン材料がいくつかラインアップされてきている。最近は，炭素繊維を強化剤として，金属メッキを施したPC／ABS樹脂が，電磁シールド性を有する筐体材料として開発され，ノンハロゲン，ノンりん系難燃材料としてシリコーン系難燃剤による高難燃性材料も実用化されている。

　各メーカーの難燃性ABSの特性を表58～表81に示す。

表57　ABS樹脂の国内出荷および輸出数量

(単位：1,000トン)

項目＼実績	1998年	1999年	2000年	2001年	2002年	2003年	2004年
車両	62.5	61	65.2	52.7	57.7	65.8	63.6
電気器具	93.4	92.2	91	77.2	70.3	67.9	62
一般機器	92	82.2	80.3	68.4	58.6	49.4	50.2
建材住宅	28	35.2	41.3	43.2	42.5	40.4	40.5
雑貨他	110.3	130.4	132.5	120.2	117.3	112.2	113.2
国産品内需　計	386.2	401	410.3	361.8	346.4	335.7	329.5
輸出	178.5	191.1	184.3	159.8	203.9	208.6	215.6
国産品　総計	564.7	592.1	594.6	521.8	550.3	544.3	545.1

(出典：日本ABS樹脂工業会)

(注) 各年とも暦年ベース，2003年は旧鐘淵化学工業分を含む

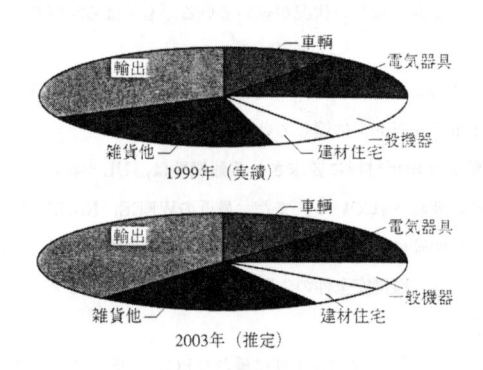

図4　用途別出荷状況

5 難燃性ABS

表58 UMG ABS 難燃性タイプ代表物性表(1)

試験項目	試験法	測定条件	単位	サイコラック[R] V520	VX12	VW7	VW10	VW20	VW30
				汎用	汎用高流動	耐候性	耐候性	耐候性	耐候・耐熱
シャルピー衝撃強さ（ノッチ付き）	ISO 179	23℃	kJ/m²	22	15	12	13	18	13
		-30℃		6	5	5	5	5	4
引張降伏応力	ISO 527	23℃	MPa	41	44	43	41	42	38
引張弾性率	ISO 527	23℃	MPa	2,400	2,500	2,500	2,300	2,300	2,250
曲げ強さ	ISO 178	23℃	MPa	67	70	71	68	67	65
曲げ弾性率	ISO 178	23℃	MPa	2,500	2,650	2,600	2,500	2,500	2,350
ロックウェル硬さ	ISO 2039	23℃	R-Scale	102	105	106	105	103	103
荷重たわみ温度	ISO 75	1.82MPa	℃	68	67	74	75	76	79
密度	ISO 1183		g/cm³	1.2	1.20	1.16	1.16	1.16	1.16
メルトボリュームレート	ISO 1133	220℃×98N	cm³/10min.	35	30	35	30	10	7
成形収縮率	ISO 294-4		%	0.4-0.6	0.5-0.7	0.4-0.6	0.5-0.7	0.5-0.7	0.5-0.7
線膨張係数	ISO 11359-2		cm/cm/℃ (×10⁻⁵)	9	9	8	9	9	9
燃焼性 File No. E47016	UL 94		最小肉厚mm, クラス	2.0V-0 / 2.5 5VA* / *BK, RD	1.5 V-0 / 2.5 5VA / —	1.5 V-0 / 2.2 5VB / 2.5 5VA	1.5 V-0 / 2.2 5VB / 2.5 5VA	1.5 V-0 / 2.5 5VA / —	1.5 V-0 / 2.5 5VA / —
温度インデックス(RTI)	UL 94		℃	60	60	85, 90#	85, 90#	85, 90#	85, 90#

#Elec：90℃, Mech Imp：85℃, Mech Str：90℃

表59 UMG ABS 難燃性タイプ代表物性表（２）

試験項目	試験法	測定条件	単位	サイコラック[3] VW33	VW55.J	VWZ10	SEA2X	V220	VW230	VD200
				薄肉5VA	薄肉5VB	薄肉V-0	ULグローバル汎用・流動耐候・耐熱			ノンハロ
シャルピー衝撃強さ（ノッチ付き）	ISO 179	23℃	kJ/m^2	12	14	14	16	10	9	9
		−30℃		4	5	4	5	5	3	3
引張降伏応力	ISO 527	23℃	MPa	37	41	40	42	44	44	50
引張弾性率	ISO 527	23℃	MPa	1,900	2,350	2,350	2,400	2,650	2,600	2,650
曲げ強さ	ISO 178	23℃	MPa	58	70	68	70	73	75	79
曲げ弾性率	ISO 178	23℃	MPa	2,100	2,550	2,500	2,600	2,800	2,700	2,850
ロックウェル硬さ	ISO 2039	23℃	R−Scale	98	105	105	105	109	109	111
荷重たわみ温度	ISO 75	1.82MPa	℃	80	74	77	70	73	78	73
密度	ISO 1183		g/cm^3	1.18	1.16	1.19	1.15	1.1	1.1	1.06
メルトボリュームレート	ISO 1133	220℃×98N	cm^3/10min.	7	26	16	40	50	40	45
成形収縮率	ISO 294-4	−	%	0.5-0.7	0.4-0.6	0.4-0.6	0.4-0.7	0.4-0.6	0.4-0.6	0.4-0.6
線膨張係数	ISO 11359-2	−	$cm/cm/℃$ ($\times 10^{-5}$)	8	8	8	8	9	8	7
燃焼性 File No. E47016	UL 94		最小肉厚mm、クラス	1.5 V-0 2.0 5VA	1.5 V-0 1.8 5VB	1.1 V-0 2.0 5VB	2.3 V-0 2.5 5VB	0.75 V-2	0.75 V-2	0.75 V-2
				60	60	60	60	60	60	60
温度インデックス(RTI)	UL 94		℃	−	−	−	−	−	85, 90#	−

Elec：90℃、Mech Imp：85℃、Mech Str：91℃

5 難燃性ABS

表60 UMG ABS アロイタイプ代表物性表

試験項目	試験法	測定条件	単位	UMGアロイ™ CX10A	CX15A	CX55B	TA-15	TCL-1D	TC-80A	TX40A
				ABS/PC	ABS/PC	ABS/PC	ASA/PC	ABS/PC	ABS/PC	ABS/PBT
				汎用	流動	難燃・無電解めっき	標準	低光沢	高耐熱	耐薬品
シャルピー衝撃強さ（ノッチ付き）	ISO 179	23℃	kJ/m^2	40	60	50	50	50	50	20
		−30℃		15	25	30	12	10	30	10
引張降伏応力	ISO 527	23℃	MPa	56	50	50	51	43	48	48
引張弾性率	ISO 527	23℃	MPa	2,500	2,200	2,100	2,100	1,700	1,900	2,300
曲げ強さ	ISO 178	23℃	MPa	89	80	77	86	78	79	74
曲げ弾性率	ISO 178	23℃	MPa	2,600	2,250	2,200	2,450	2,050	2,200	2,300
ロックウェル硬さ	ISO 2039	23℃	R-Scale	117	108	106	106	104	107	110
荷重たわみ温度	ISO 75	1.82MPa	℃	98	96	91	94	98	107	90
密度	ISO 1183	—	g/cm^3	1.12	1.12	1.22	1.11	1.11	1.13	1.11
メルトボリューム レート	ISO 1133	220℃×98N	$cm^3/10min.$	—	—	—	—	—	—	—
		230℃×98N		14	22	12	9	6	5	8
成形収縮率	ISO 294-4	—	%	0.6-0.8	0.6-0.8	0.6-0.8	0.5-0.7	0.6-0.8	0.7-0.9	0.7-0.9
線膨張係数	ISO 11359-2	—	$cm/cm/℃$ $(\times 10^{-5})$	7	8	8	9.5	9.5	9.5	8
燃焼性 File No. E47016	UL 94	最小肉厚mm, クラス		3.0 HB	1.5 HB	1.8 V-0	—	—	1.5 HB	—
				—	—	2.9 5VA	—	—	—	—

表61　UMG ABS　繊維強化タイプ代表物性表

試験項目	試験法	測定条件	単位	サイコラック[R]		バルクサム[R]		UMGアロイ™		
				GF20	VG45D	MG-2520A	CX70B	CV65F	FA-420CA	TX64D
				ABS	ABS	ABS	ABS/PC	ABS/PC	ABS/PC	ABS/PBT
				汎用	難燃	GF強化	GF強化	GF難燃	CF強化	難燃
シャルピー衝撃強さ (ノッチ付き)	ISO 179	23℃	kJ/m²	7	6	7	12	8	6	6
		−30℃		3	2	3	4	3	3	2
引張降伏応力	ISO 527	23℃	MPa	96	82	92	82	110	102	100
引張弾性率	ISO 527	23℃	MPa	7,000	6,800	6,900	4,400	8,700	8,700	6,900
曲げ強さ	ISO 178	23℃	MPa	126	107	150	115	140	155	127
曲げ弾性率	ISO 178	23℃	MPa	6,200	6,000	6,750	4,000	7,500	8,150	6,200
ロックウェル硬さ	ISO 2039	23℃	R−Scale	117	113	118	117	115	112	117
荷重たわみ温度	ISO 75	1.82MPa	℃	101	98	117	110	125	111	110
密度	ISO 1183		g/cm³	1.20	1.32	1.22	1.18	1.45	1.24	1.41
メルトボリュームレート	ISO 1133	220℃×98N	cm³/10min.	8	21	3	−	−	−	15
		230℃×98N		−	−	−	7	5	−	−
成形収縮率	ISO 294-4		%	0.1−0.4	0.1−0.3	0.1−0.3	0.3−0.5	0.2−0.4	0.1−0.3	0.3−0.6
線膨張係数	ISO 11359-2		cm/cm/℃ (×10⁻⁵)	4	4	4	5	3	1.5	4
燃焼性 File No. E47016	UL 94		最小肉厚mm, クラス	1.5 HB	1.5 V−0	1.5 HB	0.75 HB	1.5 V−0	1.0 V−0*	1.7 V−0
				−	2.5 5VA	−	−	2.5 5VA	−	2.6 5VA

＊：自然色限定

5 難燃性ABS

表62 UMG ABS 耐薬品タイプ代表物性表

試験項目	試験法	測定条件	単位	ダイヤラック®					
				EX18T	EX18Z	VWA60	MAX10	MAX15	MAX20
				汎用	流動	難燃	標準	高流動	高衝撃
シャルピー衝撃強さ（ノッチ付き）	ISO 179	23℃	kJ/m^2	13	8	16	14	10	32
		-30℃		7	4	6	4	4	6
引張降伏応力	ISO 527	23℃	MPa	43	43	36	43	38	36
引張弾性率	ISO 527	23℃	MPa	2,000	2,250	1,750	2,050	1,900	1,750
曲げ強さ	ISO 178	23℃	MPa	65	70	53	62	55	52
曲げ弾性率	ISO 178	23℃	MPa	2,150	2,450	1,850	2,050	2,000	1,750
ロックウェル硬さ	ISO 2039	23℃	R-Scale	100	102	85	93	95	82
荷重たわみ温度	ISO 75	1.82MPa	℃	80	80	72	80	78	78
密度	ISO 1183	—	g/cm^3	1.06	1.05	1.2	1.07	1.07	1.07
メルトボリュームレート	ISO 1133	220℃×98N	$cm^3/10min$	11	22	10	7	26	5
		230℃×98N		—	—	—	—	—	—
成形収縮率	ISO 294-4	—	%	0.5-0.7	0.5-0.7	0.6-0.8	0.4-0.6	0.4-0.6	0.4-0.6
線膨張係数	ISO 11359-2	—	$cm/cm/℃$ $(\times10^{-5})$	9	8	10	9	9	10
燃焼性 File No. E47016	UL 94	最小肉厚mm、クラス		1.5 HB	—	2.2 V-0	1.5 HB	1.5 HB	1.5 HB
限界歪率（マジックリン）	円弧治具法	23℃	%	0.4	0.5	0.7	>1.6	0.8	>1.6

表63 UMG ABS 摺動性タイプ代表物性表

試験項目	試験法	測定条件	単位	ダイヤラック[3] ESA20 剛性	ESA30 汎用	ESH80 耐熱	EDF20 難燃・制電	WFA10 難燃
シャルピー衝撃強さ（ノッチ付き）	ISO 179	23℃	kJ/m²	11	15	15	8	6
		−30℃		4	4	7	3	2
引張降伏応力	ISO 527	23℃	MPa	50	45	41	41	39
引張弾性率	ISO 527	23℃	MPa	2,600	2,300	2,150	2,300	2,500
曲げ強さ	ISO 178	23℃	MPa	80	73	66	63	66
曲げ弾性率	ISO 178	23℃	MPa	2,700	2,450	2,350	2,400	2,600
ロックウェル硬さ	ISO 2039	23℃	R−Scale	110	104	100	97	105
荷重たわみ温度	ISO 75	1.82MPa	℃	83	81	91	76	75
密度	ISO 1183		g/cm³	1.05	1.04	1.05	1.14	1.16
メルトボリュームレート	ISO 1133	220℃×98N	cm³/10min.	22	19	−	50	33
		230℃×98N		−	−	5	−	−
成形収縮率	ISO 294-4	−	%	0.6-0.7	0.6-0.8	0.7-0.9	0.6-0.8	0.5-0.7
線膨張係数	ISO 11359-2	−	cm/cm/℃（×10⁻⁵）	7	7	8	9	8
燃焼性 File No. E47016	UL 94	最小肉厚mm、クラス		1.5 HB	1.5 HB	1.5 HB	1.5 V-2	1.9 V-0 21.5VB
動摩擦係数	JIS K7218	対同樹脂 20N, 23℃	μ	0.3	0.3	0.3	0.3	0.3

5　難燃性ABS

表64　UMG ABS めっき，塗装グレード一覧

試験項目	試験法	測定条件	単位	サイコラック[3]					パルクナム[3]	UMGアロイ™	
				3001M	3001MF	3001MG2A	EX12H	PS-507	TM-15M	CX55B	TC-37M
				ABS	ABS	ABS	ABS	ABS	ABS	ABS/PC	ASA/PC
				汎用	高流動	塗装兼用	塗装・衝撃	蒸着	耐熱	無電解	耐熱
シャルピー衝撃強さ（ノッチ付き）	ISO 179	23℃	kJ/m²	27	26	31	20	27	21	50	45
		-30℃		11	10	20	10	11	12	30	25
引張降伏応力	ISO 527	23℃	MPa	42	39	41	47	41	43	50	47
引張弾性率	ISO 527	23℃	MPa	2,350	2,150	2,300	2,400	2,200	2,100	2,100	1,900
曲げ降伏強さ	ISO 178	23℃	MPa	66	65	61	80	61	62	77	64
曲げ弾性率	ISO 178	23℃	MPa	2,500	2,400	2,400	2,500	2,300	2,400	2,200	1,900
ロックウェル硬さ	ISO 2039	23℃	R-Scale	109	108	108	105	107	111	106	103
荷重たわみ温度	ISO 75	1.82MPa	℃	81	80	80	82	83	88	91	98
密度	ISO 1183	—	g/cm³	1.05	1.05	1.05	1.05	1.05	1.05	1.22	1.10
メルトボリュームレート	ISO 1133	220℃×98N / 230℃×98N	cm³/10min.	21	36	24	20	34	10	—	6
成形収縮率	ISO 294-4	—	%	0.4-0.6	0.4-0.6	0.4-0.6	0.5-0.7	0.4-0.6	0.4-0.6	0.6-0.8	0.5-0.7
線膨張係数	ISO 11359-2	—	cm/cm/℃ (×10⁻⁵)	8.5	8.5	8.5	8	8.5	9	9	9.5
燃焼性 File No. E47016	UL 94	—	最小肉厚mm, クラス	1.5 HB	1.5 HB	—	—	—	1.5 HB	12 / 1.8 V-0 / 2.9 5VA	1.5 HB

難燃剤・難燃材料活用技術

表65 UMG ABS 透明性，耐傷性，軟質，持続制電性各タイプ代表物性

試験項目	試験法	測定条件	単位	ダイヤラック[※]				サイコラック[※] 持続制電性	
				透明性		耐傷性	軟質		
				U400	U407	WH10	SV10	CE22	CE22H
				汎用	流動	高硬度	低剛性	制電	ダストフリー
シャルピー衝撃強さ（ノッチ付き）	ISO 179	23℃ / −30℃	kJ/m²	8 / 3	8 / 3	5 / 3	35 / 10	15 / 4	10 / 4
引張降伏応力	ISO 527	23℃	MPa	49	47	61	23	39	41
引張弾性率	ISO 527	23℃	MPa	2,150	1,950	2,900	750	2,150	2,150
曲げ降伏強さ	ISO 178	23℃	MPa	63	60	93	23	53	62
曲げ弾性率	ISO 178	23℃	MPa	2,300	2,000	3,100	850	2,250	2,350
ロックウェル硬さ	ISO 2039	23℃	R−Scale	113	109	116	51	92	100
荷重たわみ温度	ISO 75	1.82MPa	℃	78	70	75	68	76	75
密度	ISO 1183		g/cm³	1.14	1.14	1.12	1.06	1.14	1.10
メルトボリュームレート	ISO 1133	220℃×98N / 230℃×98N	cm³/10min	5 / —	10 / —	11 / —	4 / —	48 / —	48 / —
成形収縮率	ISO 294-4		%	0.4-0.6	0.4-0.6	0.4-0.6	0.7-0.9	0.5-0.7	0.4-0.6
線膨張係数	ISO 11359-2		cm/cm/℃ (×10^{-5})	8	8	6	11	10	9
燃焼性 File No. E47016	UL 94		最小肉厚mm, クラス	1.5 HB	—	—	—	1.5 V-2	1.5 V-2

5 難燃性ABS

表66 UMG ABS 押出成形タイプ代表物性表

試験項目	試験法	測定条件	単位	サイコラックR EX215	GSE	ET20	EX22K	EX270	VW25
				汎用	塗装性	耐熱	発泡異形	異形汎用	難燃
シャルピー衝撃強さ (ノッチ付き)	ISO 179	23℃	kJ/m²	21	22	14	27	23	19
		-30℃		11	10	6	18	10	7
引張降伏応力	ISO 527	23℃	MPa	44	46	46	40	47	42
引張弾性率	ISO 527	23℃	MPa	2,200	2,150	2,450	2,000	2,550	2,250
曲げ降伏強さ	ISO 178	23℃	MPa	69	71	76	63	77	69
曲げ弾性率	ISO 178	23℃	MPa	2,350	2,300	2,550	2,200	2,600	2,350
ロックウェル硬さ	ISO 2039	23℃	R-Scale	107	104	108	97	110	101
荷重たわみ温度	ISO 75	1.82MPa	℃	79	81	95	79	80	77
密度	ISO 1183	—	g/cm³	1.05	1.05	1.06	1.05	1.05	1.20
メルトボリュームレート	ISO 1133	220℃×98N	cm³/10min.	9	8	3	7	5	6
		230℃×98N		—	—	—	—	—	—
成形収縮率	ISO 294-4	—	%	0.5-0.7	0.5-0.7	0.6-0.8	0.6-0.8	0.6-0.8	0.5-0.7
線膨張係数	ISO 11359-2	—	cm/cm/℃ (×10⁻⁵)	9	9	7	9	8	9
燃焼性 File No. E47016	UL 94	最小肉厚mm, クラス		1.5 HB	1.5 HB	—	—	1.5 HB	1.5 V-0
				—	—	—	—	—	25.5VA

表67 テクノポリマー 難燃性ABS物性一覧表

項目	単位	ASTM	V-0 標準 Standard テクノABS F5330	V-0 高流動 High Flow テクノABS F5270	V-0 良熱安・耐光 Thermostable & Light Resistant テクノABS F5350	V-0 高流動・耐光 High Flow & Light Resistant テクノABS F5370	2mm V-0 標準 Standard テクノABS F5430	2mm V-0 良熱安・耐光 Thermostable & Light Resistant テクノABS F5450	2mm V-0 良熱安・耐光 Thermostable & Light Resistant テクノABS F5451	2mm V-0 耐光 Light Resistant テクノABS F5455	2mm V-0 高流動・耐光 High Flow & Light Resistant テクノABS F5470	V-1 標準 Standard テクノABS F3530	V-2 標準 Standard テクノABS F1330	V-2 良熱安 Thermostable テクノABS F1310	V-2 良熱安・耐光 Thermostable & Light Resistant テクノABS F1350	耐光 Light Resistant テクノABS F1150
引張強さ	MPa kgf/cm²	ASTM D638	45.1 460	43.1 440	47.1 480	43.1 440	45.1 460	47.1 480	45.1 460	43.1 440	41.2 420	44.1 450	47.1 480	48.1 490	52.0 530	46.1 470
曲げ強さ	MPa kgf/cm²	ASTM D790	70.6 720	70.6 720	78.5 800	70.6 720	75.5 770	78.5 800	73.5 750	73.5 750	70.6 720	71.6 730	78.5 800	78.5 800	82.4 840	74.5 760
曲げモジュラス	MPa kgf/cm²	ASTM D790	2,550 26,000	2,260 23,000	2,650 27,000	2,260 23,000	2,790 28,500	2,840 29,000	2,450 25,000	2,450 25,000	2,350 24,000	2,550 26,000	2,650 27,000	2,650 27,000	2,890 29,000	2,550 26,000
アイゾット衝撃強さ	kgf·cm/cm J/m	ASTM D256	10.0 98	14.0 137	14.0 137	15.0 147	11.0 108	10.0 98	10.0 98	17.0 167	17.0 167	12.0 118	11.0 108	13.0 127	12.0 118	12.0 118
ロックウェル硬さ	—	ASTM D785	R103	R101	R108	R101	R108	R108	R105	R107	R107	R104	R107	R110	R111	R108
メルトフロー 温度条件	g/10Min.	JIS K7210	7.0 200℃,49N	34.0 220℃,98N	14.0 220℃,98N	32.0 220℃,98N	8.0 200℃,49N	60.0 220℃,98N	23.0 220℃,98N	20.0 220℃,98N	30.0 220℃,98N	7.0 200℃,49N	8.0 200℃,49N	25.0 220℃,98N	35.0 220℃,98N	55.0 220℃,98N
熱変形温度	℃	ASTM D648	77	86	90	87	81	87	91	84	87	80	80	90	93	90
比重	—	ASTM D792	1.21	1.22	1.21	1.19	1.19	1.19	1.19	1.18	1.17	1.13	1.13	1.12	1.09	1.11
成型収縮率%	Low High	ASTM D955	0.40 0.60	0.30 0.60	0.40 0.60	0.30 0.60	0.40 0.60	0.40 0.60	0.40 0.60	0.30 0.60	0.40 0.60	0.40 0.60	0.40 0.60	0.40 0.60	0.40 0.60	0.30 0.60
難燃性	mm 試験条件 mm 試験条件 all color	UL94	2.5 5V 1.5 V-0 all color	1.5 5V 1.0 V-0 all color	2.5 5V 1.5 V-0 all color	2.5 5V 1.5 V-0 all color	2.5 5V 1.5 V-0 all color	2.5 5V 2.1 V-0 all color	2.5 5V 2.1 V-0 all color	2.5 5V 2.0 V-0 all color	2.5 5V 2.1 V-0 all color	1.5 HB 3.0 V-1 all color	1.5 V-2 all color	1.5 V-2 all color	1.5 V-2 all color	0.75 V-2 all color

5 難燃性ABS

表68 難燃材料特性一覧表

材料の種類：ABS
メーカー名／商品名　旭化成ケミカルス／スタイラック

特　性	評価法，規格	ADION VA210	VN81N	VN81E	VN30	VN80	VN85
比重	JISK 7112	1.22	1.09	1.14	1.07	1.17	1.17
吸水率%							
軟化点(ビカット)℃	JISK 7206	90	109	105	90	99	99
荷重撓み温度, ℃	JISK 7191	76	97	95	75	81	81
線膨張係数×10^5／K							
熱伝導率W／m・K							
燃焼性　UL-94		V-0 5VA	V-0	V-0	V-2	V-0	V-0 5VA
酸素指数							
降伏強度　MPa	JISK 7161	38			50	40	46
破断強度　MPa	〃		109	80			
破断伸び　%							
アイゾット衝撃強度 KJ/m^2(J/m)	ASTMD 256	(78)	(59)	(59)	(118)	(69)	(69)
体積抵抗率　Ω-cm			5×10	5×10^3			
誘電率（1 MHz）							
誘電正接×10^3							
破壊電圧　MV／m							
耐アーク性　秒							
成形収縮率　%	ASTMD 955	0.4〜0.6	0.1〜0.2	0.25〜0.35	0.4〜0.6	0.4〜0.6	0.4〜0.6
MFR　g／10分	JISK 7210	20	2.1	6.3	58	8.0	9.0
MVR　m^3／10分	〃	20	2.1	6.3	60	9.0	10.0
シリンダー温度℃		160〜220	160〜220	160〜220	160〜210	160〜220	160〜220
金型温度　℃		40〜70	40〜70	40〜70	40〜70	40〜70	40〜70
射出圧力　MPa							

難燃剤・難燃材料活用技術

表69 難燃材料特性一覧表

材料の種類：ABS

メーカー名／商品名　旭化成ケミカルズ／スタイラック

特 性	評価法, 規格	VA29	VA22	VA55	VA58	VA50	VA518
比重	JISK 7112	1.09	1.15	1.17	1.20	1.19	1.19
吸水率%							
軟化点(ピカット)℃	JISK 7206	93	93	88	91	93	90
荷重撓み温度, ℃	JISK 7191	73	74	75	77	75	75
線膨張係数×10^5／K							
熱伝導率W／m・K							
燃焼性　UL-94		V-2	V-2	V-0 5VB	V-0 5VA	V-0 5VA	V-0 5VA
酸素指数							
降伏強度　MPa		47	51	52	45	48	41
破断強度　MPa							
破断伸び　%							
アイゾット衝撃強度 KJ/m^2 (J/m)		(118)	(118)	(88)	(98)	(98)	(59)
体積抵抗率　Ω-cm							
誘電率（1MHz）							
誘電正接×10^3							
破壊電圧 MV／m							
耐アーク性　秒							
成形収縮率　%		0.4〜0.6	0.4〜0.6	0.4〜0.6	0.4〜0.6	0.4〜0.6	0.4〜0.6
MFR　g／10分		50	45	40	32	27	70
MVR　m^3／10分		50	45	40	32	27	70
シリンダー温度℃		160〜220	150〜210	150〜210	160〜220	160〜220	160〜210
金型温度　℃		40〜70	40〜70	40〜70	40〜70	40〜70	40〜70
射出圧力　MPa							

5 難燃性ABS

表70 難燃材料特性一覧表

材料の種類：ABS

メーカー名／商品名　旭化成ケミカルス／スタイラック

特　性	評価法，規格	VA545	VA602	VGB10	VGB20	VGA30	VGS30
比重	JISK 7112	1.19	1.21	1.27	1.32	1.42	1.44
吸水率%							
軟化点(ピカット)℃	JISK 7206	92	98				
荷重撓み温度，℃	JISK 7191	75	83	8	83	85	90
線膨張係数×10^5／K				4.7	3.3	2.5	2.5
熱伝導率W／m・K							
燃焼性　UL-94		V-0 5VA	V-0 5VA	V-0 5VA	V-0 5VA	V-0 5VA	V-0 5VB
酸素指数							
降伏強度　MPa		51	56				
破断強度　MPa				73	78	83	83
破断伸び　%							
アイゾット衝撃強度　KJ/m² (J/N)		(88)	(78)	(78)	(69)	(64)	(54)
体積抵抗率　Ω-cm							
誘電率（1 MHz）							
誘電正接×10^3							
破壊電圧　MV／m							
耐アーク性　秒							
成形収縮率　%		0.4～0.6	0.4～0.6	0.4～0.6	0.3～0.4	0.2～0.3	0.2～0.3
MFR　g／10分		40	20	－	17	－	13
MVR　m³／10分		40	20	－	16	－	12
シリンダー温度℃		160～220	160～220	160～220	160～220	160～220	160～220
金型温度　℃		40～70	40～70	40～70	40～70	40～70	40～70
射出圧力　MPa							

難燃剤・難燃材料活用技術

表71　難燃材料特性一覧表

材料の種類：ABS
メーカー名／商品名　奇美実業股份有限公司／ポリラック

特　性	評価法，規格	PA760	PA765	PA765A	PA765B	PA764
比重	ASTM D 792	1.20	1.20	1.17	1.16	1.19
吸水率％						
軟化点(ピカット)℃	ASTM D 1525	98	90	92	95	97
荷重撓み温度，℃	ASTM D 648	81	73	76	79	79
線膨張係数×10^5／K						
熱伝導率W／m・K						
燃焼性　UL-94		V-0 5VA	V-0 5VA	V-0 5VA	V-0 5VA	V-0 5VA
酸素指数						
降伏強度　MPa	ASTM D 638	37	38	39	40	36
破断強度　MPa						
破断伸び　％		30	15	15	20	15
アイゾット衝撃強度　KJ/m² (J/N)		(200)	(170)	(190)	(210)	(110)
体積抵抗率　Ω-cm						
誘電率（1 MHz）						
誘電正接×10^3						
破壊電圧　MV／m						
耐アーク性　秒						
成形収縮率　％						
MFR　g／10分	ASTM D 1238	2.3	5.2	4.8	4.2	3.2
MVR　m³／10分						
シリンダー温度℃						
金型温度　℃						
射出圧力　MPa						

5 難燃性ABS

表72 難燃材料特性一覧表

材料の種類：ABS

メーカー名／商品名　新日鐵化学／エスチレンSE，ABS

特　性	評価法，規格	2A	A2	A1
比重	JISK 7112	1.1	1.15	1.18
吸水率%				
軟化点(ピカット)℃	JISK 7207	91	80	78
荷重撓み温度，℃				
線膨張係数×10^5／K				
熱伝導率W／m・K				
燃焼性　UL-94		V-2	V-2	V-0
酸素指数				
降伏強度　MPa	ASTM D 638	39	35	34
破断強度　MPa				
破断伸び　%		9	9	6
アイゾット衝撃強度　KJ/m^2 (J/N)		(147)	(98)	(98)
体積抵抗率　Ω-cm				
誘電率（1 MHz）				
誘電正接×10^3				
破壊電圧　MV／m				
耐アーク性　秒				
成形収縮率　%				
MFR　g／10分		28	30	40
MVR　m^3／10分				
シリンダー温度℃				
金型温度　℃				
射出圧力　MPa				

表73 新日鐵化学 ABS V-0/V-2 グレード特性表

試験項目	試験法	試験条件	単位	V-0 EAT	V-0 AM1	V-2 EA2
引張強さ	ASTM D 638	5mm/min.	MPa (kgf/cm²)	42 (430)	39 (400)	44 (450)
引張破壊ひずみ	ASTM D 638	3.2mm厚	%	5	8	10
曲げ強さ	ASTM D 790	3mm/min.	MPa (kgf/cm²)	67 (680)	65 (660)	69 (700)
曲げ弾性率	ASTM D 790	6.4mm厚	MPa (kgf/cm²)	2,480 (25,300)	2,450 (25,000)	2,450 (25,000)
アイゾット衝撃強さ	ASTM D 256	6.4mm厚 ノッチ付	KJ/m² (kgf・cm/cm²)	9.8 (10)	8.8 (9.0)	9.8 (10)
ロックウェル硬さ	JIS K 7202	Rスケール	—	R105	R100	R108
メルトフローレート	JIS K 7210	220℃, 98N	g/10min.	43	30	35
密度	JIS K 7112	23℃	g/cm³	1.18	1.18	1.11
成形収縮率	ASTM D 955	—	%	0.3〜0.6	0.3〜0.6	0.3〜0.6
荷重たわみ温度	ASTM D 648	6.4mm厚, 1.82MPa, アニール無し	℃	85	76	85
ビカット軟化温度	JIS K 7206	49N, 120℃/Hr	℃	95	86	95
ボールプレッシャー温度	電気用品取締法	—	℃	90	—	90
燃焼性	UL 94	—	—	2.1mmV-0	1.6mmV-0	1.6mmV-2
特徴				高耐光 良成形性	良成形性	高耐光 良成形性

・上記物性値は標準配合の平均値であり、保証値ではありません。
・改良のため上記物性値を変更する場合があります。

5 難燃性ABS

表74 難燃材料特性一覧表

材料の種類：ABS

メーカー名／商品名　ダイセルポリマー／セビアン

特　性	評価法, 規格	VF512	VF191	VF790	SER20	SER22	SER91
比重	ISO 1183	1.10	1.11	1.09	1.16	1.20	1.19
吸水率%	ISO 62	0.3	0.3	0.3	0.3	0.3	0.3
軟化点(ビカット)℃	ISO 306	83	91	97	80	82	90
荷重撓み温度, ℃	ISO 75	73	70	79	70	72	78
線膨張係数×10^5／K	ISO 11359	8/-	8/-	8/-	8/-	8/-	8/-
熱伝導率W／m・K							
燃焼性　UL-94		V-2 (1.5mm)	V-2 (1.7mm)	V-2 (1.7mm)	V-0 5VA	V-0 5VA	V-0 5VA
酸素指数							
降伏強度　MPa							
破断強度　MPa		46	56	44	42	44	45
破断伸び　%							
アイゾット衝撃強度　KJ/m^2 (J/N)		(180)	(100)	(210)	(150)	(140)	(130)
体積抵抗率　Ω-cm							
誘電率（1MHz）							
誘電正接×10^3							
破壊電圧　MV／m	ASTM D 149	33	27	28	34	22	25
耐アーク性　秒	ASTM D 495	36	53	70	10	66	36
成形収縮率　%	ASTM D 955	0.4〜0.6	0.4〜0.6	0.4〜0.6	0.4〜0.6	0.4〜0.6	0.4〜0.6
MFR　g／10分	ISO 1133 220℃　5kg	35	19	26	40	55	20
MVR　m^3／10分							
シリンダー温度℃		160〜195	180〜230	170〜225	160〜200	160〜200	180〜200
金型温度　℃		40〜60	40〜60	40〜60	40〜60	40〜60	40〜60
射出圧力　MPa							

難燃剤・難燃材料活用技術

表75　難燃材料特性一覧表

材料の種類：ABS

メーカー名／商品名　ダイセルポリマー／セビアン

特 性	評価法，規格	SER91X	SER80	SER95	SER01	SER02	SER03
比重	ISO 1183	1.23	1.17	1.21	1.30	1.36	1.41
吸水率%	ISO 62	0.3	0.3	0.3	0.3	0.3	0.3
軟化点(ビカット)℃	ISO 306	90	85	95	91	94	94
荷重撓み温度，℃	ISO 75	78	75	81	86	89	90
線膨張係数×10^5／K	ISO 11359	8/-	8/-	8/-	5/8	5/8	2/8
熱伝導率W／m・K							
燃焼性　UL-94		V-0 5VA	V-0 5VA	V-0 (1.8mm)	V-0 5VA	V-0 5VA	V-0 (1.6mm)
酸素指数							
降伏強度　MPa							
破断強度　MPa	ISO 527	48	42	46	75	85	95
破断伸び　%							
アイゾット衝撃強度　KJ／m²(J／N)	ASTM D 256	(90)	(150)	(110)	(80)	(100)	(100)
体積抵抗率　Ω-cm							
誘電率（1 MHz）							
誘電正接×10^3							
破壊電圧　MV／m	ASTM D 149	25	21	40	34	34	20
耐アーク性　秒	ASTM D 495	36	23	60	10	16	65
成形収縮率　%	ASTM D 955	0.4〜0.6	0.4〜0.6	0.4〜0.6	0.2〜0.5	0.2〜0.5	0.1〜0.4
MFR　g／10分	ISO 1133 220℃　5kg	22	25	15	—	—	—
MVR　m³／10分							
シリンダー温度℃		180〜230	170〜220	185〜235	160〜220	180〜220	160〜220
金型温度　℃		40〜60	40〜60	40〜60	60〜80	60〜80	60〜80
射出圧力　MPa							

5 難燃性ABS

表76 難燃材料特性一覧表

材料の種類：ABS
メーカー名／商品名　ダイセルポリマー／セビアン

特 性	評価法，規格	SKG10	SKG20	SKG30	SFG20	SFG30	AF100	AF700
比重	ISO 1183	1.27	1.33	1.41	1.33	1.41	1.07	1.07
吸水率%	ISO 62	0.3	0.3	0.3	0.3	0.3	0.3	0.3
軟化点（ピカット）℃	ISO 306	98	101	102	115	116	78	84
荷重撓み温度，℃	ISO 75	94	97	98	111	112	68	74
線膨張係数×10^5／K	ISO 11359	5/8	5/8	2/8	3/8	2/8	9	9
熱伝導率W/m・K								
燃焼性　UL-94		V-0 (1.5mm)	V-0 (1.5mm)	V-0 (1.5mm)	V-0 (1.6mm)	V-0 (1.6mm)	V-0 (1.5mm)	V-0 (1.5mm)
酸素指数								
降伏強度　MPa								
破断強度　MPa	ISO 527	70	90	100	90	100	44	49
破断伸び　%								
アイゾット衝撃強度　KJ/m² (J/N)		(70)	(60)	(50)	(50)	(50)	(140)	(100)
体積抵抗率　Ω-cm								
誘電率（1MHz）								
誘電正接×10^3								
破壊電圧　MV/m								
耐アーク性　秒								
成形収縮率　%		0.2〜0.5	0.2〜0.5	0.1〜0.4	0.2〜0.5	0.1〜0.4	0.4〜0.6	0.4〜0.6
MFR　g／10分									
MVR　m³／10分		−	−	−	−	−	9	8
シリンダー温度℃		180〜240	180〜240	180〜240	190〜250	190〜250	−	−
金型温度　℃								
射出圧力　MPa								

(ノンハロ) (ノンハロ)

難燃剤・難燃材料活用技術

表77　難燃材料特性一覧表

材料の種類：ABS

メーカー名／商品名　ダイセルポリマー／ノバロイE

特　性	評価法，規格	E-50	EG506
比重	ISO 1183	1.24	1.47
吸水率 %	ISO 62	0.3	0.3
軟化点（ビカット）℃			
荷重撓み温度，℃	ISO 75	80	93
線膨張係数×10^5／K	ISO 11359	9/-	3/9
熱伝導率 W／m・K			
燃焼性　UL-94		V-0 (1.5mm)	V-0 (1.5mm)
酸素指数			
降伏強度　MPa			
破断強度　MPa		37	67
破断伸び　%			
アイゾット衝撃強度　KJ/m^2 (J/N)		(120)	(50)
体積抵抗率　Ω-cm			
誘電率（1MHz）			
誘電正接×10^3			
破壊電圧　MV／m	ASTM D 149 (1.5mm)	11	
耐アーク性　秒	ASTM D 495	57	
成形収縮率　%	ASTM D 955	0.4〜0.7	0.1〜0.3
MFR　g／10分	ISO 1133 (230℃, 10kg)	10	－
MVR　m^3／10分			
シリンダー温度 ℃			
金型温度　℃			
射出圧力　MPa			

5 難燃性ABS

表78 難燃材料特性一覧表

材料の種類：ABS

メーカー名／商品名　電気化学工業／デンカ難燃ABS

特　性	評価法，規格	NA2862	NA2860	NA3820	NA5860	NA4900
比重	ASTM D 492	1.08	1.19	1.19	1.19	1.20
吸水率%		0.6		0.6		
軟化点(ビカット)℃	JIS K 6874	95	95	92	94	104
荷重撓み温度，℃	ASTM D 645	84	83	80	83	93
線膨張係数×10^5／K	ASTM D 696	9.0	−	−	−	−
熱伝導率W／m・K						
燃焼性　UL-94		V-2	V-0 5V	V-0 5V	V-0 5V	V-0 5V
酸素指数						
降伏強度　MPa	ASTM D 638	44	44	42	40	44
破断強度　MPa						
破断伸び　%						
アイゾット 衝撃強度　KJ/m^2 (J/N)		(108)	(137)	(118)	(118)	(137)
体積抵抗率　Ω-cm						
誘電率（1 MHz）						
誘電正接×10^3						
破壊電圧　MV／m						
耐アーク性　秒						
成形収縮率　%		0.4〜0.6	0.4〜0.6	0.4〜0.6	0.4〜0.6	0.4〜0.6
MFR　g／10分	ASTM D 1238	5.1	4.6	6.0	5.0	1.0
MVR　m^3／10分						
シリンダー温度℃						
金型温度　℃						
射出圧力　MPa						

難燃剤・難燃材料活用技術

表79 難燃材料特性一覧表

材料の種類：ABS

メーカー名／商品名　東レ／トヨラック

特　性	評価法，規格	884	828	824V	834V	844V	894	NH82X01	982X02
比重	ASTM D 792	1.15	1.08	1.09	1.14	1.16	1.14	1.07	1.06
吸水率%	ASTM D 520	<0.3	0.3	<0.3	<0.3	0.3	0.3	―	―
軟化点(ピカット)℃									
荷重撓み温度，℃	ASTM D 1525	76	80	85	84	82	77	81	77
線膨張係数×10^5／K	ASTM D 792	10				9.9			
熱伝導率 W／m・K									
燃焼性　UL-94		5V,V-0	V-2	V-2	5V,V-0	5V,V-0	V-0	V-2	V-2
酸素指数									
降伏強度　MPa									
破断強度　MPa									
破断伸び　%	ASTM D 438	>5	>10	>10	>5	>5	>5	>10	>10
アイゾット衝撃強度　KJ/m²(J/N)		(157)	(176)	(157)	(157)	(139)	(88)	(115)	(105)
体積抵抗率　Ω-cm									
誘電率（1 MHz）									
誘電正接×10^3									
破壊電圧　MV／m									
耐アーク性　秒									
成形収縮率　%	ISO 1133	0.4~0.7	0.4~0.7	0.4~0.7	0.4~0.7	0.4~0.7	0.4~0.7	0.4~0.6	0.4~0.6
MFR　g／10分		4.5	4.9	37	29	34	38	41	50
MVR　m³／10分									
シリンダー温度℃									
金型温度　℃									
射出圧力　MPa									

5 難燃性ABS

表80 難燃材料特性一覧表

材料の種類：ABS

メーカー名／商品名　東レ／トヨラック

特　性	評価法，規格	855 VG10	855 VG20	855 VG30	TM 80	PX 80 T10	NX 80 T
比重	ASTM D 792	1.25	1.34	1.44	1.20	1.23	1.21
吸水率％	ASTM D 570	0.3	0.3	0.3	0.3	—	—
軟化点（ビカット）℃							
荷重撓み温度，℃	ASTM D 648	99	100	100	89	112	105
線膨張係数×10^5／K							
熱伝導率W／m・K							
燃焼性　UL-94		5V, V-0	5V, V-0	5V, V-0	5V, V-0	V-0	V-0
酸素指数							
降伏強度　MPa	ASTM D 638	78	98	118	43	—	—
破断強度　MPa							
破断伸び　％	〃	3	3	3	23	3	4
アイゾット衝撃強度　KJ／m²(J/N)	ASTM D 256	(69)	(69)	(69)	(196)	45/58	64/86
体積抵抗率　Ω-cm							
誘電率（1 MHz）							
誘電正接×10^3							
破壊電圧　MV／m							
耐アーク性　秒							
成形収縮率　％		0.3〜0.6	0.2〜0.6	0.2〜0.5	0.5〜0.7	0.20	0.20
MFR　g／10分		28	22	15	4.3	—	—
MVR　m³／10分							
シリンダー温度℃		220〜240	220〜240	220〜240	190〜210	250	250
金型温度　℃		40〜80	40〜80	40〜80	40〜80	40〜80	40〜80
射出圧力　MPa							

難燃剤・難燃材料活用技術

表81　難燃材料特性一覧表

材料の種類：ABS

メーカー名／商品名　日本エイアンドエル／クララスチック

特　性	評価法，規格	AN435	AN450	AN466	AN492	AN491	AN495	AN490	ANG20
比重	ASTM D 792	1.06	1.18	1.10	1.19	1.14	1.10	1.19	1.32
吸水率％									
軟化点（ピカット）℃	ASTM D 1525	97	94	104	99	104	107	112	109
荷重撓み温度，℃	ASTM D 648	78	75	85	80	88	88	94	91
線膨張係数×10⁵／K	ASTM D 696	7.8	8.0	7.8	8.0	8.0	78	8.0	4.8
熱伝導率 W／m・K									
燃焼性　UL-94		V-2	V-0 5VA	V-2	V-0 5VA	V-2	V-0 5VA	V-2	V-0
酸素指数									
降伏強度　MPa	ASTM D 638	42	42	49	41	40	44	39	88
破断強度　MPa									
破断伸び　％									
アイゾット衝撃強度 KJ／m²(J/N)	ASTM D 256	(196)	(127)	(118)	(137)	(137)	(167)	(118)	(178)
体積抵抗率　Ω-cm									
誘電率（1 MHz）									
誘電正接×10³									
破壊電圧　MV／m									
耐アーク性　秒									
成形収縮率　％	ASTM D 955	0.4〜0.6	0.4〜0.6	0.4〜0.6	0.4〜0.6	0.4〜0.6	0.4〜0.6	0.4〜0.6	0.2〜0.5
MFR　g／10分	ASTM D 128	10	5.5	6.5	5	3	3.5	2.5	41
MVR　m³／10分									
シリンダー温度℃		200〜240	180〜210	180〜210	180〜210	200〜230	200〜230	200〜230	180〜210
金型温度　℃		40〜60	40〜60	40〜60	40〜60	40〜60	40〜60	40〜60	40〜60
射出圧力　MPa									

6　難燃性PA（ポリアミド）

ポリアミドは，酸アミド結合（－CONH－）を有する高分子材料のことを言う。一般にナイロンと呼ばれている。その中には，重合成分によってナイロン6，66，610，11，12がある。機械的性質が高く，自己滑性，摩擦係数が小さく，金属に比較して軽くて強度が高い。融点が高く，常用100℃くらいまで使用できる。金属と比べ弾性係数が小さく，衝撃吸収特性にも優れている。ギヤー，ベアリング等の機械部品から自動車部品，電気部品，建材，雑貨，各種押出加工品等に広く使われる。

特に難燃性ポリアミドは，電気電子機器，OA機器のコイルボビン，リレー部品，ワッシャー，ギヤー，コネクター等の部品に広く使われている。

ポリアミドの需要は，2000年までは比較的順調に伸びてきていたが，2001年は，経済の低迷，IT不況によりマイナス傾向に変化し，2002年にはIT関連，自動車，フィルム等の需要復活により再び回復し21万トンに達し，2003年には更に24万トンに達している。2000～2003年のポリアミドの生産，出荷状況，需要構成を表82，図5に示す。

用途別の需要構成を見ると自動車，車両が37％，包装，フィルム，モノフィラメント等の押出し用途が30％，電気電子機器が23％，その他工業製品が10％となっている。

製造メーカーは多く，2001年におけるデータを表83に示すが，日本全体で約50万トンの能力を有している。

難燃性ポリアミドは，1年前のEUのWEEE，RoHSに規制において決められた臭素形難燃剤の規制の緩和によって多少の変化が出ているが，相変わらずノンハロゲン難燃グレードの開発に力を入れている。

表84～表115にメーカーの難燃性ポリアミドの種類と特性について示す。

表82　ポリアミド成形材料の生産・出荷推移

(単位：トン，％)

	2000年	2001	2002	2003
生産量	257,706 (9.9)	232,080 (△9.9)	241,672 (4.1)	263,716 (9.1)
出荷量	245,933 (2.7)	227,094 (△7.7)	248,088 (9.2)	257,476 (3.8)
輸　出	102,600 (△7.1)	91,100 (△11.2)	109,631 (20.3)	117,707 (7.4)
輸　入	69,400 (2.2)	63,000 (△9.2)	74,287 (17.8)	78,399 (5.5)
内需	212,733 (6.3)	198,994 (△6.5)	212,744 (6.9)	218,168 (2.5)

内需＝出荷＋輸入－輸出　　　（出典：経済産業省化学工業統計・財務省通関統計）

難燃剤・難燃材料活用技術

```
        工業
        製品
         10
  電気・電子       自動車・車両
    23            37（％）

       フィルム・モノ
       フィラメント等
        押出し 30
```

図5　PAの国内需要構成（2002年）

表83　ポリアミドの設備能力（2001年）

(単位：トン/年)

メーカー名			設備能力	
〈ナイロン6〉合計			129,000	
宇部興産		宇　部	55,000	
東　レ		名古屋	28,000	
三菱エンジニアリング プラスチックス		黒　崎	30,000	重合設備は三菱化学
ユニチカ		宇　治	12,000	
東洋紡績		敦　賀	4,000	
BASFジャパン		四日市*	－	TSセンター擁して輸入販売
バイエル		豊　橋*	－	TSセンター擁して輸入販売
エムス・昭和電工		大　分	－	輸入販売
〈ナイロン66〉合計			105,000	
旭化成		延　岡	76,000	2001年10月に3万トン増強
東　レ		名古屋	22,000	
デュポン		宇都宮*	15,000	
宇部興産		宇　部	7,000	コンパウンド生産
ユニチカ		宇　治	2,000	コンパウンド生産
BASFジャパン		四日市	－	TSセンター擁して輸入販売
バイエル		豊　橋*	－	TSセンター擁して輸入販売
エムス・昭和電工		大　分	6,000	コンパウンド生産
〈ナイロン11，12〉合計			8,500	
ダイセル・デグッサ		網　干*	3,000	
アトフィナ・ジャパン		京　都	－	TSセンター擁して輸入販売
宇部興産		宇　部	8,500	2000年に2,000トン増強
〈特殊ナイロン〉合計			19,600	
東　レ	ナイロン610等	名古屋	600	
三井化学	アーレン	大　竹	3,000	
三菱エンジニアリングプラスチックス	MXD-6	新　潟	15,000	重合設備は三菱ガス化学
ソルベイアドバンストポリマーズ	半芳香族ナイロン	－	－	輸入販売
DSM・JSR・エンジニアリングプラスチックス	ナイロン46	－	－	輸入販売
クラレ	ナイロン9T	水　島	1,000	3,000トンへ増強計画あり

(注)　*配合能力，合計には含まない。　　　　　　　　(出典：化学経済)

6 難燃性PA（ポリアミド）

表84 三菱エンジニアリング 難燃性PA

ポリアミド樹脂／コバトロン®

項目	試験方法	試験条件	単位	長繊維強化，難燃，薄肉成型グレード		
				LNB-907	LNB-921	LNB-925
				EMIシールド性 超高剛性 絶乾（50%RH）	EMIシールド性 超高剛性 絶乾（50%RH）	EMIシールド性 超高剛性 絶乾（50%RH）
				CF	CF	CF
				30%	15%	25%
〈物理的性質〉						
密度	ISO1183	−	g/cm³	1.36	1.39	1.32
吸水率	−	23℃，水中	%	−	−	−
〈レオロジー特性〉						
メルトマスフローレイト メルトボリュームレイト	ISO 1133	測定温度 測定荷重	g/10min cm³/10min ℃ kg	−	−	−
成形収縮率	−	−	%	0.05−0.1	0.1−0.15	0.07−0.12
〈機械的特性〉						
引張弾性率 降伏応力	ISO 527-1, 527-2	−	MPa	31600(26800) −	21700(18700) −	21800(18700) −
降伏ひずみ 破壊呼びひずみ			%	−	−	−
50%ひずみ応力 破壊応力			MPa	− 251（211）	− 212（175）	− 187（163）
破壊ひずみ			%	1.2（1.4）	1.5（1.2）	1.2（1.5）
曲げ強さ 曲げ弾性率	ISO 178	−	MPa	384（341） 28600（23200）	308（269） 20100（15100）	283（259） 24400（19200）
シャルピー衝撃強さ ノッチなしシャルピー強さ	ISO 179-1, 179-2	23℃	kJ/m²	40（92）	38（49）	27（33）
シャルピー衝撃強さ ノッチ付きシャルピー強さ		23℃	kJ/m²	6（6）	5（5）	4（4）
〈熱的特性〉						
溶融温度	ISO 11357-3		℃	−	−	−
ガラス転移温度	ISO 11357-2		℃	−	−	−
荷重たわみ温度	ISO 75-1, 75-2	1.80MPa 0.45MPa	℃	207 215	206 217	204 216
ビカット軟化温度	ISO 306	−	℃	−	−	−
線膨張係数	ISO 11359-2	MD TD	1/℃	−	−	−
燃焼性	UL94	−	−	V-0（0.65mm）	V-0（0.76mm）	V-0（0.73mm）
燃焼性	UL94	1.6mmt	−	−	−	−
〈電気的特性〉						
比誘電率	IEC 60250	100Hz 1MHz	−	−	−	−
誘電正接	IEC 60250	100Hz 1MHz	−	−	−	−
体積抵抗率	IEC 60093	−	Ω・m	−	−	−
表面低効率	IEC 60093	−	Ω	−	−	−
耐電圧	IEC 602431	1mmt 2mmt 3mmt	MV/m	−	−	−
耐トラッキング性	IEC 60112	−	−	−	−	−
備考						

この物性表に記載されているデータは，試験方法に基づいた測定値の代表値。

難燃剤・難燃材料活用技術

表85　三菱エンジニアリング　難燃性PA，ノバミッドの代表的グレードの物性

内容・特長他性質		試験方法ASTM	単位	1010C2	1010N2	1013G30-1	1015GSTH	1015F2	1010GN2-30	ST145
グレード				6ナイロン射出グレード	←	←	←	←	←	←
				ハイサイクル	非ハロゲン系難燃	ガラス繊維強化	ガラス繊維強化・低反り	フィラー強化	ガラス繊維強化難燃	超耐衝撃性
物理的性質	比重	D792		1.14	1.16	1.36	1.39	1.42	1.66	1.00
	吸水率(65%RH平衡)	D570	%	3.5	3.3	2.5	2.1	2.3	1.9	1.9
熱的性質	荷重たわみ温度455kPa	D648	℃	190	195	220	215	215	220	85
	荷重たわみ温度1820kPa	D648	℃	85	85	215	200	165	210	50
	線膨張係数	D696	$10^{-5}\cdot K^{-1}$	9	9	3	5	4	4	11
機械的性質	引張強さ	D638	MPa	81(37)	82(41)	176(108)	110(88)	81(54)	160(88)	27(20)
	引張伸び	D638	%	140(>200)	14(30)	5(6)	3(5)	5(7)	4(8)	>200(>200)
	曲げ強さ	D790	MPa	100(49)	110(49)	265(142)	170(110)	120(83)	233(103)	29(18)
	曲げ弾性率	D790	GPa	2.60(0.98)	2.99(1.18)	8.82(4.70)	7.80(5.10)	6.57(4.12)	10.4(5.29)	0.83(0.52)
	衝撃強さ Izod1/2インチ	D256	J/m	44(690)	39(780)	157(245)	98(330)	54(180)	108(157)	780(NB)
	衝撃強さ Izod1/8インチ	D256	J/m	58(780)	44(830)	176(343)	98(390)	69(310)	118(294)	930(NB)
	ロックウェル硬さ	D785	Rスケール	120(85)	120(85)	121(113)	115(112)	120(110)	120(115)	
	テーパー摩擦	D1044	mg/10^3回	7	7	14	15	14	15	8
	摩擦係数(対銅)	D1894		—	0.14	0.14	0.35	0.3	0.4	0.35	0.13
電気的性質	体積固有抵抗	D257	Ω·cm	$10^{15}(10^{12})$	$10^{15}(10^{12})$	$10^{15}(10^{12})$	$10^{15}(10^{12})$	$10^{15}(10^{12})$	$10^{15}(10^{12})$	$10^{15}(10^{12})$
	絶縁破壊強さ	D149	MV/m	20(12〜15)	20(15)	15(15)	15(15)	15(15)	15(15)	
	誘電率(10^6Hz)	D150	pF/m{—}	35〜44(132){4〜5(15)}	35〜44(132){4〜5(15)}	35〜53(88){4〜6(10)}	35〜53(88){4〜6(10)}	35〜53(88){4〜6(10)}	35〜53(88){4〜6(10)}	
	誘電正接(10^6Hz)	D150	—	0.03(0.1)	0.03(0.1)	0.02(0.1)	0.02(0.1)	0.02(0.1)	0.02(0.1)	
	耐アーク性	D495	s	180〜190	120〜130	130〜140	120〜130	180〜190	120〜130	
その他	成形収縮率 MD	1mmt/3mmt	%	0.9/1.5	0.9/1.5	0.2/0.4	0.2/0.8	0.40/0.65	0.2/0.4	1.2/1.8
	成形収縮率 TD	1mmt/3mmt	%	1.1/1.7	1.1/1.7	0.8/1.3	0.3/0.8	0.55/0.75	0.8/1.3	1.4/2.2
	難燃性	UL規格		94V-2	94V-0	94HB	94HB相当	94HB	94HB相当	94V-0	94HB相当
備考				1012C2(靱性改良)	1010N2-ES(離型性改良)1010N2-2(靱性改良)	1013G10-1 1013G15-1 1013G20-1 1013G45-1 1013GH30-1(耐熱老化性良) GF含量粗違				ST120(流動性改良)ST220(靱性改良)

( )内吸水時

6　難燃性PA（ポリアミド）

表86　宇部興産　難燃性PA　1022SV3の基本物性

項　目		試験方法 ASTM	単　位	物性値	
				絶乾時	実使用時
比　重		D-792	−	1.16	−
引張り強さ	ASTM4号 厚み1mm	D-638	MPa	60	35
伸　び		D-638	%	100	＞200
曲げ強さ		D-790	MPa	104	33
曲げ弾性率		D-790	GPa	3.03	0.91
衝撃強さ 1/2インチ厚み アイゾットノッチ付き		D-256	J/m	42	210
荷重撓み温度	1820KPa	D-648	℃	−	−
	455KPa			177	−
かたさ（ロックウェル）		D-785	Rスケール	118	
			Mスケール	85	−
成形収縮率 （3mm厚み）	流れ方向	UBE法	%	0.9	−
	直角方向			1.1	−
IECトラッキング		IEC112	Volt	600＋	−
燃焼性		UL-94	−	V-0	−

表87　宇部興産　難燃性PA　2015SVの基本物性

項　目		試験方法 ASTM	単　位	物性値	
				絶乾時	実使用時
比　重		D-792	−	1.15	−
引張り強さ		D-638	MPa	82	54
伸　び		D-638	%	13	16
曲げ強さ		D-790	MPa	121	47
曲げ弾性率		D-790	GPa	3.1	1.1
衝撃強さ アイゾットノッチ付き		D-256	J/m	41	180
荷重撓み温度	1820KPa	D-648	℃	109	
	455KPa			239	−
かたさ（ロックウェル）		D-785	Rスケール	120	
			Mスケール	−	−
体積固有抵抗		D-257	Ωcm	10^{15}	10^{13}
耐アーク性		D-495	Sec	125	
成形収縮率 （1mm厚み）	流れ方向	UBE法	%	0.6	−
	直角方向			0.6	−
IECトラッキング		IEC112	Volt	600＋	−

＊　UL規格94V-0相当です。

難燃剤・難燃材料活用技術

表88 宇部興産 難燃性PA 2015SEの基本特性

項　目	試験方法 ASTM	単　位	物性値	
			絶乾時	実使用時 2.4%吸水
比　　重	D-792	−	1.16	
引張り強さ	D-638	MPa	86	58
伸　　び	D-638	%	10	15
曲げ強さ	D-790	MPa	128	59
曲げ弾性率	D-790	GPa	3.4	1.3
衝撃強さ アイゾットノッチ付き	D-256	J/m	39	147
荷重撓み温度　1820KPa	D-648	℃	112	−
455KPa			242	
かたさ（ロックウェル）	D-785	Rスケール	120	
		Mスケール	−	−
体積固有抵抗	D-257	Ωcm	10^{15}	10^{13}
絶縁破壊強さ	D-149	MV/m	20	−
耐アーク性	D-495	Sec	130	−
成形収縮率　流れ方向	UBE法	%	0.7	−
（1mm厚み）　直角方向			0.8	−
IECトラッキング	IEC112	Volt	600+	−

表89 宇部興産 難燃性PA 2015SF3の基本特性

項　目	試験方法 ASTM	単　位	物性値	
			絶乾時	実使用時 1.3%吸水
比　　重	D-792	−	1.52	−
成形収縮率　流れ方向	UBE法	%	0.3	−
（1mm厚み）　直角方向			0.9	−
引張り強さ	D-638	MPa	132	103
伸　　び	D-638	%	4	6
曲げ強さ	D-790	MPa	186	142
曲げ弾性率	D-790	GPa	7.3	5.1
衝撃強さ アイゾットノッチ付き	D-256	J/m	69	88
荷重撓み温度　1820KPa	D-648	℃	243	−
455KPa			−	
かたさ（ロックウェル）	D-785	Rスケール	120	
		Mスケール	−	
絶縁破壊強さ（短時間）	D-149	MV/m	19	
体積固有抵抗	D-257	Ωcm	10^{15}	
耐アーク性	D-495	Sec	110	
IECトラッキング	IEC112	Volt	300	
燃焼性	UL-94	−	V-0	

6 難燃性PA（ポリアミド）

表90 三井化学 難燃性変性ポリアミド・6Tの銘柄と特性表

アーレン

試験方法			C/Eシリーズ（電気・電子部品用）									
			非難燃標準	非難燃高剛性	難燃標準	難燃鉛フリー耐熱	難燃高靭性	難燃高剛流動	難燃超剛性	難燃	難燃	難燃	難燃
特性項目	単位	ASTM	C230	C240	C430N	E430N	CH230N	C630N	C645NK	PA46	PA9T	PPS	LCP
ガラス繊維含有率 %		–	30	40	30	30	30	30	45	30	33	40	30
比重	–	D792	1.42	1.53	1.66	1.66	1.63	1.66	1.79	1.63	1.68	1.67	1.62
機械特性[*1]													
引張強度 MPa		D638	170	210	170	170	160	170	150	180	180	170	140
引張伸び %		D638[*2]	3	3	3	3	4	3	3	3	3	2	3
曲げ強度 Mpa		D790	260	300	250	250	240	250	240	260	240	250	220
曲げ弾性率 MPa		D790	10,000	13,000	11,400	11,400	11,000	11,000	14,000	11,000	11,000	13,000	13,000
アイゾット衝撃強度 J/m		D256	80	85	85	85	80	85	90	90	100	80	110
ロックウエル硬度 Mスケール		D785	110	110	95	100	95	95	95	–	–	100	–
熱特性													
融点 ℃		–	310	310	310	320	310	310	310	290	306	280	–
ガラス転移点 ℃		–	85	85	85	95	85	85	85	89	125	90	–
荷重たわみ温度 (1.82MPa)℃		D648	300	300	295	305	290	295	290	285	285	265	280
線膨張係数 ×10⁻⁵/℃ 流れ方向		E831-93	1.8	1.8	1.2	2.2	1.5	1.2	0.8	–	2.5	2.0	–
垂直方向			10	8.0	9.2	7.3	8.9	9.1	7.8	–	4.0	4.0	–
燃焼性 –		UL94	HB	HB	V-0	V-0	V-0	V-0	V-0	V-0	V-0	V-0	V-0
電気特性[*1]													
体積固有抵抗 Ω・cm		D257	10^{16}	10^{16}	10^{15}	10^{15}	10^{15}	10^{15}	10^{15}	10^{15}	10^{16}	10^{16}	10^{16}
誘電率(10⁶Hz) –		D150	4.5	4.5	4.0	3.6	4.0	4.0	4.3	4.0	3.7	3.8	4.0
誘電正接(10⁶Hz) –		D150	0.018	0.018	0.013	0.012	0.013	0.013	0.011	–	0.014	0.0014	–
絶縁破壊電圧 KV/mm		D149	28	30	26	24	25	22	19	–	38	17	–
成形収縮率(2mmt)													
流れ方向 %		D955	0.5	0.4	0.3	0.3	0.4	0.3	0.2	0.2	0.4	0.2	0.02
垂直方向			0.8	0.8	0.7	0.9	0.8	0.7	0.4	1.7	0.9	0.4	0.06
リフロー試験[*3]													
吸水率[*4] %		D570	3.6	–	2.0	1.9	2.2	1.9	1.6	3.8	0.8	–	–
耐リフローピーク温度℃		三井法	250[*5]	–	240[*5]	250[*5]	240[*5]	240[*5]	235[*5]	<210[*5]	245[*5]	265	>265

★数値は代表値であり，規格値ではない。　　単位換算：引張強度・曲げ強度・曲げ弾性率　アイゾット衝撃強度
* 1 試験片：絶乾。　　　　　　　　　　　　　　　　　　$1 MPa=10.2kg/cm^2$　$1J/m=0.102kg・cm/cm$
* 2 伸びはチャック間で測定。
* 3 試験片：64×6×0.88mm。
* 4 調湿条件：40℃×95%RH×96h。
* 5 製品形状やリフロー条件により耐熱温度は変わる。

難燃剤・難燃材料活用技術

表91 難燃材料特性一覧表

材料の種類：PA

メーカー名／商品名　旭化成ケミカルス／レオナ

特　性	評価法, 規格	1300S	1302S	1402S	1402SH	FR200	FR370
比重	ISO 1183	1.14	1.14	1.14	1.14	1.16	1.16
吸水率%	平衡値	2.5	2.5	2.5	2.5	2.2	1.8
軟化点（ビカット）℃							
荷重撓み温度, ℃	ISO 75	70 190	70 190	70 190	60 180	62 203	78 239
線膨張係数×10^5／K	ASTM D 696	8	8	8	8	8	7
熱伝導率W／m・K							
燃焼性　UL-94		V-2	V-2	V-2	V-2	V-0	V-0
酸素指数							
降伏強度　MPa	ISO 527	82	82	82	82	75	83
破断強度　MPa	〃					69	80
破断伸び　%	ISO 527	4	4	4	4.5	10	15
衝撃強度　KJ／m²							
体積抵抗率　Ω-cm	ASTM D 257	10^{12}	10^{12}	10^{12}	10^{12}	10^{12}	10^{12}
誘電率（1MHz）							
誘電正接×10^3							
破壊電圧　MV／m	ASTM D 149	20	20	20	20	19	22
耐アーク性　秒							
成形収縮率　%		1.3〜2.0	1.3〜2.0	1.3〜2.0	1.3〜2.0	1.3〜2.0	0.9〜1.6
MFR　g／10分							
MVR　m³／10分							
シリンダー温度℃							
金型温度　℃							
射出圧力　MPa							

6　難燃性PA（ポリアミド）

表92　難燃材料特性一覧表

材料の種類：PA
メーカー名／商品名　旭化成ケミカルス／レオナ

特 性	評価法, 規格	FR560	FG170	FG172	FG173
比重	ISO 1183	1.16	1.48	1.52	1.65
吸水率%	平衡値	2	1.5	1.1	0.8
軟化点(ビカット)℃					
荷重撓み温度, ℃		77 223	240 256	240 256	145 262
線膨張係数×10⁵／K		7	3	3	5
熱伝導率W／m・K					
燃焼性　UL-94		V-0	V-0	V-0	V-0
酸素指数					
降伏強度　MPa	ISO 527	86	—	—	—
破断強度　MPa	〃	81	131	136	174
破断伸び　%	〃	20	25	25	2
衝撃強度　KJ／m²					
体積抵抗率　Ω-cm	ASTM D 257	10^{12}	10^{12}	10^{12}	10^{12}
誘電率（1 MHz）					
誘電正接×10³					
破壊電圧　MV／m	ASTM D 149	22	27	26	28
耐アーク性　秒					
成形収縮率　%		0.9〜1.6	1.0〜1.7	0.4〜0.9	0.3〜0.7
MFR　g／10分					
MVR　m³／10分					
シリンダー温度℃					
金型温度　℃					
射出圧力　MPa					

表93 難燃材料特性一覧表

材料の種類：PA

メーカー名／商品名　アトフィナジャパン／リルサン

特性	評価法, 規格	BMNO	BMNY	AMNO	BECN OTL	BECN 09TL
比重	ASTM D 792	1.04	1.04	1.02	1.04	1.12
吸水率%	20℃CRH, 25%	1.1	1	0.85	1	0.8
軟化点(ピカット)℃						
荷重撓み温度, ℃	ASTM D 648	50～60	58	50～60	50～60	55
線膨張係数×10^5／K	ASTM D 696	9～15	10～15	12	9.3～15	9～18
熱伝導率W／m・K		0.34		0.23	0.34	
燃焼性　UL-94		V-0	V-2	V-0	V-2	V-2
酸素指数						
降伏強度　MPa	25℃ 65%平衡値	33	35	35	32	48
破断強度　MPa	〃	56	80	47	49	48
破断伸び　%	〃	329	313	250	312	50
衝撃強度　KJ／m²(j/n)		(39～59)	(39)	(39～59)	(39～59)	(54)
体積抵抗率　Ω-cm	ASTM D 257	3×10^{12}	1.1×10^{12}	1×10^{12}	3×10^{12}	5×10^{12}
誘電率（1MHz）	ASTM D 150	3.7		3	3.7	
誘電正接×10^3	〃	50			50	
破壊電圧　MV／m	ASTM D 149	32～17	55～22	30	30～17	55
耐アーク性　秒						
成形収縮率　%						1.3
MFR　g／10分						
MVR　m³／10分						
シリンダー温度℃		200～250		190～240	200～250	200～250
金型温度　℃		30～90	30～90	30～90	(220～250)	30～90
射出圧力　MPa		45	45	44		

6 難燃性PA（ポリアミド）

表94 難燃材料特性一覧表

材料の種類：PA

メーカー名／商品名　エムス昭和電工／グリロン

特 性	評価法，規格	BSV0	ASV0	AS10	AS10H	AS12	AS10V0	AG15/V0	AG30/V0
比重	ISO 1183	1.16	1.16	1.14	1.14	1.14	1.15	1.47	1.58
吸水率%	ISO 53495	1.58	−	1.3	1.3	1.1	1.2	0.5	0.3
軟化点（ビカット）℃									
荷重撓み温度，℃	ISO 75	63	75	82	82	93	90	250	255
線膨張係数×10^5／K	ISO 11359	7	8	7	7	6.5	6	5	5
熱伝導率W／m・K									
燃焼性　UL-94		V-0	V-0	V-2	V-2	V-2	V-0	V-0	V-0
酸素指数		(0.76mm)	(0.78mm)	(0.71mm)	(0.81mm)	(0.38mm)	(0.38mm)	(0.38mm)	
降伏強度　MPa	ISO 527	90	90	88	88	93			
破断強度　MPa		70	80				87	140	186
破断伸び　%	ISO 527	4	8	40	40	35	10	6	6
衝撃強度　KJ／m^2(J/N)				(39)	(39)	(79)	(45)	(58)	(83)
体積抵抗率　Ω-cm									
誘電率（1 MHz）				2.9	2.9	2.9	2.9	3.8	4.0
誘電正接×10^3									
破壊電圧　MV／m		32	31	27	27	27	25	23	23
耐アーク性　秒									
成形収縮率　%	MD／TD	0.9/0.8	0.95/1.10	1.3〜2.0/ 1.3〜2.0	1.3〜2.0/ 1.3〜2.0	1.8〜1.6/ 1.8〜1.6	1.7〜1.9/ 1.1〜1.9	0.3〜0.7/ 0.8〜1.2	0.3〜0.8/ 0.6〜1.0
MFR　g／10分									
MVR　m^3／10分									
シリンダー温度℃									
金型温度　℃									
射出圧力　MPa									

難燃剤・難燃材料活用技術

表95 難燃材料特性一覧表

材料の種類：PA
メーカー名／商品名　ソルーシアジャパン／バイダイン

特　性	評価法，規格	21SP	22HSP	25WSP	24NSP	M340	M344	M345	909
比重	ASTM D 792	1.14	1.14	1.14	1.14	1.24	1.27	1.31	1.47
吸水率%	ASTM D 570	1.3	1.4	1.2	1.3	1.3	0.9	1.3	0.7
軟化点(ピカット)℃									
荷重撓み温度，℃	ASTM D 648	80	88	88	104	77	77	62	240
線膨張係数×10^5／K	ASTM D 696	8.1	8.1		8.1	8.1	7.4		7.4
熱伝導率W／m・K									
燃焼性　UL-94		V-2	V-2	V-2	V-2	V-0	V-0	V-0	V-0
酸素指数									
降伏強度　MPa	ASTM D 696	83	83.6	82.7	94	72	59	63	127
破断強度　MPa									
破断伸び　%	〃	70	70	50	30	25	50	70	7
衝撃強度　KJ／m²(J/N)		(53)	(48)	(58.7)	(48)	(48)	(45)	－	(101)
体積抵抗率　Ω-cm	ASTM D 257	6×10^{12}	3.6×10^{12}		2×10^{12}		1×10^{12}	4×10^{12}	3.8×10^{12}
誘電率（1MHz)	ASTM D 150	3.1	3.6	3.5	3.3	3.3	3.6	3.7	3.5
誘電正接×10^3	〃	30	17	20	20	30	5	30	20
破壊電圧　MV／m									
耐アーク性　秒									
成形収縮率　%									
MFR　g／10分									
MVR　m³／10分									
シリンダー温度℃									
金型温度　℃									
射出圧力　MPa									

6 難燃性PA（ポリアミド）

表96 難燃材料特性一覧表

材料の種類：PA
メーカー名／商品名　クラレ／ジュネスタ

特　性	評価法，規格	G2330	G2450
比重	ASTM D 792	1.68	1.77
吸水率%	ASTM D 570	1.3	1.4
軟化点(ビカット)℃			
荷重撓み温度，℃	ASTM D 648	285	285
線膨張係数×10^5／K	ASTM D 696	2.5	2.3
熱伝導率 W／m・K			
燃焼性　UL-94		V-0	V-0
酸素指数			
降伏強度　MPa	ASTM D 638	180	190
破断強度　MPa			
破断伸び　%	ASTM D 638	3.0	2.1
衝撃強度　KJ／m^2	ASTM D 256	10.0	10.5
体積抵抗率　Ω-cm	ASTM D 257	10^{12}	10^{12}
誘電率（1MHz）	ASTM D 150	3.7	3.7
誘電正接×10^3	〃	14	14
破壊電圧　MV／m	〃	38	38
耐アーク性　秒			
成形収縮率　%		0.4	0.3
MFR　g／10分			
MVR　m^3／10分			
シリンダー温度℃			
金型温度　℃			
射出圧力　MPa			

表97 難燃材料特性一覧表

材料の種類：PA

メーカー名／商品名　ソルベイ　アドバンスポリマー／アモデル

特 性	評価法，規格	AF 1133VO	AFA 4133VOZ	AFA 6133VOZ
比重	ASTMD 792	1.71	1.68	1.68
吸水率％	ASTMD 570	0.18	0.18	0.18
軟化点（ピカット）℃				
荷重撓み温度，℃	ASTM D 648	273	295	277
線膨張係数×10^5／K	ASTME 381	2.0/3.9	2.0/3.9	2.0/3.9
熱伝導率W／m・K				
燃焼性　UL-94		V-0	V-0	V-0
酸素指数				
降伏強度　MPa				
破断強度　MPa		179	169	170
破断伸び　％		1.8	1.6	1.7
衝撃強度　KJ／m²(J/N)	ASTM D 256	80	85	85
体積抵抗率　Ω-cm	ASTM D 257	3×10^{12}	1×10^{12}	1×10^{12}
誘電率（1 MHz）	ASTM D 150	4.9	4.2	4.1
誘電正接×10^3	〃	8	10	11
破壊電圧　MV／m	ASTM D 149	25	25	24
耐アーク性　秒	ASTM D 495	＞300		
成形収縮率　％		0.2〜0.4	0.3〜0.5／0.4〜0.7	0.3〜0.4／0.5〜0.7
MFR　g／10分				
MVR　m³／10分				
シリンダー温度℃		320〜350	320〜350	320〜350
金型温度　℃		＞140	80〜120	80〜120
射出圧力　MPa				

6 難燃性PA（ポリアミド）

表98 難燃材料特性一覧表

材料の種類：PA
メーカー名／商品名　ダイセルデグサ／ダイアシド・ベスタミド

特　性	評価法，規格	H1611	トロガミド T5000
比重	ISO 1183	3.3	1.12
吸水率%	ISO 65	0.3	7.7
軟化点(ビカット)℃	－		148
荷重撓み温度，℃	ISO 75	150	12
線膨張係数×10^5／K	ISO 11359	5	5.3
熱伝導率W／m・K			
燃焼性　UL-94		V-2	V-2
酸素指数		V-0	
降伏強度　MPa	ISO 527	－	90
破断強度　MPa	〃	48	－
破断伸び　%	〃	0.5	＞50
衝撃強度　KJ／m^2			8.8
体積抵抗率　Ω-cm	IEC93	10^{12}＜	
誘電率（1 MHz）			
誘電正接×10^3			
破壊電圧　MV／m			
耐アーク性　秒			
成形収縮率　%			
MFR　g／10分	ISO1133	6	
MVR　m^3／10分			
シリンダー温度℃			260～300
金型温度　℃			60～90
射出圧力　MPa			

難燃剤・難燃材料活用技術

表99 難燃材料特性一覧表

材料の種類：PA

メーカー名／商品名　DSM，JSRエンプラ／スタニール

特　性	評価法，規格	TW341	TW441	TE350	TS250 F4D	TS250 F6D	TE250 F8
比重	ISO 1183	1.18	1.18	1.39	1.56	1.65	1.74
吸水率％	ISO 1110	0.7	0.7	2.6	1.7	1.5	1.2
軟化点（ビカット）℃							
荷重撓み温度，℃	ISO 75A	160	160	170	＞285	＞285	＞285
線膨張係数×10^5／K		8	8	8/9	3/8	2/8	2/8
熱伝導率W／m・K		0.22	0.22	0.17	0.18	0.19	0.24
燃焼性　UL-94		V-2	V-2	V-0	V-0	V-0	V-0
酸素指数				(0.75mm)	(0.67mm)	(0.67mm)	(0.75mm)
降伏強度　MPa	ISO 527	100/80	100/60	80/50	150/100	180/135	180/130
破断強度　MPa	〃	＞40/＞200	＞40/＞200	20/100			
破断伸び　％					2/4	2/3	2/3
衝撃強度　KJ／m^2(J/N)							
体積抵抗率　Ω-cm	IEC 93	10^{12}	10^{12}	10^{12}	10^{12}	10^{12}	10^{12}
誘電率（1 MHz）	IEC 250	3.6	3.6	3.5	4.0	4.0	4.0
誘電正接×10^3	〃	26	26	20	16	16	16
破壊電圧　MV／m	IEC 243	＞25	＞30	＞30	＞30	＞30	＞30
耐アーク性　秒							
成形収縮率　％		1.5±0.5	1.5±0.5	1.5±0.5	0.2±0.2	0.3±0.2	0.2±0.1
MFR　g／10分		1.5±0.5	1.5±0.5	1.5±0.5	0.1±0.3	1.0±0.3	0.8±0.3
MVR　m^3／10分							
シリンダー温度℃							
金型温度　℃							
射出圧力　MPa							

6 難燃性PA（ポリアミド）

表100 難燃材料特性一覧表

材料の種類：PA

メーカー名／商品名　DSM，JSRエンプラ ／スタニール

特　性	評価法，規格	TE250 F9	TS256 F6	TS256 F8
比重	ISO 1183	1.78	1.56	1.63
吸水率%	ISO 1110	1.1	1.3	1.2
軟化点(ビカット)℃				
荷重撓み温度，℃	ISO 75	＞285	＞285	＞285
線膨張係数×10^5／K		2/8	2/8	2/8
熱伝導率W／m・K		0.24	－	－
燃焼性　UL-94		V-0	V-0	V-0
酸素指数		(0.75mm)	(0.75mm)	(0.75mm)
降伏強度　MPa	ISO 527	200/130	170/140	180/145
破断強度　MPa				
破断伸び　%	〃	2／3	2／3	2／3
衝撃強度　KJ／m^2(J/N)				
体積抵抗率　Ω-cm	IEC 93	10^{12}	10^{12}	10^{12}
誘電率（1 MHz)	IEC 250	4.0	4.1	4.0
誘電正接×10^3	〃	16	16	16
破壊電圧　MV／m	IEC 243	＞30	＞30	＞30
耐アーク性　秒	ul-740	120〜180	－	－
成形収縮率　%		0.2±0.1 0.8±0.3	0.3±0.21 1.0±0.3	0.2±0.1 0.8±0.3
MFR　g／10分				
MVR　m^3／10分				
シリンダー温度℃				
金型温度　℃				
射出圧力　MPa				

難燃剤・難燃材料活用技術

表101 難燃材料特性一覧表

材料の種類：PA

メーカー名／商品名　デュポン／ザイテル

特　性	評価法，規格	101	101L	101F	103HSL	103PHS	105BK 10A
比重	ISO 1183	1.14	1.14	1.14	1.14	1.14	1.14
吸水率%	ISO 62	2.7	2.7	2.7	2.7	2.7	2.7
軟化点(ピカット)℃	ISO 306	238	238	238	240	240	240
荷重撓み温度，℃	ISO 75	70	70	70	70	70	70
線膨張係数×10^5／K							
熱伝導率W／m・K							
燃焼性　UL-94		V-2	V-2	V-2	V-2	V-2	V-2
酸素指数							
降伏強度　MPa	ISO 527	83	83	83	85	85	85
破断強度　MPa							
破断伸び　%	〃	40	40	40	40	35	30
衝撃強度　KJ／m²	ISO 180	5	5	5	5	5	5
体積抵抗率　Ω-cm	IEC 93	10^{10}	10^{10}	10^{11}	10^{11}	－	10^{11}
誘電率（1MHz）	IEC 60250	3.5	3.5	3.5	3.5	－	3.6
誘電正接×10^3	〃	18	18	18	16.5	－	30
破壊電圧　MV／m	IEC 60243	31.5	31.5	31.5	31.5	－	27
耐アーク性　秒							
成形収縮率　%	ISO 294	1.3	1.3	1.3	1.3	1.3	1.5
MFR　g／10分							
MVR　m³／10分							
シリンダー温度℃							
金型温度　℃							
射出圧力　MPa							

6 難燃性PA（ポリアミド）

表102 難燃材料特性一覧表

材料の種類：PA

メーカー名／商品名　デュポン／ザイテル

特　性	評価法，規格	FR15	FR50	FR70M 30VO	FR70M 40GW	HTN FR51G35L	HTN FR52G30BL
比重	ISO 1183	1.16	1.16	1.62	1.62	1.67	1.62
吸水率 %	ISO 62	−	−	1.3	−	−	−
軟化点（ピカット）℃	ISO 306	−	−	235	−	−	−
荷重撓み温度，℃	ISO 75	90	240	200	210	255	283
線膨張係数×10^5／K							
熱伝導率 W／m・K							
燃焼性 UL-94		V-0	V-0	V-0	V-2	V-0	V-0
酸素指数							
降伏強度 MPa	ISO 527	86	150	73	72	105	172
破断強度 MPa							
破断伸び %	〃	7.6	2.6	2	2	1.4	2.2
衝撃強度 KJ／m^2	ISO 180	5.5	11	2.3	4.6	10.5	14.5
体積抵抗率 Ω-cm	IEC 93	−	−	>10^{11}	−	10^{11}	10^{11}
誘電率（1 MHz）	IEC 60250	−	−	3.7	−	4	−
誘電正接×10^3	〃	−	−	14	−	14	−
破壊電圧 MV／m	IEC 60243	−	−	40	−	34	18.7
耐アーク性 秒							
成形収縮率 %		−	−	0.9	0.75	0.2/0.7	0.2/0.9
MFR g／10分							
MVR m^3／10分							
シリンダー温度 ℃						315〜325	
金型温度 ℃						60〜160	
射出圧力 MPa							

表103 難燃材料特性一覧表

材料の種類：PA

メーカー名／商品名　東レ／アミラン

特　性	評価法，規格	CM 1007	CM 1017	CM 1017C	CM 1016K	CM 1026	CM 1014VO
比重 吸水率%	ISO 1183	1.13	1.13	1.13	1.13	1.13	1.18
軟化点（ビカット）℃ 荷重撓み温度，℃ 線膨張係数×10^5／K 熱伝導率W／m・K	ISO 75	72	78	78	78	90	100
燃焼性　UL-94 酸素指数		V-2	V-2	V-2	V-2	V-2	V-0
降伏強度　MPa 破断強度　MPa 破断伸び　% 衝撃強度　KJ／m²	ISO 527 〃	80 35	85 38	75 ＞50	85 38	80 ＞50	80 7.5
体積抵抗率　Ω-cm 誘電率（1 MHz） 誘電正接×10^3 破壊電圧　MV／m 耐アーク性　秒	IEC 60250 IEC 60950	3.4 120	3.4 120	3.4 120	— —	— —	— 120
成形収縮率　% MFR　g／10分 MVR　m³／10分		1.0〜1.6	1.0〜1.6	0.8〜1.6	1.0〜1.6	0.8〜1.6	1.0〜1.3
シリンダー温度℃ 金型温度　℃ 射出圧力　MPa							

6　難燃性PA（ポリアミド）

表104　難燃材料特性一覧表

材料の種類：PA

メーカー名／商品名　東レ／アミラン

特　性	評価法, 規格	CM 3001N	CM 3006	CM 3006E	CM 3007	CM 3004VO	CM 3004G15
比重	ISO 1183	1.14	1.14	1.14	1.14	1.19	1.47
吸水率%							
軟化点（ビカット）℃							
荷重撓み温度, ℃	ISO 75	80	80	80	80	−	245
線膨張係数×10^5／K							
熱伝導率W／m・K							
燃焼性　UL-94		V-2	V-2	V-2	V-2	V-0	V-0
酸素指数							
降伏強度　MPa							
破断強度　MPa	ISO 527	80	80	80	80	85	125
破断伸び　%	〃	25	25	25	25	7.5	3.0
衝撃強度　KJ／m^2							
体積抵抗率　Ω-cm							
誘電率（1MHz）	IEC 60250	3.3	−	3.3	3.3	5.2	4.0
誘電正接×10^3							
破壊電圧　MV／m							
耐アーク性　秒	IEC 60950	130	−	130	130	125	70
成形収縮率　%		1.5〜2.2	1.5〜2.2	1.5〜2.2	1.5〜2.2	0.5〜0.8	0.6〜1.2
MFR　g／10分							
MVR　m^3／10分							
シリンダー温度℃							
金型温度　℃							
射出圧力　MPa							

表105 難燃材料特性一覧表

材料の種類：PA

メーカー名／商品名　東レ／アミラン

特　性	評価法，規格	CM 3004G20	CM 3004G30	CM 3003G1000
比重	ISO 1183	1.50	1.59	1.15
吸水率%				
軟化点（ピカット）℃				
荷重撓み温度，℃	ISO 75	245	251	80
線膨張係数×10^5／K				
熱伝導率W／m・K				
燃焼性　UL-94		V-0	V-0	V-2
酸素指数				
降伏強度　MPa				
破断強度　MPa	ISO 527	130	165	100
破断伸び　%	〃	3.0	3.0	2.5
衝撃強度　KJ／m^2				
体積抵抗率　Ω-cm				
誘電率（1MHz）	IEC 60250	4.0	4.0	—
誘電正接×10^3				
破壊電圧　MV／m				
耐アーク性　秒	IEC 60950	70	70	—
成形収縮率　%		0.6〜1.2	0.5〜0.9	1.2〜2.0
MFR　g／10分				
MVR　m^3／10分				
シリンダー温度℃				
金型温度　℃				
射出圧力　MPa				

6 難燃性PA（ポリアミド）

表106 難燃材料特性一覧表

材料の種類：PA

メーカー名／商品名　バイエル／デュレタンA

特性	評価法，規格	A30	A30H	A30S	B30S	B30SK	BKV 30N1	T40
比重	ISO 1183	1.14	1.14	1.14	1.14	1.14	1.52	1.18
吸水率%	DIN 53495	2.8	2.8	2.8	3	3	1.5	2
軟化点(ビカット)℃	ISO 306	230	230	230	200	200	＞200	125
荷重撓み温度，℃	ISO 75	70	70	80	60	60	200	107
線膨張係数×10^5／K	DIN 53752	8.1〜9.4	9.5〜12.5	6〜9.4	8.6〜10.4	8.2〜10.1	0.25	6.3
熱伝導率W／m・K								
燃焼性 UL-94		V-2	V-2	V-2	V-2	V-2	V-0	V-2
酸素指数								
降伏強度 MPa	ISO 527	85	85	95	80	80	−	110
破断強度 MPa		−	−	−	−	−	142	
破断伸び %	ISO 527	20	20	10	35	35	−	＞50
衝撃強度 KJ／m²	ISO 180	5	5	5	10	10	11	10
体積抵抗率 Ω-cm	ISO 93	＞10^{11}	＞10^{11}	＞10^{11}	＞10^{11}	＞10^{11}	10^{11}	＞10^{11}
誘電率（1MHz）	IEC 250	3.4	3.4	3.4	3.4	3.4	4	3.8
誘電正接×10^3	〃		−	−	70	70	19	90
破壊電圧 MV／m	IEC 243	30	30	30	30	30	30	25
耐アーク性 秒								
成形収縮率 %							0.2/1	
MFR g／10分								
MVR m³／10分								
シリンダー温度℃								
金型温度 ℃								
射出圧力 MPa								

表107 難燃材料特性一覧表

材料の種類:PA

メーカー名／商品名　BASFジャパン／ウルトラミッド

特　性	評価法, 規格	A3	A3K	A3SK	A3W	A3×2G10	A3×2G5
比重	ISO 1183	1.13	1.13	1.14	1.13	1.6	1.34
吸水率%	ISO 62	2.8	2.8	2.8	2.8	0.9	1.4
軟化点(ピカット)℃	ISO 306	250	250	250	250	—	
荷重撓み温度, ℃	ISO 75	75	75	75	75	250	250
線膨張係数×10^5／K	DIN 53752	8.5	8.5	8.5	8.5	1.75/4.5	3/7
熱伝導率W／m・K							
燃焼性　UL-94		V-2	V-2	V-2	V-2	V-0	V-0 5VA
酸素指数							
降伏強度　MPa	ISO 527	80	85	95	85	—	
破断強度　MPa						180	140
破断伸び　%	ISO 527	>50	30	15	25	2	3
衝撃強度　KJ／m²							
体積抵抗率　Ω-cm	IEC 60093	>10^{11}	>10^{11}	>10^{11}	>10^{11}	>10^{11}	>10^{11}
誘電率（1 MHz）	IEC60 250	3.6	3.2	3.2	3.2	3.6	3.7
誘電正接×10^3	〃	26	25	25	25	20	20
破壊電圧　MV／m	ISO 60243		120	120	120	—	33
耐アーク性　秒							
成形収縮率　%							
MFR　g／10分							
MVR　m³／10分	275℃, 5kg ISO 1133	80	115	135	100	40	40
シリンダー温度℃			280〜300	280〜300	280〜300	290〜300	280〜300
金型温度　℃			40〜80	40〜80	40〜80	60〜90	60〜90
射出圧力　MPa							

6　難燃性PA（ポリアミド）

表108　難燃材料特性一覧表

材料の種類：PA

メーカー名／商品名　BASFジャパン／ウルトラミッド

特　性	評価法，規格	A3 X2G7	A3 X2G5	A4	A4H	A4K	A5
比重	ISO 1183	1.45	1.32	1.13	1.13	1.13	1.13
吸水率％	ISO 62	1.2	1.2	2.8	2.8	2.8	2.8
軟化点(ビカット)℃				250	250	250	204
荷重撓み温度，℃	ISO 75	250	230	75	75	75	75
線膨張係数×10^5／K	ISO 11357	1.75/6.5	2.5/0.5	8.5	8.5	8.5	8.5
熱伝導率W／m・K							
燃焼性　UL-94		V-0	V-0 5VA	V-2	V-2	V-2	V-2
酸素指数							
降伏強度　MPa	ISO 527	−	−	80	85	85	80
破断強度　MPa	ISO 527	160	100	−	−	−	−
破断伸び　％	〃	3	6	25	25	＞50	＞50
衝撃強度　KJ／m^2							
体積抵抗率　Ω-cm	IEC 60093	＞10^{11}	＞10^{11}	＞10^{11}	＞10^{11}	＞10^{11}	＞10^{11}
誘電率（1MHz）	IEC 60250	3.6	3.8	3.2	3.2	3.2	3.2
誘電正接×10^3	〃	20	20	26	25	26	26
破壊電圧　MV／m	IEC 60243	70	−	−	110	120	120
耐アーク性　秒							
成形収縮率　％							
MFR　g／10分							
MVR　m^3／10分	ISO 1133	36	−	40	35	40	10
シリンダー温度℃				280～300	280～300	280～300	290～300	280～300
金型温度　℃				60～90	60～90	40～60	40～80	40～80
射出圧力　MPa							

表109　難燃材料特性一覧表

材料の種類：PA

メーカー名／商品名　BASFジャパン／ウルトラミッド

特性	評価法, 規格	B25SK	B35SK	B3K	B3S	B3SK	B3UG4
比重	ISO 1183	1.13	1.13	1.13	1.13	1.13	1.31
吸水率%	ISO 62	2.8	3	3	3	3	2.2
軟化点(ピカット)℃	ISO 306	250	204	204	204	204	—
荷重撓み温度, ℃	ISO 75	75	65	65	65	65	170
線膨張係数×10^5／K	ISO 11357	8.5	8.5	8.5	8.5	8.5	5.25/5.5
熱伝導率W／m・K							
燃焼性　UL-94		V-2	V-2	V-2	V-2	V-2	V-2
酸素指数							
降伏強度　MPa	ISO 527	90	85	85	90	90	—
破断強度　MPa							95
破断伸び　%	ISO 527	10	30	15	10	10	3.5
衝撃強度　KJ／m²							
体積抵抗率　Ω-cm	IEC 60093	>10^{11}	>10^{11}	>10^{11}	>10^{11}	>10^{11}	>10^{11}
誘電率（1 MHz）	IEC 60250	3.2	3.3	3.5	3.3	3.3	3.8
誘電正接×10^3	〃	30	30	23	30	30	15
破壊電圧　MV／m	IEC 60243	75	100	100	100	100	35
耐アーク性　秒							
成形収縮率　%							
MFR　g／10分							
MVR　m³／10分	275℃ 5kg ISO 1133	140	60	160	175	170	35
シリンダー温度℃		250〜270	260〜290	250〜270	250〜270	250〜270	250〜270
金型温度　℃		60〜80	40〜80	40〜80	40〜80	40〜80	60〜90
射出圧力　MPa							

6 難燃性PA（ポリアミド）

表110 難燃材料特性一覧表

材料の種類：PA

メーカー名／商品名　BASFジャパン／ウルトラミッド

特　性	評価法，規格	B3UG M210	C3U	TKR 4352	TKR4365 G5
比重	ISO 1183	1.67	1.16	1.18	1.38
吸水率 %	ISO 62	1.2	2.9	1.8	1.3
軟化点（ピカット）℃	ISO 306		250	280	285
荷重撓み温度，℃	ISO 75	195	70	100	270
線膨張係数×10^5／K	ISO 11357		8/9	7	2.5/5.5
熱伝導率 W／m・K					
燃焼性　UL-94		V-0	V-0	V-2	V-0 5VA
酸素指数					
降伏強度　MPa	ISO 527			110	
破断強度　MPa	〃	110	85		150
破断伸び　%	ISO 527	1.8	5	11.5	3
衝撃強度　KJ／m²					
体積抵抗率　Ω-cm	IEC 60093	>10^{11}	>10^{11}	>10^{11}	>10^{11}
誘電率（1 MHz）	IEC 60250	4.5	3.6	4	4
誘電正接×10^3	〃	15	20	30	20
破壊電圧　MV／m	IEC 60243	35	32	100	80
耐アーク性　秒					
成形収縮率　%					
MFR　g／10分					
MVR　m³／10分	275℃ 5kg ISO 1133	25	60	10	30
シリンダー温度 ℃		270〜310	250〜270	310〜340	320〜350
金型温度　℃		80〜120	60〜80	60〜100	70〜100
射出圧力　MPa					

表111　難燃材料特性一覧表

材料の種類：PA

メーカー名／商品名　ポリプラスチックス／ポリプラナイロン

特　性	評価法，規格	1000	1003	1310
比重	ISO 1183	1.14	1.14	1.14
吸水率％		8.5	8.5	8.5
軟化点（ビカット）℃ 荷重撓み温度，℃ 線膨張係数×10^5／K 熱伝導率W／m・K	ISO 75	205	205	205
燃焼性　UL-94 酸素指数		V-2	V-2	V-2
降伏強度　MPa 破断強度　MPa	ISO 527	83	63	90
破断伸び　％ 衝撃強度　KJ／m^2	ISO 527	25	25	20
体積抵抗率　Ω-cm 誘電率（1 MHz） 誘電正接×10^3 破壊電圧　MV／m 耐アーク性　秒				
成形収縮率　％ MFR　g／10分 MVR　m^3／10分				
シリンダー温度℃ 金型温度　℃ 射出圧力　MPa		270〜280 60〜90	270〜280 60〜90	270〜280 60〜90

6 難燃性PA（ポリアミド）

表112 難燃材料特性一覧表

材料の種類：PA

メーカー名／商品名　ユニチカ／ユニチカナイロン

特　性	評価法，規格	A1020 BRL	A1025	A1030 BRL	A1030 IR	A1030 SR	A1030 R
比重	ASTM D 792	1.13	1.13	1.13	1.14	1.14	1.14
吸水率%		1.8	1.8	1.8	1.8	1.8	1.8
軟化点(ピカット)℃							
荷重撓み温度，℃	ASTM D 648	65	65	65	70	65	70
線膨張係数×10^5／K	ASTM D 696	9.6	9.6	9.6	9.6	9.6	9.6
熱伝導率 W／m・K					0.22	0.22	0.22
燃焼性　UL-94		V-2	V-2	V-2	V-2	V-2	V-0
酸素指数							
降伏強度　MPa	ASTM D 638	78	78	78	81	78	83
破断強度　MPa							
破断伸び　%	ASTM D 638	>160	>160	>200	>100	>200	>100
アイゾット衝撃強度 KJ／m²(J/m)		(49)	(49)	(59)	(49)	(59)	(49)
体積抵抗率　Ω-cm		8×10^{11}	3×10^{11}	3×10^{11}	3×10^{11}	3×10^{11}	3×10^{11}
誘電率（1MHz）	ASTM D 150	3.4	3.4	3.4	3.4	3.4	3.4
誘電正接×10^3		20	20	20	20	20	20
破壊電圧　MV／m	ASTM D 149	20	20	20	20	20	20
耐アーク性　秒	ASTM D 495	195	195	195	195	195	195
成形収縮率　%	ASTM D 955	1.2/1.4	1.2/1.4	1.0/1.3	0.9/1.1	1.0/1.3	0.9/1.1
MFR　g／10分		24	23	15			
MVR　m³／10分							
シリンダー温度℃		240	240	240	240	240	240
金型温度　℃		80	80	80	80	80	80
射出圧力　MPa		59	59	59	59	59	59

難燃剤・難燃材料活用技術

表113 難燃材料特性一覧表

材料の種類：PA

メーカー名／商品名　ユニチカ／ユニチカナイロン

特　性	評価法，規格	A3030 N2	A1025 N0	A1025 GO(S)	EX1101 GO	A3030 FO	A1030 TF
比重	ASTM D 792	1.43	1.34	1.64	1.54	1.60	1.18
吸水率%					1.0	1.0	1.6
軟化点（ビカット）℃							
荷重撓み温度, ℃	ASTM D 648		90	201		123	65
線膨張係数×10^5／K			10	3.0	3.0		8
熱伝導率W／m・K							
燃焼性　UL-94		V-2	V-0	V-0	V-0	V-0	V-2
酸素指数							
降伏強度　MPa							
破断強度　MPa	ASTM D 638	79	69	181	152	69	67
破断伸び　%	〃	5	3.3	4	5	4	9
アイゾット衝撃強度　KJ/m²(J/m)	ASTM D 256	(35)	(21)	(102)	(108)	(34)	(35)
体積抵抗率　Ω-cm			1×10^{12}		2×10^{11}	1×10^{11}	3×10^{11}
誘電率（1 MHz）	ASTM D 150		3.0	3.8	3.4		
誘電正接×10^3			10	20	24		20
破壊電圧　MV／m	ASTM D 149		25	25	20	23	20
耐アーク性　秒	ASTM D 495		73	87	91	75	188
成形収縮率　%		0.8/0.7	1.1/0.5		0.2/0.7	0.8/1.0	1.5/1.8
MFR　g／10分							
MVR　m³／10分							
シリンダー温度℃		260	250	250	250	250	250
金型温度　℃		90	80	80	80	80	80
射出圧力　MPa		78	59	78	78	78	78

6 難燃性PA（ポリアミド）

表114　難燃材料特性一覧表

材料の種類：PA

メーカー名／商品名　ユニチカ／ユニチカナイロン

特　性	評価法，規格	E2000	BV2120	BV2120 G15	BV2120 G20	BV2120 G30
比重	ASTM D 792	1.14	1.38	1.50	1.55	1.65
吸水率%						
軟化点（ビカット）℃						
荷重撓み温度，℃	ASTM D 645	100	130	235	240	255
線膨張係数×10^5／K	ASTM D 696	9.0	7	5.9	4.6	3.0
熱伝導率W／m・K		0.25				
燃焼性　UL-94		V-2	V-0	V-0	V-0	V-0
酸素指数						
降伏強度　MPa	ASTM D 638	81				
破断強度　MPa			74	114	127	157
破断伸び　%	ASTM D 638	50〜60	4	3	3	3
アイゾット衝撃強度　KJ／m^2 (J/m)		55	(32)	(63)	(63)	(108)
体積抵抗率　Ω-cm		1×10^{11}	1×10^{11}	1×10^{11}		1×10^{11}
誘電率（1 MHz）	ASTM D 150	3.0	3.6	3.3	3.3	3.3
誘電正接×10^3	〃	40	10	20	20	20
破壊電圧　MV／m	ASTM D 149	22	25	25	25	25
耐アーク性　秒	ASTM D 495	168	75	85	85	85
成形収縮率　%		1.6/2.2	1.5/0.7	0.4/0.8	0.3/0.8	0.3/0.7
MFR　g／10分						
MVR　m^3／10分						
シリンダー温度℃		280	280	285	285	285
金型温度　℃		80	80	100	100	100
射出圧力　MPa		59	59	78	78	78

難燃剤・難燃材料活用技術

表115　難燃材料特性一覧表

材料の種類：PA

メーカー名／商品名　ユニチカ／マラニール

特　性	評価法, 規格	A125J	A226	A228	A127	A428	L496
比重	ASTM D 792	1.14	1.14	1.14	1.14	1.16	1.64
吸水率%							
軟化点（ピカット）℃							
荷重撓み温度, ℃	ASTM D 648	106	100	100	100	100	278
線膨張係数×10^5／K	ASTM D 696	9	9	9	9		1.4
熱伝導率W／m・K							
燃焼性　UL-94		V-2	V-2	V-2	V-2	V-0	
酸素指数							
降伏強度　MPa	ASTM D 638	81	78	84	81		
破断強度　MPa	〃					88	158
破断伸び　%	〃	50～60	40～50	25～30	50～60	1.5	1.7
アイゾット衝撃強度 KJ/m^2(J/m)	ASTM D 256	(34.9)	(54.9)	(54)	(54.9)	(51)	(85)
体積抵抗率　Ω-cm		1×10^{11}	1×10^{11}	1×10^{11}	1×10^{11}		1×10^{11}
誘電率（1MHz）	ASTM D 150	3.4	3.4	3.4	3.4		3.5
誘電正接×10^3		40	40	40	40		12
破壊電圧　MV／m	ASTM D 149	22	22	22	22	27	18
耐アーク性　秒	ASTM D 495	168	168	168	168		126
成形収縮率　%	ASTM D 955	1.6/2.2	1.6/2.2	1.6/2.2	1.6/2.2	1.4	0.3/0.8
MFR　g／10分							
MVR　m^3／10分							
シリンダー温度℃		280	280	280	280	280	320
金型温度　℃		80	80	80	80	80	130
射出圧力　MPa		59	59	59	59	57	100

7　難燃性PC（ポリカーボネート樹脂）

　PC（ポリカーボネート樹脂）は，主鎖に炭酸エステル結合を有する高分子材料であり，現在はビスフェノールAを原料とした芳香族PCが製造されている。

$$\left\{ O - \underset{\underset{CH_3}{|}}{\overset{\overset{CH_3}{|}}{C}} - O - \underset{\underset{O}{\|}}{C} \right\}_n$$

　PCは，耐衝撃性，耐熱性，寸法安定性，電気特性，自己消火性が優れた材料として広範囲の用途に使われている。特に透明性を生かして光ディスク，ヘッドランプ，フィルム分野への応用が広がっている。また，ABS，PSとのポリマーアロイは，特性と加工性のバランスのとれた材料として用途が拡大している。

　PCのここ5年間の生産，出荷の推移を示したのが表116である。2003年は，液晶テレビ，携帯電話，デジカメの好調により前年比で6％の増加を示している。しかし海外，特に中国への生産拠点の移動による減少を今後どの様にカバーしていくかは，大きな課題である。

　製造メーカーとしては，出光石油化学，住友ダウ，帝人化成，日本ジーイープラスチックス，三菱エンジニアリングが上げられ，コンパウンドメーカーとしてコテック，ユーワがあり，輸入品としては，バイエル製品がある。

　技術的な動向としては，需要の多い電気電子機器，OA機器，液晶関連のフィルム，シートの分野にして，成形加工性を考慮した高流動性グレード，環境安全性を考慮してノンハロゲン難燃性材料の伸びが期待される。

　PCの機械的性質，透明性，耐熱性をいかしてヘッドランプ，ドアーハンドル等の自動車用，CD，CD-R，DVD等の光学用途，カメラ，電動工具等の機械部品，フィルム，シート分野への伸びが期待される。

　各メーカーの代表的な難燃材料の銘柄と特性を表117～146に示す。
　なお，PC/ABSについてもこの章で紹介してある。

表116　ポリカーボネート生産・出荷推移

(単位：トン，（　）内は対前年比（％））

年	1998	1999	2000	2001	2002	2003
生産量	317,042	350,852	354,108	370,248	386,058	408,838
	(＋9)	(＋11)	(＋1)	(＋5)	(＋4)	(＋6)
出荷量	314,997	363,795	351,528	346,721	390,841	395,491
	(＋7)	(＋15)	(△3)	(△1)	(＋13)	(＋1)
輸　入	65,350	56,168	71,068	63,534	63,707	61,331
	(＋73)	(△14)	(＋27)	(△11)	(±0)	(△1)
輸　出	180,918	218,900	195,158	200,020	234,834	224,074
	(＋15)	(＋21)	(△11)	(＋2)	(＋17)	(△1)
内　需	199,429	201,063	227,438	210,235	219,714	232,748
	(＋14)	(＋1)	(＋13)	(△8)	(＋5)	(＋6)

(注）内需＝出荷＋輸入－輸出

（出典：経済産業省化学工業統計，財務省通関統計）

7 難燃性PC（ポリカーボネート樹脂）

表117 三菱エンジニアリングプラスチックス 難燃ポリカーボネート樹脂コバロイ®の特性表

項　目	試験方法	試験条件	単　位	長繊維強化，薄肉，難燃性，高流動グレード			
				BCB-990A	BCB-992	BCB-993	BCB-955
				リン系難燃高剛性	リン系難燃高剛性	リン系難燃高剛性	リン系難燃高剛性塗装レス
				GF+CF	GF+CF	GF+CF	GF
				14+1	14+4	10+5	10
＜物理的性質＞							
密度	ISO 1183	－	g/cm³	1.36	1.35	1.29	1.29
吸水率	－	23℃, 水中	%	－	－	－	－
＜レオロジー特性＞							
メルトマスフローレイト	ISO 1133		g/10min	26	21	29	20
メルトボリュームレイト			cm³/10min	23	17	26	18
		測定温度	℃	275	275	275	275
		測定荷重	kg	2.16	2.16	2.16	2.16
成形収縮率(3.2mmt)	－	MD	%	0.1－0.3	0.1－0.3	0.1－0.3	0.1－0.3
		TD		0.2－0.4	0.2－0.4	0.2－0.4	0.2－0.4
＜機械的特性＞							
引張弾性率	ISO 527-1, 527-2	－	MPa	7000	8100	7700	4900
降伏応力				－	－	－	－
降伏ひずみ			%	－	－	－	－
破壊呼びひずみ				－	－	－	－
50%ひずみ応力			MPa	－	－	－	－
破壊応力				80	92	79	75
破壊ひずみ			%	2.0	1.3	2.2	3.1
曲げ強さ	ISO 178	－	MPa	116	127	120	116
曲げ弾性率				6800	8000	7700	4800
シャルピー衝撃強さノッチなしシャルピー強さ	ISO 179-1, 179-2	23℃	kJ/m²	21	21	21	59
シャルピー衝撃強さノッチ付きシャルピー強さ		23℃	kJ/m²	3	4	3	3
＜熱的特性＞							
溶融温度	ISO 11357-3		℃	－	－	－	－
ガラス転移温度	ISO 11357-2		℃	－	－	－	－
荷重たわみ温度	ISO 75-1, 75-2	1.80MPa	℃	91	85	87	92
		0.45MPa		96	90	93	103
ビカット軟化温度	ISO 306	－	℃	－	－	－	－
線膨張係数	ISO 11359-2	MD	1/℃	－	－	－	－
		TD		－	－	－	－
燃焼性	UL94	0.8mmt	－	V-0	V-0	V-0	V-0
＜電気的特性＞							
比誘電率	IEC 60250	100Hz		－	－	－	－
		1 MHz		－	－	－	－
誘電正接	IEC 60250	100Hz		－	－	－	－
		1 MHz		－	－	－	－
体積抵抗率	IEC 60093	－	Ω・m	－	－	－	－
表面抵抗率	IEC 60093		Ω	－	－	－	－
耐電圧	IEC 602431	1 mmt	MV/m	－	－	－	－
		2 mmt					
		3 mmt					
耐トラッキング性	IEC 60112			－	－	－	－

この物性表に記載されているデータは，試験方法に基づいた測定値の代表値である。

難燃剤・難燃材料活用技術

表118 出光石油化学 PCの非ハロゲン難燃グレードの基本物性

項目・条件		試験法	NN2700	NN2710	GZK 3100	GZK 3200	AC 3010	AZ 1900T
難 燃 性		UL 94	1.5mm V-0 2.0mm 5VB 2.5mm 5VA	1.5mm V-0 1.8mm 5VB	0.75mm V-0	0.75mm V-0	0.75mm V-0 0.4mm V-2	1.5mm V-0
比重		ASTM D 792	1.19	1.23	1.26	1.34	1.20	1.20
曲げ弾性率	(MPa)	ASTM D 790	2,850	3,300	4,300	6,750	2,550	2,400
アイゾット衝撃強度 (1/8インチ)	(kJ/m²)	ASTM D 256	55	35	12	10	61	80
熱変形温度(1.82MPa)	(℃)	ASTM D 648	83	89	95	96	101	131
スパイラルフロー長さ (2mm, 110MPa)	(cm) (条件)	出 光 法	39 (240℃)	36 (240℃)	39 (280℃)	36 (280℃)	10 (280℃, 1mm)	50 (280℃, 3mm)
収 縮 率(MD)	(%)	出 光 法	0.52	0.38	0.3	0.2	0.5〜0.7	0.5〜0.7
（T D）	(%)		0.64	0.53	0.4	0.4	0.5〜0.7	0.5〜0.7
備 考			PC/PS系		GF-PC系		高流動PC	透明PC

表119 出光石油化学 シリコーン受性PC AC 1030・AC 1050の基本物性

項 目			試 験 法	AC 1030	AC 1050
比 重			ASTM D 792	1.20	1.21
引張 特性	降伏強さ	(MPa)	ASTM D 638	62	61
	破断強さ	(MPa)		63	60
	破断伸び	(%)		92	90
	弾 性 率	(MPa)		2,300	2,800
曲げ 特性	曲げ強さ	(MPa)	ASTM D 790	88	91
	弾 性 率	(MPa)		2,300	2,700
アイゾット衝撃強度		(kJ/m²)	ASTM D 256	70	50
熱変形温度1.82MPa		(℃)	ASTM D 648	128	118
MI 280℃ 2.16kgf		(g/10min)	ASTM D 1238	24	30
スパイラルフロー長さ 280℃, 肉厚 2 mm		(cm)	出 光 法	25	35
難 燃 性			UL 94	1.2mm, V-0 2.5mm, 5VA	1.5mm, V-1 2.0mm, V-0 2.0mm, 5VA

7 難燃性PC（ポリカーボネート樹脂）

表120 三菱エンジニアリングプラスチックス ポリカーボネートアロイ材料ユーピロンの物性

項　目		試験方法	PM 1220 PC/ABS 高流動	MB 2215 R PC/ABS ウェルド改良	MB 2105 PC/PET 耐薬品性	MB 4305 HU PC/PBT 耐薬品性	TMB 4010 H PC/PBT フィラー強化	MB 5002 R PC/ポリエステル 永久帯電防止
MFR(250℃, 21.2N)	(g/10min.)	ISO 1133	4.0	4.7				
MFR(300℃, 11.8N)	(g/10min.)	ISO 1133			8.3	38	17	10
引張降伏応力	(MPa)	ISO 527	56	52	61	61		50
引張呼びひずみ	(％)	ISO 527	113	105	98	118		140
引張破壊応力	(MPa)	ISO 527					70	
引張破壊ひずみ	(％)	ISO 527					9	
曲げ強さ	(MPa)	ISO 178	89	82	96	93	110	78
曲げ弾性率	(MPa)	ISO 178	2500	2500	2500	2400	3300	2000
シャルピー衝撃強さ(ノッチ付き)	(kJ/m^2)	ISO 179	42	100	59	32	7	80
荷重たわみ温度(1.8MPa)	(℃)	ISO 75	103	100	118	95	105	112
表面抵抗率	(Ω)	IEC 60093						7E+11
主な用途事例			自動車内装	携帯電話ハウジング	自動車外装ドアハンドル	自動車外装ルーフレール	自動車外装ルーフレールレグ	雑貨一般

表121 三菱エンジニアリングプラスチックス ポリカーボネートおよびPC/ABS難燃材料ユーピロンの物性

項　目		試験方法	非臭素系リン系難燃グレード						非臭素非リン系難燃グレード		
			FPR 3500 一般不透明	FPR 4500 一般不透明 高流動	GPN2020 DF 強化	HPR 3500 光反射	MB 1700 PC/ABS	MB 1800 PC/ABS	EFR 3000 一般不透明	EGN2020R2 強化	EHR3100 光反射
難　燃　性		UL 94 (厚み)	V-0 (0.8mm)	V-0 (0.8mm)	V-0 (1.6mm)	V-0 (0.8mm)	V-0 (0.8mm)	V-0 (1.2mm)	V-0 (1.0mm)	V-0 (1.6mm)	V-0 (1.6mm)
MFR(300℃, 11.8N)	(g/10min.)	ISO1133	18	22	13	18			22		24
MFR(250℃, 21.2N)	(g/10min.)	ISO1133					7.1	7.3			
引張降伏応力	(MPa)	ISO527	63	63		63	61	60	61		53
引張呼びひずみ	(％)	ISO527	81	72		55	49	>50	67		>50
引張破壊応力	(MPa)	ISO527			71					104	
引張破壊ひずみ	(％)	ISO527			2.6					4	
曲げ強さ	(MPa)	ISO178	98	97	123	102	99	93	92	163	89
曲げ弾性率	(MPa)	ISO178	2700	2700	5800	2900	3200	2500	2500	5800	2500
シャルピー衝撃強さ(ノッチなし)	(kJ/m^2)	ISO179	NB	NB	29	NB	NB	NB	NB	60	NB
(ノッチ付き)	(kJ/m^2)	ISO179	46	11	4	49	27	36	20	14	35
荷重たわみ温度(1.8MPa)	(℃)	ISO75	97	94	116	97	84	81	125	144	120
主な用途事例			Liイオン電池パック	Liイオン電池パック	OAシャーシ	LCD反射板・枠	PDAハウジング	ノートブックハウジング	電子機器ハウジング	OA部品	LCD反射板・枠

267

難燃剤・難燃材料活用技術

表122 出光石油化学 PC/ABSアロイ タフロンAC1070の物性(耐熱性)の比較

項　目		試験法	単位	AC1070	ポリカーボネート #1900	PC/PSアロイ NN2700	他社難燃 PC/ABS
比重		ASTM D 792	−	1.19	1.19	1.19	1.19
引張特性	降伏強さ	ASTM D 638	MPa	60	63	60	63
	破断強さ		MPa	62	73	50	60
	破断伸び		%	100	100	70	92
	弾性率		MPa	2700	2120	2700	2630
曲げ特性	曲げ強さ	ASTM D 790	MPa	90	88	90	93
	弾性率		MPa	2700	2260	2800	2730
アイゾット衝撃強度(ノッチ有り)	23℃	ASTM D 256	kJ/m²	50	70	50	38
	0℃			10	65	8	8
熱変形温度(1.83MPa)		ASTM D 648	℃	120	132	85	86
MI 260℃ 2.16kgf		ASTM D 1238	g./10min	12	8	22	27
Q値 280℃, 160kg		出光法	*10⁻²ml/s	61	10	29[2)	22[2)
スパイラルフロー長さ	240℃	出光法[1)	cm	24	14	36	32
	260℃			36	14	45	43
	280℃			46	19	−	−
	300℃			58	25	−	−
成形収縮率(2mm[t)		出光法	MD	0.6	0.7	0.5	0.4〜0.6[※)
			TD	0.6	0.7	0.6	
難燃性(UL-94)		UL-94	1.5mm	V-1	V-2	V-0	V-0
			2.0mm	V-0, 5VA	V-2	5VB	2.3mm-5VB
			2.5mm	−	HB	5VA	

1)射出圧 110MPa, 金型温度 80℃, 厚み 2mm, 幅10mm　2)260℃, 100kgf　※)カタログ値 (3.2mm[t))

表123 帝人化成 PC/ABSアロイ TN-7000シリーズの物性一覧表

特　性	単位	試験方法	測定条件	TN-7000 (標準タイプ)	TN-7500 (高流動タイプ)	TN-7000F (高剛性タイプ)	TN-7500F (高流動・高剛性タイプ)
密度	kg/m³	ISO 1183	−	1,180	1,180	1,220	1,210
引張降伏応力	MPa		50mm/min	63	63	63	62
引張破壊応力	MPa	ISO 527-2 And ISO 527-2	50mm/min	48	47	46	48
引張破壊ひずみ	%		50mm/min	80	50	20	30
曲げ強さ	MPa	ISO 178	2 mm/min	95	95	96	96
曲げ弾性率	MPa		2 mm/min	2,600	2,600	3,200	3,200
シャルピー衝撃強さ	kJ/m²	ISO 179	ノッチなし	NB	NB	NB	NB
			ノッチ付	15	13	12	10
荷重たわみ温度	℃	ISO 75-1 And ISO 75-2	1.80MPa	84	80	84	80
			0.45MPa	94	91	94	91
線膨張係数	×10⁻¹/℃	ISO 11359-2	並行	0.8	0.8	0.6	0.6
			垂直	0.8	0.8	0.7	0.7
耐燃性	−	UL 94	−	1.5mm V-0 2.0mm 5VB	1.5mm V-0 2.0mm 5VB	1.2mm V-0 1.6mm 5VB	1.2mm V-0 1.8mm 5VB

この表に記載された数値は保証値ではなく，代表値。

7　難燃性PC（ポリカーボネート樹脂）

表124　帝人化成　PC/ABSアロイマルチロンRN-3135物性表

特　性		試験方法	単　位	RN-3135
比　重		JIS K 7112	－	1.47
引張り	破断強さ	ASTM D 638	MPa (kgf/cm^2)	84 (860)
	破断伸び		％	2
曲　げ	強　さ	ASTM D 790	MPa (kgf/cm^2)	125 (1,270)
	弾性率		MPa (kgf/cm^2)	8,885 (90,600)
衝撃値 (アイゾット ノッチ付)	1/8"	ASTM D 256	J/M (kgfcm/cm)	59 (6)
	1/4"		J/M (kgfcm/cm)	59 (6)
荷重たわみ 温　度	荷重1.813MPa (18.5kgf/cm^2)	JIS K 7210	℃	108
成形収縮率	流れ方向(4mmt)	ASTM D 955	％	0.1～0.3
	直角方向(4mmt)		％	0.3～0.5
線膨張係数	流れ方向	ASTM D 696	$×10^{-5}$ 1/℃	1～2
	直角方向		$×10^{-5}$ 1/℃	6～7
燃　焼　性		UL 94		1.6mm V-1 3.0mm 5VA
乾燥条件	温　度		℃	110
	時　間		Hr	4～8
成形条件	シリンダー温度		℃	240～270
	金型温度		℃	70～90

この表に記載されている数値は、代表値であり保証値ではない。

表125　帝人化成　PC/ABSアロイ ハウジング用グレードマルチロンTN-3800シリーズの物性表

項　目	試験方法	単　位	一　般	高剛性	艶消し		摺　動	
			TN-3811V	TN-3812BX	TN-3813BX (標準)	TN-3813BY (高流動)	TS-3813 (PTFE5％)	TS-3814 (PTFE10％)
比重	JIS K 7112	－	1.18	1.25	1.23	1.19	1.25	1.29
引張り降伏強さ	ASTM D 638	MPa (kgf/cm^2)	63 (640)	60 (610)	59 (600)	61 (620)	56 (570)	57 (580)
引張り破断強さ	ASTM D 638	MPa (kgf/cm^2)	48 (490)	44 (450)	47 (480)	49 (500)	45 (460)	42 (430)
引張り破断伸び	ASTM D 638	％	60	30	110	120	100	70
曲げ強さ	ASTM D 790	MPa (kgf/cm^2)	93 (950)	90 (920)	89 (910)	91 (930)	85 (870)	81 (830)
曲げ弾性率	ASTM D 790	MPa (kgf/cm^2)	2,790 (28,400)	3,970 (40,500)	3,335 (34,000)	3,140 (32,000)	3,295 (33,600)	3,190 (32,500)
アイゾット衝撃強さ 1/8in (ノッチ付き)	ASTM D 256	J/m (kgf・cm/cm)	365 (37)	145 (15)	275 (28)	295 (30)	380 (39)	280 (29)
1/4in		J/m (kgf・cm/cm)	120 (12)	120 (12)	110 (11)	145 (15)	175 (18)	110 (11)
荷重たわみ温度 1.813MPa(18.5kgf/cm^2)	JIS K 7207	℃	93	92	91	92	93	91
成形収縮率 流れ方向	ASTM D 955	％	0.5～0.7	0.4～0.6	0.4～0.6	0.4～0.6	0.4～0.6	0.4～0.6
直角方向		％	0.5～0.7	0.4～0.6	0.4～0.6	0.4～0.6	0.4～0.6	0.4～0.6
燃焼性	UL 94	－	V-0(1.6mm) 5VB(2.5mm)	V-1(1.0mm) V-0(1.3mm) 5VB(2.0mm) 5VA(3.0mm)	V-0(1.6mm) 5VB(2.0mm) 5VA(3.0mm)	V-0(1.6mm) 5VB(2.0mm) 5VA(3.0mm)	V-1(1.0mm)	V-1(1.0mm)
最近の採用例			・BJプリンター中板 ・バッテリーケース	・ペン入力パソコンハウジング ・ビデオカメラハウジング ・CD-ROMドライブトレイ		・ノートパソコンハウジング	・CD-ROMドライブトレイ	

表126 帝人化成 PC/ABSアロイ 非ハロゲン系タイプのシャーシグレードパンライト GV-3500Rシリーズの一般物性表

評価項目		規格	単位	GV-3510R QG0811V	GV-3520R QG0815V	GV-3530RH QG0817
比　重		JIS K 7112	−	1.27	1.35	1.43
引張り強さ（破断）		ASTM D 638	kgf/cm² (MPa)	850 (83)	1,100 (108)	1,000 (98)
引張り伸び		ASTM D 638	％	3.0	2.5	2.0
曲げ強さ		ASTM D 790	kgf/cm² (MPa)	1,250 (123)	1,300 (127)	1,450 (142)
曲げ弾性率		ASTM D 790	kgf/cm² (MPa)	41,500 (4,070)	62,000 (6,080)	71,000 (6,960)
アイゾット ノッチ付き 衝撃値	厚さ3.2mm	ASTM D 256	kgf･cm/cm (J/m)	5 (49)	5 (49)	6 (59)
	厚さ6.4mm	ASTM D 256	kgf･cm/cm (J/m)	5 (49)	5 (49)	6 (59)
アイゾット逆 ノッチ付き 衝撃値（※E法）	厚さ3.2mm	ASTM D 256	kgf･cm/cm (J/m)	28 (275)	25 (245)	25 (245)
	厚さ6.4mm	ASTM D 256	kgf･cm/cm (J/m)	30 (294)	25 (245)	25 (245)
荷重たわみ 温　度		荷重 18.5kgf/cm² (1.813MPa) JIS K 7210	℃	110	108	106

※E法：ノッチ（切り欠き部）の反対側を衝撃するアイゾット衝撃試験
この表に記載された数値は代表値であり、保証値ではない。

表127(1) 帝人化成 PC/ABSアロイ OAハウジング用薄肉高剛性グレード（非ハロゲン系） マルチロンDN-3500シリーズの物性表

特　性		試験方法	単　位	DN-3510F	DN-3515F	DN-3520F
比　重		JIS K 7112	−	1.26	1.30	1.34
引張り	降伏強さ	ASTM D 638	MPa (kgf/cm²)	65 (660)	66 (670)	67 (680)
	破断強さ		MPa (kgf/cm²)	46 (470)	48 (490)	49 (500)
	破断伸び		％	35	16	9
曲　げ	強　さ	ASTM D 790	MPa (kgf/cm²)	94 (960)	96 (980)	98 (1,000)
	弾性率		MPa (kgf/cm²)	4,020 (41,000)	4,900 (50,000)	5,790 (59,000)
衝撃値 アイゾット ノッチ付)	1/8"	ASTM D 256	J/M (kgfcm/cm)	88 (9)	69 (7)	49 (5)
	1/4"		J/M (kgfcm/cm)	49 (5)	39 (4)	39 (4)
荷重たわみ 温　度	荷重1.813MPa (18.5kgf/cm²)	JIS K 7207-1995	℃	93	92	92
成形収縮率	流れ方向(4mmt)	自社法	％	0.45～0.55	0.35～0.45	0.25～0.35
	直角方向(4mmt)		％	0.50～0.60	0.45～0.55	0.40～0.50
燃　焼　性		UL 94		1.0mm V-1 1.3mm V-0 3.2mm V-0	1.0mm V-1 2.0mm V-0 3.2mm V-0	1.0mm V-1 1.3mm V-0 3.2mm V-0
成形条件	予備乾燥		℃･h	90～100℃ 4～8時間		
	シリンダー温度／金型温度		h	260～280℃／60～80℃		

この表に記載されている数値は、代表値であり保証値ではない。

7 難燃性PC（ポリカーボネート樹脂）

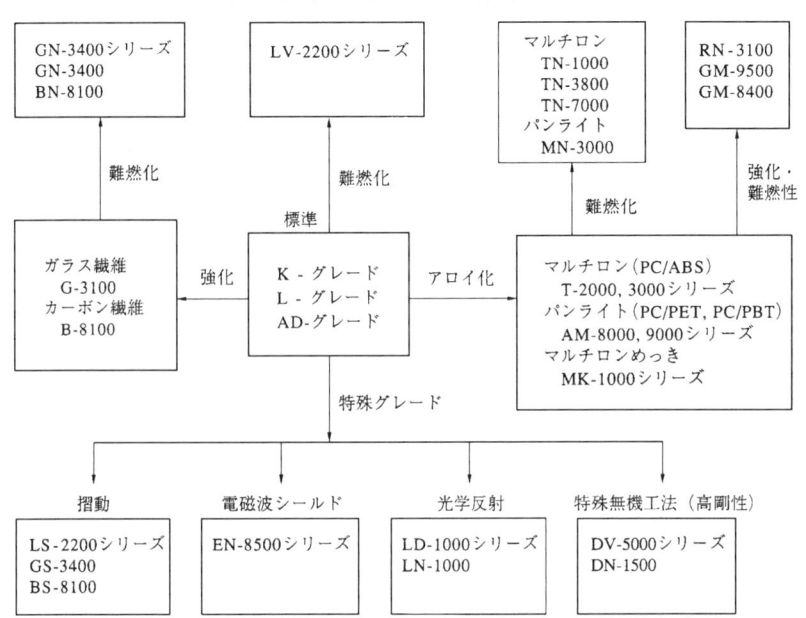

表127(2) 帝人化成 グレードと商品名分類表

```
┌─────────────┐    ┌─────────────┐    ┌─────────────┐    ┌─────────────┐
│ GN-3400シリーズ │    │ LV-2200シリーズ │    │  マルチロン     │    │  RN-3100    │
│ GN-3400     │    │             │    │  TN-1000    │    │  GM-9500    │
│ BN-8100     │    │             │    │  TN-3800    │    │  GM-8400    │
└─────────────┘    └─────────────┘    │  TN-7000    │    └─────────────┘
       ↑                  ↑            │  パンライト    │           ↑
     難燃化              難燃化           │  MN-3000    │       強化・難燃性
                                      └─────────────┘
                         標準                ↑
                                          難燃化
┌─────────────┐    ┌─────────────┐    ┌──────────────────────┐
│ ガラス繊維    │    │ K - グレード  │    │ マルチロン(PC/ABS)       │
│  G-3100     │ 強化 │ L - グレード  │ アロイ化│ T-2000, 3000シリーズ   │
│ カーボン繊維  │    │ AD-グレード   │    │ パンライト(PC/PET, PC/PBT)│
│  B-8100     │    │             │    │ AM-8000, 9000シリーズ   │
└─────────────┘    └─────────────┘    │ マルチロンめっき          │
                         │            │ MK-1000シリーズ         │
                    特殊グレード         └──────────────────────┘
                         │
     ┌───────────┬──────┴──────┬───────────┐
    摺動       電磁波シールド     光学反射    特殊無機工法（高剛性）
┌─────────┐ ┌─────────┐  ┌─────────┐  ┌─────────┐
│LS-2200  │ │EN-8500  │  │LD-1000  │  │DV-5000  │
│シリーズ   │ │シリーズ   │  │シリーズ   │  │シリーズ   │
│GS-3400  │ │         │  │LN-1000  │  │DN-1500  │
│BS-8100  │ │         │  │         │  │         │
└─────────┘ └─────────┘  └─────────┘  └─────────┘
```

表128　難燃材料特性一覧表

材料の種類：PC

メーカー名／商品名　コテック／コテックス，カーボテックス

特　性	評価法，規格	KG 30MRA	KGN 10MRA	KGN 15MRA	KGN 20MRA	KGN 30MRA
比重	ASTM D 792	1.43	1.27	1.30	1.35	1.43
吸水率％	ASTM D 570	0.09	0.15	0.13	0.11	0.09
軟化点（ビカット）℃						
荷重撓み温度，℃	ASTM D 648	142〜150	140〜148	140〜148	140〜148	142〜150
線膨張係数×10^5／K						
熱伝導率W／m・K						
燃焼性　UL-94		V-0 (3mm)	V-0 (1.7mm)	V-0 (1.7mm)	V-0 (1.7mm)	V-0 (1.7mm)
酸素指数						
降伏強度　MPa						
破断強度　MPa	ASTM D 638	127	74	98	108	127
破断伸び　％	〃	3	5	4.5	4	7
アイゾット衝撃強度　KJ/m^2(J/N)	ASTM D 256	(108〜147)	(78〜108)	(88〜127)	(88〜137)	(108〜147)
体積抵抗率　Ω-cm	ASTM D 257	10^{14}	10^{14}	10^{14}	10^{14}	10^{14}
誘電率（1 MHz）	ASTM D 150	3.3	3.2	3.2	3.3	3.3
誘電正接×10^3	〃					
破壊電圧　MV／m						
耐アーク性　秒	ASTM D 495	110	110	110	110	110
成形収縮率　％						
MFR　g／10分						
MVR　m^3／10分						
シリンダー温度℃						
金型温度　℃						
射出圧力　MPa						

7 難燃性PC（ポリカーボネート樹脂）

表129　難燃材料特性一覧表

材料の種類：PC

メーカー名／商品名　コテック／コテックス，カーボテックス

特　性	評価法，規格	K30FR	K30 FRT	KFR 30	KG10 MRA	KG15 MRA	KG20 MRA
比重	ASTM D 792	1.20	1.20	1.20	1.20	1.30	1.35
吸水率%	ASTM D 570	0.15	0.15	0.2	0.2	0.13	0.11
軟化点（ビカット）℃ 荷重撓み温度，℃	ASTM D 648	135〜138	135〜138	133〜136	139〜147	140〜148	140〜148
線膨張係数×10^5／K							
熱伝導率W／m・K							
燃焼性　UL-94		V-0 (3.0mm)	V-0 (3.0mm)	V-0 (1.6mm)	V-0 (3.0mm)	V-0 (3.0mm)	V-0 (3.0mm)
酸素指数							
降伏強度　MPa							
破断強度　MPa	ASTM D 638	63	63	63	74	98	108
破断伸び　%	〃	120	120	120	5	4.5	4
アイゾット衝撃強度　KJ/m^2(J/N)	ASTM D 256	(735〜784)	(735〜784)	(784〜833)	(70〜100)	(88〜127)	(98〜137)
体積抵抗率　Ω-cm	ASTM D 257	10^{14}	10^{14}	10^{14}	10^{14}	10^{14}	10^{14}
誘電率（1 MHz）	ASTM D 150	2.9	2.9	2.9	3.2	3.2	3.3
誘電正接×10^3	〃						
破壊電圧　MV／m							
耐アーク性　秒	ASTM D 495	110			110	110	110
成形収縮率　%							
MFR　g／10分		14〜17	14〜17	14〜16			
MVR　m^3／10分							
シリンダー温度℃							
金型温度　℃							
射出圧力　MPa							

表130 難燃材料特性一覧表

材料の種類：PC

メーカー名／商品名　コテック／コテックス，カーボテックス

特 性	評価法，規格	K-20	K-30	K-20 MRA	K-30 MRA	K-40 MRA	K-20 UN
比重	ASTM D 792	1.20	1.20	1.20	1.20	1.20	1.20
吸水率 %	ASTM D 570	0.2	0.2	0.2	0.2	0.2	0.2
軟化点（ビカット）℃ 荷重撓み温度，℃	ASTM D 648	133～136	133～136	133～136	133～136	133～136	133～136
線膨張係数×10^5／K							
熱伝導率 W／m・K							
燃焼性　UL-94		V-2 (1.6mm)	V-2 (1.6mm)	V-2 (1.6mm)	V-2 (1.6mm)	V-2 (1.6mm)	V-2 (1.6mm)
酸素指数							
降伏強度　MPa							
破断強度　MPa	ASTM D 638	63	63	63	63	63	64
破断伸び　%	〃	120	120	120	120	120	120
アイゾット衝撃強度　KJ/m²(J/m)	ASTM D 256	(735～784)	(784～833)	(738～784)	(784～833)	(833～882)	(765～818)
体積抵抗率　Ω-cm	ASTM D 257	10^{14}	10^{14}	10^{14}	10^{14}	10^{14}	10^{14}
誘電率（1 MHz）	ASTM D 150	2.9	2.9	2.9	2.9	2.9	2.9
誘電正接×10^3							
破壊電圧　MV／m							
耐アーク性　秒	ASTM D 495	110	110	110	110	110	110
成形収縮率　%							
MFR　g／10分		20～25	14～16	22～27	14～17	10～12	20～25
MVR　m³／10分							
シリンダー温度℃							
金型温度　℃							
射出圧力　MPa							

7 難燃性PC（ポリカーボネート樹脂）

表131 難燃材料特性一覧表

材料の種類：PC

メーカー名／商品名　住友ダウ／カリバー

特 性	評価法，規格	301-10	301-15	301-22	301-30	303-10	303-15
比重	ISO 1183	1.20	1.20	1.20	1.20	1.20	1.20
吸水率%	ISO 62	0.2	0.2	0.2	0.2	0.2	0.2
軟化点(ピカット)℃							
荷重撓み温度，℃	ISO 75	1.26	1.26	1.26	1.24	1.26	1.26
線膨張係数×10^5／K	ASTM D 696	7	7	7	7	7	7
熱伝導率 W／m・K							
燃焼性　UL-94		V-2 (1.5mm)	V-2 (1.5mm)	V-2 (1.5mm)	V-2 (1.5mm)	V-2 (1.5mm)	V-2 (1.5mm)
酸素指数							
降伏強度　MPa	ASTM D 638	62	62	62	62	62	62
破断強度　MPa	ISO 527	60	60	60	60	60	60
破断伸び　%	〃	110	110	110	90	110	110
アイゾット衝撃強度 KJ/m^2(J/m)	ASTM D 256	(892)	(843)	(735)	(680)	(892)	(845)
体積抵抗率　Ω-cm	IEC 60693	3×10^{14}	3×10^{14}	3×10^{14}	3×10^{14}	3×10^{14}	3×10^{14}
誘電率（1 MHz）	ASTM D 150	2.9	2.9	2.9	2.9	2.9	2.9
誘電正接×10^3	〃	9	9	9	9	9	9
破壊電圧　MV／m	ASTM D 149	20	20	20	20	20	20
耐アーク性　秒	ASTM D 492	110	110	110	110	110	110
成形収縮率　%	ASTM D 995	0.5〜0.7	0.5〜0.7	0.5〜0.7	0.5〜0.7	0.5〜0.7	0.5〜0.7
MFR　g／10分							
MVR　m^3／10分	300℃, 1.2kg ISO 1133	10	15	22	30	10	15
シリンダー温度℃		290〜315	290〜300	268〜280	250〜260		
金型温度　℃		80〜100	80〜100	80〜100	80〜100		
射出圧力　MPa							

難燃剤・難燃材料活用技術

表132　難燃材料特性一覧表

材料の種類：PC

メーカー名／商品名　住友ダウ／カリバー

特　性	評価法, 規格	701-10	701-15	701-22	801-10	801-15	801-22
比重	ISO 1183	1.20	1.20	1.20	1.20	1.20	1.20
吸水率％	ISO 62	0.2	0.2	0.3	0.2	0.2	0.2
軟化点（ビカット）℃							
荷重撓み温度, ℃	ISO 75	126	126	126	126	126	126
線膨張係数×10^5／K	ASTM D 696	7	7	7	7	7	7
熱伝導率 W／m・K							
燃焼性　UL-94		V-0 (3.0mm)	V-0 (3.0mm)	V-0 (3.0mm)	V-0 (0.75mm)	V-0 (0.75mm)	V-0 (0.75mm)
酸素指数							
降伏強度　MPa	ASTM D 638	62	62	62	62	62	62
破断強度　MPa	ISO 527	60	60	60	60	60	60
破断伸び　％	〃	110	110	100	100	100	100
アイゾット衝撃強度 KJ/m^2(J/N)	ASTM D 256	(892)	(843)	(735)	(490)	(392)	(294)
体積抵抗率　Ω-cm							
誘電率（1 MHz）	ASTM D 150	2.95	2.95	2.95	2.95	2.95	2.95
誘電正接×10^3	〃	4	4	4	3.5	3.5	3.5
破壊電圧　MV／m	ASTM D 149	20	20	20	20	20	20
耐アーク性　秒							
成形収縮率　％	ASTM D 995	0.5〜0.7	0.5〜0.7	0.5〜0.7	0.5〜0.7	0.5〜0.7	0.5〜0.7
MFR　g／10分							
MVR　m^3／10分	300℃, 1.2kg ISO 1133	10	15	22	10	15	22
シリンダー温度℃							
金型温度　℃							
射出圧力　MPa							

7　難燃性PC（ポリカーボネート樹脂）

表133　難燃材料特性一覧表

材料の種類：PC

メーカー名／商品名　住友ダウ／SDポリカ

特　性	評価法，規格	873-20	876-20	PCX1775 G10	PCX1775 G10F	ST5101 V	ST5201 V
比重	ISO 1183	1.20	1.20	1.27	1.27	1.27	1.34
吸水率%	ISO 62	0.20	0.20	0.15	0.15	0.15	0.12
軟化点(ビカット)℃							
荷重撓み温度，℃	ISO 75	126	125	140	132	140	143
線膨張係数×10^5／K		7	7	4/6.5	3/6.4	3.9/6.5	2.8/6.1
熱伝導率 W／m・K							
燃焼性　UL-94		V-0 (0.95mm)	V-0 (1.5mm)	V-0 (1.5mm)	V-0 (1.5mm)	V-0 (1.5mm)	V-2 (1.5mm)
酸素指数							
降伏強度　MPa	ASTM D 638	61	61	73	80	81	103
破断強度　MPa	ISO 527	60	60	85	75	85	110
破断伸び　%	〃	80	80	5	5	5	4
アイゾット衝撃強度　KJ/m^2(J/m)	ASTM D 256	(490)	(598)	(78)	(69)	(98)	(127)
体積抵抗率　Ω-cm	IEC 60093	—	—	—	—	1×10^{14}	1×10^{14}
誘電率（1 MHz）							
誘電正接×10^3							
破壊電圧　MV／m	ASTM D 149	—	—	—	—	20	20
耐アーク性　秒	ASTM D 492	—	—	—	—	110	110
成形収縮率　%	ASTM D 995	0.5〜0.7	0.5〜0.7	0.3〜0.5 / 0.4〜0.8	0.3〜0.5	0.3〜0.5 / 0.4〜0.6	0.2〜0.4 / 0.4〜0.6
MFR　g／10分							
MVR　m^3／10分	ISO 1133	20	20	—	—	—	—
シリンダー温度℃		270〜290	270〜290	280〜300	280〜300	280〜300	280〜300
金型温度　℃		80〜100	80〜100	80〜100	80〜100	80〜100	80〜100
射出圧力　MPa							

難燃剤・難燃材料活用技術

表134 難燃材料特性一覧表

材料の種類：PC

メーカー名／商品名　住友ダウ／SDポリカ

特　性	評価法，規格	ST 5101V	IR 5201V	IR 5301V	LR 8001V	LR 8011H	LR 8021V
比重	ISO 1183	1.27	1.34	1.42	1.33	1.32	1.32
吸水率%	ISO 62	0.15	0.12	0.10	0.20	0.20	0.20
軟化点（ビカット）℃ 荷重撓み温度, ℃	ISO 75	140	143	143	123	123	123
線膨張係数×10^5／K	ASTM D 696	3.9/6.5	2.8/6.1	2.0/5.7	7	7	7
熱伝導率 W／m・K							
燃焼性　UL-94 酸素指数		V-0 (1.5mm)	V-0 (1.5mm)	V-0 (1.5mm)	V-0 (0.4mm)	V-0 (1.6mm)	V-0 (3.0mm)
降伏強度　MPa	ASTM D 638	80	100	110	59	58	55
破断強度　MPa	ISO 527	85	100	120	60	60	60
破断伸び　%	〃	5	4	4	25	80	70
アイゾット衝撃強度 KJ/m^2(J/m)	ASTM D 256	(78)	(98)	(108)	(137)	(518)	(508)
体積抵抗率　Ω・cm 誘電率（1MHz） 誘電正接×10^3	ISO 60093	1×10^{14}	1×10^{14}	1×10^{14}	－	－	－
破壊電圧　MV／m	ASTM D 149	20	20	20	－	－	－
耐アーク性　秒	ASTM D 492	110	110	110	－	－	－
成形収縮率　% MFR　g／10分 MVR　m^3／10分	ASTM D 995	0.2〜0.5／0.4〜0.6	0.2〜0.4／0.4〜0.6	0.1〜0.3／0.4〜0.6	0.5〜0.7	0.5〜0.7	0.5〜0.7
シリンダー温度℃			－	－	－	265〜280	285〜300	265〜280
金型温度　℃		－	－	－	80〜100	80〜100	80〜100
射出圧力　MPa							

7 難燃性PC（ポリカーボネート樹脂）

表135 シリコーン系難燃未強化不透明ポリカーボネート樹脂（住友ダウ）

	ASTM試験法	単位	SD POLYCA 875-20	SD POLYCA 876-20	SD POLYCA 877-20	Calibre 301-22
難燃性	UL-94		0.95mm厚み V-0 2.5mm厚み 5VB	1.5mm厚み V-0 2.5mm厚み 5VA	1.5mm厚み V-0 2.0mm厚み 5VB	0.44mm厚み V-2
引張り強度	D-638	kgf/cm^2	620	620	630	630
引張り伸び	D-638	%	80	70	60	130
曲げ強度	D-790	kgf/cm^2	880	890	910	920
曲げ弾性率	D-790	kgf/cm^2	23000	22500	23000	23000
アイゾット衝撃強度	D-256	kgf・cm/cm	50	60	60	75
荷重たわみ温度	D-648	℃	133	131	133	134
成型収縮率	住友ダウ法	%	0.5～0.7	0.5～0.7	0.5～0.7	0.5～0.7
備考			シリコーン系難燃ポリカーボネート樹脂	シリコーン系難燃ポリカーボネート樹脂	シリコーン系難燃ポリカーボネート樹脂	一般ポリカーボネート樹脂

表136 シリコーン系難燃未強化透明・半透明ポリカーボネート樹脂（住友ダウ）

	ASTM試験法	単位	透明 SD POLYCA 776-20	半透明 SD POLYCA 775-20	SD POLYCA 875-20
透過率	D-103 1mm厚み 2mm厚み 3mm厚み	% 	89 89 88	76 64 54	65 45 34
ヘーズ	1mm厚み 2mm厚み 3mm厚み	% 	0.9 1.3 2.6	49 72 81	69 85 88
難燃性	UL-94		0.75mm厚み V-2 2.95mm厚み V-0	1.5mm厚み V-0	0.95mm厚み V-0 2.5mm厚み 5VB
引張り強度	D-638	kgf/cm^2	620	620	620
引張り伸び	D-638	%	90	90	80
曲げ強度	D-790	kgf/cm^2	900	880	880
曲げ弾性率	D-790	kgf/cm^2	23000	23000	23000
アイゾット衝撃強度	D-256	kgf・cm/cm	70	50	50
荷重たわみ温度	D-648	℃	131	133	133
成型収縮率	住友ダウ法	%	0.5～0.7	0.5～0.7	0.5～0.7
備考			シリコーン系難燃ポリカーボネート樹脂	シリコーン系難燃ポリカーボネート樹脂	シリコーン系難燃ポリカーボネート樹脂

難燃剤・難燃材料活用技術

表137 シリコーン系難燃ガラス繊維,炭素繊維強化ポリカーボネート樹脂(住友ダウ)

	ASTM 試験法	単位	SD POLYCA 875G20	SD POLYCA 876G20	PCX-1775 C10 (開発中)
難燃性	UL-94		1.5mm厚み V-0	1.5mm厚み V-0	1.5mm厚み V-0
比重	D-792		1.34	1.34	1.23
引張り強度	D-638	kgf/cm²	990	620	980
引張り伸び	D-638	%	4	5	6
曲げ強度	D-790	kgf/cm²	1330	1030	1400
曲げ弾性率	D-790	kgf/cm²	58000	39800	70300
アイゾット衝撃強度	D-256	kgf・cm/cm	9	5	6
線膨張係数	住友ダウ法 MD TD	×10⁻⁵ cm/cm/℃	3 6	3.6 4.0	2 6
成型収縮率	住友ダウ法 MD TD	%	0.4 0.5	0.5 0.5	0.1〜0.2 0.2〜0.4
備考			シリコーン系難燃 ガラス繊維強化 ポリカーボネート樹脂	シリコーン系難燃 ガラス強化 ポリカーボネート樹脂	シリコーン系難燃 炭素繊維強化 ポリカーボネート樹脂

表138 高流動 高剛性/高流動シリコーン系難燃ポリカーボネート樹脂(住友ダウ)

	ASTM 試験法	単位	SD POLYCA SI6011W-F10	SD POLYCA SI6001W	SD POLYCA 876-20
難燃性	UL-94		(1.5mm厚み V-0)	1.5mm厚み V-0	1.5mm厚み V-0
スパイラルフロー 1mm厚み *280℃	住友ダウ法	mm	160	150	116
引張り強度	D-638	kgf/cm²	720	630	620
引張り伸び	D-638	%	5	70	70
曲げ強度	D-790	kgf/cm²	1100	900	890
曲げ弾性率	D-790	kgf/cm²	39500	24000	22500
アイゾット衝撃強度	D-256	kgf・cm/cm	7	12	60
荷重たわみ温度	D-648	℃	129	125	131
成型収縮率	住友ダウ法 MD TD	%	0.4 0.5	0.5 0.6	0.7 0.7
備考			高流動・高剛性 シリコーン系難燃 ポリカーボネート樹脂	高流動 シリコーン系難燃 ポリカーボネート樹脂	シリコーン系難燃 ポリカーボネート樹脂

7 難燃性PC（ポリカーボネート樹脂）

表139 難燃材料特性一覧表

材料の種類：PC

メーカー名／商品名　日本ジーイープラスチックス／レキサン

特　性	評価法，規格	221R	241R	3412R	3413R	500R	LGN 1500
比重	ASTM D 792	1.20	1.20	1.30	1.43	1.27	1.11
吸水率%	ASTM D 570	0.15	0.15	0.16	0.14	0.15	0.14
軟化点(ビカット)℃	ASTM D 1525	143	145	150	150	145	150
荷重撓み温度，℃	ASTM D 648	130	132	144	145	142	146
線膨張係数×10^5／K	TMA法	7	7	2.9〜5.3	2.2〜5.0	4.0〜5.7	3.5〜5.3
熱伝導率W／m・K							
燃焼性　UL-94		V-2 V-0	V-2 V-0	V-1 V-0	V-1〜V-2 V-0	V-0 5VA	V-2 V-0
酸素指数							
降伏強度　MPa		61.8	62.8	98.1	117.7	72.8	81.4
破断強度　MPa							
破断伸び　%		220	220	4〜6	3〜5	10〜20	4〜6
アイゾット衝撃強度 KJ/m^2(J/m)	ASTM D 256	(735)	(764)	(107)	(156)	(78)	78
体積抵抗率　Ω-cm	ASTM D 785	10^{14}	10^{14}	10^{14}	10^{14}	10^{14}	10^{14}
誘電率（1 MHz）	ASTM D 150	3.2	3.2	3.2	3.3	3.1	3.2
誘電正接×10^3	〃	0.9	0.9	0.9	1.1	0.8	0.9
破壊電圧　MV／m	ASTM D 149	16	16	19	19	12	19
耐アーク性　秒							
成形収縮率　%	ASTM D 955	0.5〜0.7	0.5〜0.7	0.2〜0.3	0.15〜0.25	0.3〜0.4	0.25〜0.35
MFR　g／10分							
MVR　m^3／10分							
シリンダー温度℃							
金型温度　℃							
射出圧力　MPa							

難燃剤・難燃材料活用技術

表140 難燃材料特性一覧表

材料の種類：PC

メーカー名／商品名　日本ジーイープラスチックス／レキサン

特 性	評価法，規格	LGK 3020	LGK 4010	LGK 4030	LGK 5030	920	940	943
比重	ASTM D 492	1.43	1.53	1.54	1.61	1.20	1.20	1.20
吸水率%	ASTM D 570	0.13	0.14	0.14	0.14	0.15	0.15	0.15
軟化点（ビカット）℃	ASTM D 1525	150				143	145	145
荷重撓み温度，℃	ASTM D 648	148	147	148	146	130	132	132
線膨張係数×10^5／K	TMA法	2.7〜4.6	3.0〜5.3	2.2〜4.3	2.2〜4.3	7	7	7
熱伝導率W／m・K								
燃焼性　UL-94		V-0	V-0	V-0	V-0 5VA	V-2 V-0	V-0	V-0
酸素指数								
降伏強度　MPa		117.3	99	129.4	144.2	61.8	62.8	62.8
破断強度　MPa								
破断伸び　%		3〜5	3〜5	3〜5	3〜5	223	220	227
アイゾット衝撃強度　KJ/m^2(J/m)	ASTM D 256	(107)	(107)	(107)	(137)	(490)	(637)	(637)
体積抵抗率　Ω-cm	ASTM D 256	10^{14}	—	10^{14}	10^{14}	10^{14}	10^{14}	10^{14}
誘電率（1 MHz）	ASTM D 150	—	—	—	—	3	3	3
誘電正接×10^3	〃	—	—	—	—	0.9	0.9	0.9
破壊電圧　MV／m	ASTM D 149	19	—	18	16	17	17	17
耐アーク性　秒								
成形収縮率　%		0.15〜0.25	0.2〜0.25	0.15〜0.2	0.15〜0.2	0.5〜0.7	0.5〜0.7	0.5〜0.7
MFR　g／10分								
MVR　m^3／10分								
シリンダー温度℃								
金型温度　℃								
射出圧力　MPa								

7 難燃性PC（ポリカーボネート樹脂）

表141 難燃材料特性一覧表

材料の種類：PS

メーカー名／商品名　日本ジーイープラスチックス／レキサン

特　性	評価法，規格	LC108	LC108	LCG 0820	LCG 2007	LF 1000	LF 1010	LF 1520
比重	ASTM D 792	1.22	1.28	1.38	1.33	1.26	1.34	1.46
吸水率%	ASTM D 570	−	−	−	−	0.15	0.12	0.16
軟化点(ビカット)℃								
荷重撓み温度, ℃	ASTM D 648	142	141	142	138	136	147	148
線膨張係数×10^5／K	TMA法	3.9〜5.9	2.2〜4.7	2.0〜5.0	2.0〜4.5	−	−	−
熱伝導率W／m・K								
燃焼性　UL-94		V-0	V-0	V-0	V-0	V-0	V-0	V-0
酸素指数								
降伏強度　MPa		98.1	191.2	154	132.4	66.7	78.5	112.8
破断強度　MPa								
破断伸び　%		4〜6	3〜5	4〜8	5〜7	220	10〜20	4〜6
アイゾット衝撃強度 KJ/m^2(J/m)	ASTM D 256	(88)	(107)	(147)	(107)	(176)	(107)	(147)
体積抵抗率　Ω-cm	ASTM D 256	10^4〜10^{10}	10^2〜10^9	10^1〜10^4	1〜10^3	10^{14}	10^{14}	10^{14}
誘電率（1 MHz）								
誘電正接×10^3								
破壊電圧　MV／m								
耐アーク性　秒								
成形収縮率　%	ASTM D 955	0.2〜0.4	0.1〜0.3	0.2〜0.3	0.15〜0.25	0.5〜0.7	0.3〜0.4	0.2〜0.3
MFR　g／10分								
MVR　m^3／10分								
シリンダー温度℃								
金型温度　℃								
射出圧力　MPa								

難燃剤・難燃材料活用技術

表142 難燃材料特性一覧表

材料の種類：PC/ABSアロイ

メーカー名／商品名　日本ジーイープラスチックス／サイコロイ

特 性	評価法，規格	C2800	C6600	CU 6800	MC 5210	MC 5230	MC 5300	MC 5302	MC 5403
比重	ASTM D 792	1.18	1.18	1.19	1.27	1.33	1.19	1.27	1.24
吸水率%	ASTM D 570	0.2	0.2	0.2	0.2	0.2	0.2	0.2	0.2
軟化点（ビカット）℃									
荷重撓み温度，℃	ASTM D 648	80	90	85	100	100	120	125	125
線膨張係数×10^5／K	TMA法	6〜8	6〜8	6〜8	4〜6	3〜5	6〜8	—	—
熱伝導率W／m・K									
燃焼性　UL-94		V-0 5VB	V-0 5VB	V-0 5VB	V-0 5VB	V-0 5VB	V-1〜0 5VB	V-1〜0 5VB	V-1〜0 5VB
酸素指数									
降伏強度　MPa									
破断強度　MPa									
破断伸び　%		200	180	160	10	7	180	100	140
アイゾット衝撃強度　KJ/m^2(J/m)		(343)	(539)	(392)	(69)	(78)	(539)	(196)	(294)
体積抵抗率　Ω-cm									
誘電率（1 MHz）									
誘電正接×10^3									
破壊電圧　MV／m									
耐アーク性　秒									
成形収縮率　%		0.4〜0.6	0.4〜0.6	0.4〜0.6	0.3〜0.5	0.2〜0.4	0.4〜0.6	0.4〜0.6	0.4〜0.6
MFR　g／10分									
MVR　m^3／10分									
シリンダー温度℃									
金型温度　℃									
射出圧力　MPa									

7 難燃性PC（ポリカーボネート樹脂）

表143 難燃材料特性一覧表

材料の種類：PC

メーカー名／商品名　バイエル／マクロロン

特　性	評価法，規格	2203	2205	2405	2407	2458	2800	AL 2643
比重	ISO 1183	1.2	1.2	1.2	1.2	1.2	1.2	1.2
吸水率%	DIN 53495	0.15	0.15	0.15	0.15	0.15	0.15	0.15
軟化点（ビカット）℃	ISO 306	1.43	1.41	1.43	1.43	1.43	1.47	1.45
荷重撓み温度，℃	ISO 75	122	120	126	126	126	131	131
線膨張係数×10^5／K	DIN 53752	7	7	7	7	7	7	7
熱伝導率W／m・K	DIN 52612	0.20	0.20	0.20	0.20	0.20	0.20	0.20
燃焼性　UL-94		V-2	V-2	V-2	V-2	V-2	V-2	V-2
酸素指数								
降伏強度　MPa	ISO 527	63	63	63	63	63	63	63
破断強度　MPa	〃	60	60	69	69	69	72	72
破断伸び　%	〃	110	110	120	120	120	120	120
アイゾット衝撃強度　KJ/m²(J/m)	ISO 180/4A	65	65	75	75	75	90	90
体積抵抗率　Ω-cm	IEC 93	10^{14}	10^{14}	10^{14}	10^{14}	10^{14}	10^{14}	10^{14}
誘電率（1 MHz）								
誘電正接×10^3								
破壊電圧　MV／m								
耐アーク性　秒								
成形収縮率　%		0.5〜0.7	0.5〜0.7	0.5〜0.7	0.5〜0.7	0.5〜0.7	0.6〜0.8	0.6〜0.8
MFR　g／10分	ISO 1133	33	33	17	17	17	8	11
MVR　m³／10分								
シリンダー温度℃								
金型温度　℃								
射出圧力　MPa								

表144 難燃材料特性一覧表

材料の種類：PC

メーカー名／商品名　バイエル／マクロロン

特性	評価法，規格	AL 2647	LO 2643	LO 2647	CD 2005	3103	3200	3118
比重	ISO 1183	1.2	1.2	1.2	1.2	1.2	1.2	1.2
吸水率 %	DIN 53495	0.15	0.15	0.15	0.15	0.15	0.15	0.15
軟化点（ビカット）℃	ISO 306	143	147	145	140	149	149	147
荷重撓み温度，℃	ISO 75	129	131	129	120	132	132	130
線膨張係数×10^5／K	DIN 53752	7	7	7	5.0〜7.0	7	7	7
熱伝導率 W／m・K	DIN 53612	0.2	0.2	0.2	―	0.2	0.2	0.2
燃焼性　UL-94		V-2	V-2	V-2	―	V-2	V-2	―
酸素指数								
降伏強度　MPa	ISO 527	63	63	63	63	63	63	63
破断強度　MPa	〃	72	72	72	>50	72	72	69
破断伸び　%	〃	120	120	120	40	125	125	50
アイゾット衝撃強度 KJ/m^2(J/m)	ISO 180/4A	90	90	90	―	95	95	―
体積抵抗率　Ω-cm	IEC 93	10^{14}	10^{14}	―	―	10^{14}	10^{14}	10^{14}
誘電率（1MHz)								
誘電正接×10^3								
破壊電圧　MV／m								
耐アーク性　秒								
成形収縮率　%		0.6〜0.8	0.6〜0.8	0.6〜0.8	0.6〜0.8	0.6〜0.8	0.6〜0.8	0.6〜0.8
MFR　g／10分	ISO 1133	11	11	11	69	6	4	<3
MVR　m^3／10分								
シリンダー温度℃								
金型温度　℃								
射出圧力　MPa								

7 難燃性PC（ポリカーボネート樹脂）

表145 難燃材料特性一覧表

材料の種類：PC

メーカー名／商品名　バイエル／マクロロン

特　性	評価法，規格	6385	6485	6870	8025	8035	9415
比重	ISO 1183	1.2	1.2	1.2	1.35	1.44	1.27
吸水率%	DIN 53495	0.15	0.15	0.15	0.12	0.11	0.13
軟化点(ビカット)℃	ISO 306	143	144	145	149	149	148
荷重撓み温度，℃	ISO 75	126	128	126	135	135	138
線膨張係数×10^5／K	DIN 53752	7	7	7	4	1	3.8
熱伝導率W／m・K	DIN 52612						
燃焼性　UL-94		V-0	5VA	V-0	V-2	V-1	5VA
酸素指数							
降伏強度　MPa	ISO 527	63	63	63	—	—	—
破断強度　MPa	〃	—	—	—	60	70	80
破断伸び　%	〃				4	3.5	3.5
アイゾット衝撃強度　KJ/m²(J/m)	ISO 180/4A						
体積抵抗率　Ω-cm	IEC 93						
誘電率（1MHz）							
誘電正接×10^3							
破壊電圧　MV／m							
耐アーク性　秒							
成形収縮率　%							
MFR　g／10分	ISO 1133	17	8	<3	5	5	6
MVR　m³／10分							
シリンダー温度℃							
金型温度　℃							
射出圧力　MPa							

表146 難燃材料特性一覧表

材料の種類：PC/ABS

メーカー名／商品名　バイエル／ハイブレンド

特　性	評価法，規格	FR 2000	FR 2010
比重	ISO 1183	1.17	1.19
吸水率%			
軟化点(ビカット)℃	ISO 306	92	100
荷重撓み温度，℃	ISO 75	80	90
線膨張係数×10^5／K	TMA法	7.6〜8.0	7.6〜8.0
熱伝導率W／m・K			
燃焼性　UL-94		V-0／5V	V-0／5V
酸素指数			
降伏強度　MPa		60	80
破断強度　MPa			
破断伸び　%		＞50	＞50
アイゾット衝撃強度　KJ/m²(J/N)		＞20	＞20
体積抵抗率　Ω-cm			
誘電率（1MHz）			
誘電正接×10^3			
破壊電圧　MV／m			
耐アーク性　秒			
成形収縮率　%			
MFR　g／10分			
MVR　m³／10分	ISO 1133	25	＞20
シリンダー温度℃			
金型温度　℃			
射出圧力　MPa			

8　難燃性PET（ポリエチレンフタレート）

PETは，エチレングリコールとテレフタール酸等を共重合して作られ，繊維，フィルム，ボトルとしての機能の優れた性能を有し，ガラス繊維などとの強化PETは，機械的性質，耐熱性が優れた複合樹脂として使われている。

PETは，本質的に，機械的性質，耐熱性，電気特性が優れ，耐薬品性，成形加工性が優れた材料として電気電子機器部品，コネクター，端子類，家電機器のハウジング材料，照明配線器具，自動車用外装材料，機構部品，電装品，包装容器，ボトル等に広く使われている。

今後難燃性樹脂としては，電気電子機器，OA機器，コネクター成形品，電気絶縁フィルムなどへの拡大が期待されている。

経済産業省の統計によると，2003年の繊維関連の用途を除いたPET樹脂の生産量は，表147に示す通り，約65万3000トンを示し，前年比，13％の減少であった。容器類が29万200トンでその他成形用，シート用，フィルム用をあわせて31万200トンを示している。

PETメーカーとしては，ウィンテックポリマー，鐘淵化学工業，クラレ，デュポン，東洋紡績，三井デュポンポリケミカル，三菱エンジニアリングプラスチックス，三菱レイヨン，ユニチカ等がある。

強化PETは，難燃性樹脂として使用されており，家電が18％，電気電子機器が22％，自動車45％，機械その他が15％の構成比で使われている（図6）。

PET樹脂は，ボトルに見られるように再成しやすく，エコ材料としても注目されている。

表147　非繊維用ポリエチレンテレフタレートの生産量推移

項目＼年	1998年	1999	2000	2001	2002	2003
生産量（t）	641,891	665,746	699,316	662,122	697,377	603,478
前年比（％）	△5.43	3.72	5.04	△5.30	5.32	△13.5
容器用（t）	−	−	−	−	375,658	291,909
その他（t）	−	−	−	−	321,719	311,569

（出典：産業経済省（化学工業統計月報））

難燃剤・難燃材料活用技術

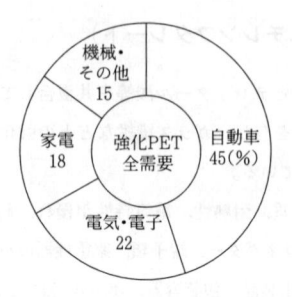

図6 強化PETの需要構成（2003年，推定）
- 自動車 45(%)
- 電気・電子 22
- 家電 18
- 機械・その他 15
- （中央）強化PET全需要

8 難燃性PET（ポリエチレンフタレート）

表148 難燃材料特性一覧表

材料の種類：PET

メーカー名／商品名　ウインテックポリマー／FR-PET

特 性	評価法，規格	C3015	C3030	C3045	C9030	CN 9015	CN 9030	CCR 6001
比重	ASTM D 792	1.47	1.6	1.7	1.59	1.58	1.65	1.6
吸水率%		0.1	0.07	0.07	0.06	0.06	0.08	0.1
軟化点(ビカット)℃								
荷重撓み温度, ℃	ASTM D 648	230	242	242	235	220	235	220
線膨張係数×10^5／K		3.5	2.2	2.1	2.5	2.5	2.5	2.6
熱伝導率 W／m・K		—	0.29	—	—	—	0.25	—
燃焼性　UL-94		HB	HB	HB	HB	V-0	V-0	H3
酸素指数								
降伏強度　MPa								
破断強度　MPa	ASTM D 638	103	176	167	142	118	152	88
破断伸び　%	〃	2	2	1.5	3.5	3.1	3.5	1.4
アイゾット衝撃強度 KJ/m^2(J/m)	ASTM D 256	(294)	(490)	(588)	(637)	(490)	(784)	(294)
体積抵抗率　Ω-cm	ASTM D 257	$4×10^{16}$	$2×10^{16}$	$1×10^{16}$	$3×10^{15}$	$8×10^{15}$	$4×10^{15}$	$5×10^{16}$
誘電率（1 MHz）		3.9	4	4	3.7	3.6	3.6	4
誘電正接×10^3		18	16	16	12	6	11	19
破壊電圧　MV／m	ASTM D 149	35	32	33	38	27	25	34
耐アーク性　秒		—	86	81	109	100	123	130
成形収縮率　%		0.3〜1.2	0.2〜1.0	0.1〜1.0	0.3〜1.2	0.3〜1.3	0.2〜1.2	0.3〜1.2
MFR　g／10分								
MVR　m^3／10分								
シリンダー温度℃		260〜340	270〜290	270〜290	260〜280	250〜270	250〜270	260〜280
金型温度　℃		130	130	190	70〜90	70〜90	70〜90	130
射出圧力　MPa		59〜98	59〜98	59〜98	59〜98	59〜98	59〜98	59〜98

表149　難燃材料特性一覧表

材料の種類：PET

メーカー名／商品名　鐘淵化学工業／ハイパーライト

特　性	評価法，規格	8150 SE	8200 SE	8300 SE	8450 SE	5200 SE	5300 SE	5400 SE	9200 SEB
比重	ASTM D 792	1.62	1.64	1.70	1.78	1.57	1.66	1.74	1.57
吸水率%		0.10	0.10	0.11	0.07	0.09	0.08	0.08	0.08
軟化点(ビカット)℃ 荷重撓み温度，℃	ASTM D 648	210	210	225	225	189	211	210	205
線膨張係数×10^5／K		2/8	―	4/5	―	―	―	―	―
熱伝導率 W／m・K									
燃焼性　UL-94		V-0	V-0	V-0	V-0	V-0	V-0	V-0	V-1
酸素指数		5V	5V	5V					
降伏強度　MPa									
破断強度　MPa	ASTM D 638	106	118	147	160	86	103	90	113
破断伸び　%	〃	3	3	3	3	2	2	2	2
アイゾット衝撃強度　KJ/m²(J/m)	ASTM D 256	(59)	(69)	(78)	(88)	(39)	(49)	(39)	(49)
体積抵抗率　Ω-cm	ASTM D 257	10^{14}	10^{14}	10^{14}	10^{14}	10^{14}	10^{14}	10^{14}	―
誘電率（1 MHz）	ASTM D 150	3.7	―	3.9	―				
誘電正接×10^3	〃	1.4	―	1.2	―				
破壊電圧　MV／m	ASTM D 149	19	20	22	―				
耐アーク性　秒	ASTM D 495	72	72	75	―				
成形収縮率　%						0.4〜0.8	0.3〜0.7	0.3〜0.7	0.3〜0.8
MFR　g／10分									
MVR　m³／10分									
シリンダー温度℃ 金型温度　℃ 射出圧力　MPa		60＜	60＜	60＜	60＜	60＜	60＜	60＜	60＜

8　難燃性PET（ポリエチレンフタレート）

表150　難燃材料特性一覧表

材料の種類：PET

メーカー名／商品名　クラレ／クラペット　ESMO

特　性	評価法，規格	クラペット 1030	クラペット 1030NN	クラペット 5015	クラペット 5030	クラペット 5015NN	クラペット 5030NN
比重	ASTM D 792	1.56	1.67	1.41	1.55	1.52	1.66
吸水率%	ASTM D 570	0.05	0.05	0.07	0.07	0.07	0.07
軟化点(ピカット)℃							
荷重撓み温度，℃	ASTM D 648	235	235	205	225	205	205
線膨張係数×10^5／K	ASTM D 696	3	3	−	2.3	−	2.0
熱伝導率W／m・K							
燃焼性　UL-94							
酸素指数							
降伏強度　MPa							
破断強度　MPa	ASTM D 638	147	142	91	123	89	127
破断伸び　%	〃	2.1	1.8	5.9	3.3	3.2	2.7
アイゾット衝撃強度　KJ／m^2(J/m)	ASTM D 256	78	78	59	98	78	98
体積抵抗率　Ω-cm	ASTM D 257	10^{13}	10^{13}	10^{14}	10^{13}	10^{14}	10^{13}
誘電率（1 MHz）	ASTM D 150	3.7	3.7	−	3.5	−	3.6
誘電正接×10^3	〃	16	12	−	13	−	11
破壊電圧　MV／m	ASTM D 149	25	25	23	25	23	25
耐アーク性　秒	ASTM D 495	120	120	130	130	130	125
成形収縮率　%		0.2〜1.4	0.2〜1.4	0.8〜1.8	0.3〜1.6	0.3〜1.6	0.3〜1.4
MFR　g／10分							
MVR　m^3／10分							
シリンダー温度℃		280	275	280	280	280	280
金型温度　℃		110	110	100	100	100	100
射出圧力　MPa							

難燃剤・難燃材料活用技術

表151　難燃材料特性一覧表

材料の種類：PET

メーカー名／商品名　デュポン／ライナイト

特　性	評価法, 規格	415 HP	FR515	FR530	FR543	FR943	FR945
比重	ISO 1183	1.39	1.53	1.67	1.79	1.78	1.84
吸水率 %	ISO 62	0.25	—	0.17	0.11	0.10	—
軟化点（ビカット）℃ 荷重撓み温度, ℃	ISO 75	207	210	224	224	200	195
線膨張係数×10^5／K	ASTM E 831	4/9.8	3.3/7	2.2/6.8	1.6/5.5	2.1/5.1	—
熱伝導率 W／m・K	C-177	—	—	0.25	—	—	—
燃焼性　UL-94 酸素指数		HB (0.8mm)	V-0 (0.8mm)	V-0 (0.35mm)	V-0 (0.35mm)	V-0 (0.8mm)	V-0 5V (0.8mm)
降伏強度　MPa 破断強度　MPa	ISO 527	79	107	135	172	124	100
破断伸び　%	〃	5.0	2.6	2.0	1.8	1.5	1.2
衝撃強度　KJ／m²							
体積抵抗率　Ω・cm	IEC 93	10^{11}	10^{13}	10^{13}	10^{13}	10^{13}	10^{13}
誘電率（1 MHz）	IEC 250	—	150	100	170	150	—
誘電正接×10^3							
破壊電圧　MV／m	IEC 243	—	34	33	—	—	—
耐アーク性　秒	UL 746A	95	67	117	124	102	—
成形収縮率　%		0.3/0.6	0.35/0.35	0.2/0.9	0.2/0.8	0.2/0.7	0.3/0.7
MFR　g／10分							
MVR　m³／10分							
シリンダー温度 ℃			275-300	275-290	275-290	275-295	275-295	275-295
金型温度　℃			85〜120	85〜120	85〜120	85〜120	85〜120
射出圧力　MPa			55〜78	55〜78	55〜78	55〜78	55〜78

8 難燃性PET（ポリエチレンフタレート）

表152 難燃材料特性一覧表

材料の種類：PET

メーカー名／商品名　東洋紡績／パイロペット

特　性	評価法，規格	EMC 317	EMC 130-01	EMC 130-05	EMC 130-20
比重	ASTM D 792	1.90	1.65	1.68	1.91
吸水率%	ASTM D 570	0.05	0.06	0.06	0.05
軟化点（ビカット）℃					
荷重撓み温度，℃	ASTM D 648	205	215	220	223
線膨張係数×10^5／K	ASTM D 696	4	3	3	2.5
熱伝導率W／m・K					
燃焼性　UL-94		V-0	V-0 (5V)	V-0 (5V)	V-0 (5V)
酸素指数					
降伏強度　MPa					
破断強度　MPa	ASTM D 638	74	129	121	106
破断伸び　%	〃	1.6	2.2	1.8	1.5
アイゾット衝撃強度　KJ/m²(J/m)	ASTM D 256	(37)	(69)	(64)	(62)
体積抵抗率　Ω-cm	ASTM D 257	0.75×10^{13}	10^{14}	10^{14}	10^{14}
誘電率（1 MHz）	ASTM D 150				
誘電正接×10^3	〃				
破壊電圧　MV／m	ASTM D 149	25	23	24	24
耐アーク性　秒	ASTM D 495	125	83	120	181
成形収縮率　%		0.5〜0.9	0.3〜0.9	0.3〜0.8	0.2〜0.8
MFR　g／10分					
MVR　m³／10分					
シリンダー温度℃		275	270	275	275
金型温度　℃		90〜120	90〜120	90〜120	90〜120
射出圧力　MPa		49〜98	49〜98	59〜98	59〜98

難燃剤・難燃材料活用技術

表153　難燃材料特性一覧表

材料の種類：PET

メーカー名／商品名　三菱エンジニアリングプラスチックス／レアペット

特　性	評価法，規格	N230-1	N520 GM	NC640 M-3	N6720	NR 725H3	N740P
比重	ISO 1183	1.69	1.62	1.69	1.59	1.69	1.74
吸水率 %	ISO 62	0.08	0.11	0.11	0.11	0.8	0.1
軟化点(ビカット)℃							
荷重撓み温度，℃	ISO 75	227	217	230	215	225	233
線膨張係数×10^5／K	MD/TD	5.3/2.68	6.0/3.5	5.0/2.2	6.0/3.4	6.0/3.3	6.5/2.5
熱伝導率 W／m・K							
燃焼性　UL-94		V-0	V-0	V-0 (5VA)	V-0	V-0 (5VA)	V-0 5VA
酸素指数							
降伏強度　MPa							
破断強度　MPa	ISO 527	140	90	120	110	150	130
破断伸び　%	〃	2.0	1.5	1.5	2.0	1.6	1.3
衝撃強度　KJ/m²							
体積抵抗率　Ω-cm	IEC 250	10^{14}	10^{14}	10^{14}	10^{14}	10^{14}	10^{14}
誘電率（1 MHz）	IEC 250					4.07	
誘電正接×10^3	〃					17.5	
破壊電圧　MV／m	IEC 243					24	
耐アーク性　秒							
成形収縮率　%	MD/CD	0.9/0.25	0.7/0.25	0.8/0.2	1.2/0.3	1.0/0.3	1.2/0.2
MFR　g／10分	ISO 1183	30	45	30	40	30	25
MVR　m³／10分	〃	22	52	21	29	21	18
シリンダー温度℃							
金型温度　℃							
射出圧力　MPa							

8 難燃性PET（ポリエチレンフタレート）

表154 難燃材料特性一覧表

材料の種類：PET

メーカー名／商品名　三菱エンジニアリングプラスチックス／ノバペット

特　性	評価法，規格	6410 GN-3-15	5410 GN-3-20	5410 GN-3-30	5410 GN-3-45	5410 GN-3-303
比重	ISO 1183	1.55	1.58	1.61	1.73	1.58
吸水率％	ISO 62	0.1	0.1	0.1	0.1	0.1
軟化点(ビカット)℃						
荷重撓み温度，℃	ISO 75	220	225	225	225	215
線膨張係数×10^5／K	MD/CD	7/3	6/3	6/3	5/3	6/3
熱伝導率 W／m・K						
燃焼性　UL-94		V-0	V-0	V-0	V-0	V-0
酸素指数						
降伏強度　MPa						
破断強度　MPa	ISO 527	95	120	140	160	120
破断伸び　％	〃	1.7	1.5	1.4	1.2	1.7
衝撃強度　KJ／m^2						
体積抵抗率　Ω-cm	IEC 250	10^{13}	10^{13}	10^{13}	10^{13}	10^{13}
誘電率（1MHz）	〃	32.3	32.7	33.4	34.2	33.4
誘電正接×10^3	〃	19	20	17	17	17
破壊電圧　MV／m	IEC 243	18	20	15	15	25
耐アーク性　秒						
成形収縮率　％	MD/CD	1.2／0.3	1.1／0.3	0.8／0.2	0.6／0.2	6.6／0.2
MFR　g／10分	ISO 1183	90	40	27	18	22
MVR　m^3／10分	〃	68	33	20	13	15
シリンダー温度℃						
金型温度　℃						
射出圧力　MPa						

難燃剤・難燃材料活用技術

表155 難燃材料特性一覧表

材料の種類：PET

メーカー名／商品名　三菱レイヨン／ダイヤナイト

特　性	評価法，規格	MD 8545	MD 8615	MD 8610	MD 8630	MD 8650	MD 8730	MD 8915
比重	ASTM D 792	1.54	1.86	1.57	1.71	1.88	1.78	1.55
吸水率%	ASTM D 570	0.07	0.05	0.11	0.08	0.05	0.07	0.12
軟化点(ピカット)℃								
荷重撓み温度，℃	ASTM D 648	224	240	215	230	238	228	210
線膨張係数×10^5／K		2.6	1.9	3.3	2.4	1.3	2.0	1.4
熱伝導率 W／m・K								
燃焼性　UL-94		V-0	V-0	V-0	V-0	V-0	V-0	V-0
酸素指数								
降伏強度　MPa								
破断強度　MPa	ASTM D 638	92	88	106	132	147	95	105
破断伸び　%	〃	2.0	1.8	1.7	1.7	1.9	1.6	2.5
アイゾット衝撃強度 KJ/m^2(J/m)	ASTM D 256	(49)	(59)	(61)	(75)	(82)	(39)	(69)
体積抵抗率　Ω-cm								
誘電率（1 MHz）								
誘電正接×10^3								
破壊電圧　MV／m								
耐アーク性　秒								
成形収縮率　%		0.3〜1.2	0.3〜1.0	0.3〜1.2	0.3〜1.0	0.1〜0.9	0.2〜1.0	0.3〜1.2
MFR　g／10分								
MVR m^3／10分								
シリンダー温度℃								
金型温度　℃								
射出圧力　MPa								

9 難燃性PBT樹脂

　PBT樹脂は，テレフタール酸またはテレフタール酸ジメチールエステルと，1,4-ブタンジオールとの重縮合反応によって製造されるポリエステルである。そのまま使用される場合と添加剤の混入された強化タイプとして使用されている。

　PBTは，耐熱性，成形加工性，機械特性，電気特性，耐薬品性に優れているが，変形性，加水分解性に欠点を有している。今後の耐熱性難燃材料としては，この欠点をカバーした難燃材料特に環境対応型難燃材料が望まれる。

　現在のPBTの生産販売量，生産販売量の推移，用途別構成比を経済産業省の統計で見ると，表156，図7に示すようになる。2002〜2003年にかけて大きく伸びてきており，需要が10万トンを越える状況になっている。

　現在の国内の製造メーカーは，表157に示すように7社がある。

　各社の代表的な難燃性材料の特性を表158〜182に示す。

表156　PBT（ニートレジン）の生産・販売量の推移

（単位：トン，（　）内は前年比増減率%）

年	生産量（%）	販売量（%）
1999	63,586 (＋4)	46,468 (＋6)
2000	72,901 (＋15)	52,144 (＋12)
2001	64,252 (△12)	46,831 (△10)
2002	96,395 (＋50)	69,978 (＋49)
2003	132,419 (＋37)	91,476 (＋31)

（出典：経済産業省化学工業統計）

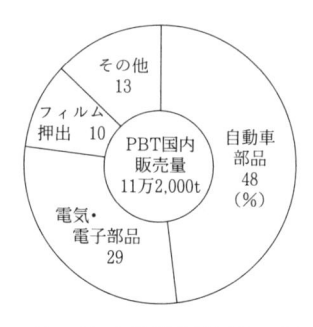

図7　国内市場（コンパウンド）の用途別需要構成（2003年）
（出典：富士経済資料，「2004年エンプラ市場の展望とグローバル戦略」）

PBT国内販売量 11万2,000t
- 自動車部品 48（%）
- 電気・電子部品 29
- フィルム押出 10
- その他 13

表157　国内のPBT供給メーカーと商標

メーカー	商品名
ウィンテックポリマー	ジュラネックス
東レ	トレコン
三菱エンジニアリングプラスチックス	ノバデュラン
日本GEプラスチックス	バロックス
大日本インキ化学工業	プラナック
三菱レイヨン	タフペット
カネボウ合繊	カネボウPBT

表158　ウィンテックポリマー　ジュラネックスSAシリーズの特性

項目	試験法 ASTM	701 SA	751 SA	ABS樹脂	PC/ABS	変性PPE
比重	D 792	1.43	1.58	1.19	1.23	1.20
引張強さ* (MPa)	D 638	96	98	95	52	71
引張伸び* (%)		2.7	2.4	2.3	>200	1.7
曲げ強さ (MPa)	D 790	145	145	110	87	110
曲げ弾性率 (MPa)		7,100	8,000	5,600	3,900	4,900
荷重たわみ温度 (℃) (18.6kgf/cm²)	D 648	200	200	106	96	100
燃焼性	(UL94)	HB	V-0	HB	V-0	V-1

表159　ウィンテックポリマー　ジュラネックスLDシリーズの特性

項目		試験法 ASTM	733LD	701 SA	7407	750 LD	7377W
比重		D 792	1.46	1.43	1.57	1.60	1.64
引張強さ (MPa)		D 638	140	100	117	138	120
引張伸び (%)			2.0	2.7	2.6	2.2	2.2
曲げ強さ (MPa)		D790	180	140	186	190	168
曲げ弾性率 (MPa)			9300	7100	9120	8820	8740
アイゾット衝撃強さ	ノッチ側	D256	86	63	92	76	67
	反ノッチ側		400	370	580	—	—
荷重たわみ温度 (℃) (1.82MPa)		D648	200	200	206	205	204
燃焼性		UL 94	HB	HB	HB	V-0	V-0

9 難燃性PBT樹脂

表160 ウィンテックポリマー ノンハロゲン・ノン赤リングレードの基礎物性

項 目	試験法 ISO	GF30%ノンハロゲン・ノン赤リン難燃グレード J691B (仮称) (ジュラネックス)	GF30%一般難燃グレード CN 7030 NN/BB (テイジンPBT)	GF30%一般難燃グレード CN 7030 LN/LB (テイジンPBT)	GF30%一般難燃グレード 3316 (ジュラネックス)
密度 (g/cm^3)	1183	1.50	1.67	1.67	1.66
引張強さ (MPa)	527	120	127	130	143
引張破壊ひずみ(%)	527	2.0	1.9	1.9	2.0
曲げ強さ (MPa)	178	151	200	197	224
曲げ弾性率 (MPa)	178	8,200	10,300	10,600	10,000
シャルピー衝撃強さ (ノッチあり)(kj/m^2)	179	8.0	7.0	7.0	10.0
荷重たわみ温度 (1.8MPa) (℃)	75-1	198	208	207	211
燃焼性	(UL94)	V-0相当	V-0	V-0	V-0

(注) 上記の値は材料の代表的な測定値であり，材料規格に対する最低値ではない。

難燃剤・難燃材料活用技術

表161　難燃材料特性一覧表

材料の種類：PBT

メーカー名／商品名　ウインテックポリマー／ジュラネックス

特　性	評価法，規格	2016	3116	3216	3226	3316
比重	ISO 1183	1.43	1.49	1.54	1.57	1.66
吸水率％						
軟化点(ピカット)℃						
荷重撓み温度，℃	ISO 75	82	201	208	206	211
線膨張係数×10^5／K	MD/TD	−	5/10	4/10	3/10	2/9
熱伝導率W／m・K						
燃焼性　UL-94		V-0	V-0	V-0	V-0	V-0
酸素指数						
降伏強度　MPa						
破断強度　MPa	ISO 527	59	91	113	123	143
破断伸び　％	〃	35	14	27	23	2
衝撃強度　KJ／m^2						
体積抵抗率　Ω-cm	IEC 60093	$4×10^{16}$	$3×10^{16}$	$2×10^{16}$	$1×10^{16}$	$1×10^{16}$
誘電率（1 MHz）						
誘電正接×10^3						
破壊電圧　MV／m	IEC 60243	24	22	20	30	20
耐アーク性　秒						
成形収縮率　％						
MFR　g／10分						
MVR　m^3／10分						
シリンダー温度℃						
金型温度　℃						
射出圧力　MPa						

9　難燃性PBT樹脂

表162　難燃材料特性一覧表

材料の種類：PBT

メーカー名／商品名　ウインテックポリマー／ジュラネックス

特性	評価法，規格	750LD	7195W	7190W	6370W	3615A
比重	ISO 1183	1.6	1.56	1.65	1.67	1.43
吸水率%						
軟化点(ピカット)℃						
荷重撓み温度，℃	ISO 75	205	205	210	167	125
線膨張係数×10^5／K	MD/TD	2/8		3/7	7/8	3/7
熱伝導率W／m・K						
燃焼性　UL-94		V-0	V-0	V-0	V-0	V-0
酸素指数						
降伏強度　MPa						
破断強度　MPa	ISO 527	135	86	103	47	90
破断伸び　%	〃	1.8	2.8	2	1.8	2.1
衝撃強度　KJ／m^2						
体積抵抗率　Ω-cm	IEC 60093	-	-	5×10^{16}	2×10^{15}	2×10^{16}
誘電率（1 MHz）						
誘電正接×10^3						
破壊電圧　MV／m	IEC 60243	-	-	-	15	20
耐アーク性　秒						
成形収縮率　%						
MFR　g／10分						
MVR　m^3／10分						
シリンダー温度℃						
金型温度　℃						
射出圧力　MPa						

難燃剤・難燃材料活用技術

表163 難燃材料特性一覧表

材料の種類：PBT

メーカー名／商品名　ウインテックポリマー／ジュラネックス

特　性	評価法，規格	652SA	751SA	353RA	407EP	209AW
比重	ISO 1183	1.43	1.56	1.68	1.39	1.45
吸水率％						
軟化点（ピカット）℃						
荷重撓み温度，℃	ISO 75	110	190	197	78	70
線膨張係数×10^5／K	MD/TD	－	1/6	2/9	7/6	－
熱伝導率W／m・K						
燃焼性　UL-94		V-0	V-0	V-0	V-0	V-0
酸素指数						
降伏強度　MPa						
破断強度　MPa	ISO 527	51	99	143	56	52
破断伸び　％	〃					
衝撃強度　KJ/m²						
体積抵抗率　Ω-cm	IEC 60093	－	$7×10^{16}$	$1×10^{16}$		
誘電率（1 MHz）						
誘電正接×10^3						
破壊電圧　MV／m	IEC 60243	－	19	20	－	－
耐アーク性　秒						
成形収縮率　％						
MFR　g／10分						
MVR　m³／10分						
シリンダー温度℃						
金型温度　℃						
射出圧力　MPa						

9　難燃性PBT樹脂

表164　難燃材料特性一覧表

材料の種類：PBT

メーカー名／商品名　カネボウ合繊／カネボウPBT

特　性	評価法，規格	PBT 724A01	PBT 7719B15	PBT 719B30	PBT 719B45	P23724 A01	PBT 719F04
比重	ASTM D 792	1.42	1.58	1.67	1.8	1.47	1.66
吸水率 %	ASTM D 570	0.08	0.07	0.07	0.07	0.08	0.07
軟化点(ビカット)℃							
荷重撓み温度，℃	ASTM D 648	85	210	212	215	75	210
線膨張係数×10^5／K	ASTM D 696	8.9	3.5	1.8	1.7	8.9	3.2
熱伝導率 W／m・K							
燃焼性　UL-94		V-0	V-0	V-0	V-0	V-0	V-0
酸素指数							
降伏強度　MPa							
破断強度　MPa	ASTM D 638	54	98	128	142	42	114
破断伸び　%	〃	20	4	3	2	>100	2
アイゾット衝撃強度　KJ/m^2(J/m)	ASTM D 256	(49)	(59)	(78)	(98)	(70)	(74)
体積抵抗率　Ω-cm	ASTM D 252	5×10^{14}	3.5×10^{13}	3×10^{13}	3.5×10^{13}	2×10^{14}	3×10^{14}
誘電率（1 MHz）	ASTM D 150	3.2	—	3.5	—	3.7	3.9
誘電正接×10^3	〃	24	—	20	—	35	28
破壊電圧　MV／m	ASTM D 149	20	23.1	23.2	24	35	28
耐アーク性　秒	ASTM D 495	73	91	95	108	106	82
成形収縮率　%		1.3〜1.8	0.4〜1.2	0.2〜1.0	0.2〜0.8	1.3〜1.8	0.2〜0.8
MFR　g／10分							
MVR　m^3／10分							
シリンダー温度℃		230〜260	230〜260	230〜260	230〜260	—	—
金型温度　℃		60〜90	60〜90	60〜90	60〜90	—	—
射出圧力　MPa		59〜118	59〜118	59〜118	59〜118	—	—

難燃剤・難燃材料活用技術

表165　難燃材料特性一覧表

材料の種類：PBT

メーカー名／商品名　大日本インキ化学工業／プラナック

特　性	評価法，規格	BT 2200	BT 2200-60	BT 2215	BT 2215-02	BT 2215-11	BT 2215-27
比重	ASTM D 792	1.41	1.41	1.54	1.52	1.54	1.54
吸水率%	ASTM D 570	0.07	0.07	0.07	0.07	0.06	0.06
軟化点(ピカット)℃							
荷重撓み温度，℃	ASTM D 648	70	70	200	200	200	200
線膨張係数×10^5／K	ASTM D 649	9	8.5	5	5	5	5
熱伝導率 W／m・K							
燃焼性　UL-94		V-0	V-0	V-0	V-0	V-0	V-0
酸素指数							
降伏強度　MPa							
破断強度　MPa	ASTM D 638	55	—	100	100	100	100
破断伸び　%	〃	20	50	3.5	4	3.5	3
アイゾット衝撃強度 KJ/m^2(J/m)	ASTM D 256	(50)	(60)	(65)	(90)	(65)	(50)
体積抵抗率 Ω-cm	ASTM D 252	10^{14}	10^{14}	10^{14}	10^{14}	10^{14}	10^{14}
誘電率（1MHz）	ASTM D 150	3.3	3.6	3.6	3.6	3.6	3.6
誘電正接×10^3	〃	20	20	20	20	20	20
破壊電圧　MV／m	ASTM D 149	30	26	30	30	25	27
耐アーク性　秒	ASTM D 495	100	120	120	120	120	120
成形収縮率　%		1.4～1.8	0.3～1.3	0.4～1.3	0.4～1.3	0.4～1.3	0.4～1.3
MFR　g／10分							
MVR　m^3／10分							
シリンダー温度℃		240～260	240～260	240～260	240～260	240～260	240～260
金型温度　℃		40～90	40～90	40～90	40～90	40～90	40～90
射出圧力　MPa		49～98	49～98	49～98	49～98	49～98	49～98

9　難燃性PBT樹脂

表166　難燃材料特性一覧表

材料の種類：PBT

メーカー名／商品名　大日本インキ化学工業／プラナック

特　性	評価法，規格	BT 2215-60	BT 2230	BT 2230-02	BT 2230-11	BT 2230-27	BT 2230-60
比重	ASTM D 792	1.54	1.63	1.63	1.65	1.65	1.65
吸水率%	ASTM D 570	0.07	0.06	0.06	0.05	0.06	0.06
軟化点(ビカット)℃							
荷重撓み温度,℃	ASTM D 648	200	200	200	205	205	205
線膨張係数×10^5／K	ASTM D 649	5	3	3	3	3	3
熱伝導率W／m・K							
燃焼性　UL-94		V-0	V-0	V-0	V-0	V-0	V-0
酸素指数							
降伏強度　MPa							
破断強度　MPa	ASTM D 639	90	130	125	130	130	130
破断伸び　%	〃	4	2.5	3	2.5	2	3
アイゾット衝撃強度 KJ/m^2(J/m)	ASTM D 256	(90)	(120)	(90)	(80)	(110)	(80)
体積抵抗率　Ω-cm	ASTM D 252	10^{14}	10^{14}	10^{14}	10^{14}	10^{14}	10^{14}
誘電率（1 MHz）	ASTM D 150	3.6	3.6	3.6	3.6	3.6	3.6
誘電正接×10^3	〃	20	20	20	20	20	20
破壊電圧　MV／m	ASTM D 149	27	30	30	30	30	27
耐アーク性　秒	ASTM D 495	120	120	120	120	120	120
成形収縮率　%		0.4～1.3	0.3～1.3	0.3～1.3	0.3～1.3	0.7～1.3	0.3～1.3
MFR　g／10分							
MVR　m^3／10分							
シリンダー温度℃		240～260	240～260	240～260	240～260	240～260	240～260
金型温度　℃		40～90	40～90	40～90	40～90	40～90	40～90
射出圧力　MPa		49～98	49～98	49～98	49～98	49～98	49～98

難燃剤・難燃材料活用技術

表167　難燃材料特性一覧表

材料の種類：PBT

メーカー名／商品名　大日本インキ化学工業／プラナック

特　性	評価法，規格	BT 2235-10	BT 2230	BT 2330-20	BT 2535	BSV 115	BSV 130
比重	ASTM D 792	1.68	1.78	1.76	1.63	1.50	1.61
吸水率%	ASTM D 570	0.06	0.08	0.08	0.06	0.03	0.03
軟化点(ピカット)℃							
荷重撓み温度, ℃	ASTM D 648	190	200	200	190	170	190
線膨張係数×10^5／K	ASTM D 649	3	3	3	2.7		
熱伝導率W／m・K							
燃焼性　UL-94		V-0	V-0	V-0	V-0	V-0	V-0
酸素指数							
降伏強度　MPa							
破断強度　MPa	ASTM D 638	110	105	190	100	100	130
破断伸び　%	〃	2.5	2.0	2.5	1.5	1	2
アイゾット衝撃強度　KJ/m^2(J/m)	ASTM D 256	(80)	(70)	(55)	(50)	(60)	(80)
体積抵抗率　Ω-cm	ASTM D 252	10^{14}	10^{14}	10^{14}	10^{14}	10^{14}	10^{14}
誘電率（1 MHz）	ASTM D 150	3.6	3.3	3.3	3.6	3.7	3.7
誘電正接×10^3	〃	20	20	20	20	20	20
破壊電圧　MV／m	ASTM D 149	30	28	25	30	30	30
耐アーク性　秒	ASTM D 495	120	120	120	120	120	120
成形収縮率　%		0.4～1.1	0.3～1.0	0.4～1.2	0.3～0.8	0.4～1.1	0.3～1.0
MFR　g／10分							
MVR　m^3／10分							
シリンダー温度℃		240～260	240～260	240～260	240～260	240～260	240～260
金型温度　℃		40～90	40～90	40～90	40～90	40～90	40～90
射出圧力　MPa		75	45	35	35	15	30

9 難燃性PBT樹脂

表168 難燃材料特性一覧表

材料の種類:PBT

メーカー名/商品名　デュポン/クラスチイン

特 性	評価法, 規格	S650 FR	S680 FR	T850 FR	SK 641FR	SK 643FR	SK 645FR
比重	ISO 1183	1.47	1.49	1.40	1.52	1.59	1.69
吸水率%	ISO 62	0.15	0.16	0.22	0.15	0.13	0.10
軟化点(ビカット)℃							
荷重撓み温度, ℃	ISO 527	65	64	60	200	205	210
線膨張係数×10^5/K	DIN 53752	12/12	13/13	14/14	6/11	4/10	3/9
熱伝導率W/m・K	DIN 31046	0.26	—	—	0.26	0.28	0.29
燃焼性　UL-94		V-0 (0.8)	V-0 (0.8)	V-0 (1.6)	V-0 (1.6)	V-0 (0.8)	V-0 (0.8)
酸素指数							
降伏強度　MPa	ISO 527	65	—	47	—	—	—
破断強度　MPa	〃	58	51	65	85	105	140
破断伸び　%	〃	13	5.5	25	3.1	2.8	2.5
衝撃強度　KJ/m^2	ISO 140	4	3	11	5	8	9
体積抵抗率　Ω-cm	IEC 93	>10^{14}	>10^{14}	>10^{14}	>10^{14}	>10^{14}	>10^{14}
誘電率(1MHz)	IEC 250	3.5	3.5	3.2	3.4	3.7	3.8
誘電正接×10^3	〃	15	18	18	17	16	16
破壊電圧　MV/m	IEC 241	15	15	17	17	17	17
耐アーク性　秒	ASTM D 495	54	〜	65	103	73	122
成形収縮率　%	MD/TD	1.7/1.7	1.8/1.9	1.9/1.8	0.6/1.3	0.4/1.1	0.35/1.0
MFR　g/10分							
MVR　m^3/10分							
シリンダー温度℃		240〜260	240〜260	240〜260	240〜260	240〜260	240〜260
金型温度　℃		30〜130	30〜130	30〜130	30〜130	30〜130	30〜130
射出圧力　MPa							

難燃剤・難燃材料活用技術

表169 難燃材料特性一覧表

材料の種類：PBT

メーカー名／商品名　デュポン／クラスチイン

特　性	評価法，規格	SK 652FRI	SK 655FRI	SK 662FR	SK 665FR	LW 9020FR	LW 9030FR
比重	ISO 1183	1.54	1.66	1.54	1.65	1.47	1.55
吸水率%	ISO 62	0.14	0.10	0.14	0.10	0.23	0.21
軟化点（ピカット）℃							
荷重撓み温度，℃	ISO 75	210	215	202	206	171	190
線膨張係数×10^5／K	ISO 53752	—	—	—	3/10	25/8	
熱伝導率W／m・K	DIN 51046						
燃焼性　UL-94		V-0 (0.8)	V-0 (0.8)	V-0 (0.8)	V-0 (0.8)	V-0 (0.8)	V-0 (0.8)
酸素指数							
降伏強度　MPa							
破断強度　MPa	ISO 527	96	141	98	137	110	124
破断伸び　%	〃	2.7	2.4	3.0	2.4	2.5	2.0
衝撃強度　KJ/m²	ISO 180	8	10	7	8	8	9
体積抵抗率　Ω・cm	IEC 93	>10^{14}	>10^{14}	>10^{14}	>10^{14}	>10^{14}	>10^{14}
誘電率（1 MHz）	IEC 250						
誘電正接×10^3	〃	16	16	16	16		
破壊電圧　MV／m	ISO 243	17	17	17	17		
耐アーク性　秒	ASTM D 495	73	122	—	—		
成形収縮率　%	MD/TD	0.6/1.1	0.3/0.8	6.5/1.0	0.3/0.8	0.3/0.6	0.2/0.5
MFR　g／10分							
MVR　m³／10分							
シリンダー温度℃		240〜260	240〜260	240〜260	240〜260	240〜260	240〜260
金型温度　℃		30〜130	30〜130	30〜130	30〜130	30〜130	30〜130
射出圧力　MPa							

9 難燃性PBT樹脂

表170 難燃材料特性一覧表

材料の種類：PBT

メーカー名／商品名　デュポン／クラスチン

特　性	評価法，規格	LW 685FR	T843FR	T845FR	HT 668FR
比重	ISO 1183	1.60	1.59	1.69	1.75
吸水率％	ISO 62	−	0.13	0.10	0.20
軟化点(ビカット)℃					
荷重撓み温度，℃	ISO 75	202	188	192	185
線膨張係数×10^5／K	ISO 53752	−	4/13	3/12	4/10
熱伝導率W／m・K	ISO 51046	−	0.28	0.29	0.51
燃焼性　UL-94		V-0 (0.8)	V-0 (1.6)	V-0 (1.6)	V-0 (1.6)
酸素指数					
降伏強度　MPa					
破断強度　MPa	ISO 527	52	90	110	70
破断伸び　％	〃	1.7	4.5	3.7	2.0
衝撃強度　KJ／m²	ISO 180	4	9	11	4
体積抵抗率　Ω-cm	IEC 93	>10^{14}	>10^{14}	>10^{14}	>10^{14}
誘電率（1 MHz）	IEC 250	−	3.9	4.0	4.1
誘電正接×10^3	〃	−	17	17	31
破壊電圧　MV／m	IEC 243	−	16	16	18
耐アーク性　秒	ASTM D 495	−	77	82	181
成形収縮率　％		0.5/0.65	0.3/1.0	0.25/0.9	0.4/0.8
MFR　g／10分					
MVR　m³／10分					
シリンダー温度℃		250〜260	230〜250	230〜250	240〜260
金型温度　℃					
射出圧力　MPa					

難燃剤・難燃材料活用技術

表171　難燃材料特性一覧表

材料の種類：PBT

メーカー名／商品名　東レ／トレコン

特性	評価法，規格	1494 X02	1184 GA15	1184 GA30N1	1164G 30FR	1154W	5174 GX11	1144 GX01	4144 G30
比重	ISO 1183	1.43	1.53	1.63	1.69	1.65	1.55	1.58	1.54
吸水率%	ISO 62	0.08	0.07	0.07	0.07	0.07	0.07	0.08	0.08
軟化点(ビカット)℃									
荷重撓み温度，℃	ISO 75	64	205	207	207	194	201	210	215
線膨張係数×10^5／K	ISO 11359	9.0	5.3	4.1	4.0	3.7	5.0	—	—
熱伝導率W／m・K									
燃焼性　UL-94		V-0 (0.38)	V-0 (0.75)	V-0 (0.75)	V-0 (0.75)	V-0 (0.75)	V-0 (1.5)	V-0 (0.82)	V-0 (0.70)
酸素指数									
降伏強度　MPa									
破断強度　MPa	ISO 527	—	110	140	140	105	95	115	150
破断伸び　%	〃	8.0	2.5	2.5	2.2	2.5	3.1	3.0	3.6
衝撃強度　KJ/m²	ISO 179	2.5	5.5	9.0	6.5	5.0	8.0	—	—
体積抵抗率　Ω-cm	IEC 60093	$2>10^{14}$	$5>10^{14}$	$11>10^{14}$	$6>10^{14}$	—	—	—	—
誘電率（1MHz）	IEC 60250	3.4	3.6	4.0	4.0	4.0	3.8	3.8	3.8
誘電正接×10^3	〃	1	2	1	2	2	2	—	—
破壊電圧　MV／m	IEC 60243	26	14	14	27	19	—	19	19
耐アーク性　秒	IEC 60950	70	135	134	—	125	—	150	148
成形収縮率　%									
MFR　g／10分									
MVR　m³／10分									
シリンダー温度℃		230〜260	230〜260	230〜260	230〜260	230〜260	230〜260	230〜260	230〜260
金型温度　℃		40〜80	40〜80	40〜80	40〜80	40〜80	40〜80	40〜80	40〜80
射出圧力　MPa		27〜137	27〜137	27〜137	27〜137	27〜137	27〜137	27〜137	27〜137

9　難燃性PBT樹脂

表172　難燃材料特性一覧表

材料の種類：PBT

メーカー名／商品名　日本ジーイープラスチックス／バロックス

特　性	評価法，規格	310 SEO	457	DR48	DR48M	420 SEO	420 SEOM
比重	ASTM D 792	1.40	1.44	1.50	1.50	1.61	1.61
吸水率%	ASTM D 520	0.08	0.07	0.07	0.07	0.07	0.07
軟化点(ビカット)℃	ASTM D 1525	155	1.97	200	200	200	200
荷重撓み温度，℃	ASTM D 648	100	174	200	201	208	208
線膨張係数×10^5／K	TMA法	9	9	4	4	3	3
熱伝導率W／m・K							
燃焼性　UL-94		V-0 5VA	V-0 5VA	V-0 5VA	V-0 5VA	V-0 5VA	V-0 5VA
酸素指数							
降伏強度　MPa		57.9	70.6	93.2	98.1	122.6	127.5
破断強度　MPa							
破断伸び　%		60	5	5	5	3	3
アイゾット衝撃強度　KJ／m^2(J/m)	ASTM D 256	(49)	(39)	(59)	(59)	(98)	(88)
体積抵抗率　Ω-cm	ASTM D 256	10^{14}	10^{14}	10^{14}	10^{14}	10^{14}	10^{14}
誘電率（1 MHz）	ASTM D 150	3.2	3.3	3.6	3.6	3.8	3.8
誘電正接×10^3	〃	3	2	2	2	2	2
破壊電圧　MV／m	ASTM D 149	21	29	29	29	30	30
耐アーク性　秒	ASTM D 495	63	2.8	—	85	—	80
成形収縮率　%	ASTM D 955	1.0/1.7	0.5〜0.7/ 0.8〜1.2	0.3〜0.5/ 0.8〜1.0	0.3〜0.5/ 0.8〜1.0	0.1〜0.3/ 0.7〜0.9	0.1〜0.3/ 0.7〜0.9
MFR　g／10分							
MVR　m^3／10分							
シリンダー温度℃							
金型温度　℃							
射出圧力　MPa							

難燃剤・難燃材料活用技術

表173　難燃材料特性一覧表

材料の種類：PBT

メーカー名／商品名　日本ジーイープラスチックス／バロックス

特　性	評価法，規格	553	553M	K55	K65	VC108	VC120
比重	ASTM D 792	1.60	1.60	1.50	1.66	1.43	1.47
吸水率%	ASTM D 570	0.06	0.06	0.07	0.07	—	—
軟化点（ピカット）℃							
荷重撓み温度，℃	ISO 75	199	198	200	207	199	206
線膨張係数×10^5／K	TMA法	3	3	5	3	8	6
熱伝導率W／m・K							
燃焼性　UL-94		V-0 5VA	V-0 5VA	V-0 5VA	V-0 5VA	V-0	V-0
酸素指数							
降伏強度　MPa		125.5	120.6	88.3	107.9	98.1	154.0
破断強度　MPa							
破断伸び　%		5	3	5	3	3	3
アイゾット衝撃強度　KJ/m^2(J/m)	ASTM D 256	(98)	(98)	(69)	(98)	(39)	(88)
体積抵抗率　Ω-cm	ASTM D 256	10^{14}	10^{14}	10^{14}	10^{14}	$10^7 \sim 10^{14}$	$10^2 \sim 10^1$
誘電率（1 MHz）	ASTM D 150	3.6	3.6	3.6	3.6	—	—
誘電正接×10^3	〃	2	2	3	3	—	—
破壊電圧　MV／m	ASTM D 149	26	26	21	21	—	—
耐アーク性　秒	ASTM D 495	—	94	66	86	—	—
成形収縮率　%		0.1〜0.2/ 0.3〜0.6	0.1〜0.2/ 0.3〜0.6	0.3〜0.5/ 0.8〜1.0	0.1〜0.3/ 0.7〜0.9	0.3〜0.5/ 0.8〜1.0	0.5〜0.2/ 0.6〜0.7
MFR　g／10分							
MVR　m^3／10分							
シリンダー温度℃							
金型温度　℃							
射出圧力　MPa							

9 難燃性PBT樹脂

表174 難燃材料特性一覧表

材料の種類：PBT

メーカー名／商品名　日本ジーイープラスチックス／バロックス

特　性	評価法，規格	PDR 4908	VDS 4351	VSR 4615	VSR 4350	VSR 4150	PDR 4910
比重	ASTM D 792	1.6	1.62	1.50	1.57	1.47	1.50
吸水率%	ASTM D 570	0.07	0.07	0.07	0.07	0.07	0.07
軟化点(ピカット)℃	ASTM D 525	200	－	－	－	－	－
荷重撓み温度，℃	ASTM D 648	207	205	195	200	192	204
線膨張係数×10^5/K	TMA法	3	－	4	3	4	4
熱伝導率W/m・K							
燃焼性　UL-94		V-0	V-0 5VA	V-0	V-0	V-0	V-6
酸素指数							
降伏強度　MPa		107.9	98.1	83.4	116.7	87.3	95.3
破断強度　MPa							
破断伸び　%		4	4	5	3	5	5
アイゾット衝撃強度 KJ/m²(J/m)	ASTM D 256	(108)	(69)	(59)	(88)	(59)	(78)
体積抵抗率　Ω-cm	ASTM D 256	10^{14}	－	－	－	－	10^{14}
誘電率（1 MHz）	ASTM D 150	3.8	－	－	－	－	3.6
誘電正接×10^3	〃	2	－	－	－	－	2
破壊電圧　MV/m	ASTM D 149	26	－	30	30	30	29
耐アーク性　秒	ASTM D 495	80	－	－	－	－	85
成形収縮率　%		0.1〜0.3/ 0.7〜0.9	0.1〜0.3/ 0.7〜0.9	0.3〜0.5/ 0.8〜1.0	0.1〜0.3/ 0.2〜0.9	0.3〜0.5/ 0.8〜1.0	0.3〜0.5/ 0.8〜1.0
MFR　g/10分							
MVR　m³/10分							
シリンダー温度℃							
金型温度　℃							
射出圧力　MPa							

難燃剤・難燃材料活用技術

表175 難燃材料特性一覧表

材料の種類：PBT

メーカー名／商品名　日本ジーイープラスチックス／バロックス

特　性	評価法，規格	PDR 4911	PDR 8913	VGF 4715	AB 9515	AB 9530
比重	ASTM D 792	1.61	1.51	1.52	1.45	1.58
吸水率%	ASTM D 570	0.07	0.07	0.07	0.06	0.06
軟化点（ビカット）℃						
荷重撓み温度, ℃	ASTM D 648	207	165	208	180	190
線膨張係数×10^5／K	TMA法	3	—	—	5	3
熱伝導率W／m・K						
燃焼性　UL-94		V-0	V-0	V-0	V-0	V-0/5VA
酸素指数						
降伏強度　MPa		116.7	71.6	97.1	94.1	117.7
破断強度　MPa						
破断伸び　%		3	5	5	8	5
アイゾット衝撃強度　KJ/m^2(J/m)	ASTM D 256	(108)	(49)	(59)	(49)	(78)
体積抵抗率　Ω-cm		10^{14}	—	—	10^{14}	10^{14}
誘電率（1 MHz）		3.8	3.3	—	3.7	3.8
誘電正接×10^3		2	2	—	10	2
破壊電圧　MV／m		30	26	—	27	28
耐アーク性　秒		80	—	—	—	—
成形収縮率　%		0.1〜0.3/ 0.7〜0.9	0.2〜0.4/ 0.7〜0.9	0.3〜0.5/ 0.8〜1.0	0.2〜0.7	0.2〜0.6
MFR　g／10分						
MVR　m^3／10分						

9 難燃性PBT樹脂

表176 難燃材料特性一覧表

材料の種類：PBT

メーカー名／商品名　バイエル／ポカン

特　性	評価法，規格	B2505	B4215	B4225	B4235
比重	ISO 1183	1.45	1.55	1.57	1.65
吸水率%	DIN 53495	0.2	0.1	0.1	0.1
軟化点（ピカット）℃	ISO 306	190	205	205	210
荷重撓み温度，℃	ISO 75	70	185	210	210
線膨張係数×10^5／K	DIN 53752	12	4〜10	3〜8	2〜8
熱伝導率W／m・K					
燃焼性　UL-94		V-0	V-0 5V	V-0 5V	V-0 5V
酸素指数					
降伏強度　MPa	ISO 527	60	—	—	—
破断強度　MPa	ISO 527	—	100	120	140
破断伸び　%		7	2.5	2.4	1.8
衝撃強度　KJ／m^2	ISO 180	—	6	7	8
体積抵抗率　Ω-cm	ISO-93	10^{11}	>10^{13}	10^{13}	10^{13}
誘電率（1MHz）	ISO 250	3.2	3.4	3.6	3.9
誘電正接×10^3	〃	15	19	18	16
破壊電圧　MV／m		28	29	29	29
耐アーク性　秒					
成形収縮率　%	ISO 1133	20	37	15	10
MFR　g／10分					
MVR　m^3／10分					

表177　難燃材料特性一覧表

材料の種類：PBT

メーカー名／商品名　BASFジャパン／ウルトラデュアー

特　性	評価法，規格	B4406	B4406 G2	B4406 G4	B4406 G6
比重	ISO 1183	1.45	1.50	1.55	1.55
吸水率%	ISO 062	0.25	0.2	0.2	0.2
軟化点(ビカット)℃	ISO 306	170	—	220	223
荷重撓み温度，℃	ISO 75	60	190	200	205
線膨張係数×10^5／K	ISO 11357	5.5	5	5	3
熱伝導率W／m・K					
燃焼性　UL-94		V-0	V-0 5VA	V-0	V-0
酸素指数					
降伏強度　MPa	ISO 527	65	—	—	—
破断強度　MPa	〃	—	95	125	145
破断伸び　%	〃	>50	3.3	2.6	2.3
衝撃強度　KJ/m²					
体積抵抗率　Ω-cm	IEC 60093	>10^{13}	>10^{13}	>10^{13}	>10^{13}
誘電率（1MHz）		3.3	3.5	3.6	3.9
誘電正接×10^3		17	15	17	17
破壊電圧　MV／m					
耐アーク性　秒					
成形収縮率　%					
MFR　g／10分					
MVR　m³／10分	ISO 1133	30	15	11	7
シリンダー温度℃		245～270	250～275	250～275	250～275
金型温度　℃		40～70	60～100	60～100	60～100
射出圧力　MPa					

9 難燃性PBT樹脂

表178 難燃材料特性一覧表

材料の種類：PBT

メーカー名／商品名　三菱エンジニアリングプラスチックス／ノバデュラン

特 性	評価法，規格	5010 N1	5010 N5	5010 N6	5010GN1-15, AM	5010GN1-30, AM	5010GN 6-15
比重	ISO 1183	1.44	1.42	1.41	1.54	1.61	1.54
吸水率%	23℃水中24Pw	0.08	0.08	0.08	0.08	0.07	0.08
軟化点(ピカット)℃							
荷重撓み温度，℃	ISO 75	54	54	55	192	205	193
線膨張係数×10^5／K	MD/TD	0.9/0.9	10/16	0.9/0.9	8/40	6/2.5	8/4.0
熱伝導率W／m・K							
燃焼性　UL-94		V-0	V-0	V-0	V-0	V-0	V-0
酸素指数							
降伏強度　MPa	ISO 527	56	56	58			
破断強度　MPa	〃				98	130	100
破断伸び　%	〃	7	70	20	2.1	2.0	2.1
衝撃強度　KJ/m²							
体積抵抗率　Ω・cm	IEC 93	10^{14}	10^{14}	10^{14}			
誘電率（1 MHz）	IEC 250	28	28	28	33	32	27
誘電正接×10^3	〃	20	20	20	17	15	15
破壊電圧　MV／m	IEC 243	23	21	20	23	24	24
耐アーク性　秒							
成形収縮率　%	MD^TD	1.3/1.3	1.4/1.4	1.4/1.4	1.0/0.5	0.7/0.2	1.0/0.5
MFR　g／10分	ISO 1183	38	36	25	18	13	24
MVR　m³／10分	〃	35	33	21	13	9	19
シリンダー温度℃							
金型温度　℃							
射出圧力　MPa							

難燃剤・難燃材料活用技術

表179 難燃材料特性一覧表

材料の種類：PBT

メーカー名／商品名　三菱エンジニアリングプラスチックス／ノバデュラン

特　性	評価法，規格	5010GN 6-30	5010GN 6-30 TS	5010GN6 -30 M6	5010GPN 33	5010 GNH30	5010GN 6-30TM4E
比重	ISO 1183	1.62	1.61	1.62	1.64	1.61	1.61
吸水率 %	23℃水中24Pw	0.08	0.08	0.08	0.07	0.08	0.08
軟化点(ピカット)℃							
荷重撓み温度, ℃	ISO 75	205	202	205	160	190	205
線膨張係数×10^5／K	MD/TD	6/2.5	6/2.5	6/2.5	6/2.4	6/2.6	6/2.6
熱伝導率 W／m・K							
燃焼性　UL-94		V-0	V-0	V-0	V-0	V-0	V-0
酸素指数							
降伏強度　MPa							
破断強度　MPa	ISO 527	140	120	140	85	110	120
破断伸び　%	〃	1.9	2.0	1.9	1.5	1.9	1.2
衝撃強度　KJ/m²							
体積抵抗率　Ω-cm							
誘電率（1MHz）	IEC 250	32	35	32	32	32	35
誘電正接×10^3	〃	15	20	15	16	15	20
破壊電圧　MV／m	IEC 243	24	23	24	25	27	23
耐アーク性　秒							
成形収縮率　%	MD/TD	0.8/0.3	0.9/0.3	0.8/0.3	0.8/0.4	0.7/0.2	0.8/0.3
MFR　g／10分	ISO 1183	15	7	18	7	18	17
MVR　m³／10分	〃	11	5	14	6	15	14
シリンダー温度℃							
金型温度　℃							
射出圧力　MPa							

9 難燃性PBT樹脂

表180 難燃材料特性一覧表

材料の種類:PBT

メーカー名／商品名　三菱レイヨン／タフペットPBT

特　性	評価法, 規格	N2800	N2800X	N2800M	N2800U	N4800
比重	ASTM D 792	1.46	1.46	1.46	1.47	1.46
吸水率%	ASTM D 570	0.09	0.09	0.09	0.09	0.09
軟化点(ピカット)℃						
荷重撓み温度, ℃	ASTM D 648	70	70	70	70	65
線膨張係数×10^5／K	ASTM D 696	7〜9	7〜9	7〜9	7〜9	7〜9
熱伝導率W／m・K						
燃焼性　UL-94		V-0	V-0	V-0	V-0	V-0
酸素指数						
降伏強度　MPa						
破断強度　MPa	ASTM D 638	59	58	52	57	58
破断伸び　%	〃	30	15	>100	10	10
アイゾット衝撃強度　KJ/m^2(J/m)	ASTM D 256	(29)	(29)	(29)	(29)	(29)
体積抵抗率　Ω-cm	ASTM D 257	$2.6×10^{14}$	$2.6×10^{14}$	$2.6×10^{14}$	$2.6×10^{14}$	$3.0×10^{14}$
誘電率(1MHz)	ASTM D 150	3.2	3.2	3.2	3.2	3.2
誘電正接×10^3	〃	22	22	22	22	22
破壊電圧　MV／m	ASTM D 149	21	21	21	21	21
耐アーク性　秒	ASTM D 495	75	75	75	80	75
成形収縮率　%	MD/TD	1.3〜2.0	1.5〜2.0	1.5〜2.0	1.5〜2.0	1.5〜2.0
MFR　g／10分						
MVR　m^3／10分						
シリンダー温度℃		240〜270	240〜270	240〜270	240〜270	240〜270
金型温度　℃		40〜80	40〜80	40〜80	40〜80	40〜80
射出圧力　MPa						

難燃剤・難燃材料活用技術

表181 難燃材料特性一覧表

材料の種類：PBT

メーカー名／商品名　三菱レイヨン／タフペットPBT

特　性	評価法，規格	G2805U	G2805H	G2815F	G2830F	G2830H	G2830R
比重	ASTM D 792	1.49	1.56	1.56	1.68	1.68	1.64
吸水率％	ASTM D 570	0.08	0.08	0.08	0.07	0.07	0.07
軟化点（ビカット）℃							
荷重撓み温度，℃	ASTM D 648	145	205	200	210	210	205
線膨張係数×10^5／K	ASTM D 696	7〜9	5〜9	5〜9	3〜7	3〜7	3〜7
熱伝導率W／m・K							
燃焼性　UL-94		V-0	V-0	V-0	V-0	V-0	V-0
酸素指数							
降伏強度　MPa							
破断強度　MPa	ASTM D 638	68	94	98	125	121	118
破断伸び　％	〃	4	5	5	4	4	5
アイゾット衝撃強度 KJ/m^2(J/m)	ASTM D 256	(29)	(59)	(49)	(69)	(78)	(127)
体積抵抗率　Ω-cm	ASTM D 256	5×10^{14}	5×10^{14}	5×10^{14}	5×10^{14}	5×10^{14}	5×10^{14}
誘電率（1 MHz）	ASTM D 150	3.2	3.3	3.3	3.3	3.3	3.3
誘電正接×10^3	〃	18	20	20	20	20	21
破壊電圧　MV／m	ASTM D 149	17	23	23	23	23	23
耐アーク性　秒	ASTM D 495	70	75	75	80	80	95
成形収縮率　％		0.45〜1.8	0.3〜1.5	0.3〜1.5	0.1〜0.9	0.1〜0.9	0.1〜0.9
MFR　g／10分							
MVR　m^3／10分							
シリンダー温度℃		240〜270	240〜270	240〜270	240〜270	240〜270	
金型温度　℃		40〜80	40〜80	40〜80	40〜80	40〜80	
射出圧力　MPa							

9 難燃性PBT樹脂

表182 難燃材料特性一覧表

材料の種類：PBT

メーカー名／商品名　三菱レイヨン／タフペットPBT

特　性	評価法，規格	G2830C	G2130	G2630	G2630C	G2630F	G2230
比重	ASTM D 792	1.68	1.73	1.66	1.77	1.67	1.72
吸水率 %	ASTM D 570	0.07	0.06	0.05	0.05	0.05	0.05
軟化点（ピカット）℃							
荷重撓み温度, ℃	ASTM D 648	210	105	190	195	195	210
線膨張係数×10^5／K	ASTM D 696	3〜7	4〜7	3〜6	3〜6	3〜6	3〜6
熱伝導率 W/m・K							
燃焼性　UL-94		V-0	V-0	V-0	V-0	V-0	V-0
酸素指数							
降伏強度　MPa							
破断強度　MPa	ASTM D 638	127	59	106	111	103	108
破断伸び　%	〃	4	3	3	3	3	3
アイゾット衝撃強度 KJ/m^2(J/m)	ASTM D 256	(78)	(29)	(69)	(69)	(59)	(69)
体積抵抗率 Ω-cm	ASTM D 256	5.5×10^{14}	3.5×10^{14}	1×10^{14}	2×10^{14}	2×10^{14}	5×10^{14}
誘電率（1MHz）	ASTM D 150	3.3	3.8	3.8	3.8	3.8	3.3
誘電正接×10^3	〃	21	20	20	20	20	20
破壊電圧　MV/m	ASTM D 149	23	23	23	23	23	23
耐アーク性　秒	ASTM D 495	80	61	50	70	70	125
成形収縮率　%		0.1〜0.5	1.0〜2.3	0.2〜0.8	0.2〜0.8	0.2〜0.8	0.2〜1.1
MFR　g/10分							
MVR　m^3/10分							
シリンダー温度 ℃		240〜270	240〜270	240〜270	240〜270	240〜270	
金型温度　℃		40〜80	40〜80	40〜80	40〜80	40〜80	
射出圧力　MPa							

10 難燃性変性PPE樹脂

　PPE樹脂は，別名変性PPE樹脂と呼ばれている。分子構造的には，2,6-キシレノールの酸化重合によって作られる芳香族ポリエーテル構造を有している。このままでは成形加工性が劣るため，成形材料は通常スチレン成分によって変性されており，変性PPEと呼ばれている。ザイロン（旭化成ファインケミカル），ノリル（日本ジーイープラスチックス），エビエース（三菱エンジニアリングプラスチックス）等が知られている。

　変性PPE樹脂は，PPEと他の樹脂とのポリマーアロイ樹脂を指している。ポリスチレン樹脂とのアロイが90％で大部分を占め，PAを中心とする結晶性樹脂とのアロイが残りを占めている。

　最近の変性PPE樹脂の生産，出荷の推移，需要構成を経済産業省の統計によって見ると，表183，図8に示す通りである。2003年の総出荷量は，約6,800トンを示している。2000年〜2001年にかけては，IT産業が好調を維持していたので，1万トンの出荷量を維持していたが，2001年から次第に減少してピーク時に比較して30％の減少を示している。生産拠点の中国へのシフトも大きく影響している。

　変性PPEの主要需要先は，電気電子機器，OA機器，自動車産業であるが，電気電子機器，OA機器は海外移転の影響が出てくるため比較的好調な自動車分野，他の応用分野が今後の需要の伸びを支えていく事が予想される。

　技術面の動きを見ると，電気電子機器，OA機器の需要の多いPS／PPEでは，高流動性グレード，高剛性，制振性グレード，環境対応型難燃性グレードの開発が要求されている。

　PA／PPEは，自動車用が多く，耐熱性，オンライン塗装性，靭性，低線膨張係数のバランスのとれた材料開発が要求される。

　PP／PPEは，流動性，耐薬品性，高衝撃性，低吸水性等のポリオレフィンの長所を生かし，PPEの熱安定性，低成形収縮性，低そり性等の特徴を併せ持った材料である。

　また，PPS／PPEは，最近の金属代替材料として期待されている。自動車用としてカーナビ部品，音響関係のデスクドライブのシャーシー等に使われている。

　変性PPEは，耐熱性，耐衝撃性，成形加工性等のバランスの取れた環境対応型難燃材料とリサイクル性に優れた難燃材料の開発が強く望まれている。

　代表的な難燃性変性PPE樹脂特性を表184〜195に示す。

10 難燃性変性PPE樹脂

表183 変性PPEの生産・販売

(単位:1,000トン)

年	1998	1999	2000	2001	2002	2003	'03/'02
生産	83,618	78,761	91,947	60,634	59,930	50,300	△16.1%
出荷	91,235	87,185	102,548	70,548	74,389	68,000	

(出典:経済産業省化学工業統計,2003年は推定値)

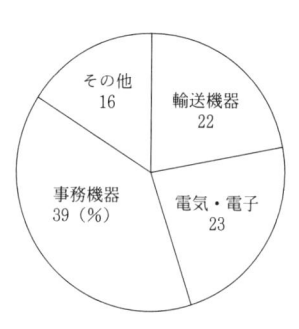

図8 日本の変性PPEの需要構成(2002年)

その他 16
輸送機器 22
事務機器 39(%)
電気・電子 23

難燃剤・難燃材料活用技術

表184　難燃材料特性一覧表

材料の種類：変性PPE

メーカー名／商品名　旭化成ケミカルス／ザイロン

特　性	評価法，規格	100V/Z	200V/Z	SZ800	300V/Z	500V/Z	140V/Z
比重	ISO 1183	1.08	1.08	1.10	1.08	1.08	1.08
吸水率%	ISO 62	0.10	0.10	0.06	0.10	0.10	0.10
軟化点（ピカット）℃							
荷重撓み温度，℃	ISO 75	78	83	144	94	114	78
線膨張係数×10^5／K	ISO 11359	8	8	6.5	6.5	7.5	7.0
熱伝導率W／m・K							
燃焼性　UL-94		V-1/V-0	V-1/V-0	V-0/(1.6)	V-1/V-0	V-1/V-0	V-1/V-0
酸素指数							
降伏強度　MPa							
破断強度　MPa	ISO 527	44	47	78	45	59	45
破断伸び　%	〃	20	25	35	25	25	25
アイゾット衝撃強度　KJ/m^2(J/m)	ASTM D 256	(147)	(147)	(176)	(176)	(147)	(118)
体積抵抗率　Ω-cm	IEC 60093	10^{14}	10^{14}	10^{14}	10^{14}	10^{14}	10^{14}
誘電率（1 MHz）	IEC 60250	2.9	2.9	2.8	2.9	2.9	2.9
誘電正接×10^3	〃	4	4	2.7	0.4	0.4	0.4
破壊電圧　MV／m	〃	29	29	30	25	25	29
耐アーク性　秒							
成形収縮率　%	ASTM D 955	0.5〜0.7	0.5〜0.7	0.8〜1.0	0.5〜0.7	0.5〜0.7	0.5〜0.7
MFR　g／10分							
MVR　m^3／10分							
シリンダー温度℃		220〜270	220〜270	280〜320	220〜270	220〜270	220〜270
金型温度　℃							
射出圧力　MPa							

10 難燃性変性PPE樹脂

表185 難燃材料特性一覧表

材料の種類:変性PPE

メーカー名／商品名　旭化成ケミカルス／ザイロン

特　性	評価法，規格	240V/Z	340V/Z	540V/Z	640V/Z	740V	F100Z
比重	ISO 1183	1.08	1.08	1.08	1.08	1.08	1.00
吸水率%	ISO 62	0.10	0.10	0.10	0.10	0.10	0.06
軟化点(ビカット)℃							
荷重撓み温度，℃	ISO 75	83	94	144	124	134	75
線膨張係数×10^5／K	ISO 11359	7.5	7.5	7.0	7.0	7.0	7.9
熱伝導率W／m・K							
燃焼性　UL-94		V-1/V-0	V-1/V-0	V-0/V-0	V-1/V-0	V-1/V-0	V-0(3)
酸素指数							
降伏強度　MPa							
破断強度　MPa	ISO 527	51	62	67	74	75	32
破断伸び　%	〃	25	20	20	20	20	25
アイゾット衝撃強度 KJ/m²(J/m)	ASTM D 256	(147)	(147)	(147)	(147)	(147)	(118)
体積抵抗率　Ω-cm	IEC 60093	10^{14}	10^{14}	10^{14}	10^{14}	10^{14}	10^{14}
誘電率（1 MHz）	IEC 60250	2.9	2.9	2.9	2.9	2.9	2.8
誘電正接×10^3	〃	0.4	0.4	0.4	0.4	0.4	4.2
破壊電圧　MV／m	〃	29	29	29	29	29	29
耐アーク性　秒							
成形収縮率　%	ASTM D 955	0.5〜0.7	0.5〜0.7	0.5〜0.7	0.5〜0.7	0.5〜0.7	0.6〜0.9
MFR　g／10分							
MVR　m³／10分							
シリンダー温度℃		220〜270	240〜270	240〜270	240〜270	240〜270	220〜280
金型温度　℃		50〜80	50〜80	50〜80	60〜90	60〜100	40〜60
射出圧力　MPa							

難燃剤・難燃材料活用技術

表186　難燃材料特性一覧表

材料の種類：変性PPE

メーカー名／商品名　　旭化成ケミカルス／ザイロン

特　性	評価法，規格	F200Z	F200Z	X5403	A1400	G010H	G010Z
比重	ISO 1183	1.00	1.00	1.24	1.08	1.32	1.42
吸水率％	ISO 62	0.06	0.10	0.40	0.90	0.30	0.30
軟化点（ビカット）℃							
荷重撓み温度，℃	ISO 75	80	80	115 (ASTM)	130 (ASTM)	180 (ASTM)	170 (ASTM)
線膨張係数×10^5／K	ISO 11359	7.9	7.9	8.0	8.0	3.0	3.0
熱伝導率 W／m・K							
燃焼性　UL-94		V-1 (6)	V-0 (4)	V-1 (1.6)	HB (1.6)	HB (1.6)	V-1 (1.6)
酸素指数							
降伏強度　MPa							
破断強度　MPa	ISO 527	34	32	48	50	143	130
破断伸び　％	〃	25	25	20	20	3	3
アイゾット衝撃強度　KJ/m²(J/m)	ASTM D 256	(118)	(118)	(69)	(343) 3.2mm	(69)	(78)
体積抵抗率　Ω・cm	IEC 60093	10^{14}	10^{14}	10^{14}	10^{14}	10^{14}	10^{14}
誘電率（1 MHz）	IEC 60250	2.8	2.8	3.1	―	3.2	3.4
誘電正接×10^3	〃	4.2	4.2	10	―	10	7
破壊電圧　MV／m	〃	29	29	―	―	35	35
耐アーク性　秒							
成形収縮率　％	ASTM D 955	0.6〜0.9	0.6〜0.9	1.1〜1.4	0.2〜1.6	0.3〜0.6	0.3〜0.6
MFR　g／10分							
MVR　m³／10分							
シリンダー温度℃		220〜280	240〜280	260〜290	270〜290	250〜290	240〜280
金型温度　℃		40〜60	40〜60	60〜100	60〜90	60〜100	60〜100
射出圧力　MPa							

10 難燃性変性PPE樹脂

表187 難燃材料特性一覧表

材料の種類:変性PPE

メーカー名／商品名　旭化成ケミカルス／ザイロン

特　性	評価法, 規格	X1561	X1762	X1763	X1774	X1784	L542V
比重	ISO 1183	1.16	1.22	1.32	1.43	1.43	1.22
吸水率%	ISO 62	0.06	0.06	0.06	0.06	0.06	0.06
軟化点(ビカット)℃							
荷重撓み温度, ℃	ISO 75	93	118	118	118	118	118
線膨張係数×10^5/K	ISO 11359	5.5	5.0	4.0	3.5	3.5	5.0
熱伝導率W/m・K							
燃焼性　UL-94		V-0 (1.6)	V-0 (1.6)	V-0 (1.6)	V-0 (1.6)	V-0 (1.6)	V-0 (1.6)
酸素指数							
降伏強度　MPa							
破断強度　MPa	ISO 527	73	88	99	116	85	85
破断伸び　%	〃	2	2	2	2	3	3
アイゾット衝撃強度 KJ/m²(J/m)	ASTM D 256	(39)	(39)	(39)	(29)	(29)	(42)
体積抵抗率　Ω-cm	IEC 60093	10^{14}	10^{14}	10^{14}	10^{14}	10^{14}	10^{14}
誘電率（1 MHz）	IEC 60250	3.0	3.1	3.2	3.3	3.3	3.1
誘電正接×10^3	〃	5	6	8	9	9	8
破壊電圧　MV/m	〃						
耐アーク性　秒							
成形収縮率　%	ASTM D 955	0.3〜0.5	0.25〜0.5	0.2〜0.45	0.11〜0.39	0.12〜0.32	0.25〜0.5
MFR　g/10分							
MVR　m³/10分							
シリンダー温度℃		240〜280	250〜300	250〜300	250〜310	250〜310	250〜300
金型温度　℃		60〜90	70〜90	70〜90	60〜100	60〜100	70〜90
射出圧力　MPa							

難燃剤・難燃材料活用技術

表188　難燃材料特性一覧表

材料の種類：変性PPE

メーカー名／商品名　旭化成ケミカルス／ザイロン

特性	評価法，規格	L543V	L544V	L564V	X332 V/Z	X333 V/Z	X532 V/Z
比重	ISO 1183	1.32	1.43	1.43	1.20	1.30	1.20
吸水率%	ISO 62	0.06	0.06	0.06	0.06	0.06	0.06
軟化点(ピカット)℃							
荷重撓み温度，℃	ISO 75	118	118	118	118	97	118
線膨張係数×10^5／K	ISO 11359	4	3.5	3.5	5	4	5
熱伝導率W／m・K							
燃焼性　UL-94		V-1 (1.6)	V-1 (1.6)	V-1 (1.6)	V-1/V-0	V-1/V-0	V-1/V-0
酸素指数							
降伏強度　MPa							
破断強度　MPa		88	89	70	85	87	85
破断伸び　%		3	2	2	3	3	3
アイゾット衝撃強度 KJ/m²(J/m)	ASTM D 256	(42)	(42)	(29)	(39)	(39)	(39)
体積抵抗率　Ω-cm	IEC 60093	10^{14}	10^{14}	10^{14}	10^{14}	10^{14}	10^{14}
誘電率（1 MHz）	IEC 60250	3.2	3.3	3.3	3.1	3.2	3.1
誘電正接×10^3	〃	8	9	9	6	8	6
破壊電圧　MV／m	〃						
耐アーク性　秒							
成形収縮率　%	ASTM D 955	0.2〜0.45	0.1〜0.4	0.1〜0.4	0.2〜0.5	0.15〜0.35	0.25〜0.5
MFR　g／10分							
MVR　m³／10分							
シリンダー温度℃		250〜300	250〜300	250〜300	270〜310	270〜310	270〜310
金型温度　℃		70〜90	70〜90	70〜90	60〜90	60〜90	70〜90
射出圧力　MPa							

10 難燃性変性PPE樹脂

表189 難燃材料特性一覧表

材料の種類:変性PPE

メーカー名/商品名 旭化成ケミカルズ/ザイロン

特 性	評価法,規格	X1711	X251 V/Z	X351 V/Z	X552V	X8400	X8600
比重	ISO 1183	1.42	1.19	1.22	1.22	1.27	1.15
吸水率%	ISO 62	0.05	0.06	0.06	0.06	0.06	0.06
軟化点(ビカット)℃							
荷重撓み温度,℃	ISO 75	108	87	97	118	112	112
線膨張係数×10^5/K	ISO 11359	3.0	5.5	5.5	4.5	3.0	3.5
熱伝導率W/m・K							
燃焼性 UL-94		V-0 (1.6)	V-1/ V-0	V-1/ V-0	V-1 (1.6)	V-0/ 5V	V-0 (3.2)
酸素指数							
降伏強度 MPa							
破断強度 MPa	ISO 527	82	85	59	66	106	102
破断伸び %	〃	2	10	7	5	―	―
アイゾット衝撃強度 KJ/m²(J/m)	ASTM D 256	(29)	(39)	(39)	(39)	(49)	(49)
体積抵抗率 Ω-cm	IEC 60093	10^{14}	10^{14}	10^{14}	10^{14}	10^{14}	10^{14}
誘電率(1MHz)	IEC 60250	3.2	3.0	3.0	3.1	―	―
誘電正接×10^3	〃	9	6	5	5	―	―
破壊電圧 MV/m	〃						
耐アーク性 秒							
成形収縮率 %	ASTM D 955	0.15~ 0.3	0.35~ 0.5	0.35~ 0.4	0.3~ 0.4	0.15~ 0.35	0.2~ 0.4
MFR g/10分							
MVR m³/10分							
シリンダー温度℃		270~ 310	240~ 270	240~ 280	240~ 280	240~ 300	240~ 300
金型温度 ℃		60~90	40~70	50~80	60~100	60~100	60~100
射出圧力 MPa							

難燃剤・難燃材料活用技術

表190 難燃材料特性一覧表

材料の種類：変性PPE

メーカー名／商品名　日本ジーイープラスチックス／ノリル

特　性	評価法，規格	PP 0534	731	115	N1052P	N802	SE1V
比重	ASTM D 792	1.08	1.08	1.08	1.08	1.08	1.08
吸水率%	ASTM D 570	0.03	0.07	0.07	0.07	0.07	0.07
軟化点（ビカット）℃	ASTM D 1525	175	140	—	—	—	140
荷重撓み温度，℃	ASTM D 648	160	124	115	105	80	125
線膨張係数×10^5／K	TMA法	5	8	6.5	7	7	6
熱伝導率 W／m・K							
燃焼性　UL-94		V-1 (1.5)	HB (1.5)	HB (1.5)	V-2 (0.75)	V-2 (1.4)	V-1 (1.5)
酸素指数							
降伏強度　MPa		72.6	53.0	47.1	49.0	35.3	55.9
破断強度　MPa							
破断伸び　%		55	65	75	50	50	55
アイゾット衝撃強度　KJ/m^2(J/m)	ASTM D 256	(137)	(176)	(156)	(196)	(78)	(196)
体積抵抗率　Ω-cm	ASTM D 257	10^{14}	10^{14}	10^{14}	—	—	10^{14}
誘電率（1 MHz）	ASTM D 150	2.58	2.64	2.7	—	—	2.69
誘電正接×10^3	〃	0.35	0.4	0.4	—	—	0.7
破壊電圧　MV／m	ASTM D 149	20	22	20	—	—	16
耐アーク性　秒	ASTM D 495	75	75	75	—	—	75
成形収縮率　%	ASTM D 955	0.4〜0.6	0.5〜0.7	0.5〜0.7	0.5〜0.7	0.5〜0.7	0.5〜0.7
MFR　g／10分							
MVR　m^3／10分							
シリンダー温度℃							
金型温度　℃							
射出圧力　MPa							

10　難燃性変性PPE樹脂

表191　難燃材料特性一覧表

材料の種類：変性PPE

メーカー名／商品名　日本ジーイープラスチックス／ノリル

特　　性	評価法，規格	SE1X	SE100V	SE100P	SE90	SEH80	HS2000
比重	ASTM D 792	1.09	1.10	1.10	1.10	1.10	1.24
吸水率 ％	ASTM D 570	0.07	0.07	0.07	0.07	0.07	0.12
軟化点（ビカット）℃	ASTM D 1525	140	110	110	100	−	−
荷重撓み温度，℃	ASTM D 648	6	7	7	7	7	5.5
線膨張係数 ×10^5／K							
熱伝導率 W／m・K							
燃焼性　UL-94 酸素指数		V-0 (6.0)	V-1／5VB	V-0 (6.0)	V-1／5VA	V-1／5VB	V-6／5VA
降伏強度　MPa		55.9	43.1	43.1	39.2	41.2	63.7
破断強度　MPa							
破断伸び　％		55	55	55	55	60	60
アイゾット衝撃強度 KJ/m^2(J/m)	ASTM D 256	(195)	(254)	(254)	(274)	(117)	(107)
体積抵抗率　Ω-cm	ASTM D 257	10^{14}	10^{14}	10^{14}	10^{14}	−	10^{12}
誘電率（1 MHz）	ASTM D 150	2.69	2.65	2.65	2.69	−	2.8
誘電正接 ×10^3	〃	0.7	0.7	0.7	0.7	−	8
破壊電圧　MV／m	ASTM D 149	16	16	16	16	−	−
耐アーク性　秒	ASTM D 495	75	75	75	75	−	60
成形収縮率　％ MFR　g／10分 MVR　m^3／10分	ASTM D 955	0.5〜0.7	0.5〜0.7	0.5〜0.7	0.5〜0.7	0.5〜0.7	0.5〜0.7
シリンダー温度 ℃ 金型温度　℃ 射出圧力　MPa							

難燃剤・難燃材料活用技術

表192 難燃材料特性一覧表

材料の種類：変性PPE

メーカー名／商品名　日本ジーイープラスチックス／ノリル

特　性	評価法，規格	N300	N1250	N1150	N1050	N190X	PX 1005N
比重	ASTM D 792	1.09	1.10	1.10	1.10	1.10	1.10
吸水率%	ASTM D 570	0.06	0.07	0.07	0.07	0.07	0.07
軟化点（ビカット）℃	ASTM D 1525	160	—	120	—	100	100
荷重撓み温度，℃	ASTM D 645	150	125	115	100	90	90
線膨張係数×10^5／K	TMA法	7	7	7	7	7	7
熱伝導率 W／m・K							
燃焼性　UL-94		V-0	V-0/ 5VA	V-0/ 5VA	V-0/ 5VA	V-0/ 5VA	V-0/ 5VA
酸素指数							
降伏強度　MPa		66.7	68.6	66.7	63.7	53.9	53.9
破断強度　MPa							
破断伸び　%		70	30	30	40	50	45
アイゾット衝撃強度　KJ/m^2(J/m)	ASTM D 256	(372)	(107)	(117)	(117)	(243)	(137)
体積抵抗率　Ω-cm	ASTM D 257	10^{14}	—	—	—	10^{11}	10^{11}
誘電率（1 MHz）	ASTM D 150	5	—	—	—	2.78	2.78
誘電正接×10^3	〃	3	—	—	—	4.6	4.6
破壊電圧　MV／m	ASTM D 149	20	—	—	—	16	16
耐アーク性　秒	ASTM D 495	75	—	—	—	70	70
成形収縮率　%	ASTM D 955	0.4〜0.6	0.5〜0.7	0.5〜0.7	0.5〜0.7	0.5〜0.7	0.5〜0.7
MFR　g／10分							
MVR　m^3／10分							
シリンダー温度℃							
金型温度　℃							
射出圧力　MPa							

10　難燃性変性PPE樹脂

表193　難燃材料特性一覧表

材料の種類：変性PPE

メーカー名／商品名　日本ジーイープラスチックス／ノリル

特　性	評価法，規格	FX 1005X	FX 1007	HFG 300	C5260	AP 5440	AP 5430
比重	ASTM D 792	1.10	1.10	1.35	1.53	1.59	1.40
吸水率%	ASTM D 570	0.07	0.07	0.06	0.06	0.01	0.02
軟化点(ビカット)℃							
荷重撓み温度, ℃	ASTM D 648	83	83	100	125	257	255
線膨張係数×10^5／K	TMA法	7	7	2.1〜4.2	2.0〜3.3	1.8〜5.8	1.8〜5.8
熱伝導率W／m・K							
燃焼性　UL-94		V-0/ 5VA	V-0/ 5VA	V-0/ 5VA	V-0/ 5VB	V-0 (0.8)	V-0 (0.8)
酸素指数							
降伏強度　MPa		47.1	45.1	98.1	129.4	127.5	122.6
破断強度　MPa							
破断伸び　%		45	50	4〜6	5	7	10
アイゾット衝撃強度 KJ/m^2(J/m)	ASTM D 256	(235)	(137)	(88)	(58)	(58)	(78)
体積抵抗率　Ω-cm	ASTM D 257	−	−	−	−	10^{14}	10^{14}
誘電率（1MHz）	ASTM D 150	−	−	−	−	3.6	3.3
誘電正接×10^3	〃	−	−	−	−	5	3
破壊電圧　MV／m	ASTM D 149	−	−	−	−	23	25
耐アーク性　秒	ASTM D 495	−	−	−	−	−	−
成形収縮率　%	ASTM D 955	0.5〜0.7	0.5〜0.7	0.2〜0.3	0.15〜0.25	0.2〜0.7	0.2〜0.7
MFR　g／10分							
MVR　m^3／10分							
シリンダー温度℃							
金型温度　℃							
射出圧力　MPa							

難燃剤・難燃材料活用技術

表194　難燃材料特性一覧表

材料の種類：変性PPE

メーカー名／商品名　BASFジャパン／ルラニル

特　性	評価法，規格	KR 2450/3	KR 2451/3	KR 2452/3	KR 2454/3-02	KR 2454/3-04	KR 2456/3	KR 2460/3
比重	ISO 1183	1.09	1.08	1.07	1.16	1.22	1.08	1.08
吸水率%	ISO 62	0.15	0.15	0.15	0.15	0.15	0.15	0.15
軟化点（ビカット）℃	ISO 306	116	110	138	138	139	140	160
荷重撓み温度，℃	ISO 75	98	92	118	133	135	118	128
線膨張係数×10^5／K	ISO 11357	6.5	6.5	6.5	4.5	3.5	6.5	6.5
熱伝導率W／m・K								
燃焼性　UL-94		V-0	V-1	V-1	V-1	V-1	V-0/5VA	V-0/5VA
酸素指数								
降伏強度　MPa	ISO 527	60	60	60	—	—	95	65
破断強度　MPa	〃	—	—	—	75	90	—	—
破断伸び　%	〃	45	45	40	4	3	20	20
衝撃強度　KJ/m²								
体積抵抗率　Ω-cm	IEC 60093	>10^{13}	>10^{13}	>10^{13}	>10^{13}	>10^{13}	>10^{13}	>10^{13}
誘電率（1MHz）	IEC 60250	2.7	2.7	2.7	2.8	2.8	2.8	2.8
誘電正接×10^3	〃	3.5	3.0	2.5	2.5	2.5	3.0	3.0
破壊電圧　MV／m	IEC 60243	45	45	45	55	55	45	45
耐アーク性　秒								
成形収縮率　%								
MFR　g／10分								
MVR　m³／10分	ISO 1133	130	130	25	24	15	35	8
シリンダー温度℃		260～290	260～290	260～290	260～300	260～300	260～300	260～300
金型温度　℃		60～100	60～100	60～100	60～100	60～100	60～100	60～100
射出圧力　MPa								

10 難燃性変性PPE樹脂

表195 難燃材料特性一覧表

材料の種類：変性PPE

メーカー名／商品名　三菱エンジニアリングプラスチックス／ユピエース

特　性	評価法，規格	GN 20	GN 30	HGX 410N	HGX 420N	HGX 430N	HGX 1020	HGX 2010	AH 8 P
比重	ISO 1183	1.24	1.33	1.19	1.28	1.32	1.33	1.32	1.10
吸水率%	23℃　水中	0.06	0.06	0.06	0.06	0.06	0.06	0.06	0.06
軟化点(ビカット)℃									
荷重撓み温度，℃	ISO 75	133	135	96	101	109	104	122	85
線膨張係数×10^5／K	MD/TD	3.0/ 6.8	2.5/ 6.0	4.7/ 5.8	3.5/ 5.0	2.4/ 4.5	2.8/ 6.1	2.5/ 6.0	6.0/ 6.0
熱伝導率W／m・K									
燃焼性　UL-94		V-0 (0.8)	V-0 (0.8)	V-0 (1.6)	V-0 (1.6)	V-0 (1.6)	V-0 (1.6)	V-0 (1.6)	V-0 (1.6)
酸素指数									
降伏強度　MPa	ISO 527	—	—	—	—	—	—	—	56
破断強度　MPa	ISO 527	99	110	57	71	64	96	98	—
破断伸び　%	〃	2.5	1.3	2.5	2.4	1.5	1.7	1.6	1.2
衝撃強度　KJ/m^2									
体積抵抗率　Ω-cm	IEC 250	3×10^{14}	3×10^{14}	2×10^{14}	2×10^{14}	4×10^{14}	2×10^{14}	2×10^{14}	3×10^{14}
誘電率（1 MHz）	〃	3.3	—	3.0	3.3	3.3	3.3	3.3	—
誘電正接×10^3	〃	5.5	—	5.4	5.0	5.0	7.7	1.7	—
破壊電圧　MV／m	IEC 243	25		36	33	24	34	34	
耐アーク性　秒									
成形収縮率　%	MD/TD	0.1〜0.3/ 0.4〜0.6	0.1〜0.2/ 0.3〜0.5	0.4/ 0.4	0.3/ 0.4	0.2/ 0.3	0.2/ 0.3	0.2/ 0.3	0.6/ 0.6
MFR　g／10分	ISO 1183	4.8	2.5	22	18	14	8.2	7.1	77
MVR　m^3／10分	〃	4.2	2.1	21	16	13	6.7	58	81
シリンダー温度℃									
金型温度　℃									
射出圧力　MPa									

11 難燃性エポキシ樹脂

エポキシ樹脂は，エピクロヒドリンとビスフェノールA（フェノールとアセトンを縮合）をアルカリの存在で反応させて作られた鎖状重合体である。末端にエポキシ基を有し，これにアミン，酸無水物によって架橋，硬化させることが出来る。

用途としては，塗料，電気電子機器，建築，土木，接着剤等が上げられる。

接着性，耐薬品性，電気特性，寸法精度，耐熱性等に優れ，硬化剤の選択によって常温から105℃という広い温度範囲で架橋，硬化が可能である。通常，加熱真空成形によって成形する。硬化時の収縮が小さく，寸法精度に優れている。

難燃材料としては，半導体封止材料，電気成形品，接着剤等に使われ，イオン導電性物質の少ない優れた電気特性が要求される。

エポキシ樹脂全体の需要量を見ると，表196に示すように，2003年には内需で，約13万5千トン輸出で2万6千トンになり，合計16万7千トンを上回っている。用途別構成を見ると，図9に示すように電気(32%)，塗料(31%)，建築土木，接着，接着その他(21%)，輸出(16%)に分類できる。

今後の難燃材料としての技術的課題は，半導体封止材料で要求されるような環境対応型が要求され，電気特性の優れた高難燃性ノンハロゲン低有害性材料の開発が望まれている。

各製造メーカーの代表的な特性を表197～213に示す。

表196 エポキシ樹脂長期需要予測

（単位：トン，（ ）内は対前年比%）

用途	2003年(実績)	2004(予測)	2005(予測)	2006(予測)	2007(予測)	2008(予測)
塗料	49,260 (3)	49,700 (1)	50,100 (1)	50,500 (1)	50,900 (1)	51,300 (1)
電気	51,520 (△2)	52,590 (2)	53,500 (2)	54,200 (1)	54,800 (1)	55,500 (1)
土木建築・接着・その他	34,150 (△4)	34,500 (1)	34,700 (1)	34,800 (0)	35,000 (1)	35,100 (0)
内需合計	134,930 (△1)	136,790 (1)	138,300 (1)	139,500 (1)	140,700 (1)	141,900 (1)
輸出	25,810 (0)	26,000 (1)	26,000 (0)	26,000 (0)	26,000 (0)	26,000 (0)
総合計	160,740 (△1)	162,790 (1)	164,300 (1)	165,500 (1)	166,700 (1)	167,900 (1)

（出典：エポキシ樹脂工業会）

11 難燃性エポキシ樹脂

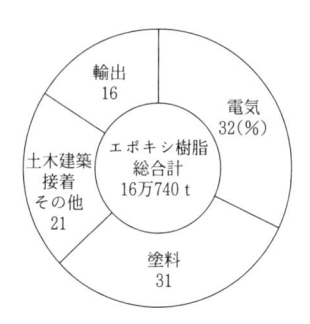

図9 エポキシ樹脂需要内訳（2003年）

表197 大日本インキ化学工業 リン含有エポキシ樹脂 EPICLON®

品名	EXA-9710	EXA-9726
製品形状	溶液	固形
溶剤	MEK	—
エポキシ当量（固形分） g/cq	475	475
色数（ガードナー）	2〜3	2〜3
不揮発分 wt%	70	—
軟化点 ℃	—	91
リン含有量（固形分） wt%	3.0	3.0

表198 大日本インキ化学工業 難燃性エポキシ硬化剤としてのアミノトリアジン変性ノボラック樹脂（ATN）

(1) 固形タイプ（フェノール系 ATN）

品名	軟化点 ℃	溶融粘度 dPa·s	窒素含有量 %	OH当量
KA-7052-L2	78〜84	1.0〜4.0（150℃）	5	120

(2) MEKタイプ（フェノール系 ATN）

品名	不揮発分 %	溶融粘度 mPa·s	窒素含有量 %	OH当量
LA-7052	60〜64	350〜750(25℃)	8	120
LA-7054	58〜62	350〜750(25℃)	12	120
LA-1356	58〜62	200〜600(25℃)	19	146

(3) メトキシプロパノール溶液タイプ（クレゾール系 ATN）

品名	不揮発分 %	溶融粘度 dPa·s	窒素含有量 %	OH当量
LA-3018-50P	48〜52	200〜1000(25℃)	18	151

R = H , CH$_3$

ATNのモデル構造

表199 大日本インキ化学工業 ATNを硬化剤とするエポキシ樹脂の特性

エポキシ樹脂	EPICLON N-660	EPICLON N-660	EPICLON N-660
硬化剤	フェノライト LA-1356	フェノライト LA-3018-50P	フェノライト LA-3018-50P
OH/epoxy 当量比	0.5	1.0	0.5
促進剤	なし	なし	なし
ワニスゲルタイム 160℃ 秒	356	504	724
Tg (TMA) ℃	171	149	168
銅箔ピール強度 kN/m	1.6	1.6	1.4
層間剥離強度 kN/m	0.9	0.8	0.9
PCT吸水率 121℃2h %	0.4	0.4	0.4
ハンダ耐熱性 未処理	○	○	○
260℃×30秒 C-2/121/100	○	○	○
難燃性 UL-94	V-1	V-1	V-1

EPICLON N-660 クレゾールノボラック型エポキシ樹脂 エポキシ当量 208

表200 大日本インキ化学工業 ATNを硬化剤とするガラスエポキシ積層板の特性

エポキシ樹脂	EPICLON N-660	EPICLON N-660
硬化剤	フェノライト LA-7052	フェノライト LA-7054
OH/epoxy 当量比	0.5	0.5
促進剤 (2E4MZ) phr	0.1	0.1
ワニスゲルタイム 160℃ 秒	239	213
Tg (TMA) ℃	165	177
銅箔ピール強度 kN/m	1.6	1.7
層間剥離強度 kN/m	0.6	0.9
PCT吸水率 121℃2h %	0.2	0.2
ハンダ耐熱性 未処理	○	○
260℃×30秒 C-2/121/100	○	○
難燃性 UL-94	V-1	V-1

11 難燃性エポキシ樹脂

表201 大日本インキ化学工業　ATNを硬化剤とするガラスエポキシ積層板の特性

エポキシ樹脂				
EPICLON　N-770	20		20	
EPICLON　EXA-9710	80	100	80	100
硬化剤				
ジシアンジアミド（DICY）	2.7	2.1		
フェノライト　LA-7054			20	
フェノライト　LA-3018-50P				15.4
硬化剤/エポキシ　当量比	0.5	0.5	0.5	0.5
促進剤（2E4MZ）phr	0.2	0.3	0.02	0.05
Tg（TMA）　℃	132	124	131	132
銅箔ピール強度　kN/m	2.0	2.2	1.9	2.2
層間剥離強度　kN/m	1.7	2.5	1.5	2.7
PCT吸水率　121℃Ca*2h　%	0.8	0.8	0.4	0.8
ハンダ耐熱性　260℃*30sec.（PCT 吸水量　121℃*2h 後）	○	○	○	○
難燃性　UL-94	V-1	V-0	V-0	V-0

EPICLON N-770　フェノールノボラック型エポキシ樹脂　エポキシ当量188
フェノライト LA-7054　ATN樹脂　N含有量 12%
フェノライト LA-3018-50P　ATN樹脂　N含有量 18%

表202　日本化薬　ノンハロゲン難燃性エポキシ樹脂 NC-3000シリーズの硬化物物性

	NC-3000	CER-3000-L	EOCN-1020
Tg　DMA　（℃）	165	156	195
TMA　（℃）	134	115	150
線膨張係数　＜Tg　（ppm/℃）	60	60	66
曲げ強度　（30℃；MPa）	120	125	110
（120℃；MPa）	60	60	70
曲げ弾性率（30℃；GPa）	3.2	2.8	3.4
（120℃；GPa）	2.0	1.9	2.2
密着性　銅箔ピール強度　（N/cm）	28	28	26
吸水率　（%；100℃×24H）	0.9	1.0	1.2
吸湿率　（%；85℃/85%RH×24H）	0.6	0.7	0.7
吸湿率　（%；121℃/100%RH×24H）	1.2	1.3	1.6
ゲルタイム（秒）at 175℃）	40	44	44

難燃剤・難燃材料活用技術

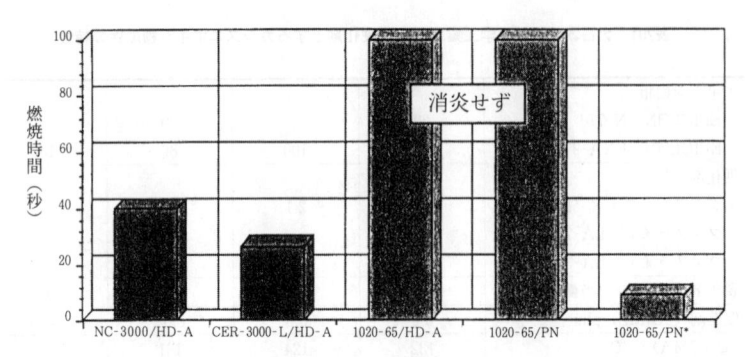

消炎せず

NC-3000/HD-A　　CER-3000-L/HD-A　　1020-65/HD-A　　1020-65/PN　　1020-65/PN*

EOCN　　　　：クレゾールノボラック型エポキシ樹脂
PN　　　　　：フェノールノボラック　　　　　　　HD-A　：フェノール・アラルキル樹脂
(Br-Sb)　　：臭素・アンチモン添加系（臭素濃度3wt%、三酸化アンチモン濃度2wt%／樹脂中）
＊燃焼時間　：サンプル5本に10回接炎時の燃焼時間の合計

図10　日本化薬　ノンハロゲン難燃性エポキシ樹脂 NC-3000燃焼試験結果

表203　住友ベークライト　ブロム・アンチモンフリー開発材の特性

項目	単位	薄型QFP用成形材料		汎用QFP用成形材料	
		開発材	従来材	開発材	従来材
スパイラルフロー	cm	140	140	110	110
ゲルタイム	sec	35	35	35	35
高化式粘度	poise	70	70	100	100
線膨張係数 $\alpha 1$	$10^{-5}/℃$	1.0	1.0	1.2	1.2
線膨張係数 $\alpha 2$	$10^{-5}/℃$	4.2	4.2	5	5
Tg	℃	125	125	150	150
曲げ強度（25℃）	N/mm^2	165	165	155	155
曲げ強さ（240℃）	N/mm^2	24	24	21	21
曲げ弾性率（25℃）	$10^2 N/mm^2$	235	235	185	185
曲げ弾性率（240℃）	$10^2 N/mm^2$	8	8	12	12
比重	−	1.97	1.98	1.91	1.95
煮沸吸水率（円盤）	%	0.20	0.20	0.24	0.24
難燃性（1/8インチ）	UL-94	V-0	V-0	V-0	V-0
灰分	%	86	86	82	82
Br量（蛍光×線法）	%	0	0.24	0	0.5
Sb量（蛍光×線法）	%	0	0.35	0	1.0
イオン性不純物（PC抽出）					
Na^+	ppm	1	1	1	1
Cl^-	ppm	5	5	5	5
Br^-	ppm	<1	20	<1	15

11 難燃性エポキシ樹脂

表204 難燃材料特性一覧表

材料の種類：エポキシ樹脂

メーカー名／商品名　住友ベークライト／スミコン

特 性	評価法, 規格	EME 5000	EME 5500	EME 5900	EME 6300H	EME 6710	EME 7020
比重	JIS K 6911	1.8	2.05	2.2	1.8	1.8	1.9
吸水率%		0.3	0.3	0.3	0.3	0.3	0.2
軟化点(ビカット)℃							
荷重撓み温度, ℃							
線膨張係数×10^5／K		2.0	2.8	2.3	1.6	1.3	1.4
熱伝導率W／m・K		0.67	1.46	2.09	0.63	0.63	0.71
燃焼性　UL-94		V-0	V-0	V-0	V-0	V-0	V-0
酸素指数							
降伏強度　MPa							
破断強度　MPa							
破断伸び　%							
衝撃強度　KJ／m²							
体積抵抗率　Ω-cm	JIS K 6911	>10^{15}	>10^{15}	>10^{15}	>10^{15}	>10^{15}	>10^{15}
誘電率（1 MHz）	〃	4.4	4.8	4.8	4.4	4.4	4.4
誘電正接×10^3	〃	10	10	10	10	10	10
破壊電圧　MV／m							
耐アーク性　秒							
成形収縮率　%							
MFR　g／10分							
MVR　m³／10分							
シリンダー温度℃							
金型温度　℃		160〜190	160〜190	160〜190	160〜190	160〜190	160〜190
射出圧力　MPa		5〜10	5〜10	5〜10	5〜10	5〜10	5〜10

難燃剤・難燃材料活用技術

表205 難燃材料特性一覧表

材料の種類：エポキシ樹脂

メーカー名／商品名　住友ベークライト／スミコン

特性	評価法, 規格	EME 7320	EME 7350	EME 43	EME 43 F	EM 50JF	EM 60JF	EM 702
比重	JIS K 6911	1.9	2.0	1.75	1.93	2.05	1.92	1.99
吸水率%		0.2	0.1	0.05	0.04	0.04	0.04	0.04
軟化点（ビカット）℃	ASTM							
荷重撓み温度, ℃		—	—	105	110	120	195	180
線膨張係数×10^5／K								
熱伝導率 W／m・K								
燃焼性　UL-94		V-0	V-0	V-0	V-0	V-0	V-0	V-0
酸素指数								
降伏強度　MPa								
破断強度　MPa								
破断伸び　%								
シャルピー衝撃強度　KJ/m^2		—	—	—	—	—	3.9	3.9
体積抵抗率　Ω-cm	JIS K 6911	>10^{15}	>10^{15}	—	—	—	—	—
誘電率（1 MHz）	〃	4.4	4.4	6.0	5.2	5.0	5	4.5
誘電正接×10^3	〃	10	10	35	28	13	15	14
破壊電圧　MV／m		—	—	—	—	—	12	13
耐アーク性　秒				180	181	180	180	180
成形収縮率　%		—	—	0.7	0.6	0.5	0.4	0.4
MFR　g／10分								
MVR　m^3／10分								
シリンダー温度℃								
金型温度　℃		—	—	—	—	—	160～180	170～185
射出圧力　MPa								

11 難燃性エポキシ樹脂

表206 難燃材料特性一覧表

材料の種類:エポキシ樹脂

メーカー名／商品名　京セラケミカル／エポキシ成形材料

特　性	評価法, 規格	KE 200D	KE300	KE500	KE520	KE750	KE850
比重	JIS K 6911	1.9	1.8	1.81	1.9	1.9	2.22
吸水率%							
軟化点(ビカット)℃							
荷重撓み温度, ℃							
線膨張係数×10^5／K	TMA法	1.1	1.8	2.0	1.5	2.4	2.1
熱伝導率W／m・K							
燃焼性　UL-94		V-0	V-0	V-0	V-0	V-0	V-0
酸素指数							
降伏強度　MPa							
破断強度　MPa							
破断伸び　%							
シャルピー衝撃強度　KJ/m^2	JIS K 6911	2<	2<	2<	2<	2<	2<
体積抵抗率　Ω-cm	JIS K 6911	10^{13}<	10^{13}<	10^{13}<	10^{13}<	10^{13}<	10^{13}<
誘電率（1 MHz）	〃	4.0〜4.5	4.0〜4.5	4.0〜4.5	4.0〜4.5	4.0〜4.5	4.0〜4.5
誘電正接×10^3	〃	10<	10<	10<	10<	10<	10<
破壊電圧　MV／m							
耐アーク性　秒							
成形収縮率　%	JIS K 6911	0.3	0.4	0.4	0.3	0.4	0.4
MFR　g／10分							
MVR　m^3／10分							
シリンダー温度℃		160〜190	160〜190	160〜190	160〜190	160〜190	160〜190
金型温度　℃		4〜10	4〜10	4〜10	4〜10	4〜10	4〜10
射出圧力　MPa							

表207 難燃材料特性一覧表

材料の種類：エポキシ樹脂

メーカー名／商品名　京セラケミカル／エポキシ成形材料

特　性	評価法，規格	KE1000	KE1100	KE1800	KE4200
比重	JIS K 6911	1.84	1.9	2.0	2.0
吸水率％					
軟化点（ピカット）℃					
荷重撓み温度，℃					
線膨張係数×10^5／K	TMA法	1.5	1.4	0.9	1.1
熱伝導率 W／m・K					
燃焼性　UL-94	UL法	V-0	V-0	V-0	V-0
酸素指数					
降伏強度　MPa					
破断強度　MPa					
破断伸び　％					
シャルピー衝撃強度　KJ/m²		2＜	2＜	2＜	2＜
体積抵抗率　Ω-cm	JIS K 6911	10^{13}＜	10^{13}＜	10^{13}＜	10^{13}＜
誘電率（1 MHz）	〃	4.0〜4.5	4.0〜4.5	4.0〜4.5	4.0〜4.5
誘電正接×10^3	〃	10＜	10＜	10＜	10＜
破壊電圧　MV／m					
耐アーク性　秒					
成形収縮率　％	JIS K 6911	0.2	0.1	0.2	0.1
MFR　g／10分					
MVR　m³／10分					
シリンダー温度℃		160〜190	160〜190	160〜190	160〜190
金型温度　℃		4〜10	4〜10	4〜10	4〜10
射出圧力　MPa					

11 難燃性エポキシ樹脂

表208 難燃材料特性一覧表

材料の種類：エポキシ樹脂

メーカー名／商品名　信越化学工業／半導体エポキシ封止材料　KMCシリーズ

特　性	評価法，規格	KMC 130	KMC 120MK	KMC 125	KMC 165	KMC 180	KMC 184
比重	JIS K 6911	1.8	2.2	2.2	1.8	1.9	1.9
吸水率%	JIS K 6911	0.6	0.5	0.5	0.6	0.5	0.6
軟化点(ピカット)℃							
荷重撓み温度, ℃							
線膨張係数×10^5／K		1.9	2.0	2.0	1.8	1.3	1.3
熱伝導率 W／m・K		0.6	2.5	2.3	0.6	0.6	0.6
燃焼性　UL-94		V-0	V-0	V-0	V-0	V-0	V-0
酸素指数							
降伏強度　MPa							
破断強度　MPa							
破断伸び　%							
衝撃強度　KJ/m^2							
体積抵抗率　Ω-cm	JIS K 6911	5×10^{14}	2×10^{13}	2×10^{17}	5×10^{14}	5×10^{14}	5×10^{14}
誘電率（1MHz）	〃	4.0	4.5	4.5	4.0	4.0	4.0
誘電正接×10^3	〃	10	10	10	10	10	10
破壊電圧　MV／m							
耐アーク性　秒							
成形収縮率　%	JIS K 6911	0.5	0.4	0.4	0.5	0.4	0.4
MFR　g／10分							
MVR　m^3／10分							
シリンダー温度℃							
金型温度　℃		175	175	175	175	175	175
射出圧力　MPa		7	7	7	7	7	7

難燃剤・難燃材料活用技術

表209 難燃材料特性一覧表

材料の種類：エポキシ樹脂

メーカー名／商品名　信越化学工業／半導体エポキシ封止材料 KMCシリーズ

特　性	評価法, 規格	KMC 185	KMC 260	KMC 280	KMC 284	KMC 288P	KMC 289
比重	JIS K 6911	1.9	2.0	2.0	2.0	2.0	2.0
吸水率%	〃	0.6	0.3	0.3	0.3	0.4	0.4
軟化点(ピカット)℃							
荷重撓み温度, ℃							
線膨張係数×10^5／K		1.3	0.9	1.0	0.9	1.0	1.1
熱伝導率 W／m・K		0.6	0.7	0.7	0.7	0.7	0.7
燃焼性　UL-94		V-0	V-0	V-0	V-0	V-0	V-0
酸素指数							
降伏強度　MPa							
破断強度　MPa							
破断伸び　%							
衝撃強度　KJ／m²							
体積抵抗率　Ω-cm	JIS K 6911	5×10^{16}	5×10^{16}	2×10^{15}	2×10^{15}	7×10^{14}	7×10^{14}
誘電率（1 MHz）	〃	4.0	4.0	4.0	4.0	4.0	4.0
誘電正接×10^3	〃	10	10	10	10	10	10
破壊電圧　MV／m							
耐アーク性　秒							
成形収縮率　%	JIS K 6911	0.4	0.2	0.2	0.2	0.2	0.2
MFR　g／10分							
MVR　m³／10分							
シリンダー温度℃							
金型温度　℃		175	175	175	175	175	175
射出圧力　MPa		7	7	7	7	7	7

11 難燃性エポキシ樹脂

表210 難燃材料特性一覧表

材料の種類:エポキシ樹脂

メーカー名/商品名 日本合成加工/アクメライト

特 性	評価法, 規格	2600	2700	2800	J1060F	J1095	9900F
比重	JIS K 6911	2.05〜2.12	1.9〜2.0	1.9〜2.0	1.8〜1.9	1.8〜1.9	1.8〜1.9
吸水率%	〃	0.05>	0.05>	0.05>	0.05>	0.05>	0.05>
軟化点(ピカット)℃							
荷重撓み温度, ℃	JIS K 6911	110<	110<	120<	130<	130<	150<
線膨張係数×10^5/K							
熱伝導率W/m・K							
燃焼性 UL-94		V-0	V-0	V-0	V-0	V-0	V-0
酸素指数							
降伏強度 MPa							
破断強度 MPa							
破断伸び %							
シャルピー衝撃強度 KJ/m	JIS K 6911	2〜2.9	2.3〜2.4	2〜2.9	2.5〜3.4	2.5〜3.4	2.5〜3.4
体積抵抗率 Ω・cm							
誘電率(1 MHz)	JIS K 6911	4.5〜5.5	4.5〜5	4.5〜5.5	4.5〜5.5	4.0〜5.0	4〜4.5
誘電正接×10^3	〃	15〜25	15〜25	30〜40	10〜20	10〜20	10〜15
破壊電圧 MV/m	〃	10<	10<	10<	10<	10<	10<
耐アーク性 秒	〃	180<	180<	180<	180<	180<	180<
成形収縮率 %	〃	0.4〜0.7	0.4〜0.7	0.5〜0.8	0.7〜1.0	0.55〜0.75	0.60〜0.90
MFR g/10分							
MVR m^3/10分							
シリンダー温度℃							
金型温度 ℃							
射出圧力 MPa							

難燃剤・難燃材料活用技術

表211　難燃材料特性一覧表

材料の種類：エポキシ樹脂

メーカー名／商品名　日本合成加工／アクメライト

特　性	評価法，規格	9100	9150	J2010	J3000
比重	JIS K 6911	1.75〜1.85	1.85〜1.95	1.8〜1.9	1.9〜2.0
吸水率%	〃	0.05＞	0.05＞	1.8〜1.9	0.01＞
軟化点（ビカット）℃					
荷重撓み温度，℃	JIS K 6911	180＜	250＜	145〜155	250＜
線膨張係数×10^5／K					
熱伝導率W／m・K					
燃焼性　UL-94		V-0	V-0	V-0	V-0
酸素指数					
降伏強度　MPa					
破断強度　MPa					
破断伸び　%					
シャルピー衝撃強度　KJ／m^2	JIS K 6911	2.9〜3.9	2.5〜3.4	4.0〜6.0	2.2〜2.7
体積抵抗率　Ω-cm					
誘電率（1 MHz）	JIS K 6911	4〜4.5	4〜4.5	4.5〜5.5	3.5〜4.0
誘電正接×10^3	〃	10〜15	10〜15	10〜20	10〜20
破壊電圧　MV／m	〃	10＜	12＜	10〜11	10〜12
耐アーク性　秒	〃	180＜	180＜	180〜190	200〜210
成形収縮率　%	〃	0.35〜0.55	0.50〜0.80	0.6〜0.8	0.2〜0.4
MFR　g／10分					
MVR　m^3／10分					
シリンダー温度℃					
金型温度　℃					
射出圧力　MPa					

11 難燃性エポキシ樹脂

表212 難燃材料特性一覧表

材料の種類：エポキシ樹脂

メーカー名／商品名　松下電工／NAIS，半導体封止用材料

特　性	評価法，規格	CV8500	CV8700	CV5032	CV5565	CV5591
比重	JIS K 6911	2.0	2.0	1.44	1.63	1.46
吸水率％						
軟化点(ビカット)℃						
荷重撓み温度，℃		−	−	90	100	50
線膨張係数×10^5／K		1.0	0.8	6.3	4.8	6.5
熱伝導率W／m・K						
燃焼性　UL-94		V-0	V-0	V-0	V-0	V-0
酸素指数						
降伏強度　MPa						
破断強度　MPa						
破断伸び　％						
衝撃強度　KJ／m²						
体積抵抗率　Ω-cm	JIS K 6911	5×10^{12}	1×10^{13}	10^{13}	10^{13}	10^{12}
誘電率（1 MHz）	〃	3.8	3.8	3.9	3.7	4.0
誘電正接×10^3	〃	8	8	15	12	16
破壊電圧　MV／m	〃	−	−	17	8	8
耐アーク性　秒						
成形収縮率　％	JIS K 6911	0.1	0.1			
MFR　g／10分						
MVR　m³／10分						
シリンダー温度℃						
金型温度　℃						
射出圧力　MPa						

難燃剤・難燃材料活用技術

表213 難燃材料特性一覧表

材料の種類：エポキシ樹脂

メーカー名／商品名　松下電工／NAIS，半導体封止用成形材料

特性	評価法，規格	CV3200	CV3300	CV3400	CV3600	CV4100	CV4200
比重	JIS K 6911	2.0	2.2	1.8	1.9	1.8	2.0
吸水率%							
軟化点（ピカット）℃							
荷重撓み温度，℃							
線膨張係数×10^5／K		2.8	2.2	2.3	2.4	2.7	2.8
熱伝導率 W／m・K	JIS K 6911	1.42	2.30	0.59	1.13	0.67	1.42
燃焼性　UL-94	UL	V-0	V-0	V-0	V-0	V-0	V-0
酸素指数							
降伏強度　MPa							
破断強度　MPa							
破断伸び　%							
衝撃強度　KJ/m²							
体積抵抗率　Ω-cm	JIS K 6911	$5×10^{12}$	$5×10^{12}$	$5×10^{12}$	$7×10^{12}$	$1×10^{13}$	$1×10^{13}$
誘電率（1MHz）	〃	4.2	4.5	4	4.2	4.0	4.2
誘電正接×10^3	〃	10	10	9	9	7	9
破壊電圧　MV／m							
耐アーク性　秒							
成形収縮率　%	JIS K 6911	0.6	0.5	0.5	0.5	0.5	0.6
MFR　g／10分							
MVR　m³／10分							
シリンダー温度℃							
金型温度　℃		165〜185	165〜185	165〜185	165〜185	165〜185	165〜185
射出圧力　MPa		4.9〜9.8	6.9〜11.8	4.9〜9.8	4.9〜9.8	4.9〜9.8	4.9〜9.8

11 難燃性エポキシ樹脂

　本書に掲載されている資料，データは，基本的には，本書の発行を前提にして難燃剤メーカー，難燃材料メーカーに依頼して技術資料，カタログを入手し，その中からデータ，資料を引用させていただいた。その他に，次の文献，資料を参考にさせて頂いたことに厚く感謝したい。

引用文献，参考文献

1) 日本難燃剤協会，難燃剤商品リスト（2002）
2) 西澤　仁，武田邦彦，難燃材料活用便覧，大成社（2002）
3) プラスチックス成形材料商取引便覧(2003年版)，化学工業日報社（2002）
4) 工業調査会，プラスチックス，**55**，No.6（2004）
5) 工業調査会，プラスチックス，**55**，No.1（2004）
6) 工業調査会，プラスチックス，**54**，No.1（2003）
7) 西澤　仁，これでわかる難燃化技術，工業調査会（2003）
8) 電線総合技術センター，エコ材料の最先端，平成16年6月，日本交通協会会議室
9) 第13回難燃材料研究会セミナー資料，平成16年5月，発明会館

あとがき

　最近の多様化する要求に対処するために難燃剤，難燃材料の種類が増加してきており，常に新しい開発，商品化があり，新製品が上市されている。適正な選択と応用が難しくなってきている。それだけに迅速で効果的な情報入手が重要になる。本書が少しでもお役に立てば幸いである。

　今後，更に新しい技術材料の情報を追加していければ幸いである。最近のナノテクノロジー技術，難燃性バイオプラスチックスの開発実用化，燃焼挙動を変える難燃触媒の研究，新しい相乗効果系の開発等，難燃剤，難燃材料の分野にも新しい開発の目が育ちつつある。

　世界的にも需要量の多い難燃剤，難燃材料の研究が増加してきており，関心が更に高まってきているように感じられる。

　本書が，研究開発，設計技術，資材購買，営業等広い範囲で活用されれば望外の幸せである。

　本書をまとめるにあたり，資料の掲載にご協力いただいた日本難燃剤協会，各難燃剤，難燃材料メーカーの関係者，関連文献資料に対し，重ねて御礼と感謝の意を表します。

《CMCテクニカルライブラリー》発行にあたって

　弊社は、1961年創立以来、多くの技術レポートを発行してまいりました。これらの多くは、その時代の最先端情報を企業や研究機関などの法人に提供することを目的としたもので、価格も一般の理工書に比べて遙かに高価なものでした。

　一方、ある時代に最先端であった技術も、実用化され、応用展開されるにあたって普及期、成熟期を迎えていきます。ところが、最先端の時代に一流の研究者によって書かれたレポートの内容は、時代を経ても当該技術を学ぶ技術書、理工書としていささかも遜色のないことを、多くの方々が指摘されています。

　弊社では過去に発行した技術レポートを個人向けの廉価な普及版《CMCテクニカルライブラリー》として発行することとしました。このシリーズが、21世紀の科学技術の発展にいささかでも貢献できれば幸いです。

2000年12月

株式会社　シーエムシー出版

難燃剤・難燃材料の活用技術　　　　　　　　　　　　(B0927)

2004年 8月31日　初　版　第1刷発行
2010年 5月21日　普及版　第1刷発行

著　者　西澤　　仁　　　　　　　　　　Printed in Japan
発行者　辻　　賢司
発行所　株式会社　シーエムシー出版
　　　　東京都千代田区内神田1-13-1　豊島屋ビル
　　　　電話 03 (3293) 2061
　　　　http://www.cmcbooks.co.jp

〔印刷　倉敷印刷株式会社〕　　　　　　　　© H. Nishizawa, 2010

定価はカバーに表示してあります。
落丁・乱丁本はお取替えいたします。

ISBN978-4-7813-0231-7 C3043 ¥5200E

本書の内容の一部あるいは全部を無断で複写（コピー）することは，法律で認められた場合を除き，著作者および出版社の権利の侵害になります。

CMCテクニカルライブラリーのご案内

液晶ポリマーの開発技術
―高性能・高機能化―
監修／小出直之
ISBN978-4-7813-0157-0　　　B902
A5判・286頁　本体4,000円＋税（〒380円）
初版2004年7月　普及版2009年12月

構成および内容：【発展】【高性能材料としての液晶ポリマー】樹脂成形材料／繊維／成形品【高機能性材料としての液晶ポリマー】電気・電子機能（フィルム／高熱伝導性材料）／光学素子／棒状高分子液晶／ハイブリッドフィルム）／光記録材料【トピックス】液晶エラストマー／液晶性有機半導体での電荷輸送／液晶性共役系高分子　他
執筆者：三原隆志／井上俊英／真壁芳樹　他15名

CO_2固定化・削減と有効利用
監修／湯川英明
ISBN978-4-7813-0156-3　　　B901
A5判・233頁　本体3,400円＋税（〒380円）
初版2004年8月　普及版2009年12月

構成および内容：【直接的技術】CO_2隔離・固定化技術（地中貯留／海洋隔離／大規模緑化／地下微生物利用）／CO_2分離・分解技術／CO_2有効利用【CO_2排出削減関連技術】太陽光利用（宇宙空間利用発電／化学的水素製造／生物的水素製造）／バイオマス利用（超臨界流体利用技術／燃焼技術／エタノール生産／化学品・エネルギー生産　他）
執筆者：大隅多加志／村井重夫／富澤健一　他22名

フィールドエミッションディスプレイ
監修／齋藤弥八
ISBN978-4-7813-0155-6　　　B900
A5判・218頁　本体3,000円＋税（〒380円）
初版2004年6月　普及版2009年12月

構成および内容：【FED研究開発の流れ】歴史／構造と動作　他【FED用冷陰極】金属マイクロエミッタ／カーボンナノチューブエミッタ／横型薄膜エミッタ／ナノ結晶シリコンエミッタBSD／MIMエミッタ／転写モールド法によるエミッタアレイの作製【FED用蛍光体】電子線励起用蛍光体【イメージセンサ】高感度撮像デバイス／赤外線センサ
執筆者：金丸正剛／伊藤茂生／田中　満　他15名

バイオチップの技術と応用
監修／松永　是
ISBN978-4-7813-0154-9　　　B899
A5判・255頁　本体3,800円＋税（〒380円）
初版2004年6月　普及版2009年12月

構成および内容：【総論】【要素技術】アレイ・チップ材料の開発（磁性ビーズを利用したバイオチップ／表面処理技術　他）／検出技術開発／バイオチップの情報処理技術【応用・開発】DNAチップ／プロテインチップ／細胞チップ（発光微生物を用いた環境モニタリング／免疫診断用マイクロウェルアレイ細胞チップ　他）／ラボオンチップ
執筆者：岡村好子／田中　剛／久本秀明　他52名

水溶性高分子の基礎と応用技術
監修／野田公彦
ISBN978-4-7813-0153-2　　　B898
A5判・241頁　本体3,400円＋税（〒380円）
初版2004年5月　普及版2009年11月

構成および内容：【総論】概説【用途】化粧品・トイレタリー／繊維・染色加工／塗料・インキ／エレクトロニクス工業／土木・建築／廃水処理【応用技術】ドラッグデリバリーシステム／水溶性フラーレン／クラスターデキストリン／極細繊維製造への応用／ポリマー電池・バッテリーへの高分子電解質の応用／海洋環境再生のための応用　他
執筆者：金田　勇／川副智行／堀江誠司　他21名

機能性不織布
―原料開発から産業利用まで―
監修／日向　明
ISBN978-4-7813-0140-2　　　B896
A5判・228頁　本体3,200円＋税（〒380円）
初版2004年5月　普及版2009年11月

構成および内容：【総論】原料の開発（繊維の太さ・形状・構造／ナノファイバー／耐熱性繊維　他）／製法（スチームジェット技術／エレクトロスピニング法／製造機器の進展）【応用】空調エアフィルタ／自動車関連／医療・衛生材料（貼付剤／マスク）／電気材料／新用途展開（光触媒空気清浄機／生分解性不織布）他
執筆者：松尾達樹／谷岡明彦／夏原豊和　他30名

RFタグの開発技術II
監修／寺浦信之
ISBN978-4-7813-0139-6　　　B895
A5判・275頁　本体4,000円＋税（〒380円）
初版2004年5月　普及版2009年11月

構成および内容：【総論】市場展望／リサイクル／EDIとRFタグ／物流／標準化，法規制の現状と今後の展望／ISOの進展状況　他【政府の今後の対応方針】ユビキタスネットワーク　他【各事業分野での実証試験及び適用検討】出版業界／食品流通／空港手荷物／医療分野　他【諸団体の活動】郵便事業への活用　他【チップ・実装】微細RFID　他
執筆者：藤浪　啓／藤本　淳／若泉和彦　他21名

有機電解合成の基礎と可能性
監修／淵上寿雄
ISBN978-4-7813-0138-9　　　B894
A5判・295頁　本体4,200円＋税（〒380円）
初版2004年4月　普及版2009年11月

構成および内容：【基礎】研究手法／有機電極反応論　他【工業的利用の可能性】生理活性天然物の電解合成／有機電解法による不斉合成／選択的電解フッ素化／金属錯体を用いる有機電解合成／電解重合／超臨界CO_2を用いる有機電解合成／イオン性液体中での有機電解反応／電極触媒を利用する有機電解合成／超音波照射下での有機電解反応
執筆者：跡部真人／田嶋稔樹／木瀬直樹　他22名

※書籍をご購入の際は、最寄りの書店にご注文いただくか、㈱シーエムシー出版のホームページ（http://www.cmcbooks.co.jp/）にてお申し込み下さい。

CMCテクニカルライブラリー のご案内

高分子ゲルの動向
―つくる・つかう・みる―
監修／柴山充弘／梶原莞爾
ISBN978-4-7813-0129-7　　B892
A5判・342頁　本体4,800円＋税（〒380円）
初版2004年4月　普及版2009年10月

構成および内容：【第1編　つくる・つかう】環境応答（微粒子合成／キラルゲル 他）／力学・摩擦（ゲルダンピング材 他）／医用（生体分子応答性ゲル／DDS応用 他）／産業（高吸水性樹脂 他）／食品・日用品（化粧品 他）他【第2編　みる・つかう】小角X線散乱によるゲル構造解析／中性子散乱／液晶ゲル／熱測定・食品ゲル／NMR 他
執筆者：青島貞人／金岡鍾局／杉原伸治 他31名

静電気除電の装置と技術
監修／村田雄司
ISBN978-4-7813-0128-0　　B891
A5判・210頁　本体3,000円＋税（〒380円）
初版2004年4月　普及版2009年10月

構成および内容：【基礎】自己放電式除電器／ブロワー式除電装置／光照射除電装置／大気圧グロー放電を用いた除電／除電効果の測定機器 他【応用】プラスチック・粉体の除電と問題点／軟X線除電装置の安全性と適用法／液晶パネル製造工程における除電技術／湿度環境改善による静電気障害の予防 他【付録】除電装置製品例一覧
執筆者：久本　光／水谷　豊／菅野　功 他13名

フードプロテオミクス
―食品酵素の応用利用技術―
監修／井上國世
ISBN978-4-7813-0127-3　　B890
A5判・243頁　本体3,400円＋税（〒380円）
初版2004年3月　普及版2009年10月

構成および内容：食品酵素化学への期待／糖質関連酵素（麹菌グルコアミラーゼ／トレハロース生成酵素 他）／タンパク質・アミノ酸関連酵素（サーモライシン／システイン・ペプチダーゼ 他）／脂質関連酵素／酸化還元酵素（スーパーオキシドジスムターゼ／クルクミン還元酵素 他）／食品分析と食品加工（ポリフェノールバイオセンサー 他）
執筆者：新田康則／三宅英雄／秦　洋二 他29名

美容食品の効用と展望
監修／猪居　武
ISBN978-4-7813-0125-9　　B888
A5判・279頁　本体4,000円＋税（〒380円）
初版2004年3月　普及版2009年9月

構成および内容：総論（市場 他）／美容要因とそのメカニズム（美白／美肌／ダイエット／抗ストレス／皮膚の老化／男性型脱毛）／効用と作用物質／ビタミン／アミノ酸・ペプチド・タンパク質／脂質／カロテノイド色素／植物性成分／微生物成分（乳酸菌、ビフィズス菌）／キノコ成分／無機成分／特許から見た企業別技術開発の動向／展望
執筆者：星野　拓／宮本　達／佐藤友里恵 他24名

土壌・地下水汚染
―原位置浄化技術の開発と実用化―
監修／平田健正／前川統一郎
ISBN978-4-7813-0124-2　　B887
A5判・359頁　本体5,000円＋税（〒380円）
初版2004年4月　普及版2009年9月

構成および内容：【総論】原位置浄化技術について／原位置浄化の進め方【基礎編-原理, 適用事例, 注意点-】原位置抽出法／原位置分解技術／原位置浄化技術（土壌汚染地下水の処理技術／重金属等の原位置浄化技術／バイオベンティング・バイオスラーピング工法 他）／実際事例（ダイオキシン類汚染土壌の現地無害化処理 他）
執筆者：村田正敏／手塚裕樹／奥村興平 他48名

傾斜機能材料の技術展開
編集／上村誠一／野田泰稔／篠原嘉一／渡辺義見
ISBN978-4-7813-0123-5　　B886
A5判・361頁　本体5,000円＋税（〒380円）
初版2003年10月　普及版2009年9月

構成および内容：傾斜機能材料の概観／エネルギー分野（ソーラーセル 他）／生体機能分野（傾斜機能型人工歯根 他）／高分子分野／オプトデバイス分野／電気・電子デバイス分野（半導体レーザ／誘電率傾斜基板 他）／接合・表面処理分野（傾斜機能構造CVDコーティング切削工具 他）／熱応力緩和機能分野（宇宙往還機の熱防護システム 他）
執筆者：鎬田正雄／野口博徳／武内浩一 他41名

ナノバイオテクノロジー
―新しいマテリアル, プロセスとデバイス―
監修／植田充美
ISBN978-4-7813-0111-2　　B885
A5判・429頁　本体6,200円＋税（〒380円）
初版2003年10月　普及版2009年8月

構成および内容：マテリアル（ナノ構造の構築／ナノ有機・高分子マテリアル／ナノ無機マテリアル 他）／インフォーマティクス／プロセスとデバイス（バイオチップ・センサー開発／抗ナノマイクロアレイ／マイクロ質量分析システム 他）／応用展開（ナノメディシン／遺伝子導入法／再生医療／蛍光分子イメージング 他）
執筆者：渡邉英一／阿尻雅文／細川和生 他68名

コンポスト化技術による資源循環の実現
監修／木村俊範
ISBN978-4-7813-0110-5　　B884
A5判・272頁　本体3,800円＋税（〒380円）
初版2003年10月　普及版2009年8月

構成および内容：【基礎】コンポスト化の基礎と要件／脱臭／コンポストの評価 他【応用技術】農業・畜産廃棄物のコンポスト化／生ごみ・食品残さのコンポスト化／技術開発と応用事例（バイオ式家庭用生ごみ処理機／余剰汚泥のコンポスト化）他【総括】循環型社会にコンポスト化技術を根付かせるために（技術的課題／政策的課題）他
執筆者：藤本　潔／西尾道徳／井上高一 他16名

※ 書籍をご購入の際は、最寄りの書店にご注文いただくか、
㈱シーエムシー出版のホームページ（http://www.cmcbooks.co.jp）にてお申し込み下さい。

CMCテクニカルライブラリー のご案内

ゴム・エラストマーの界面と応用技術
監修／西 敏夫
ISBN978-4-7813-0109-9　　　　　B883
A5判・306頁　本体4,200円＋税（〒380円）
初版2003年9月　普及版2009年8月

構成および内容：【総論】【ナノスケールで見た界面】高分子三次元ナノ計測／分子力学物性 他【ミクロで見た界面と機能】走査型プローブ顕微鏡による解析／リアクティブプロセシング／オレフィン系ポリマーアロイ／ナノマトリックス分散天然ゴム 他【界面制御と機能化】ゴム再生プロセス／水添NBR系ナノコンポジット／免震ゴム 他
執筆者：村瀬平八／森田裕史／高原 淳 他16名

医療材料・医療機器
―その安全性と生体適合性への取り組み―
編集／土屋利江
ISBN978-4-7813-0102-0　　　　　B882
A5判・258頁　本体3,600円＋税（〒380円）
初版2003年11月　普及版2009年7月

構成および内容：生物学的試験（マウス感作性／抗原性／遺伝毒性）／力学的試験（人工関節用ポリエチレンの磨耗／整形インプラントの耐久性）／生体適合性（人工血管／骨セメント）／細胞組織医療機器の品質評価（バイオ皮膚）／プラスチック製医療用具からのフタル酸エステル類の溶出特性とリスク評価／埋植医療機器の不具合報告 他
執筆者：五十嵐良明／矢上 健／松岡厚子 他41名

ポリマーバッテリーⅡ
監修／金村聖志
ISBN978-4-7813-0101-3　　　　　B881
A5判・238頁　本体3,600円＋税（〒380円）
初版2003年9月　普及版2009年7月

構成および内容：負極材料（炭素材料／ポリアセン・PAHs系材料）／正極材料（導電性高分子／有機硫黄系化合物／無機材料・導電性高分子コンポジット）／電解質（ポリエーテル系固体電解質／高分子ゲル電解質／支持塩 他）／セパレーター／リチウムイオン電池用ポリマーバインダー／キャパシタ用ポリマー／ポリマー電池の用途と開発 他
執筆者：高見則雄／矢田静邦／天池正登 他18名

細胞死制御工学
～美肌・皮膚防護バイオ素材の開発～
編者／三羽信比古
ISBN978-4-7813-0100-6　　　　　B880
A5判・403頁　本体5,200円＋税（〒380円）
初版2003年8月　普及版2009年7月

構成および内容：【次世代バイオ化粧品・美肌健康食品】皮脂改善／セルライト抑制／毛穴引き締め【美肌バイオプロダクト】可食植物成分配合製品／キトサン応用抗酸化製品／バイオ化粧品とハイテク美容機器】イオン導入／エンダモロジー【ナノ・バイオテクと遺伝子治療】活性酸素消去／サンスクリーン剤【効能評価】【分子設計】 他
執筆者：澄田道博／永井彩子／鈴木清香 他106名

ゴム材料ナノコンポジット化と配合技術
編集／鞠谷信三／西敏夫／山口幸一／秋葉光雄
ISBN978-4-7813-0087-0　　　　　B879
A5判・323頁　本体4,600円＋税（〒380円）
初版2003年7月　普及版2009年6月

構成および内容：【配合設計】HNBR／加硫系薬剤／シランカップリング剤／白色フィラー／不溶性硫黄／カーボンブラック／シリカ・カーボン複合フィラー／難燃剤（EVA他）／相溶化剤／加工助剤 他【ゴム系ナノコンポジットの材料】ゾル－ゲル法／動的架橋型熱可塑性エラストマー／医療材料／耐熱性／配合と金型設計／接着／TPE 他
執筆者：妹尾政宜／竹村泰彦／細谷 潔 他19名

有機エレクトロニクス・フォトニクス材料・デバイス
―21世紀の情報産業を支える技術―
監修／長村利彦
ISBN978-4-7813-0086-3　　　　　B878
A5判・371頁　本体5,200円＋税（〒380円）
初版2003年9月　普及版2009年6月

構成および内容：【材料】光学材料（含フッ素ポリイミド 他）／電子材料（アモルファス分子材料／カーボンナノチューブ 他）【プロセス・評価】配向・配列制御／微細加工【機能・基盤】変換／伝送／記録／変調・演算／蓄積・貯蔵（リチウム系二次電池）【新デバイス】pn接合有機太陽電池／燃料電池／有機ELディスプレイ用発光材料 他
執筆者：城田靖彦／和田善玄／安藤慎治 他35名

タッチパネル―開発技術の進展―
監修／三谷雄二
ISBN978-4-7813-0085-6　　　　　B877
A5判・181頁　本体2,600円＋税（〒380円）
初版2004年12月　普及版2009年6月

構成および内容：光学式／赤外線イメージセンサー方式／超音波表面弾性波方式／SAW方式／静電容量式／電磁誘導方式デジタイザ／抵抗膜式／スピーカー一体型／携帯端末向けフィルム／タッチパネル用印刷インキ／抵抗膜式タッチパネルの評価方法と装置／凹凸テクスチャ感を表現する静電触感ディスプレイ／画面特性とキーボードレイアウト
執筆者：伊勢有一／大久保論隆／齊藤典生 他17名

高分子の架橋・分解技術
―グリーンケミストリーへの取組み―
監修／角岡正弘／白井正充
ISBN978-4-7813-0084-9　　　　　B876
A5判・299頁　本体4,200円＋税（〒380円）
初版2004年6月　普及版2009年5月

構成および内容：【基礎と応用】架橋剤と架橋反応（フェノール樹脂 他）／架橋構造の解析（紫外線硬化樹脂／フォトレジスト用感光剤）／機能性高分子の合成（可逆的架橋／光架橋・熱分解系）【機能性材料開発の最近の動向】熱を利用した架橋反応／UV硬化システム／電子線・放射線利用／リサイクルおよび機能性材料合成のための分解反応 他
執筆者：松本 昭／石倉慎一／合屋文明 他28名

※書籍をご購入の際は、最寄りの書店にご注文いただくか、㈱シーエムシー出版のホームページ（http://www.cmcbooks.co.jp/）にてお申し込み下さい。

CMCテクニカルライブラリーのご案内

バイオプロセスシステム
-効率よく利用するための基礎と応用-
編集／清水 浩
ISBN978-4-7813-0083-2　B875
A5判・309頁　本体4,400円＋税　（〒380円）
初版2002年11月　普及版2009年5月

構成および内容：現状と展開（ファジィ推論／遺伝アルゴリズム 他）／バイオプロセス操作と培養装置（酸素移動現象と微生物反応の関わり）／計測技術（プロセス変数／物質濃度 他）／モデル化・最適化（遺伝子ネットワークモデリング）／培養プロセス制御（流加培養 他）／代謝工学（代謝フラックス解析 他）／応用（嗜好食品品質評価／医用工学）他
執筆者：吉田敏臣／滝口 昇／岡本正宏 他22名

導電性高分子の応用展開
監修／小林征男
ISBN978-4-7813-0082-5　B874
A5判・334頁　本体4,600円＋税　（〒380円）
初版2004年4月　普及版2009年5月

構成および内容：【開発】電気伝導／パターン形成法／有機ELデバイス【応用】線路形素子／二次電池／湿式太陽電池／有機半導体／熱電変換機能／アクチュエータ／防食被覆／調光ガラス／帯電防止材料／ポリマー薄膜トランジスタ 他【特許】出願動向【欧米における開発動向】ポリマー薄膜フィルムトランジスタ／新世代太陽電池 他
執筆者：中川善嗣／大森 裕／深海 隆 他18名

バイオエネルギーの技術と応用
監修／柳下立夫
ISBN978-4-7813-0079-5　B873
A5判・285頁　本体4,000円＋税　（〒380円）
初版2003年10月　普及版2009年4月

構成および内容：【熱化学的変換技術】ガス化技術／バイオディーゼル【生物化学的変換技術】メタン発酵／エタノール発酵【応用】石炭・木質バイオマス混焼技術／廃材を使った熱電供給の発電所／コージェネレーションシステム／木質バイオマスペレット製造／焼酎副産物リサイクル設備／自動車用燃料製造装置／バイオマス発電の海外展開
執筆者：田中忠良／松村幸彦／美濃輪智朗 他35名

キチン・キトサン開発技術
監修／平野茂博
ISBN978-4-7813-0065-8　B872
A5判・284頁　本体4,200円＋税　（〒380円）
初版2004年3月　普及版2009年4月

構成および内容：分子構造（βキチンの成層化合物形成）／溶媒／分解／化学修飾／酵素（キトサナーゼ／アロサミジン）／遺伝子（海洋細菌のキチン分解機構）／バイオ農林業（人工樹脂：キチンによる樹木皮組織の創傷治癒）／医薬・医療／食（ガン細胞障害活性テスト）／化粧品／工業（無電解めっき用前処理剤／生分解性高分子複合材料）他
執筆者：金成正和／奥山健二／斎藤幸恵 他36名

次世代光記録材料
監修／奥田昌宏
ISBN978-4-7813-0064-1　B871
A5判・277頁　本体3,800円＋税　（〒380円）
初版2004年1月　普及版2009年4月

構成および内容：【相変化記録とブルーレーザー光ディスク】相変化電子メモリー／相変化チャンネルトランジスタ／Blu-ray Disc技術／青紫色半導体レーザ／ブルーレーザー対応酸化物系追記型光記録膜 他【超高密度光記録技術と材料】近接場光記録／3次元多層光メモリ／ホログラム光記録と材料／フォトンモード分子光メモリと材料 他
執筆者：寺尾元康／影山喜之／柚須圭一郎 他23名

機能性ナノガラス技術と応用
監修／平尾一之／田中修平／西井準治
ISBN978-4-7813-0063-4　B870
A5判・214頁　本体3,400円＋税　（〒380円）
初版2003年12月　普及版2009年3月

構成および内容：【ナノ粒子分散・析出技術】アサーマル・ナノガラス【ナノ構造形成技術】高次構造化／有機-無機ハイブリッド（気孔配向壌／ゾルゲル法）／外部場操作【光回路用技術】三次元ナノガラス光回路【光メモリ用技術】集光機能（光ディスクの市場／コバルト酸化物薄膜）／光メモリヘッド用ナノガラス（埋め込み回折格子）他
執筆者：永鍋知浩／中澤達洋／山下 勝 他15名

ユビキタスネットワークとエレクトロニクス材料
監修／宮代文夫／若林信一
ISBN978-4-7813-0062-7　B869
A5判・315頁　本体4,400円＋税　（〒380円）
初版2003年12月　普及版2009年3月

構成および内容：【テクノロジードライバ】携帯電話／ウェアラブル機器／RFIDタッグチップ／マイクロコンピュータ／センシング・システム【高分子エレクトロニクス材料】エポキシ樹脂の高性能化／ポリイミドフィルム／有機発光デバイス用材料【新技術・新材料】超高速ディジタル信号伝送／MEMS技術／ポータブル燃料電池／電子ペーパー 他
執筆者：福岡義孝／八甫谷明彦／朝桐 智 他23名

アイオノマー・イオン性高分子材料の開発
監修／矢野紳一／平沢栄作
ISBN978-4-7813-0048-1　B866
A5判・352頁　本体5,000円＋税　（〒380円）
初版2003年9月　普及版2009年2月

構成および内容：定義，分類と化学構造／イオン会合体（形成と構造／解析）／物性・機能（スチレンアイオノマー／ESR分光法／多重共鳴法／イオンホッピング／溶液物性／圧力センサー機能／永久帯電 他）／応用（エチレン系アイオノマー／ポリマー改質剤／燃料電池用高分子電解質膜／スルホン化EPDM／歯科材料（アイオノマーセメント）他）
執筆者：池田裕子／杏水祥一／箭野 均 他18名

※書籍をご購入の際は、最寄りの書店にご注文いただくか、㈱シーエムシー出版のホームページ（http://www.cmcbooks.co.jp/）にてお申し込み下さい。

CMCテクニカルライブラリーのご案内

マイクロ/ナノ系カプセル・微粒子の応用展開
監修/小石眞純
ISBN978-4-7813-0047-4　　　B865
A5判・332頁　本体4,600円+税（〒380円）
初版2003年8月　普及版2009年2月

構成および内容:【基礎と設計】ナノ医療:ナノロボット 他【応用】記録・表示材料(重合法トナー 他)／ナノパーティクルによる薬物送達／化粧品・香料／食品(ビール酵母)／バイオカプセル 他／農薬／土木・建築(球状セメント 他)／【微粒子技術】コアーシェル構造球状シリカ系粒子／金・半導体ナノ粒子／Pbフリーはんだボール 他
執筆者: 山下　俊／三島健司／松山　清　他39名

感光性樹脂の応用技術
監修/赤松　清
ISBN978-4-7813-0046-7　　　B864
A5判・248頁　本体3,400円+税（〒380円）
初版2003年8月　普及版2009年1月

構成および内容: 医療用(歯科領域)／生体接着・創傷被覆剤(光硬化性キトサンゲル)／光硬化、熱硬化併用樹脂(接着剤のシート化)／印刷(フレキソ印刷／スクリーン印刷)／エレクトロニクス(層間絶縁膜材料／可視光硬化型シール剤／半導体ウェハ加工用粘・接着テープ)／塗料、インキ(無機・有機ハイブリッド塗料／デュアルキュア塗料) 他
執筆者: 小出　武／石原雅之／岸本芳男　他16名

電子ペーパーの開発技術
監修/面谷　信
ISBN978-4-7813-0045-0　　　B863
A5判・212頁　本体3,000円+税（〒380円）
初版2001年11月　普及版2009年1月

構成および内容:【各種方式(要素技術)】非水系電気泳動型電子ペーパー／サーマルリライタブル／カイラルネマチック液晶／フォトンモードでのフルカラー書き換え記録方式／エレクトロクロミック方式／消去再生可能な乾式トナー像方式 他【応用開発技術】理想的なヒューマンインターフェース条件／ブックオンデマンド／電子黒板 他
執筆者: 堀田吉彦／関根啓子／植田秀昭　他11名

ナノカーボンの材料開発と応用
監修/篠原久典
ISBN978-4-7813-0036-8　　　B862
A5判・300頁　本体4,200円+税（〒380円）
初版2003年8月　普及版2008年12月

構成および内容:【現状と展望】カーボンナノチューブ 他【基礎科学】ピーポッド 他【合成技術】アーク放電法によるナノカーボン／金属内包フラーレンの量産技術／2層ナノチューブ【実際技術】フラーレン誘導体を用いた有機太陽電池／水素吸着現象／LSI配線ビア／単一電子トランジスター／電気二重層キャパシター／導電性樹脂
執筆者: 宍戸　潔／加藤　誠／加藤立久　他29名

プラスチックハードコート応用技術
監修/井手文雄
ISBN978-4-7813-0035-1　　　B861
A5判・177頁　本体2,600円+税（〒380円）
初版2004年3月　普及版2008年12月

構成および内容:【材料と特性】有機系(アクリレート系／シリコーン系 他／無機系／ハイブリッド系(光カチオン硬化型 他／【応用技術】自動車用部品／携帯電話向けUV硬化型ハードコート剤／眼鏡レンズ(ハイインパクト加工 他)／建築材料(建材化粧シート／環境問題 他)／光ディスク【市場動向】PVC床コーティング／樹脂ハードコート 他
執筆者: 栢木　實／佐々木裕／山谷正明　他8名

ナノメタルの応用開発
編集/井上明久
ISBN978-4-7813-0033-7　　　B860
A5判・300頁　本体4,200円+税（〒380円）
初版2003年8月　普及版2008年11月

構成および内容: 機能材料(ナノ結晶軟磁性合金／バルク合金／水素吸蔵 他)／構造用材料(高強度軽合金／原子力材料／蒸着ナノAl合金 他)／分析・解析技術(高分解能電子顕微鏡／放射光回折・分光法 他)／製造技術(粉末固化成形／放電焼結法／微細精密加工／電解析出法 他)／応用(時効析出アルミニウム合金／ビーニング用高硬度投射材 他)
執筆者: 牧野彰宏／沈　宝龍／福永博俊　他49名

ディスプレイ用光学フィルムの開発動向
監修/井手文雄
ISBN978-4-7813-0032-0　　　B859
A5判・217頁　本体3,200円+税（〒380円）
初版2004年2月　普及版2008年11月

構成および内容:【光学高分子フィルム】設計／製膜技術 他【偏光フィルム】高機能性／染料系 他【位相差フィルム】λ/4波長板 他【輝度向上フィルム】集光フィルム・プリズムシート 他【バックライト用】導光板／反射シート 他【プラスチックLCD用フィルム基板】ポリカーボネート／プラスチックTFT 他【反射防止】ウェットコート 他
執筆者: 綱島研二／斎藤　拓／善如寺芳弘　他19名

ナノファイバーテクノロジー　-新産業発掘戦略と応用-
監修/本宮達也
ISBN978-4-7813-0031-3　　　B858
A5判・457頁　本体6,400円+税（〒380円）
初版2004年2月　普及版2008年10月

構成および内容:【総論】現状と展望(ファイバーにみるナノサイエンス 他)／海外の現状【基礎】ナノ紡糸(カーボンナノチューブ 他)／ナノ加工(ナノリマークレイナノコンポジット／ナノボイド 他)／ナノ計測(走査プローブ顕微鏡 他)【応用】ナノバイオニック産業(バイオチップ 他)／環境調和エネルギー産業(バッテリーセパレータ 他)
執筆者: 梶　慶輔／梶原莞爾／赤池敏宏　他60名

※書籍をご購入の際は、最寄りの書店にご注文いただくか、㈱シーエムシー出版のホームページ(http://www.cmcbooks.co.jp/)にてお申し込み下さい。